Claus Habfast

Großforschung mit kleinen Teilchen

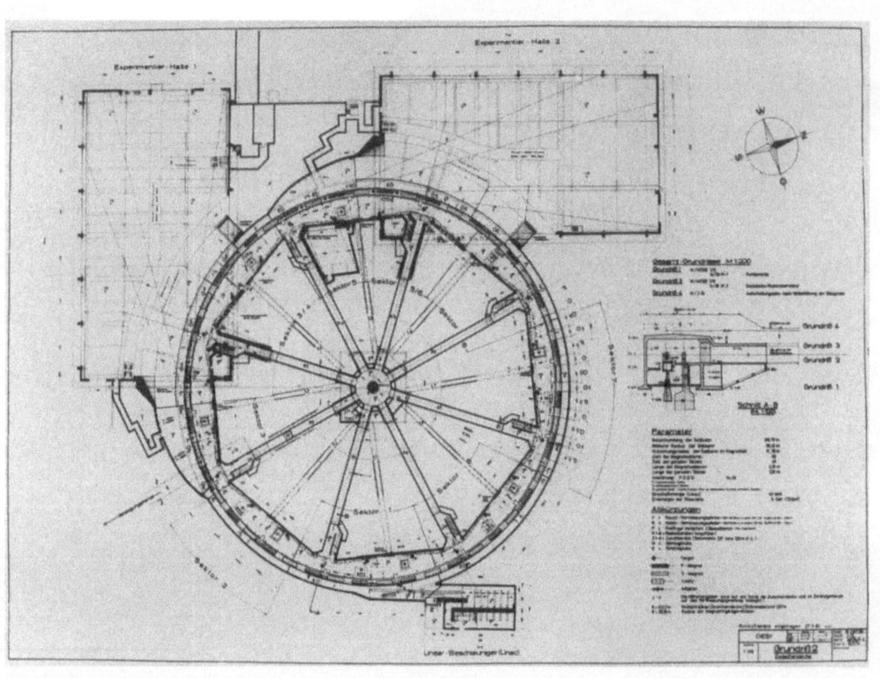
Experimentier-Halle 1
Experimentier-Halle 2
Parameter
Grundriß 4
Grundriß 3
Grundriß 2
Grundriß 1
Grundriß 2

Claus Habfast

Großforschung mit kleinen Teilchen

Das Deutsche Elektronen-Synchrotron DESY 1956–1970

Mit 38 Abbildungen

Springer-Verlag Berlin Heidelberg New York
London Paris Tokyo Hong Kong

Dr. Claus Habfast
European Space Agency, 8-10, rue Mario Nikis,
F-75738 Paris Cédex 15, France

Das Umschlagbild zeigt den Ringtunnel des Synchrotrons und eine Experimentierhalle während der Bauzeit. Das Gebäude am rechten Bildrand beherbergt den Injektorlinac. Auf Seite II (Frontispiz) der Bauplan zum Vergleich.

Diese Arbeit entstand im Rahmen des „Historischen Projekts Großforschungseinrichtungen", in dem Monographien zur Geschichte der einzelnen Einrichtungen sowie der Arbeitsgemeinschaft der Großforschungseinrichtungen erstellt werden.

Wissenschaftliche Begleitung:

Prof. Dr. Lothar Burchardt, Konstanz
Prof. Dr. Armin Hermann, Stuttgart
Dr. Otto Mayr, München
Dr. Ernst-Joachim Meusel, Garching
Prof. Dr. Gerhard A. Ritter, München
Prof. Dr. Rudolf Vierhaus, Göttingen

ISBN-13: 978-3-540-51463-3 e-ISBN-13: 978-3-642-86884-9
DOI: 10.1007/ 978-3-642-86884-9

CIP-Titelaufnahme der Deutschen Bibliothek

Habfast, Claus:
Großforschung mit kleinen Teilchen: das Deutsche
Elektronen-Synchrotron; DESY 1956–1970 / Claus Habfast. –
Berlin; Heidelberg; New York; London; Paris; Tokyo;
Hong Kong: Springer, 1989

Pourtant rien n'est plus ordinaire pour l'historien des sciences que de se trouver en position incertaine, condamné à jeter une fragile passerelle entre deux domaines de savoir complètement hétérogènes, à l'origine sans frontière ni valeur communes, chacun régi par son code, ses normes d'écriture et de communication, et défini par ses objets propres, ses visées, ses méthodes.

Luce Giard, 1985

Vorwort

Dieses Buch beginnt mit den ersten Amtshandlungen eines bekannten deutschen Politikers und endet mit dem Zitat eines Physikprofessors der Harvard University. Damit ist annähernd die Spannbreite der Aspekte und Themen aufgerissen, die in einer Geschichte des Deutschen Elektronen-Synchrotrons DESY behandelt werden müssen. Die Geschichte wissenschaftlicher Einrichtungen ist seit dem Entstehen der ersten Akademien immer sowohl ein Feld klassischer Geschichtsschreibung als auch der Wissenschaftsgeschichte gewesen. Aber erst im Zwanzigsten Jahrhundert durchdrang die Wissenschaft alle anderen Bereiche der Gesellschaft in einem Maß, daß die ständige Wechselwirkung zwischen Politik und Gesellschaft einerseits und Institutionen der Wissenschaft andererseits dadurch geradezu herausgefordert wurde. Ohne diese Wechselwirkung hätte „big science" – ins Deutsche nur unvollkommen mit „Großforschung" übersetzt – nicht entstehen können.

Wer nach der Geschichte der „big science" fragt, kommt an der Teilchenphysik und den Hochenergiebeschleunigern nicht vorbei. In Europa ist in dieser Richtung mit der Geschichte des CERN, dessen erster Band seit kurzem vorliegt, ein Anfang gemacht worden. In den USA sind Projekte über die Geschichte von Berkeley und Stanford in Gang, in Brookhaven ist mit dem Sichern der umfangreichen Aktenbestände begonnen worden. Darüber hinaus beziehen viele wissenschaftshistorische Studien über die Teilchenphysik, vor allem in den USA, den institutionellen und politischen Rahmen zunehmend in ihre Darlegungen ein.

DESY ist das einzige deutsche Laboratorium der Teilchenphysik von internationaler Statur. Die vorliegende Schilderung der Geschichte dieses Forschungszentrums knüpft deshalb zum einen an die genannten Untersuchungen an. Die zweite Wurzel ist in einem Projekt zur Geschichte der 13 bundesdeutschen Großforschungseinrichtungen zu suchen, das 1986 begonnen wurde und zum Ziel hat, für jede dieser Einrichtungen eine möglichst nahe an die Gegenwart reichende Institutionengeschichte vorzulegen.

Für DESY lagen Vorarbeiten, auf die hätte zurückgegriffen werden können, nicht vor. Der Umfang der verfügbaren Archivalien übertraf dagegen selbst anfänglich hochfliegende Hoffnungen. Vor diesem Hintergrund wäre es verfehlt gewesen, eine vergleichende und kritische Untersuchung vorzulegen, die die Geschichte des DESY in den allgemeinen politischen und wissenschaftlichen Kontext einzuordnen versucht; es bot sich im Gegenteil an, in erster Linie das reichhaltig vorliegende Quellenmaterial auszuschöpfen und eine übersichtliche und dennoch präzise Beschreibung aller Ereignisse anzustreben, die für die Entwicklung des DESY bestimmend waren. Diese Zielsetzung ist nur dann sinnvoll, wenn keinem Faktor von Gewicht, sei er wissenschaftlichen oder politischen Ursprungs, ausgewichen wird. Daraus resultiert schließlich eine Spannbreite von Themen, die von Bayerischer Landespolitik bis zu physikalischen Experimenten an der Harvard University reicht.

Der Leser soll einen Eindruck davon bekommen, wie komplexe Entwicklungen angestoßen werden und warum sie schließlich in eine bestimmte Richtung laufen. Wenn dieses Buch darüber hinaus als präzises Basismaterial für weitere vergleichende Untersuchungen diente, hätte es sein Ziel sicher erreicht. Deshalb wurde auch eine gewisse Anstrengung darauf verwandt, spezifische Beschreibungen im Text durch allgemeine Informationen im Anhang zu ergänzen und gewissenhafter als nur zu oft üblich die verwandten archivalischen Quellen zu benennen.

Der Ausgangspunkt einer Institutionengeschichte entspricht fast immer dem einer Biographie: ein einer „Geburt" verwandtes Ereignis. Bei der Geschichte des DESY verhält es sich nicht anders. Schwieriger ist dagegen die Festlegung eines Schlußpunktes, in diesem Fall etwa das Jahr 1970. Die Schilderung der Geschichte des DESY erreicht dort nämlich einen Punkt, wo das Geschehen sich in gewisser Hinsicht zu wiederholen beginnt. Jedes um ein Großgerät errichtete Laboratorium „lebt" in Zyklen aufeinander aufbauender neuer Projekte. Innerhalb eines Zyklus, dessen Dauer meistens sieben bis zehn Jahre beträgt, wiederholen sich viele Entwicklungen, mit den Variationen meistens nur im Detail. Obwohl die Verlockung, die Schilderung der Geschichte von DESY bis in die Gegenwart fortzusetzen, groß war, hätte sich innerhalb des gewählten Ansatzes kein grundsätzlich neues Bild ergeben, sondern nur eines von größerer Detailtreue: Der Beschreibung der Etappen bei der Durchsetzung, dem Bau und der Nutzung des Synchrotrons wäre eine Darlegung derselben Etappen bei der Verwirklichung der darauffolgenden Projekte DORIS und PETRA gefolgt.

Diesem Ansinnen stand jedoch ein praktisches Hindernis im Weg. Ereignisse werden erst nach Ablauf einer gewissen Zeitspanne zu Geschichte. Zuvor sind viele Quellen nur schwer zugänglich, weil ihre Benutzung die Gefahr der Beeinflussung gegenwärtiger Prozesse in sich birgt. Wo diese Quellen dennoch erschlossen werden können, wecken sie vielleicht unerwünschte Publizität, die dem ernsthaften Ansinnen eines Historikers kaum genehm sein kann.

Aus diesem Grund geht diese erste Untersuchung der Geschichte des DESY nur punktuell über das Jahr 1970 hinaus. Die ersten beiden Kapitel, *Erschließung* und *Aufbau*, beschreiben die Entstehung des Forschungszentrums zwischen 1956 und 1964. Das zentrale dritte Kapitel, *Einzug*, widmet sich den ersten Experimenten – 1964 bis 1966 – und weicht in diesem Zusammenhang auch physikalischen und technischen Details nicht aus. Die beiden letzten Kapitel, *Auf Fels oder auf Sand?* und *Ausbau*, schließen mit der Schilderung der Entwicklung von DESY zur „Großforschungseinrichtung" sowie der Entscheidungsfindung über den weiteren Ausbau den ersten Zyklus ab und eröffnen zugleich einen Ausblick auf den zweiten. Sie behandeln den Zeitraum von 1965 bis 1970.

Bei den Quellenstudien und der Formulierung dieses Buches bin ich in vielfältiger Weise unterstützt worden. Vom Staatsarchiv der Freien und Hansestadt Hamburg wurde mir eine Genehmigung zur Einsicht in Akten der Hamburger Schulbehörde erteilt. Aus dem Nachlaß Heisenberg im Max-Planck-Institut für Physik und Astrophysik in München, aus dem Archiv der Harvard University Library in Cambridge (Mass.), der Niels-Bohr-Library des American Institute of Physics in New York, den Archives du CERN in Genf, dem Parlamentsarchiv des Deutschen Bundestages in Bonn sowie den Pressearchiven des Bundespresseamtes, des Gruner & Jahr-Verlages und des Hamburger Instituts für Weltwirtschaftsforschung wurden mir weitere wichtige Quellen zugänglich gemacht. Allen diesen Stellen sei hiermit vielmals gedankt.

Für Informationen, Überlassung von Manuskripten und Briefen, Durchsicht des Manuskripts und vielfältige weitere Hilfe möchte ich auch H.J. Behrend, H. Berghaus, S. Boenke, F. Brasse, S. Buchhaupt, A. Citron, H.W. Eckart, G.E. Fischer, Y. Felt, K. Habfast, L. Hand, P.v. Handel, A. Hermann, A. Hocker, W. Jentschke, H. Joos, P. Joos, A. Kleinert, W. Knaut, H. Kumpfert, W. Lange, E. Lohrmann, E.-J. Meusel, W. Paul, D.-M. Polter, R. Rahmy, B. Raiser, H. Rechenberg, M. Renneberg, C. Reuter-Boysen, N. Schmitz, P.K. Schilling, J. Sehnalek, N. Schmitz, K. Schmöger, G. Söhngen, P. Söding, V. Soergel, K. Strauch, M. Stuckenberg, M. Szöllösi, H. Trischler, W. Walcher, J. Warnow, S. Weart, G. Weber, F. Willeke und O. Wulff meinen Dank aussprechen.

Dieses Buch entstand als Teil des Historischen Projekts „Geschichte der Großforschung“. Ohne die innerhalb dieses Rahmens gewährte großzügige Unterstützung durch die Stiftung Deutsches Elektronen-Synchrotron, den Beirat und die Bearbeiter des Projekts hätte es nicht geschrieben werden können.

Paris, im Mai 1989 *C. Habfast*

Inhaltsverzeichnis

Erschließung

Der erste Bundesatomminister Franz Josef Strauß ging einem Eklat nicht aus dem Weg, wenn er seinen politischen Zielen damit ein Stück näher kam. Dazu gab es in den ersten Monaten seiner Amtszeit ausreichend Gelegenheit. Die Bundesrepublik Deutschland war, als im Mai 1955 die Pariser Verträge in Kraft traten, von den westlichen Besatzungsmächten mit voller Souveränität ausgestattet worden. Erst damit endete das alliierte Verbot der Kernforschung im besiegten Deutschland. Der neue Minister begann sein Amt also ohne gesetzliche Regelung seines Wirkungsbereichs. Seine ersten Schritte würden den Rahmen abstecken – sowohl gegenüber anderen Ressorts der Bundesregierung als auch gegenüber den Bundesländern. Ihnen war im föderativen Aufbau der jungen Republik die Förderung der Forschung zugewiesen worden, bei der ihnen nunmehr in Gestalt des neugegründeten Ministerium ein ernsthafter Konkurrent erwuchs.[1]

Aber nicht nur mit den Bundesländern selbst mußte Strauß die Klingen kreuzen, wenn er der Forschungsförderung einen Platz in seinem Haus verschaffen wollte. Die Westdeutsche Rektorenkonferenz hatte gleich nach seiner Berufung Sitz und Stimme in der künftigen Atomkommission gefordert. Ähnlich die Deutsche Forschungsgemeinschaft: Sie wollte anfangs nicht von alten Mitspracherechten im Europäischen Kernforschungszentrum CERN lassen, die ihr bisher vom Auswärtigen Amt eingeräumt worden waren.[2]

Die eigentlichen Nutznießer dieser neuentstandenen Konkurrenz, die Forscher an den Universitäten und Instituten der Max-Planck-Gesellschaft, wußten zunächst nicht, was sie von dieser Machtprobe halten sollten. In der DFG hatten sie bisher globale Zuschüsse des Bundes und vor allem der Länder ohne weitere Einflußnahme der Geldgeber untereinander aufgeteilt. Das BMAt würde ihnen diese Freiheit sicher nicht ohne weiteres zugestehen. Der deutsche Rückstand in der Kernphysik, nicht zuletzt auch von der DFG konstatiert, konnte mit deren Budget allein aber nie aufgeholt werden: In den USA griffen die Physiker z.B. auf die prall gefüllten Töpfe der Atomic Energy Commission und des Pentagon zu, ohne daß unter der dergestalt eingeschränkten Selbstverwaltung der Forschungsförderung die Qualität ihrer Arbeiten gelitten hätte – im Gegenteil.[3]

---

[1] vgl. [Rad83, S. 137ff]

[2] Die Zeit, 1.12.55; Hess an BMAt, 9.7.56, Strauß an Hess, 27.7.56, vgl. auch Protokoll Kommission für Atomphysik DFG, 25.11.55, He.

[3] [Man58]; Protokoll Kommission Atomphysik DFG, 29.10.55 und 25.11.55, He.

Die Tatsache, daß die Kernphysik in den vergangenen Jahren zum kostspieligsten Gebiet der Physik geworden war, war die eigentliche Ursache des Dilemmas. In den USA waren die riesigen Laboratorien des Manhattan project nach dem Krieg nicht aufgelöst, sondern in die Obhut der AEC überführt und dann zunehmend auf zivile Forschung ausgerichtet worden. Zehn Jahre später nahmen sie in der Kernphysik eine unbestreitbare Führungsrolle ein: Am größten Beschleuniger der Welt, dem Bevatron in Berkeley, wurde 1955 das Antiproton entdeckt; in unmittelbarer Nachbarschaft, in Stanford, zeigten Hofstadters Experimente, daß das Proton nicht punktförmig ist, sondern eine Ladungswolke von etwa 10^{-15}m darstellt; und die Frage, warum zusammen mit einem Kaon immer auch ein Lambda-Teilchen prodziert wurde – eine Beobachtung am Cosmotron in Brookhaven – wurde von Gell-Mann und Nishijima durch die Einführung einer neuen Quantenzahl, der strangeness, gelöst. Die deutschen Physiker waren von diesen faszinierenden Aktivitäten ausgeschlossen, weil es weder geeignete Beschleuniger, noch moderne Nachweisinstrumente und vor allem keine experimentellen Erfahrungen auf diesem Gebiet gab. Die Vergabe von Reisestipendien für Amerikaaufenthalte begabter Assistenten sollte helfen, daß wenigstens der Kontakt zu den Instituten auf der anderen Seite des Ozeans nicht abriß.[4]

Die AEC stellte 1955 für die Hochenergiephysik 9,9 Millionen $ zur Verfügung, dazu kamen noch 2 Millionen $ aus anderen Quellen. Das war genau das Doppelte des gesamten DFG Etats desselben Jahrs (24,7 Millionen DM), von dem an eine Teildisziplin wie die Kernphysik natürlich nur ein Bruchteil ausgeschüttet werden konnte.[5]

Der Rückstand konnte also gar nicht anders als mit den Geldern aus dem Atomministerium aufgeholt werden: Im Juli 1956 gab Strauß auf einer Pressekonferenz in Bonn bekannt, daß für Forschung und Nachwuchsförderung bis Jahresende 44 Millionen DM zur Verfügung stünden. Jüngere Forscher, denen der deutsche Rückstand besonders deutlich vor Augen stand, hatten die Zeichen der Zeit schon früher erkannt. Der Antrag für die Finanzierung des Münchner „Atomeis", des ersten deutschen Forschungsreaktors, war im Herbst 1955 erst gar nicht mehr bei der DFG eingereicht, sondern gleich an das BMAt geschickt worden.[6]

Von den soeben aufgerissenen Umständen wurden auch die ersten Jahre des DESY geprägt: Aktuelle Entwicklungen in der Hochenergiephysik und beim Beschleunigerbau machten diese Gebiete besonders interessant; sie erforderten aber Investitionen, die den Rahmen der klassischen Forschungsförderung sprengten. Konflikte mit dem föderativen System, das sich die Zuständigkeit dafür nicht einfach aus der Hand nehmen lassen würde, waren daher vorprogrammiert.

---

[4][Sei86]; O. Chamberlain et al., Phys. Rev. 100(1955) 947; vgl. R. Hofstadter et al., Review of Modern Physics 30(1958)482; W.B. Fowler et al., Phys. Rev. 93(1954)861; vgl. K. Nishijima, Progress in Theoretical Physics 13(1955)285; M. Gell-Mann, Suppl. Nuov. Cim. 4(1956)848; vgl. Protokoll Kommission Atomphysik DFG, 27.6.56, He.

[5][Sei86]; [NS70, S. 128].

[6]Frankfurter Allgemeine, 26.7.56; Protokoll Kommission Atomphysik DFG, 29.10.55, He.

Die ersten Jahre des DESY sind aber auch vom deutschen Rückstand in der Hochenergiephysik gekennzeichnet, der ein Aufholen „aus eigener Kraft", wie es für andere Bereichen propagiert wurde, von vorneherein ausschloß. Die Zusammenarbeit mit erfahrenen Instituten mußte gesucht werden, um durch Übernahme bewährter Instrumente, Parameter, Strukturen und Methoden unnötige Doppelarbeit zu vermeiden.

Schließlich sind die ersten Jahre des DESY von der Notwendigkeit der Anpassung an rasante Fortschritt gekennzeichnet. Beschleuniger- und Experimentiertechnik verfeinerten sich so rasch, die Zahl der neuen Teilchen und das Wissen darüber änderten sich so schnell, daß Entscheidungen während der Aufbauphase immer auch auf diese sich ändernden Rahmenbedingungen Rücksicht nehmen mußten.

Die Bewältigung dieser Herausforderungen, die den Beteiligten sicher nicht in dieser Klarheit vor Augen standen, steht im Mittelpunkt dieser Geschichte des DESY.

Immerhin waren zwei Punkte von Beginn an klar: Erstens mußte der Projektleiter, von dem gerade in der Pionierzeit viel abhängt, nicht erst mühsam gesucht werden, sondern stand in Person eines Mitinitiators von Anfang an fest. Zweitens wurde als Standort Hamburg gewählt, ohne daß jemals eine Alternative diskutiert wurde. Der folgende Abschnitt schildert, wie es dazu kam.

Der Berufungserfolg

Ein Senatsbeschluß vom Vortag war am 3. August 1955 allen Hamburger Zeitungen einen Zweispalter wert: Die Hansestadt würde ein neues Universitätsinstitut für Physik erhalten, dessen Mittelpunkt eine „Kernmaschine" bilden würde, die auch den größten Teil der für den Bau veranschlagten 7,5 Millionen DM verschlingen würde. Damit habe die Regierung des Stadtstaates den ersten Schritt getan, Hamburg zu einem neuen Zentrum der Atomforschung zu machen. Institutsdirektor würde Willibald Jentschke aus den USA, der auch der eigentliche Urheber des Senatsbeschlusses gewesen sei: Als Voraussetzung für die Annahme eines Rufs nach Hamburg hatte er sich die Errichtung eines modern ausgestatteten Instituts ausbedungen.[7]

Die Verhandlungen hatten länger als ein Jahr gedauert – ursprünglich war nur ein Nachfolger für Rudolf Fleischmann gesucht worden, der nach Erlangen berufen worden war. Das Geschick und die Unbefangenheit, mit der Jentschke seine Forderungen zwischen Mai 1954 und Juli 1955 in astronomische Höhen schraubte und zuletzt ohne Abstriche erfüllt bekam, riefen bei seinen Kollegen unverhüllte Bewunderung hervor: 7,5 Millionen DM für einen Lehrstuhl, das war mehr, als alle physikalischen Institute zusammmen in den letzten drei Jahren an Drittmitteln für Kernphysik erhalten hatten.[8]

---

[7] Hamburger Abendblatt, 3.8.55; Hamburger Anzeiger, 3.8.55; Hamburger Echo, 3.8.55.

[8] vgl. [Wit85]; Protokoll Kommission Atomphysik DFG, 27.6.56, He.

War der Hamburger Senat bei seiner Entscheidung von der bevorstehenden Genfer Atomkonferenz beeinflußt worden? Im August 1955 verging kaum ein Tag ohne Zeitungsmeldung über das Spektakel im ehemaligen Völkerbundpalast, mit dem die USA für die friedliche Nutzung der Atomenergie warben. Die am Rande der Konferenz stattfindende Ausstellung, auf der sogar ein richtiger Reaktor zu sehen war, zeigte den Stand der Atomtechnik des Jahres 1955 – zu dem die Bundesrepublik, wie schon festgestellt wurde, nur wenig beitragen konnte. Diese allgemeine Euphorie hat vielleicht mitgeholfen, daß Jentschke's Forderungen erfüllt wurden – verursacht hat sie sie aber nicht. Die Kernmaschine, der Gegenstand seiner Verhandlungen, war nämlich ein Beschleuniger, von dem sich niemand einen wirtschaftlichen Nutzen erhoffen konnte.[9]

Offensichtlich lag dem Senat vor allem daran, einen guten Forscher nach Hamburg zu verpflichten: In Wien 1911 geboren, hatte Jentschke 1930 mit dem Physikstudium begonnen. Seine Assistentenzeit verbrachte er am angesehenen Wiener Radium-Institut wo er sich wie viele andere auch nach 1938 auf die Kernspaltung stürzte. So kam er während des Krieges mit dem deutschen „Uranverein" in Kontakt, wo er sich mit seiner Habilitation über die Bruchstücke, in die der Urankern bei der Spaltung zerfällt, bereits einen Namen machte. Dennoch folgte er 1947 dem Angebot der US air force, in eines ihrer Forschungszentren nach Ohio zu kommen: Für junge Assistenten ohne feste Stelle, zu denen Jentschke sich zum Glück nicht zählen mußte, sah die wirtschaftliche Zukunft in der unmittelbaren Nachkriegszeit düster aus. Vielen war eine Tätigkeit in einem Labor der amerikanischen Armee einziger Ausweg aus Hunger und Untätigkeit. Schon 1950 gelang Jentschke der Absprung an die University of Illinois in Urbana, wo er für die air force gearbeitet hatte und man im Zyklotronlabor schnell auf den talentierten und eloquenten jungen Österreicher aufmerksam geworden war, der dort abends seine Freizeit mit Messungen verbrachte. Er war dann einfach der Konkurrenz abgeworben worden. Donald Kerst hatte in Urbana 1941 das erste Betatron gebaut, nachdem die Universität schon vorher eines der ersten Zyklotrone auf der Welt besessen hatte. Aber der Ruf dieser Universität einer typischen Kleinstadt des Mittleren Westens gründete sich nicht nur auf die Kernphysik. Unter den Festkörperphysikern fanden sich (teils später) weltberühmte Namen wie Frederick Seitz und und John Bardeen. Bald hatte auch Jentschke sich mit seinen Veröffentlichungen bei seinen ehemaligen Kollegen im fernen Deutschland wieder ins Gespräch gebracht.[10]

In Hamburg ging es mit der Physik nach Kriegsende dagegen nur langsam voran. Das Physikalische Staatsinstitut war von den Bombenangriffen nicht verschont geblieben, und in den ersten Jahren besaß die Ausbildung der Kriegsheimkehrer absoluten Vorrang. Auch die Forschung unterwarf sich dem Wiederaufbau,

[9]Frankfurter Allgemeine, 17.8.55; Die Zeit, 18.8.55.

[10]uni-hh 21(1):78(1987); M.W. Teucher, in: DESY-nachrichten Juni 1971, H. Frauenfelder, in: target. Deutsches Elektronen-Synchrotron, November 1971, DB; C.J. Taylor et al., Phys. Rev. 84:1034(1951); W.E. Kreger et al., Phys. Rev. 86:593(1952); M.E. Remley et al., Phys. Rev. 89:1194(1953); J.S. Allen und W.K. Jentschke, Phys. Rev. 89:902(1953).

wenn es sich anbot: Fleischmann entwickelte ein Gerät, mit dem die überall in Hamburg anzutreffenden Bombenblindgänger aufgespürt werden konnten. Deren Eisenhüllen verursachten kleine lokale Änderungen des Erdmagnetfeldes, die mit Hilfe einer transportablen Förstersonde nachgewiesen wurden. An Experimente, die sich mit denen Jentschke's in Urbana hätten messen können, war dagegen nicht zu denken. Dazu hätte es an erster Stelle eines leistungsfähigen Beschleunigers bedurft.[11]

Vielleicht hätte man den Anschluß auch alleine durch die Anschaffung moderner Instrumente schaffen können. Mit dem Ausscheiden Fleischmanns bot sich im Herbst 1953 aber die Gelegenheit, einen Kernphysiker aus den USA auf den Direktorenstuhl des Physikalischen Staatsinstituts zu holen. Man bot ihn Jentschke an, der als Österreicher eher nach Deutschland kommen würde als ein geborener Amerikaner gleicher Reputation. Eine Institutsbesichtigung mit dem aus den USA Angereisten machte beiden Seiten aber schnell klar, daß international konkurrenzfähiger Forschung an erster Stelle die veraltete Ausstattung entgegenstand. In abendlicher Runde wurden 3 Millionen DM genannt, die die Stadt zur Verfügung stellen müsse. Ein anwesender Senator widersprach nicht. Allerdings solle der Gast aus Urbana seine Vorstellungen zunächst einmal präzisieren.[12]

Was konnte Jentschke dem Hamburger Senat vorschlagen? Seine ersten Experimente in den USA hatten sich mit Szintillatormaterialien beschäftigt. In Streuexperimenten am Zyklotron ersetzte er kurze Zeit später die zum Teilchennachweis noch weit verbreiteten photographischen Kernspurplatten durch Szintillationszähler. Er wies damit Zerfälle angeregter Kerne, die mit dem Strahl des Zyklotrons erzeugt worden waren, nach. Aus der Winkelverteilung der Zerfallsprodukte konnte man auf die Quantenzahlen der angeregten Niveaux schließen. Später kamen $\gamma - \gamma$ Winkelkorrelationsmessungen an radioaktiven Präparaten hinzu, ebenfalls um Quantenzahlen kurzlebiger Zwischenzustände zu bestimmen: Mit dem Schalenmodell des Atomkerns stand seit 1950 eine Theorie zur Verfügung, mit der Annahmen über das Potential im Inneren der Kerne experimentell geprüft werden konnten, indem man Spin und Parität des Grundzustands und der ersten angeregten Zustände bestimmte.[13]

Jentschke war zum Zeitpunkt seiner Verhandlungen mit dem Hamburger Senat daher ein typischer Kernphysiker. Um seine Experimente fortführen zu können, hätte er ein Zyklotron, wie es ihm in Urbana zur Verfügung stand, oder einen leistungsfähigen van-de-Graaff Beschleuniger gebraucht. Der Brief, der seine Vorstellungen nach der Rückkehr in die USA näher erläuterte, beschrieb aber einen größeren Beschleuniger – einen Elektronenlinac oder ein Syn-

---

[11] [Wit85]; Kolb, Notiz über die Notwendigkeit des Aufbaus einer kernphysikalischen Anlage an der Universität Hamburg, 25.6.54, HH6040-5.

[12] [Ham69, S. 290]; Kolb, a.a.O.; Jentschke an Raether, 26.12.54, HH6040-5.

[13] C.J. Taylor et al., Phys. Rev. 84:1034(1951); M.E. Remley et al., Phys. Rev. 89:1194(1953); H. Frauenfelder et al., Phys. Rev. 92:1241(1953); für das Schalenmodell vgl. [Bod78, Bd. 2, S. 486-497] und die dort genannten Referenzen.

chrotron, beidesmal mit zehnmal höherer Energie als ein Zyklotron und daher bedeutend teurer. Dieser Vorschlag war vor dem Hintergrund der allgemeinen Entwicklung jedoch nur zu verständlich: Erstens wurden, die Aufhebung des alliierten Forschungsverbots war schon in greifbarer Nähe, auch an anderen Universitäten Modernisierungspläne aufgestellt. An oberster Stelle dieser Pläne stand regelmäßig entweder ein Zyklotron oder ein Forschungsreaktor. Von daher hätte dieser Beschleuniger allein dem Jentschke'schen Institut keine Spitzenstellung mehr verschaffen können. Zweitens verschob sich, wie bereits festgestellt wurde, um dieselbe Zeit auch das Interesse vieler Kernphysiker auf die im Entstehen begriffene Elementarteilchenphysik. Nach welchen Gesetzen ein Atomkern sich aus Protonen und Neutronen aufbaut, war prinzipiell verstanden. Jentschke hatte mit seinen Experimenten selbst zu den jüngsten Fortschritten beigetragen. Über die Kraft, die für den Zusammenhalt der Kerne verantwortlich war, wußte man aber noch sehr wenig. Die Antwort konnte nur aus dem Inneren des Protons, des Neutrons und der anderen, neu entdeckten, Elementarteilchen kommen. Zu deren Studium brauchte man aber größere Beschleuniger als für Kernstrukturmessungen; Ein Elektronenlinac und ein kleineres Synchrotron waren noch im Rahmen dessen, was an einer Universität aufgebaut werden konnte, wie Beispiele in den USA gezeigt hatten. Da die Hochenergiephysik auf längere Zeit aktuell zu bleiben versprach, bot sich Jentschke mit dem Ruf nach Hamburg der Einstieg in dieses neue Gebiet an – wenn er die Finanzierung des Beschleunigers unauflösbar mit der Annahme seines Rufs verknüpfte.[14]

Er hatte die Fakultät von Beginn an auf seiner Seite. Aus drei Millionen DM wurden aber schnell vier, nachdem Wolfgang Panofski aus Stanford die Kosten für einen 1 GeV Elektronenlinac auf 1 Million $ geschätzt hatte. Das lag nach Ansicht des Senats außerhalb der finanziellen Möglichkeiten Hamburgs, so daß er sich bemühte, überregionale Finanzquellen zu erschliessen. Der föderative Aufbau der Bundesrepublik wies den Ländern die Finanzierung der Forschung zu; ihnen standen für gemeinsame Projekte drei Förderinstrumente zur Verfügung: Die Max-Planck-Gesellschaft, die Deutsche Forschungsgemeinschaft und das Königsteiner Staatsabkommen. Nach den Statuten konnte aber nur die MPG Aufbau und Einrichtung eines völlig neuen Instituts übernehmen; von dort kam bald ein ablehnender Bescheid, obwohl neben Senator Wenke sogar Bürgermeister Sieveking antichambriert hatte. An ein weiteres Max-Planck-Institut kernphysikalischer Ausrichtung sei vorerst nicht gedacht. Die DFG beantwortete eine Anfrage, wenigstens eine Restfinanzierung in Höhe von 700.000 DM zu übernehmen, wenig später ebenfalls negativ – sie beteilige sich grundsätzlich nicht an Berufungen und könne den genannten Betrag zudem höchstens über mehrere Jahre verteilt ausschütten.[15]

[14]Jentschke an Wenke, 21.5.54, zit. nach Wenke an Jentschke, 5.10.54, HH6040-5; Protokoll Kommission Atomphysik DFG, 29.10.55, He; M.S. Livingston, OHI, 21.8.67, Bl; Vorschlag über den Bau eines Teilchenbeschleunigers hoher Energie, vorgelegt 27.6.56, Anlage Protokoll AK Kernphysik der DAtK, 27.6.56, DAs.

[15]Kolb an Wenke, 25.6.54, Panofski an Jentschke, 5.8.54, Jentschke an HA, 10.8.54, Benecke an Wenke, 9.9.54, Wenke an Jentschke, 5.10.54, Vermerk HA, 12.1.55, HH6040-5; Protokoll Kommission Atomphysik DFG, 15.12.54, He.

Der Senat wollte daher im Frühjahr 1955 ein eigenes endgültiges Angebot ausarbeiten. Dazu fehlten ihm noch die voraussichtlichen Baukosten für einen Institutsneubau oder einen Ausbau des bestehenden Gebäudes. Jentschke's Antwort auf die entsprechende Anfrage löste in der Hamburger Verwaltung nur noch Kopfschütteln aus: Von ursprünglich 3 Millionen DM war Jentschke über die Stationen 4 und 5,3 Millionen DM jetzt bei 7 bis 8 Millionen DM angelangt: Ende 1954 hatte er seine ursprüngliche Präferenz für den Elektronenlinac zugunsten eines Protonensynchrotrons von 2 GeV aufgegeben, nachdem an der Cornell Universität ein nach einem ähnlichen Prinzip gebauter Elektronenbeschleuniger seine Funktionstüchtigkeit bewiesen hatte. Erwin Bodenstedt, der dort gerade ein Jahr als Gast verbrachte, hatte dann mit ihm zusammen eine kurze Beschreibung für die Hamburger Fakultät verfaßt. Sogar dort sah man ein, daß es so nicht weitergehen könne. Jentschke wurde für den Juni 1955 noch einmal nach Hamburg eingeladen. Im persönlichen Gespräch sollte über seine Forderungen abschließende Klarheit gewonnen werden.[16]

Schon einen Tag nach seiner Ankunft wurde ein Gespräch mit dem Bürgermeister terminiert. Der Gast aus Amerika beharrte auf dem Hochenergiebeschleuniger, dessen Kosten er endgültig auf 7,35 Millionen DM, eingeschlossen zugehörige Laborräume und Installationen, bezifferte. Auf den Institutsneubau könne zugunsten eines Ausbaus dagegen verzichtet werden. Im Beisein von Wenke mit diesen Forderungen Jentschke's konfrontiert, sprang der Hamburger Bürgermeister über seinen eigenen Schatten und sagte deren Erfüllung in vollem Umfang zu – allerdings müsse Jentschke seine Pläne noch vor einigen einflußreichen Bürgerschaftsabgeordneten, auch der Opposition, darlegen und erfolgreich vertreten. Der Zeitpunkt, an die Parlamentarier heranzutreten, war wegen des Pressewirbels um die Genfer Atomkonferenz sicher gut gewählt. Da der regierende Hamburg-Block, ein Zusammenschluß der konservativen und liberalen Parteien, sich nur auf vier Stimmen Mehrheit stützte und den Senat erst seit knapp zwei Jahren stellte, wird auch die Einladung an die Opposition verständlich. Eine für Hamburg so folgenschwere Entscheidung würde man besser einvernehmlich treffen.[17]

Am frühen Abend des 5. Juli 1955 trafen im Phoenix-Saal des Hamburger Rathauses elf Abgeordnete mit Jentschke zusammen, darunter auch vier Mitglieder der oppositionellen SPD. Jentschke gelang eine überzeugende Beschreibung seiner Absichten, offene Fragen konnte er präzise beantworten, und Bedenken wegen des hohen Stromverbrauchs der „Kernmaschine" oder möglicher Strahlenschäden zerstreuen. Wenke wies noch einmal darauf hin, daß der angesehenste und einflußreichste deutsche Physiker, Werner Heisenberg, schon vor längerer

[16]Protokoll Hochschulsektion der Deputation der Schulbehörde, 26.1.55, HA an Jentschke, 24.2.55, Jentschke an HA, 17.3.55, Jentschke: Diskussion eines Protonensynchrotrons für eine Energie von 2000 MeV, Anlage zu Jentschke an Raether, 26.12.54, v. Zerssen an Wenke, 25.4.55, HH6040-5.

[17]Vermerk HA, 24.6.55, Niederschrift über eine Besprechung mit Herrn Bürgermeister Sieveking, 30.6.55, Wenke an zehn Mitglieder der Bürgerschaft, 1.7.55, HH6040-5; [Eck80, S. 64]

Zeit seinen Segen gegeben habe. Er faßte als Ergebnis der Diskussion mit dem Gast aus Amerika zusammen, daß Hamburg der Forschung in ganz Deutschland jetzt einen Dienst erweisen könne, indem es die von Jentschke geforderten 7,5 Millionen DM so schell wie möglich durch Sondermaßnahmen beschaffte. Keiner der Anwesenden widersprach.[18]

Jentschke nahm den Ruf nach Hamburg am 18. Oktober 1955 an. Seine Ankunft in Hamburg verzögerte sich jedoch bis zum Sommer 1956. Kurz vor der Abreise schrieb er noch an Heisenberg, daß seiner Meinung nach der Typ des zukünftigen Hamburger Beschleunigers noch einmal überdacht werden müsse. Er setze jetzt auf eine größere Anlage hoher Intensität, wie sie auch in den USA derzeit überall favorisiert werde. Heisenberg verlas den Brief auf einer Sitzung der DFG-Kommission für Atomphysik. Das Thema wurde jedoch vertagt, weil es Wichtigeres zu besprechen gab: Das Atomministerium hatte der DFG angeboten, dessen Atomphysik-Kommission als Arbeitskreis in die gerade im Aufbau begriffene Deutsche Atomkommission aufzunehmen. Dadurch würde bei der Förderung der Kernphysik die personelle Kontinuität mit der DFG gewahrt. Die Atomkommission und ihre Arbeitskreise und Fachkommissionen sollten aber ausschließlich beratenden Charakter haben. Die Frage, ob man das Angebot annehmen solle, wurde über Stunden diskutiert. Schließlich siegte die Auffassung, daß man in der Atomkommission Schlimmes eher verhindern könne als außerhalb.[19]

Jentschke, dessen Pläne für deutsche Verhältnisse etwas zu hochfliegend erschienen, würde man noch früh genug auf den Boden der Tatsachen holen.[20]

Das Genfer Memorandum

Das Europäische Kernforschungszentrum CERN präsentierte sich dem Besucher im Juni 1956 als riesige Baustelle. In den nächsten Jahren sollte dort das größte Synchrotron der Welt, ein Gemeinschaftswerk zwölf europäischer Nationen, entstehen. Um das Konzept dieses Beschleunigers einer breiteren Öffentlichkeit vorzustellen, veranstaltete die junge Genfer Mannschaft vom 11.-16. Juni 1956 ein internationales Symposium. Die Vorträge waren für Jentschke natürlich von großem Interesse. Er legte bei seiner Übersiedlung nach Hamburg daher einen Zwischenstop in Genf ein. Dabei würde sich auch die Gelegenheit bieten, alte Bekanntschaften wieder aufzufrischen.[21]

Als er eine Woche später nach Hamburg weiterreiste, hatte er für seine Ideen nicht nur erste Verbündeten gewonnen: In seinen Akten befand sich bereits eine Denkschrift, zusammen mit sechs deutschen Kollegen in abendlicher Runde auf-

---

[18] Landahl, Niederschrift Besprechung 5.7.55, HH6040-5.

[19] Jentschke an Wenke, 18.10.55, HH6040-5; Jentschke an Heisenberg, 15.5.56, Wa; Protokoll Kommission Atomphysik DFG, 30.5.56, Heisenberg an Strauß,31.1.56, BMAt an Heisenberg, 16.6.56, He.

[20] Protokoll Kommission Atomphysik DFG, 30.5.56, He.

[21] vgl. Teilnehmerliste, Vorwort und Inhaltsverzeichnis in [Reg56]

gesetzt, in der der Bau eines 6 GeV Elektronensynchrotrons angeregt wurde. Mit seiner Meinung, daß man in Deutschland aktiv werden müsse, war Jentschke nicht allein geblieben. Auch an anderen Universitäten gab es Pläne zum Bau größerer Beschleuniger, so daß der Zeitpunkt günstig war, die Kräfte zusammenzufassen und alle interessierten Physikinstitute zur Mitarbeit an einem gemeinsamen Beschleuniger aufzufordern. Wer hatte sich, trotz sicher berechtigter Zweifel an der Realisierbarkeit eines derartigen Vorschlags, auf Jentschke's Seite geschlagen?[22]

Doyen der Verfasser des Genfer Memorandums war Wolfgang Gentner, derzeit für den Bau des 600 MeV Synchrozyklotrons des CERN verantwortlich und dafür von seinem Freiburger Lehrstuhl beurlaubt. Er hatte 1937/38 ein Jahr in Berkeley gearbeitet und dann während der Kriegsjahre das Zyklotron des Collège de France in Paris zum Laufen gebracht. Sein Ansehen auch außerhalb Deutschlands war hoch, nicht zuletzt deshalb, weil er in seiner Pariser Zeit Frédéric Joliot und den greisen Paul Langevin aus den Fängen der Gestapo befreit hatte. In seinem Freiburger Institut wurden im Sommer 1956 Pläne für einen größeren Beschleuniger geschmiedet. Christoph Schmelzer bekleidete ebenfalls eine leitende Position im CERN, er wirkte beim Bau des Protonensynchrotrons mit, dem Herzstück des Europäischen Kernforschungszentrums. Wie Gentner ein Schüler von Walter Bothe, hatte er Heidelberg vor kurzem in Richtung Genf verlassen. Arnold Schoch war dagegen schon seit 1954 am CERN und leitete dort eine Gruppe, die theoretische Probleme moderner Beschleuniger untersuchte. Bis Kriegsende hatte er über Akustik gearbeitet, und war dann über Göttingen zu Jensen nach Heidelberg gekommen. Wolfgang Riezler war seit 1935 an der Bonner Universität, seit 1953 auf einem Ordinariat. Unter seiner Leitung wurde im Institut für Strahlen- und Kernphysik gerade ein Synchrozyklotron, das vom Finanzvolumen her größte deutsche Beschleunigerprojekt, vollendet. Wolfgang Paul und Wilhelm Walcher waren ausgebildete Ingenieure. Beide hatten sich aber schon früh der Physik zugewandt: Paul fand bei Kopfermann in Göttingen Gefallen an Atomstrahlexperimenten und der Inbetriebnahme eines vor den Amerikanern geretteten Betatrons. 1952, bei Antritt seines Ordinariats in Bonn, erschienen die ersten Veröffentlichungen über starke Fokussierung. Noch im selben Jahr beantragte er bei der DFG Mittel für ein 500 MeV AG-Elektronensynchrotron. Zum Zeitpunkt des Genfer Symposiums waren die Entwurfsarbeiten abgeschlossen und die meisten Teile bestellt. Der Löwenanteil der Arbeit hatte auf den Schultern von Diplomanden und Doktoranden geruht. Walchers Interessen waren ähnlich breit gestreut. Auch er war über Göttingen auf seinen Lehrstuhl in Marburg gelangt, wo die Schwerpunkte Massenspektroskopie, Atom- und Kernphysik ganz in Kopfermann'scher Tradition standen. Seit kurzem trug auch Walcher sich mit dem Gedanken, seinem Institut einen größeren Beschleuniger anzugliedern.[23]

---

[22]Vorschlag über den Bau eines Teilchenbeschleunigers hoher Energie, o.D., o.O., Anlage Protokoll konstituierende Sitzung Arbeitskreise der FK II der DAtK, 27.6.56, DAs.

[23]Protokoll Kommission Atomphysik DFG, 29.10.56 und 27.6.56, He; [Pru74, S. 149]; E. Bodenstedt, Phys. Bl. 18:512(1962); A. Citron, Phys. Bl. 23:475(1967); DESY-Nachrichten Juni 1971, DB; D. Kamke, Phys. Bl. 36:234(1980); MPG, Berichte und Mitteilungen 2/81; [Her87, S. 562].

Alle sechs hatten also Berührungspukte mit dem Beschleunigerbau oder der Hochenergiephysik. Sie wußten, daß Jentschke's Behauptung, Beschleuniger knapp oberhalb der Mesonenschwelle seien kaum von längerfristigem Interesse, nur zu sehr den Tatsachen entsprach. Warum sollte man also in Hamburg, Marburg und Freiburg drei dieser Anlagen errichten, wenn selbst kleinere europäische Staaten ihre Kräfte auf den Bau eines einzigen großen Beschleuniger konzentrierten?[24]

Einzig das Bonner Atomministerium verfügte jedoch über die Mittel zur Finanzierung eines großen gemeinsamen Beschleuniger mehrerer Universitäten. Jentschke's 7,5 Millionen DM konnten zunächst als Starthilfe eingebracht werden, weil an einen formellen Antrag, wie ihn zum Beispiel Maier-Leibnitz für sein Münchner Atomei gestellt hatte, noch nicht zu denken war: vorher mußte eine Studiengruppe Pläne und einen genauen Kostenvoranschlag ausarbeiten, mußte ein Bauplatz gesucht und ein Rechtsträger für das Unternehmen gegründet werden. Diese ungelösten Fragen vor Augen, war es auf jeden Fall empfehlenswert, von Beginn an auch eine Anbindung an und Zusammenarbeit mit einer erfahreneren Gruppe zu suchen.[25]

Dabei mußte die Wahl fast zwangsläufig auf das Cambridge Electron Accelerator (C.E.A.)-Team um M. Stanley Livingston fallen. Die Harvard University hatte im April 1956 von der AEC 5 Millionen $ für den Bau eines 6 GeV Elektronensynchrotrons zugesagt bekommen. Gemäß einer Absprache mit dem benachbarten MIT sollte der Beschleuniger von beiden Hochschulen gemeinsam errichtet und genutzt werden. Livingston und seine Gruppe hatten schon seit vier Jahren gerechnet und an Konstruktionsunterlagen gearbeitet – der von der AEC genehmigte Antrag war nicht ihr erster gewesen – und wollten jetzt, wo das Geld da war, so schnell wie möglich mit dem Bau beginnen. Ein 6 GeV Elektronensynchrotron bot unbestreitbar einige Vorteile: In einigen Jahren würde es bei den Protonenbeschleunigern eine erdrückende Konkurrenz geben, bis hin zu höchsten Energien. C.E.A. war dagegen der einzige im Bau befindliche Elektronenbeschleuniger über 1,5 GeV. Daß die Wahl auch vom physikalischen Standpunkt aus Hand und Fuß hatte, dafür konnten die Hochenergiephysiker aus Harvard und dem MIT bürgen. Mit ihren bereits vorhandenen Beschleunigern, einem 300 MeV Elektronensynchrotron und einem Synchrozyklotron, hatten sie interessante Ergebnisse gewonnen und daher einen Ruf zu verlieren. Sie würden keinem Konzept zustimmen, das nicht auch vom Standpunkt der Experimente aus vielversprechend erschien.[26]

---

[24] Jentschke an Heisenberg, 15.5.56, Wa

[25] vgl. Vorschlag ..., a.a.O; Protokoll Kommission Atomphysik DFG, 29.10.55, He.

[26] [Se64, S. 1.1-1.6]; vgl. Vorschlag ..., a.a.O.; [Fel79]

Das gewichtigste Argument, sich an Harvard-MIT anzulehnen, war Livingston's noch in Genf spontan ausgesprochene Bereitschaft zur Kooperation. Ein weiteres Mal zeigte sich, daß die Amerikaner ihr Wissen und ihre Erfahrungen bereitwillig herausgaben. Mit Livingston's Unterstützung stiegen die praktischen Realisierungschancen aller Pläne deutlich an.[27]

Mit diesen Tatsachen konfrontiert, sprach sich auch der sonst eher zögerliche Heisenberg noch auf dem Symposium für das Projekt aus. Er war mit der Einrichtung einer Studiengruppe, die zunächst einmal alle Aspekte beleuchten sollte, einverstanden; die Ergebnisse würden dann der Atomkommission des BMAt oder der DFG zur Zustimmung vorgelegt werden.[28]

Bevor die weiteren Schritte geschildert werden, mit denen die Verfasser ihre Denkschrift bekanntmachten und um Unterstützung warben, sind ein paar Worte über den vorgeschlagenen Beschleuniger und die Experimente, die mit ihm geplant waren, am Platz.

Livingston hatte nicht nur, als junger Student in Berkeley, zusammen mit Ernest O. Lawrence das erste funktionierende Zyklotron entworfen und gebaut; zwanzig Jahre später machte er mit der starken Fokussierung eine für die Beschleunigerphysik nicht minder wichtige Entdeckung. Bis dahin hatte man, ohne diesen Ausdruck zu verwenden, nur die schwache Fokussierung der in einem Beschleuniger umlaufenden Teilchen gekannt. Das Magnetfeld, das sie auf ihre Kreisbahnen zwang, war praktisch homogen, nur nach außen hin fiel es wegen des relativ größeren Flußquerschnitts leicht ab. In linearer Näherung kann man die Differentialgleichung, die die Bewegung der Teilchen in einem Zyklotron oder Synchrotron beschreibt, in drei harmonische Oszillatoren separieren. Die Teilchen führen also Schwingungen um eine optimale Bahn, die Sollbahn genannt wird, aus. Der radiale Feldabfall erzeugt eine rücktreibende Kraft und ist daher dafür verantwortlich, daß die Teilchen nicht gegen die Vakuumkammer prallen. Leider ist diese rücktreibende Kraft nur klein – und die Amplitude der Schwingungen daher groß. Wenn man nun den Feldabfall künstlich vergrößert, verkleinert man dadurch zwar die radiale Schwingungsamplitude; zugleich verwandelt man aber die Dämpfung in vertikaler Richtung in eine Anregung von Schwingungen. Der Stärke der fokussierenden Kraft schien daher lange eine fundamentale obere Grenze gesetzt. Wegen der damit unvermeidlich großen Schwingungsamplituden mußten die Magnete schwach fokussierender Synchrotrone wie des Cosmotron oder des Bevatron enorme Dimensionen haben. Mannshoch, wogen sie mehrere Tausend Tonnen, mit entsprechenden Kosten sowohl für Eisen und Kupfer als auch für den Strom zur Erregung des Magnetfeldes. Livingston's Entdeckung, die er im Sommer 1952 zusammen mit Courant und Snyder machte, offerierte einen eleganten Ausweg: Eine Folge radial fokussierender (Feldabfall nach außen) und radial defokussierender Magnete (Feldabfall nach innen) hat im Mittel eine fokussierende Wirkung bezüglich der radialen *und* der vertika-

[27]Vorschlag ..., a.a.O.

[28]Heisenberg an Walcher, 13.7.56, Wa.

len Komponente. Der Grund dafür liegt – vereinfacht – darin, daß ein radial fokussierender Magnetsektor, wie erwähnt, vertikale Schwingungen anregt, und umgekehrt ein radial defokussierender Magnetsektor in vertikaler Richtung eine relativ große rücktreibende Kraft erzeugt. Livingston's erstaunliche Entdeckung war, daß in einer Folge abwechselnd fokussierender und defokussierender Magnete die fokussierende Wirkung überwiegt – und zwar um so mehr, je höher der Feldgradient der einzelnen Magnete ist. Wenn man also den Ringmagnet eines schwach fokussierenden Synchrotrons durch Magnetsektoren ersetzt, deren Feld abwechselnd stark nach außen und nach innen abfällt, können deren Dimensionen um ein Vielfaches verkleinert werden. Livingston's erste Entwürfe, aus dem Sommer 1952, sahen für einen 30 GeV-Beschleuniger eine Vakuumkammer von nur $20\,cm^2$ Querschnitt vor – die Kammer des 3 GeV-Cosmotron hatte demgegenüber $1342\,cm^2$ Querschnitt, umgeben von einem entsprechenden Magneten.[29]

Livingston gelang es nicht, Bauherr eines großen Protonensynchrotrons mit starker Fokussierung zu werden. Die AEC sah damit den Rahmen einer Universität, selbst wenn es sich um Harvard oder MIT handelte, gesprengt. Er hatte daraufhin 1954 ein Proposal für ein Elektronensynchrotron eingereicht, das eher in diesen Rahmen zu passen schien, und dafür im April 1956 5 Millionen $ bewilligt bekommen. Harvard sollte das Geld verwalten und den Beschleuniger wie schon erwähnt gemeinsam mit dem MIT bauen und nutzen.[30]

Ein Elektronensynchrotron war für Livingston also eigentlich nur zweite Wahl. Wie sahen die Mitglieder der Harvard und MIT-Physikfakultäten, die später die Experimente entwerfen und durchführen würden, die experimentellen Perspektiven ihres zukünftigen Hausbeschleunigers? Zwei MIT-Professoren, Bernard T. Feld und David H. Frisch, gaben 1956 eine Antwort:

Ein Elektronenbeschleuniger implizierte vordergründig kleinere Ereignisraten: Die elektromagnetische Kraft, durch die Elektronen und Photonen mit anderen Teilchen wechselwirken, ist circa 100 mal kleiner als die Kernkraft, so daß alle Prozesse mit Elektronen oder Photonen entsprechend seltener stattfinden. Ein Elektronenbeschleuniger erlaubt aber gleichzeitig eine etwa 100 mal höhere Wiederholrate des Beschleunigungsprozesses[31] als ein Protonenbeschleuniger, so daß die relative Schwäche der elektromagnetischen Wechselwirkung dadurch ausgeglichen wird. Mit der hohen Wiederholfrequenz geht auch ein besserer „duty-cycle" einher, der für Koinzidenzexperimente wichtig ist. Weiterer Vorteil des Elektronenbeschleunigers sind die sehr stark gebündelten γ-Strahlen, die man erhält, wenn man die umlaufenden Elektronen auf ein Target im Innern

[29] M.S. Lawrence and E.O. Livingston, Phys. Rev. 38:834(1931); Phys. Rev. 40:19(1932); E.D. Courant et al., Phys. Rev. 88:1190(1952); [Liv69, S. 60-75].

[30] [Se64, S. 1.1-1.6]

[31] Elektronen werden praktisch mit Lichtgeschwindigkeit injiziert, so daß die Beschleunigungsfrequenz im Gegensatz zu einem Protonensynchrotron konstant ist. Das ermöglicht den Einsatz einer Kavität hoher Kreisgüte mit hohen Beschleunigungsspannungen und daher eine kurze Zykluszeit.

der Vakuumkammer fallen läßt: Die Bremsstrahlung wird in einen schmalen Konus in Vorwärtsrichtung emittiert. Ein sekundärer Pionenstrahl aus einem Protonensynchrotron wird im Streufeld der Magnete dagegen weit aufgefächert. Der externe γ-Strahl kann daher auf relativ kleine Targets gerichtet werden, so daß der Nachteil der kleineren Ereignisrate noch weniger ins Gewicht fällt und auch Abschirm- und Strahlführungsprobleme leichter lösbar sind.[32]

In einer Liste möglicher Experimente nannten Feld und Frisch an erster Stelle die Photoproduktion von Antiprotonen. Es sei völlig ungeklärt, ob Proton-Antiproton-Paare direkt durch ein Photon erzeugt werden könnten oder ob dieser Prozeß über mesonische Zwischenstufen abliefe. Eine Energie von 6 GeV reiche in jedem Fall zur Erzeugung aller bekannten Teilchen aus, Hyperonen allerdings nur in geringer Zahl. Daher regten sie die Erhöhung der Energie an, denn bei 8 GeV würde die Hyperonenrate 50 mal höher sein als bei den vorgesehenen 6 GeV.[33]

Bei neuen Teilchen waren sie natürlich an erster Stelle am Prozeß ihrer Erzeugung und ihren elementaren Eigenschaften wie Spin, Masse und Ladung interessiert. Eine zweite Klasse von Experimenten stellte die Untersuchung der Struktur bekannter Teilchen dar: Hier nannten Feld und Frisch die Fortsetzung der Experimente Hofstadter's in Stanford. Die sechsmal höhere Energie ihres Beschleunigers würde bei der elastischen Elektronenstreuung zu entsprechend verbesserter Auflösung führen. Von größtem Interesse war auch die Frage, ob sich im Innern des Protons ein „harter Kern“ befand, den man mit den hochenergetischen Elektronen vielleicht erreichen würde. Aber auch das Elektron selbst war von Interesse für die beiden Physiker, weil es von der Quantenelektrodynamik als strukturloser Punkt angesehen wurde. Die QED war bei niedrigen Energien von einigen Experimenten glänzend bestätigt worden. Mit dem Elektronensynchrotron würde man ihren Gültigkeitsbereich bis zu 6 GeV erweitern oder aber eine Grenze angeben können, jenseits der neue theoretische Vorstellungen entwickelt werden müßten.[34]

Von ihrer Tradition und Erfahrung her würden Harvard und MIT sicher in der Lage sein, diese Ideen und Vorschläge auch in die Tat umzusetzen. Jede der beiden Universitäten besaß einen größeren Beschleuniger, Harvard ein Synchrozyklotron von 150 MeV und das MIT ein 300 MeV Elektronensynchrotron. Da die Energie des Harvard Beschleunigers knapp unterhalb der Mesonenschwelle lag – was nicht ohne Enttäuschung notiert worden war, als in Berkeley die ersten Pionen nachgewiesen wurden – konzentrierte man sich dort vor allem auf die Untersuchung der Atomkerne. Anders beim MIT: Mit dem Synchrotron, das 1950 in Betrieb kam, konnte man Pionen in viel größerer Zahl als mit kosmischer Strahlung bei Ballonflügen erzeugen. Zunächst benutzten die Wissen-

[32]B.T. Feld, D.H. Frisch, Scientific Justification, o.O., o.D., Anlage zu Jentschke an Schoch, 25.8.56, Sc; vgl. [Per82, S. 72].

[33]Feld, Frisch, a.a.O.

[34]Feld, Frisch, a.a.O.

schaftler noch Kernspuremulsionen für den Teilchennachweis, die ihnen von den Ballonflügen vertraut waren. Bald kamen aber auch Zählrohre und Szintillatoren hinzu, um die Photoproduktion von Mesonen am Proton und an komplexen Kernen zu untersuchen. Im Falle des Protons war bald klar, daß die Hauptquelle der Mesonen das sogenannte Nukleon-Isobar war, aber bei komplexen Kernen waren die Verhältnisse naturgemäß verwickelter. Daneben wurden aber auch eher kernphysikalische Fragestellungen untersucht, so die photoninduzierte Herauslösung einzelner Protonen aus dem Verbund von Protonen und Neutronen in einem Atomkern. Teilchenphysik und Kernphysik waren in der ersten Hälfte der fünfziger Jahre noch vielfach ineinander verwoben, sowohl bezüglich ihrer Meßtechniken als auch bezüglich der Fragestellungen, die mit einem Beschleuniger bearbeitet werden konnten. Das oben beschriebene Programm für einen 6 GeV Beschleuniger zeigte aber bereits auf, daß die Teilchenphysik dabei war, sich als eigenständige Disziplin der modernen Physik zu etablieren.[35]

Das traf auch auf die Kosten der Beschleuniger zu, die ebenfalls in eigenständige Preisklassen vorstießen. 5 Millionen $ für C.E.A. entsprachen 20 Millionen DM, die als Baukosten in das Genfer Memorandum einzusetzen waren. Da die Lohnkosten in Deutschland aber geringer waren als in den USA, konnte man in dieser Summe mehr Personal unterbringen. Livingstons Pläne sahen nur 45 fest angestellte Mitarbeiter vor, dazu 20 Wissenschaftler aus Harvard und MIT auf Teilzeitbasis[36]. Ob man in Hamburg damit auskommen würde, war zweifelhaft. Außerdem kam noch die Verwaltung hinzu, die bei C.E.A. von der Harvard University wahrgenommen wurde. Von daher wurden außer 20 Millionen DM 100 Mitarbeiter in die Denkschrift eingesetzt. Details würden dann in den folgenden Monaten von der Studiengruppe geklärt werden.[37]

Der Stein kommt ins Rollen: Sommer 1956

Als Jentschke von Genf kommend in Hamburg eintraf, fand er dort bereits Post für sich vor: Das BMAt fragte an, ob er Mitglied im Arbeitskreis Kernphysik der DAtK werden wolle. Daß es um diese Bereitschaft in der Kommission Atomphysik der DFG erst kürzlich lange Diskussionen gegeben hatte, ist bereits erwähnt worden. Vor allem die älteren Mitglieder, die bereits als Professoren miterleben mußten, welch verhängnisvollen Einfluß der Staat auf die Freiheit der Forschung nehmen kann, hatten Bedenken geäußert. Die Kommission Atomphysik war aber schon ein Jahr zuvor durch drei Neumitglieder, Maier-Leibnitz, Walcher und von Weizsäcker, verjüngt worden. Deren wissenschaftliche Laufbahn konnte von den Geldern aus Bonn noch beeinflußt werden. Keine Frage, daß auch Jentschke als

[35] [Fel79], [Liv69, S. 77f.].

[36] Das Gehalt eines amerikanischen Hochschullehrers wird in der Regel nur für die neun Monate gezahlt, in denen er auch lehrt. Während des Sommers muß er sich andere Finanzquellen erschließen.

[37] Vorschlag ..., a.a.O.

weiterer Vertreter der Generation, die ihr Ordinariat erst nach 1945 angetreten hatte, dem Ruf Folge leistete, zumal seine neuen Pläne in jedem Fall auf die Unterstützung durch das BMAt angewiesen waren.[38]

Ein wichtige Rolle bei der Bereitschaft der Kernphysiker, in diesem Arbeitskreis der Atomkommission mitzuarbeiten, hatte Alexander Hocker gespielt. Als stellvertretender Generalsekretär der DFG genoß er das uneingeschränkte Vertrauen der Wissenschaftler. Hocker hatte die DFG-Kommission für Atomphysik von ihrer ersten Sitzung an betreut und auch die Bundesrepublik von Anfang an zusammen mit Heisenberg im Rat des CERN vertreten. Ende 1955 hatte Strauß ihn persönlich der DFG abgeworben, und ihm im BMAt die neueingerichtete Abteilung für „Forschung und Nachwuchs" anvertraut. Die Besetzung dieser Stelle mit Hocker war sicher nicht ohne Hintergedanken erfolgt – hatte doch Ende November 1955 die Westdeutsche Rektorenkonferenz in einem offenen Brief Sitz und Stimme in der Atomkommission gefordert. Von Strauß wurde daher wenigstens eine freundliche Geste gegenüber den Rektoren erwartet – in der Sache gab er nämlich keine Handbreit nach, indem er zwar acht Ordinarien, aber keinen einzigen ausgewiesenen Vertreter der Hochschulen in die DAtK berief.[39]

Zu Hockers Aufgaben im Ministerium gehörte auch die Betreuung des Arbeitskreises Kernphysik. Die erste Sitzung war auf den 27.Juni 1956 terminiert, verbunden mit einem einführenden Referat des Ministers. Strauß betonte noch einmal, daß sein Haus sich zukünftig auch der Forschung annehmen werde, wobei der Schwerpunkt auf die neuen Großprojekte gelegt werden würde, während Forschung im bisherigen kleinen Maßstab auch weiterhin Aufgabe der Länder bleiben werde. Als Walcher dann die in Genf verfaßte Denkschrift verteilte, war der Minister schon wieder zu einem anderen Termin geeilt. Für ihn bejahte Hocker die Frage, ob es sich auch hier um eines der von Strauß angesprochenen Bundesprojekte handle; gleichzeitig regte er an, in diesem Fall dennoch die zehn Bundesländer zu beteiligen. Bei CERN habe man 12 europäische Nationen unter einen Hut gebracht, und er sehe keinen Grund, warum dies hier nicht auch gelingen könne. Vor allem müsse man aufpassen, daß Hamburg die 7,5 Millionen Mark für Jentschke nicht einfach streiche, selbst wenn dessen ursprüngliches Projekt in dem neuen Vorschlag aufginge.[40]

Eine Beteiligung der Bundesländer an dem Beschleuniger lag genau auf der Linie der versammelten Physiker. Einerseits war klar,*„dass eine solche Maschine nur mit Hilfe des Bundesministeriums für Atomfragen hingestellt werden könnte"* (Riezler), aber die Erfahrungen aus Amerika zeigten andererseits, daß die Universitäten niemals die Kontrolle über solche Großlaboratorien verlieren durften (Jentschke); das würde am besten durch direkte finanzielle Beteiligung der Bun-

---

[38]BMAt an Heisenberg, 16.6.56, vgl. Protokoll Kommission Atomphysik DFG, 4.5.55 und 30.5.56, He.

[39]Hocker an Heisenberg, 5.1.56, He; [Pru74, S. 46f.]; Die Zeit, 1.12.55; Pressemitteilung Nr.1451/55, 13.12.55, Bp.

[40]Protokoll konstituierende Sitzung der Arbeitskreise der FK II der DAtK, 27.6.56, DAs.

desländer, unter deren Hoheit der ganze Universitätsbetrieb stand, abgesichert.[41]

Hocker hatte mit seinem Vorschlag offenbar das Ei des Kolumbus gefunden: Die Beteiligung der Länder vermied Konflikte mit den Verfechtern des Föderalismus. Die Projektleitung durch die interessierten Physiker bzw. deren Hochschulinstitute garantierte schließlich, daß die Umsetzung der Pläne von Sachverstand geprägt sein würde.

Gegen eine Studiengruppe hatte niemand etwas einzuwenden; zunächst sollten die in Deutschland ansässigen Unterzeichner der Denkschrift sich Gedanken über deren Besetzung machen. Auch Geld stellte noch kein Problem dar, da Hocker versprach, sich umgehend um einen Zuschuß aus dem BMAt-Haushalt zur Deckung von Reisekosten zu kümmern. Dagegen mangelte es an etwas anderem: Eine Handvoll junger Physiker mußte für Hochenergiephysik und Beschleuniger, speziell für die Mitarbeit bei den planerischen Detailarbeiten, interessiert werden. Der beste Weg, den Nachwuchs anzusprechen, führte über den Fachausschuß Kernphysik des Verbandes der Deutschen Physikalischen Gesellschaften. Dessen Vorsitzender Walcher hatte die Denkschrift mitverfaßt, und seine Rundschreiben erreichten praktisch alle Physiker in Deutschland, deren Arbeitsgebiet im weiteren Sinne mit Kernphysik zu tun hatte. So wurde das Genfer Memorandum Anfang Juli 1956 über diesen Verteiler versandt, verbunden mit der Bitte um Unterzeichnung bei Interesse an weiterer Mitarbeit. Walcher lud gleichzeitig für den 21.Juli 1956 zu einer Tagung in das Bonner Physikalische Institut ein, wo die Pläne erläutert und ein Einblick in die physikalischen Grundlagen des Beschleunigerbaus gegeben werden sollte. Für zukünftige Mitarbeiter veranstalte die Studiengruppe schließlich im Herbst einen Vorbereitungskursus, damit diese anschließend entweder in ihren Heimatinstituten mit Rechnungen beginnen oder aber zu Livingston in die Lehre geschickt werden könnten.[42]

Die Resonanz auf das Rundschreiben war nicht schlecht: In Bonn konnte Walcher 24 Interessenten aus 12 Instituten begrüßen; abgesehen von einigen Mitarbeitern des örtlichen Physikinstituts war aber niemand darunter, den man um hauptamtliche Mitarbeit in der Studiengruppe bitten konnte. Die Personalengpaß blieb also vorläufig bestehen. Dafür konnten die Anwesenden einige sofort anstehende Arbeiten unter sich verteilen:[43]

Jentschke übernahm den organisatorischen Part. Bis zur nächsten Sitzung versprach er einen Kostenvoranschlag für das laufende Haushaltsjahr auszuarbeiten, Fachliteratur zu vervielfältigen, und sich schließlich über Zusammenschlüsse von Universitäten in den USA und Italien zu informieren, die für den zu gründenden eingetragenen Verein als Vorbild dienen könnten.[44]

---

41 Protokoll, a.a.O.

42 Protokoll konstituierende Sitzung ..., a.a.O.; Vermerk Walcher, 28.6.56, Wa; Walcher an Mitglieder Fachausschuß Kernphysik DPG, 10.7.56, Sc.

43 Protokoll einer Sitzung am 21.7.56 in Bonn, betreffend den Bau eines Elektronen-Synchrotrons in Deutschland, o.D., Wa.

44 Protokoll einer ..., a.a.O.

Als Standort hatte man Hamburg bestimmt. Wie oben bereits gesagt wurde, ergab sich diese Wahl zwangsläufig dadurch, daß man Jentschke's 7,5 Millionen DM so am wenigsten gefährdete. Er sollte nur im Notfall aufgegeben werden, wenn sich zum Beispiel kein geeignetes Grundstück für den Beschleuniger finden lassen würde. Kriterium dafür war nicht nur die Größe des Geländes, sondern vor allem seine geologische Beschaffenheit. So elegant Livingston's Idee der starken Fokussierung war, hatte sie doch einen entscheidenden Nachteil, der allen Beschleunigerphysikern bis dato schon viel Kopfzerbrechen bereitet hatte: Die hohen Anforderungen an die Aufstellung der Magnete. Bei einem Durchmesser des Beschleunigers von 100 m und einem Durchmesser der Vakuumkammer von etwa 5 cm scheint auf den ersten Blick eine Positionierung des Magnetrings auf den Bruchteil eines Zentimeters (also auf ca. $5 \cdot 10^{-5}$ genau) ausreichend, damit der Strahl nicht auf die Wand der Vakuumkammer prallt. Diese Überlegung stimmt aber nur für ein schwach fokussierendes Synchrotron – bei starker Fokussierung ist das Feld über den Magnetpolquerschnitt nicht konstant und daher führen Fehlstellungen der Magnete von einigen Millimetern unweigerlich zur Anregung von Schwingungen, die sich schnell zum Verlust der Teilchen aufschaukeln. Die Erdmassen unter dem Beschleuniger – und das traf nicht nur für DESY zu – mußten also so beschaffen sein, daß sie sich unter dem Gewicht der Magnete noch nicht einmal um den Bruchteil eines Millimeters versetzten oder absenkten. Aufschluß über die Eignung eines Geländes konnten nur, wie bei allen anderen stark fokussierenden Beschleunigern auch, Probebohrungen liefern. Sowie Hamburg einen Standort angeboten hatte, würde Jentschke das Nötige veranlassen.[45]

Eine zweite offene Frage stellten die Verluste durch Synchrotronstrahlung dar: Bei der Beschreibung der starken Fokussierung wurde bereits erwähnt, daß die Bewegung der Teilchen in einem schwach fokussierenden Synchrotron in allen drei Freiheitsgraden durch harmonische Oszillatoren beschrieben werden kann. In einem stark fokussierenden Synchrotron sind die Oszillationen nicht mehr harmonisch; das ändert aber nichts daran, daß die Teilchen auch weiterhin Schwingungen um eine ideale „Sollbahn" ausführen. Schon in den ersten Elektronenkreisbeschleunigern hatte man nun beobachtet, daß die Elektronen eine breitbandige elektromagnetische Strahlung aussenden, die nach dieser Herkunft Synchrotronstrahlung genannt wird. Sie entsteht durch die kontinuierliche radiale Beschleunigung der Elektronen auf ihrer Kreisbahn – jede beschleunigte Ladung sendet elektromagnetische Strahlung aus. Die abgestrahlte Leistung wächst im relativistischen Bereich mit der vierten Potenz der Energie an. Seit 1947 war weiterhin bekannt, daß ein Elektron sogar einen merklichen Bruchteil seiner Energie durch Abstrahlung eines einzigen Photons verlieren kann. Allerdings ist die Wahrscheinlichkeit dafür nur im GeV-Bereich von Bedeutung; dann stellt sie jedoch eine Gefahr dar: Die Lage der Sollbahn hängt in einem Synchrotron nämlich von der Energie der Teilchen ab (diese Eigenschaft wird Dispersion ge-

[45] Protokoll einer ..., a.a.o; [LB62, S. 608f.].

nannt). Wenn ein Elektron nun einen merklichen Bruchteil seiner Energie, etwa 10^{-4}, schlagartig bei der Emission eines Photons abgibt, springt seine Sollbahn dadurch um einige Millimeter zur Seite. Da das Elektron seine Position aber nicht geändert hat, entfernt es sich schlagartig ein Stück von der Sollbahn, was gleichbedeutend mit einer Vergrößerung seiner Oszillationsamplitude ist. Mehrere Photonemissionen können schließlich dazu führen, daß das Elektron an die Wand der Vakuumkammer stößt und verlorengeht. Darauf, daß die Intensität der Synchrotronstrahlung mit der vierten Potenz der Elektronenenergie anwächst, wurde bereits hingewiesen. Von daher mußte es eine maximale Energie geben, oberhalb der der Elektronenstrahl verlorengehen würde. Livingston hatte sie mit 7 GeV angegeben. Die Theoretiker unter den in Bonn Versammelten, neben Schoch noch Steinwedel aus Bonn und Sauter aus Köln, wollten dieser Frage weiter auf den Grund gehen. Wegen der Nichtlinearität der Oszillationen waren die Berechnungen allerdings schwierig, boten dafür aber zugleich die Möglichkeit, sich in die Theorie der starken Fokussierung einzuarbeiten.[46]

Beim Bonner 500 MeV Synchrotron spielten Strahlungsverluste noch keine Rolle; Paul's Assistenten, Doktoranden und Diplomanden hatten in den vergangenen Jahren dagegen andere, praktischere Probleme zu lösen gehabt: Die Erzeugung der Hochfrequenz für die Beschleunigung und deren Einspeisung; die Einlenkung des vorbeschleunigten Strahls in das Synchrotron; und nicht zuletzt den Entwurf des stark fokussierenden Magneten. Von dessen Feldqualität hing das Funktionieren des Beschleunigers ebenso ab wie von der Genauigkeit seiner Positionierung. Es lag daher auf der Hand, daß Paul den für den Herbst geplanten Vorbereitungskursus ausrichtete.[47]

Mit dieser Aufgabenverteilung erschöpften sich die Aktivitäten für den Sommer 1956 auch schon. In Hamburg sollte noch einmal überprüft werden, ob es für das Synchrotron nicht doch eine Alternative in Gestalt des Linac oder eines FFAG Beschleunigers gebe. Außerdem hatte Jentschke seine neuen Pläne mit dem Senat und der Hochschulverwaltung zu diskutieren. Wie würde man sie dort aufnehmen? Anläßlich eines Besuchs Hockers in der Hansestadt hatte die Hamburger Hochschulabteilung schon Mitte Juni angefragt, ob der Bund sich nicht an den 7,5 Millionen DM für Jentschke beteiligen wolle. Damals wußte Hocker noch nichts vom Genfer Memorandum. Er hatte daher einen Zuschuß zu Jentschke's Berufungsmitteln abgelehnt. Sein späteres Drängen, Hamburg auch in einem Gemeinschaftsprojekt nicht aus der finanziellen Verantwortung zu entlassen, wird vor diesem Hintergrund verständlich. Aus Hamburger Sicht bot das größere Projekt daher zwar keine Entlastung von der Bürde der 7,5 Millionen DM, aber durch die Beteiligung des Bundes und der Länder eine Streuung des Risikos, falls die Kosten weiter ansteigen würden. Zudem hatte der Senat bei allen Zusagen an Jentschke die überregionale Bedeutung seiner Pläne betont. Von

[46]Protokoll einer ..., a.a.O; [LB62, S. 622f.].

[47]Protokoll einer ..., a.a.O.

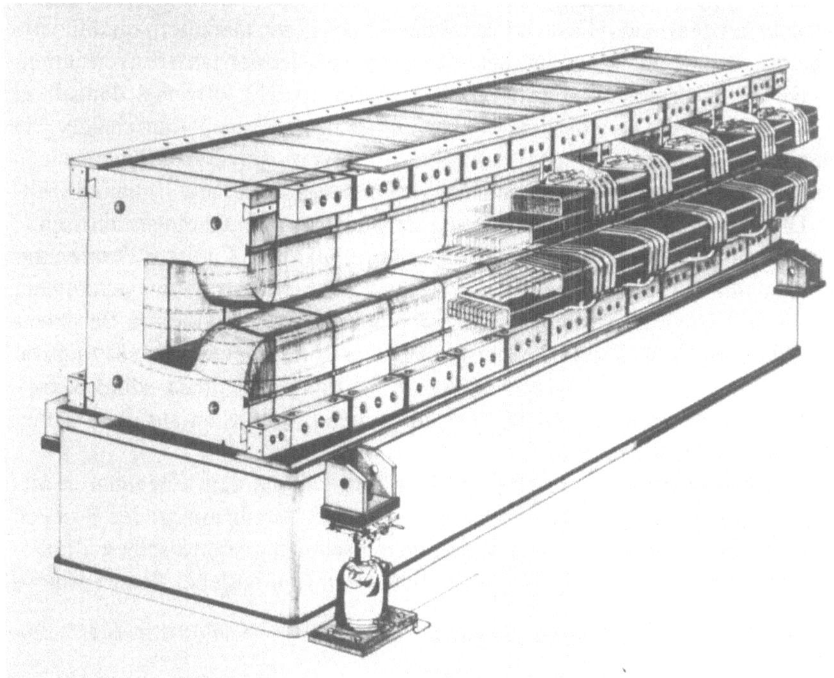

Abb. 1. M. Stanley Livingston in seinem Büro bei C.E.A. (um 1960, Bildnachweis: F. Brasse).

Abb. 2. Aufrißzeichnung eines Magnetsektors des stark fokussierenden DESY Synchrotrons (Bildnachweis: W. Knaut).

daher würde Hamburgs Zustimmung zu dem geänderten Vorhaben wohl nichts im Wege stehen.[48]

Gegen Ende der Sommerpause, am Rande der großen Physikertagung 1956 in München, trafen sowohl der Fachausschuß Kernphysik der DPG als auch der AK Kernphysik der DAtK wieder zusammen. Beide Sitzungen boten Gelegenheit, sich über den Stand der Arbeiten zu informieren. Jentschke hatte Ende August ein dickes Informationspaket an alle Interessenten verschickt. Außerdem hatte er einen Stellenplan für die Zeit bis 1958 ausgearbeitet. Seiner Meinung nach kam man bis dahin mit 25 Mitarbeitern aus, und auch später benötigte man nicht mehr als 60 Mitarbeiter, Techniker und Verwaltung inbegriffen. Personal für Aufbau, Durchführung und Auswertung der Experimente war darin natürlich nicht enthalten, da diese Aufgabe den beteiligten Universitäten überlassen werden sollte. Der Stellenplan sah eine Aufteilung in zehn Gruppen vor, teilweise waren sogar schon Namen eingesetzt. Trotz der sparsamen Personalausstattung gab Jentschke aber bekannt, daß die im Juni genannten 20 Millionen DM Gesamtkosten eher eine untere Grenze darstellten. Es wurde bereits erwähnt, daß Livingston von der AEC einen Fixpreis von 5 Millionen $ genannt bekommen hatte. In einem Bündel interner Notizen aus Cambridge, das Jentschke Anfang August bekommen hatte, hatte sich aber auch eine neue Kostenanalyse aus der Feder Livingstons befunden. Daraus konnte man entnehmen, daß er bereits mit der Inanspruchnahme des 25% -igen „overrun“ rechnete, den die AEC derartigen Projekten zugestand. Dies, und der Wunsch, mit guten Gehältern qualifizierte Mitarbeiter zu gewinnen, hatten auch auf Jentschkes Kostenschätzungen durchgeschlagen. Das Personalbudget war mit 5 Millionen DM jetzt fast doppelt so groß wie bei C.E.A. Das alles waren aber immer noch grobe Voranschläge. Die Vorplanungen würden in den nächsten Monaten zeigen, wieviel für die einzelnen Posten wirklich anzusetzen war. Immerhin nannte Jentschke auch schon 30 Millionen DM als realistischen Endbetrag, die notwendigen Bauten eingeschlossen.[49]

Die Zusammenarbeit mit Livingston nahm allmählich konkrete Formen an: Zusammen mit der Kostenanalyse war sein schriftliches Angebot gekommen, zwei oder drei junge Leute bei sich aufzunehmen. Da beim Bau eines Beschleunigers nicht nur physikalische Gesichtspunkte eine Rolle spielen, regte Livingston die Entsendung praktisch begabter Physiker an. Einer von ihnen sollte Kenntnisse über mechanische Konstruktionen, ein weiterer am besten auf dem Gebiet der Leistungselektrik besitzen.[50]

Auf dem Vorbereituungsseminar in Bonn bot Paul an, den Magneten in seinem Institut zu entwerfen; den Hamburgern sei damit bereits ein großer Brocken von den Schultern genommen. Auch die Suche nach Mitarbeitern schien allmählich Früchte zu tragen, denn mit Klaus Steffen, der in Hamburg bei Neuert promo-

[48]Protokoll einer . . . , a.a.O; Vermerk Behörde für Wirtschaft und Verkehr, 18.6.56, HH721.330-5.

[49]Protokoll AK Kernphysik DAtK, 3.9.56, DAs; Walcher an Mitglieder FA Kernphysik DPG, 27.8.56, Jentschke an Schoch, 25.8.56, Sc; Vermerk Voraussichtlich benötigtes Personal 1957/58, 20.8.56, DA16; Vermerk Cost Analysis of 6-BeV Accelerator, o.D., Sc.

[50]Livingston an Jentschke, 31.7.56, Sc.

viert hatte, war der erste Amerika-Stipendiat des DESY gefunden. Und Hans-Otto Wüster, ein Schüler Sauters aus Köln, wollte zukünftig ebenfalls hauptamtlich für DESY arbeiten. Auf einer langen Liste standen weitere Namen, erfahrene Ingenieure und technische Physiker, die noch angesprochen werden sollten.[51]

Wer sollte die Anstellungsverträge für die neuen Mitarbeiter ausstellen? Da bei der Universität Hamburg noch keine Planstellen für Jentschke eingerichtet worden waren, mußte so schnell wie möglich ein Rechtsträger gegründet werden. Man einigte sich auf einen eingetragenen Verein, dessen Mitglieder aus den Reihen des Fachausschusses Kernphysik der DPG kommen sollten. Die enge Anbindung an eine angesehene wissenschaftliche Gesellschaft sicherte Unabhängigkeit von politischem Einfluß. Und die privatrechtliche Stellung des Vereins bot Freiheit bei der Besoldung gehobener Mitarbeiter, auf die besonders Jentschke unter Berufung auf seine Erfahrungen in den USA Wert legte.[52]

Sogar ein Name war gefunden: DESY klang als Synonym für „Deutsches Elektronen-Synchrotron" gefälliger als Ausdrücke wie Hochenergiebeschleuniger oder Kernmaschine.[53]

Der Stein war ins Rollen gebracht. Wer konnte ihn aufhalten?

Hamburgs Verwaltung greift sich das Ruder

Das Hindernis tauchte ganz plötzlich auf. Am 6. November 1956 diktierte der Senatssyndicus der Hamburger Finanzbehörde, Glässing, einen Brief an die Hochschulabteilung der Schulbehörde. Einer seiner Referenten hatte im Entwurf des Bundeshaushalts 1957 einen Titel über 1,75 Millionen DM entdeckt, der für den Bau eines Hochenergiebeschleunigers in Hamburg verwendet werden solle. In einer Fußnote war von einer finanziellen Beteiligung der Hansestadt die Rede. Da ihm, dem Chefberater der Finanzbehörde, davon nichts bekannt sei, bitte er um unverzügliche Unterrichtung über Baukosten, laufende Kosten und Folgekosten sowie den jeweiligen Hamburgischen Anteil daran. Im übrigen seien für 1957 im Hamburger Haushalt keine Mittel für einen Hochenergiebeschleuniger vorgesehen.[54]

Bis dahin war alles glatt gelaufen. Der Titel im Bundeshaushalt war ein Erfolg Hockers, und Wenke hatte im Oktober auf einer Konferenz der Kultusminister bei seinen Kollegen vorgefühlt, wie sie dem geplanten Gemeinschaftsprojekt gegenüberständen. Die Aufnahme war freundlich gewesen, und damit das Projekt in den einzelnen Länderverwaltungen aktenkundig würde, sollte jeder der beteiligten Physiker seinen Kultusminister offiziell informieren und um eine finanzielle Beteiligung bitten. Das Atomministerium hatte mit dem Finanzmini-

[51] Brix, Protokoll über die Organisationsbesprechung am 6.10.1956 in Bonn, o.D., Wa; Protokoll AK Kernphysik DAtK, 3.9.56, DAs.

[52] Brix, Protokoll . . . , a.a.O.

[53] Sehnalek an Steinwedel, 8.12.56, DAs.

[54] Glässing an HA, 6.11.56, HH6040-5.

sterium ausgemacht, daß es die Hälfte der Baukosten übernehmen würde. Wegen der fehlenden 50 % solle Hamburg mit den anderen Bundesländern verhandeln. Mit der ersten Rate, den von Glässing im Bundeshaushalt entdeckten 1,75 Millionen DM, würde es im folgenden Jahr richtig losgehen. Einziger Wermutstropfen war der Sperrvermerk, der den Titel im Bundeshaushalt solange blockierte, bis von seiten der Bundesländer ein gleichhoher Betrag zugesagt war.[55]

Es war noch nicht einmal die Schuld der Schulbehörde gewesen, daß Glässing über all diese Aktivitäten nicht unterrichtet worden war. Ein Beamter der Finanzbehörde war bei den Gesprächen Wenkes im Atomministerium dabei gewesen. Der Leiter der Hochschulabteilung, v. Zerssen, holte die vergessene Unterichtung Glässings nach – und verwies gleichzeitig auf die 7,5 Millionen DM, die schon 1955 im Senat beschlossen worden waren und aus denen Hamburgs Anteil am Beschleuniger gedeckt werde. Glässings Verstimmung mochte damit ausgeräumt sein – seine Hamburgischen Grundsätze über solides Finanzgebaren gab er deswegen noch lange nicht auf: Jentschke, der nur konstatieren konnte, daß seine *„Haare (darüber) jeden Tag ein bißchen grauer"* würden, mußte die angeforderten Unterlagen ausarbeiten, bevor er auch nur einen Pfennig für DESY beantragen konnte.[56]

Schmelzer hatte die C.E.A.-Schätzungen mittlerweile einem Vergleich mit entsprechenden Posten im CERN-Budget unterzogen. Bei den Kosten für den Beschleuniger war das nur schwer möglich – wohl aber bei Bauten, Laborausrüstung, Personal etc. Ihm wurde schnell klar, daß Jentschke's Stellenplan vom August niemals ausreichen würde und einige Posten, die im C.E.A.-Etat ganz fehlten, neu aufgenommen werden mußten: Die wissenschaftliche Ausrüstung wurde in Cambridge von Harvard und dem MIT gestellt, bei einem neuen Institut wie CERN oder dem Hamburger Beschleuniger konnte man davon aber nicht ohne weiteres ausgehen. Kurz, aus 20 bis 30 Millionen DM waren inzwischen etwa 40 Millionen DM geworden. Bei dieser Aufwärtstendenz und angesichts der ungeklärten Beteiligungsquote Hamburgs war Glässings Standfestigkeit also nicht unbegründet.[57]

Jentschke konnte sich bei seiner Arbeit, die Vorlagen für die Finanzbehörde auszuarbeiten, nur auf einen einzigen Mitarbeiter stützen: Josef Sehnalek war von der Verwaltung des Stadtstaates an das Physikalische Staatsinstitut ausgeliehen worden. In den folgenden Monaten wurden alle angeforderten Schätzungen bis in kleinste Details aufgeschlüsselt, belegt und auf ihre sachliche Rechtfertigung hin geprüft. Auf Sitzungen mit Hocker oder Meins, v. Zerssens Nachfolger in der Hochschulabteilung, wurden eine technische Beschreibung, eine Gesamt-

[55]HA an Glässing, 8.11.56, Hennig an Walcher, 8.11.56, HH6040-5.

[56]HA an Glässing, HH6040-5; Niederschrift über die Sitzung am 12.12.1956 betreffend Bau des Hochenergiebeschleunigers in Hamburg, 12.12.56, HH6040-5; Zitat: Jentschke an Jensen, 17.11.56, DAs.

[57]Schmelzer, Bemerkungen zum Hamburger Synchrotronprojekt und zu anderen deutschen Beschleunigungsvorhaben, 11.11.56, DA4; Walcher, Memorandum zur Vorlage bei der KMK, 23.11.56, Wa.

kostenschätzung, Angaben über laufende Kosten, Zusatzkosten für experimentelle Einrichtungen und Personalkosten immer und immer wieder von neuem durchgesprochen, bis am 19. Januar 1957 dann eine endgültige Version fertiggestellt war, mit der die Hamburger Verwaltung an die anderen Länder herantreten wollte.[58]

Der Titel im Bundeshaushalt war auch weiterhin gesperrt, so daß Jentschke brieflich und bei jeder sich bietenden Gelegenheit mündlich forderte, das Abkommen mit den Ländern nun endlich auszuhandeln und ihm als Zwischenlösung wenigstens 1,5 Millionen DM und zehn Stellen aus seinen Berufungsmitteln zu geben. Auf einer gemeinsamen Sitzung mit Wenke und Glässing konnte er aber nur eine Soforthilfe von 200.000 DM durchsetzen, die in den Nachtragshaushalt für 1956 eingesetzt werden sollte. Da DESY als Ganzes finanziell noch nicht abgesichert war, durfte sie zudem nur für solche Aufträge verwendet werden, die im Falle des Scheiterns des Gemeinschaftsprojekts trotzdem dem Physikalischen Staatsinstitut zugute kommen würden.[59]

Glässings Brief war nicht die einzige Hiobsbotschaft gewesen: Ein Regierungsrat aus dem BMAt hatte sich bei einer Besprechung in Hamburg verplappert und von einer Mitteilung des Bundesfinanzministeriums erzählt, daß Bonn sich an den laufenden Kosten des Beschleunigers nicht beteiligen werde: Die Übernahme von 50 % der Baukosten für DESY seien als einmaliger Zuschuß zu betrachten (aus dem von Fritz Schäffer geleiteten Finanzministerium war eigentlich keine andere Nachricht zu erwarten gewesen, da Sparsamkeit dort oberstes Gebot war). Hocker hatte nicht selbst nach Hamburg kommen können und versuchte den Schaden daher im Nachhinein zu reparieren. Es sei klar, daß es eine Bundesbeteiligung an den Betriebskosten geben müsse. Den Brief aus dem Finanzministerium hatte er damit aber nicht aus der Welt schaffen können.[60]

Die Unklarheit über die Zusagen aus dem BMAt war dennoch keine Tragödie, weil mit der Gesamtfinanzierung des DESY kurzfristig ohnehin nicht mehr zu rechnen war. Warum? Die Kultusminister konnten ohne Zustimmung ihrer Kollegen aus den Finanzressorts keine finanziell bindenden Beschlüsse fassen, sondern höchstens unverbindliche Befürwortungen aussprechen. Nach der offiziellen Schätzung sollte DESY nunmehr 43 Millionen DM kosten, so daß auf größere Bundesländer jeweils einige Millionen DM entfallen würden. Der bundesdeutsche Föderalismus beinhaltete den Zwang zur Einstimmigkeit, in der Praxis gleichbedeutend mit dem Zwang zum Kompromiß. Da die Sparsamkeit der Länderfinanzminister der Schäffers in nichts nachstand, konnte die tastende

[58]Vermerk Gesamt-Budget für den Bau des Electron-Synchrotrons, o.D., Vermerk Gesamtkosten für den Bau des Deutschen Elektronen-Synchrotrons, Vermerk Jentschke, 22.12.56, HH6040-5; Niederschrift ..., 12.12.56, a.a.O.; Vermerk Beschreibung des geplanten Deutschen-Elektronen-Synchrotron-Projekts (DESY), 10.1.57, Protokoll ArbA, 5.1.57, DA7; Vermerk Gesamtkosten für den Bau des deutschen Elektronensynchrotrons, 19.1.57, DA16.

[59]Jentschke an Wenke, 4.12.56, DA16; Jentschke an HA, 11.12.56, DA4; Niederschrift ..., 12.12.56, a.a.O; Vermerk Meins, 25.1.57, Entwurf Senatsdrucksache, o.D., HH6040-5; Hamburger Echo, 23.1.57.

[60]Niederschrift ..., 12.12.56, HH6040-5; Protokoll ArbA 5.1.57, DA7.

Suche nach einer für alle Länder tragbaren Formel länger dauern. Jedem einzelnen Land mußte nämlich nicht nur geringstmögliche Belastung seines Haushalts gesichert werden, gleichzeitig durfte die Einigung auch nicht die Aufgabe forschungspolitischer Grundsätze bedeuten. Der Studiengruppe war mit der Soforthilfe in Höhe von 200.000 DM bis auf weiteres geholfen. Die Initiative lag jetzt bei der Hamburger Verwaltung.

Immerhin war DESY von der KMK bereits befürwortet worden. Angesichts der Knauserigkeit und Prinzipientreue der Finanzminister würde es nichts schaden, wenn die Konferenz der Ministerpräsidenten ein ähnliches Votum abgäbe, bevor das Thema bei der FMK auf die Tagesordnung kam. Dank der seit Mitte Januar vorliegenden detaillierten Unterlagen konnte kurzfristig ein entsprechender Tagesordnungspunkt beim Sekretariat der MPK beantragt werden.[61]

Die Ministerpräsidenten ließen sich aber nicht so leicht überrumpeln. Sieveking hatte sie einzig um *„wohlwollende Kenntnisnahme"* gebeten – doch sein Kollege Müller aus Baden-Württemberg entgegnete, daß auch der Südweststaat viel Geld für die Atomforschung ausgebe und diese Belastung bitteschön berücksichtigt werden solle. Eine Woche später tagte die KMK. DESY wurde nicht angesprochen, aber eine Debatte über die direkte Forschungsförderung der Bundesregierung ließ wenig Gutes ahnen. Die Bonner Ministerien, so die Kultusminister, griffen schon jetzt durch ihr Großgeräteprogramm für die DFG und andere Maßnahmen immer mehr in die Länderhoheit ein. Das Hauptargument gegen DESY, das durch diese Frontstellung zwischen Bund und Ländern vorprogrammmiert war, wurde zwei Monate später erstmals ausgesprochen: DESY sei ein Bundesvorhaben, und solle daher auch vom Bund finanziert werden. Und im Übrigen sei bisher noch kein Land wegen der Finanzierung von Atomforschungsvorhaben an die Ländergemeinschaft herangetreten.[62]

Es gab nun zwei Möglichkeiten: Entweder suchte man eine Lösung irgendwo zwischen 7,5 und 45 Millionen DM, die von Hamburg und dem Atomministerium allein finanziert würde – oder man setzte die Verhandlungen in KMK, FMK und MPK fort, um eine klare Entscheidung, entweder Ablehnung oder Länderbeteiligung, herauszufordern. Da die 200.000 DM für die Studiengruppe nur auf ewig reichten, würde auf Hamburg und das BMAt in diesem Fall die Zwischenfinanzierung der Studiengruppe über Monate oder Jahre zukommen. Meins entschied sich dennoch, weiter um die Finanzierung des DESY durch alle Länder zu ringen.[63]

Als neue Strategie schlug er Wenke vor, einen gemeinsamen Unterausschuß der KMK und der FMK zu beantragen, in dem für die Suche nach einem tragfähigen Kompromiß mehr Zeit zur Verfügung stünde als in den Plenarsitzungen. Die KMK, der an der Verwirklichung des Projekts gelegen war,

---

[61] Niederschrift KMK 13./14.12.56, Senatskanzlei an Vorsitzenden MPK, 6.2.57, HH6040-5.

[62] Zitat: Niederschrift MPK 28.2./1.3.57, HH6040-5; Niederschrift KMK 7./8.3.57, Niederschrift HschA KMK 3.5.57, HH6040-5.

[63] Vermerk Meins, 19.1.57, Vermerk Meins, 6.5.57, HH6040-5.

stimmte diesem Antrag ohne Probleme zu. Da sie ihre vier Vertreter für den Ausschuß auf derselben Sitzung nominierte, konnte sich die FMK dem Ansinnen nur noch schwer entziehen. Schwieriger war es, eine Sitzung des Unterausschusses zustande zu bekommen. Meins wollte eine Einladung durch eine Hamburger Behörde vermeiden: Wenn die Sitzung von den Vorsitzenden der FMK und der KMK einberufen würde, erschiene der Gegenstand der Beratungen nicht als Anliegen Hamburgs, sondern als eines aller Bundesländer. Bis Meins den Vorsitzenden der FMK dazu bewegt hatte, den Hamburger Finanzsenator Schultze-Schlutius zu bitten, für ihn zu einer Sitzung einzuladen, war es Herbst 1957 geworden – und ein Regierungswechsel hatte Bayern einen neuen Kultusminister beschert. Der wollte ohne vorherige Nominierung durch die KMK keinesfalls im Ausschuß mitwirken, so daß der Winter 1957/58 ins Haus stand, als die erste Sitzung am 12. Dezember 1957 endlich stattfand.[64]

Allerdings war auch dieser Termin nur aus der Not geboren. Eine reguläre Konferenz der Finanzminister wurde kurz unterbrochen, um die vier Kultusminister und Walcher als Sachverständigen in den Sitzungssaal zu bitten. Die Anwesenheit aller zehn Finanzminister konnte bei einem so kostspieligen Anliegen nichts Gutes bedeuten. Nach kurzer Diskussion war die Sitzung auch schon wieder beendet und die FMK wandte sich wieder ihrer regulären Tagesordnung zu: Da kein Kompromiß ausgearbeitet worden war, und der äußere Rahmen auch keine vorsichtigen Annäherungsversuche zuließ, wurden die Länderkabinette um erneute Beschlußfassung gebeten. Das Thema sollte dann auf der gemeinsamen Sitzung der FMK und der KMK Mitte Januar 1958 wieder aufgegriffen werden.[65]

Es war vielleicht doch ein Fehler gewesen, die „kleine" Lösung, von BMAt und Hamburg allein finanziert, nur halbherzig zu verfolgen. Im Frühsommer 1957 hatte der Zufall mitgespielt, als kurzfristig über einen derartigen Vorschlag zu entscheiden war. Sieveking und der neue Atomminister Siegfried Balke hatten sich am Abend des 20. Juni 1957 getroffen und ihr Gespräch war zufällig auch auf das „Hamburger Cyclotron" gekommen. Natürlich hatte keiner der beiden sich vorher die Akten kommen lassen – was ihnen aber noch in Erinnerung war, waren die geschätzten Gesamtkosten von etwa 42 Millionen DM und die Tatsache, daß die Länder sich gegen eine Beteiligung daran sträubten. Beide waren sich schnell darüber einig, daß eine Aufteilung in Tranchen von 32 Millionen DM für das BMAt und 10 Millionen DM für Hamburg vertretbar aussah.[66]

Allerdings war schon wenige Tage später klar, daß Balke sein Angebot ein wenig vorschnell ausgesprochen hatte. Am 6. Juli 1957 rief Hocker in Hamburg an und informierte Meins darüber, daß er dem Finanzministerium für die

---

[64] Vermerk Meins, 12.6.57, Vermerk Meins 14.6.57, Niederschrift FMK 11.7.57, Präsident KMK an Präsident FMK, 3.7.57, HA an Sekretariat KMK, 27.7.57, 5.8.57 und 9.10.57, Fernschreiben Maunz an Schultze-Schlutius, 22.10.57, Schultze-Schlutius an Mitglieder Unterausschuß DESY, 26.11.57, HH6040-5.

[65] Mitteilungen HschA KMK, 21.12.57, Walcher an Meins, 18.12.57, HH6040-5; Kurzprotokoll AK Kernphysik der DAtK, 13.1.58, DAs.

[66] Sieveking an Wenke, 21.6.57, HH6040-5.

Studiengruppe nur 600.000 DM habe abringen können. Die Hartnäckigkeit des zuständigen Referenten gehe so weit, daß selbst Teilbeträge immer nur in der Höhe bereits erfolgter Zusagen der Länder ausgeworfen würden, um keine höhere Beteiligung als 50 % zu präjudizieren. Und da Hamburg angeboten hatte, für den weiteren Bedarf der Studiengruppe 600.000 DM einzusetzen, gab das BMF ebenfalls nur 600.000 DM frei, trotz 1,75 Millionen DM im Haushaltsplan.[67]

Hamburg hätte den schwarzen Peter unter Bezug auf das Gespräch Sieveking – Balke jetzt an das BMAt abgeben können. Offensichtlich beurteilte Meins die Erfolgsaussichten des FMK/KMK-Unterauschusses aber besser als die von Verhandlungen zwischen BMAt und BMF.

Auf beiden Seiten war unterdessen die Regierung neu gebildet worden. Der Hamburg-Block hatte bei den Wahlen am 10. November 1957 seine Mehrheit an die SPD abgeben müssen. Erster Bürgermeister wurde wie schon von 1946 bis 1953 Max Brauer. Auch der neue Schulsenator Landahl hatte dieses Amt schon vor 1953 einmal innegehabt. Er stand DESY genauso aufgeschlossen gegenüber wie sein Vorgänger Wenke. In Bonn hatten CDU und CSU am 15. September 1957 die absolute Mehrheit errungen. Finanzminister Schäffer wechselte ins Justizressort, sein Nachfolger wurde Franz Etzel. In Anbetracht dieser personellen Veränderung würde sich gelegentlich vielleicht sogar ein erneuter Vorstoß in Richtung einer höheren Bundesbeteiligung an DESY lohnen.

Bewegung konnte aber auch in die Fronten gebracht werden, indem auf die Argumente eingegangen wurde. Was hatten die Länderfinanzminister eigentlich auf der Sitzung des Unterausschusses einzuwenden gehabt? Zunächst einmal, daß man sich wegen der eigenen Atomforschungsprojekte auch nicht an die anderen Länder wende; auf die angespannte Finanzlage war verwiesen worden wie auch auf den neueingerichteten Wissenschaftsrat, an den die Entscheidung abgegeben werden könne. Damit sollte natürlich nur Zeit gewonnen werden. Dagegen hatten die Finanzminister mit ihrer Behauptung recht, daß die Länder nur den *laufenden* Haushalt gemeinsam finanzierter Forschungsinstitute tragen konnten. Eine Beteiligung an *Investitionen*, wie Hamburg es für das DESY vorschlug, war im Königsteiner Staatsabkommen von 1949 nicht vorgesehen. Meins arbeitete daher Ende Dezember 1957 eine neue Aufteilung der Kosten aus, eine Idee, über die schon Glässing auf der Sitzung des Unterausschusses philosophiert hatte: Der Beschleuniger selbst sollte nun vom BMAt oder von der DFG (z.B. über das Großgeräteprogramm) bezahlt werden. Dagegen konnte niemand etwas einwenden, weil das der traditionelle Weg für die Finanzierung eines Großgerätes war. Dasselbe galt für die gemeinsame Errichtung von Gebäuden durch BMAt und Sitzland, also Hamburg, nach einem 50:50-Schlüssel. Nur noch die laufenden Kosten sollten wie bisher vorgesehen hälftig zwischen dem Bund und allen Ländern aufgeteilt werden. Der Kompromiß war nicht neu: Auch der Berliner Senator Tiburtius und der hessische Kultusminister Hennig hatten sich schon

[67] Vermerk Meins, 6.7.57, HH6040-5.

dieser Richtung geäußert.[68]

Balke hatte im Januar 1958 aber eine bessere Idee: Er bot an, den Ministerpräsidenten ein Ultimatum zu stellen. Wenn es über DESY zu keiner Einigung komme, werde sein Ministerium für den Fehlbetrag einspringen und Zuschüsse an die Länder in entsprechender Höhe streichen. Der neue Finanzminister Etzel war offenbar eher bereit, seine Grundsätze aufzugeben, wenn es seinen Geldbeutel nicht belastete. Es war nun Brauers Aufgabe, DESY wieder auf die Tagesordnung der MPK setzen zu lassen, um dort unter Hinweis auf die angedrohten Konsequenzen die Entscheidung auf höchster Ebene herbeizuführen.[69]

Ganz störungsfrei gingen diese Manöver aber nicht über die Bühne. Zum einen bat der Rheinland-Pfälzische Finanzminister Nowack am 6. Februar 1958 auf der gemeinsamen Sitzung von KMK und FMK um genaue Zahlen – er habe von 75 Millionen DM Kosten für DESY gehört. Das war zwar übertrieben, aber die Berechnungen, die zwei Wochen später auf dem Tisch der Hochschulabteilung lagen, sprachen immerhin von 58,1 Millionen DM. Zweitens lief aber auch das schlimme Gerücht um, Heisenberg habe sich in einer Vorlesung abschätzig über DESY geäußert. Es drang im März 1958 bis zum Ohr des Bremer Schulsenators Dehnkamp, der sich vor weiterer Verbreitung erst einmal bei seinem Parteifreund Landahl erkundigte, wieviel von der Flüsterpropaganda Hand und Fuß habe. Die Heisenberg zugeschriebenen Äußerungen, wären sie gefallen, brachten eine auf mittlerweile 20 Mitarbeiter angewachsene Studiengruppe in Gefahr. Bevor die Schilderung der Verhandlungen um die Finanzierung des DESY fortgesetzt wird, soll der Blick daher zunächst darauf gerichtet werden, was im Physikalischen Staatsinstitut seitdem geschehen war.[70]

Parametersuche und Bauplanung

Ein Multi-GeV-Beschleuniger wie DESY besteht aus Tausenden unterschiedlicher Bauteile, von denen viele in keinem Lieferverzeichnis stehen und somit durchgerechnet, spezifiziert und konstruiert werden müssen, bevor auch nur eine Bestellung aufgegeben werden kann. Vor dieser Ingenieursarbeit steht die Festschreibung der Grundparameter – Energie, Radius, Feldindex, Anzahl der Magnete, Länge der freien Strecken zwischen den Magneten, maximale Amplitude der Teilchenoszillationen, Injektionsenergie etc. –, mit denen alle Bauteile direkt oder indirekt verknüpft sind. Bis zur Festschreibung dieser Grundparameter war also auch ohne Gesamtfinanzierung des DESY Arbeit genug vorhanden. Auch Livingstons Gruppe am MIT hatte fast vier Jahre lang auf die Finanzierung des

[68]Protokoll HschA KMK, 3.5.57, Tiburtius an Landahl, 23.12.57, Meins an Hocker, 23.12.57, Vermerk Meins, 22.1.58, HH6040-5

[69]Vermerk Meins, 23.1.58, Balke an Ministerpräsidenten der Länder, 15.3.58, Brauer an Ministerpräsidenten der Länder, 14.4.58, HH6040-5.

[70]Niederschrift FMK/KMK, 6.2.58, 18.2.58, DESY an HA, Dehnkamp an Landahl, 24.3.58, HH6040-5; [Dre82, S. 1956-9].

C.E.A. durch die AEC warten müssen. Da DESY nicht einfach eine Kopie des C.E.A. werden sollte, stellte die monatelange Unsicherheit zwar eine Belastung, aber kein ernsthaftes Hindernis für die Studiengruppe dar. Im Winter 1956/57 wurden vom BMAt und Hamburg insgesamt 300.000 DM für Personal und laufende Mittel bewilligt.[71]

Allerdings waren die Mitarbeiter noch weit verstreut: Ende 1956 beschäftigten sich Bopp in München, Sauter und Wüster in Köln, Schoch in Genf und Steinwedel in Bonn mit theoretischen Fragen; neben der Untersuchung des Strahlungsproblems vor allem mit der tastenden Suche nach einem vernünftigen Satz von Grundparametern. Sie hatten sich Ende November 1956 ein erstes Mal in Bonn zum Gedankenaustausch getroffen. In Hamburg waren Jentschke, Bodenstedt und Sehnalek bis über beide Ohren mit Verwaltungsarbeiten zugedeckt – und Jentschke hatte seit Beginn des Wintersemesters zusätzlich noch Vorlesungen vorzubereiten und abzuhalten. Schmelzer in Genf half mit seiner intimen Kenntnis des CERN, wo er sich als stellvertretender Projektleiter für den Bau des Protonensynchrotrons tagtäglich mit den Fährnissen der Praxis auseinanderzusetzen zu hatte. Für ihn, für Paul und die anderen Professoren konnte DESY aber nur Freizeitbeschäftigung sein, weil sie deswegen natürlich nicht von ihren eigentlichen Aufgaben vernachlässigen konnten. Nach der ersten Mittelzuweisung wurden daher sofort reguläre Mitarbeiter eingestellt. Die Vorschlagsliste, die im Herbst 1956 im Arbeitskreis Kernphysik und auf dem Vorbereitungskurs auf Zuruf aufgestellt worden war, erwies sich leider als nur wenig ergiebig. Ein Hochfrequenzfachmann der Bundespost wollte nicht auf seine Pension verzichten und manchem Industriephysiker waren die gebotenen Gehälter – Gruppe III der Tarifordnung für Angestellte – nicht hoch genug. Alle Hoffnungen Jentschkes auf übertarifliche Bezahlung waren nach einem Blick in die Bewilligungsbedingungen des BMAt nämlich schlagartig zerstoben. Er konnte zwar, weil das DESY einen Namen, aber noch keinen Rechtsträger hatte, Privatdienstverträge anbieten, die Höhe der Gehälter wurde ihm jedoch vom BMAt vorgeschrieben. Dennoch fanden sich bis Ende Januar 1957 neun Unentwegte, die weder ihre Unkenntnis des Beschleunigerbaus, noch die Bezahlung und auch nicht die ungewisse Zukunft ihres Arbeitsplatzes davon abbrachten, in Hamburg mit der Arbeit zu beginnen.[72]

Steffen war schon seit dem 1. Januar 1957 in den USA bei Livingston. Der C.E.A.-Chef hatte angeregt, nicht nur Physiker, sondern auch Ingenieure zu schicken. Ab Juli 1957 sollte daher Alfred Krolzig, bis dato Hochfrequenz-Ingenieur beim Norddeutschen Rundfunk, ihn dort verstärken. Weitere Mitar-

---

[71] O. Beer et al., Die Vorbereitungen zum Bau des DESY, DESY A1.1, v.M., 1957, S. 20-22, DB; vgl. [DES64]; [Liv69, S. 79-85].

[72] Protokoll AK Kernphysik DAtK, 28.1.57, O. Beer et al., Die Vorbereitungen ..., S. 3, a.a.O.; Protokoll ArbA, 5.1.57, DA7; Niederschrift über die Elektronenbeschleuniger-Tagung in Bonn am 15. und 16.2.1957, 20.2.57, Sc; Bewilligungsbedingungen für die Zahlung, Verwendung und den Nachweis der Verwendung von Zuschüssen aus Haushaltsmitteln des BMAt an öffentliche Einrichtungen, o.D., DA16.

beiter waren Erwin Bodenstedt und Alfred Ladage, beide allerdings Universitätsassistenten, die ihre Arbeitszeit DESY nur teilweise zur Verfügung stellen konnten. Wüster, unter dessen Leitung die Parameter festgelegt werden sollten, brauchte daher dringend Verstärkung: Ein Mathematiker, der zuvor Turbinenschaufeln berechnet hatte, ein weiterer Physiker und vor allem ein technischer Rechner wurden zum 1. April 1957 eingestellt. Zweitwichtigste Aufgabe nach der Parametersuche war die Baukoordination. Auf dem zukünftigen Bauplatz mußten Bohrproben genommen und anschließend zusammen mit einem Statiker ein Fundament entworfen werden. DESY würde auch schon bald mehr Platz benötigen als das Physikalische Staatsinstitut bieten konnte. Ottokar Beer, dem praxiserfahrensten neuen Mitarbeiter, fiel daher zwangsläufig die Leitung der Baugruppe zu. Er hatte als Industriephysiker bei Friesecke und Höpfner Erfahrung in der Handhabung größerer Projekte sammeln können.[73]

Erster Arbeitstag war der 2. Mai 1957. Im Laufe des Sommers 1957 konnten die noch offenen Gruppenleiterposten besetzt werden: Die Konstruktion des Magneten wurde Werner Hardt anvertraut; Ein Ingenieur, Günter Bothe, sollte die Energieversorgung entwerfen, und Uwe Timm die Spezifikationen für den Einschußbeschleuniger, der als Industrieauftrag ausgeschrieben werden sollte, ausarbeiten. Günter Schaffer übernahm die Verantwortung für die Hochfrequenz.[74]

Die Suche nach den Grundparametern wurde durch einige Randbedingungen begrenzt, deren physikalischer Hintergrund kurz geschildert werden soll: Als Endenergie der Elektronen war 6 GeV festgelegt worden, mit der Option, bei stärkerer Erregung des Magneten und mit höheren Beschleunigungsspannungen später auch 7,5 GeV zu erreichen. Das maximale Magnetfeld durfte keinesfalls über 10 kGauß liegen, weil dann Inhomogenitäten im Eisen zu Strahlinstabilitäten führen würden. 10 kGauß Feld bei 7,5 GeV bedeuten einen Krümmungsradius der Teilchenbahn von 25 Metern. Der Radius des Beschleunigers würde natürlich größer sein, weil zwischen den Magnetsektoren – abwechselnd fokussierend und defokussierend – noch feldfreie Stücke vorgesehen werden mußen: Erstens für die Hochfrequenzkavitäten, in denen die Elektronen beschleunigt werden; außerdem kann nur dort der Strahl aus dem Einschußbeschleuniger eingelenkt werden; dann braucht man Platz für Targets, auf die die Elektronen am Ende jedes Beschleunigungszyklus gelenkt werden; und letzter, fast trivialer Grund sind die kupfernen Spulenwicklungen, für die zwischen den einzelnen Magneten Platz gelassen werden muß. Wüster fixierte den mittleren Radius zunächst auf 40 Meter, 10 % mehr als bei C.E.A. Im nächsten Schritt mußte er sich für das „lattice" entscheiden, eine Grundzelle aus Magneten und freien Stücken, die im Ring periodisch wiederholt würde. Wüster wählte – in Anlehung an das C.E.A. – eine FOFDOD Struktur, wobei F und D jeweils Magnete (entsprechend ihrer

[73]Protokoll ArbA, 5.1.57, DA7; Niederschrift über ... , a.a.O.

[74]O. Beer et al., Die Vorbereitungen ... , S. 3, a.a.O.; DESY, Situationsberichte der verschiedenen Arbeitsgruppen nach dem Stand vom 31.10.1957, vervielfältigtes Manuskript, o.D., HH6043-5.

Funktion) bezeichnen und O feldfreie Stücke. Man kann verschwindenden Abstand zwischen F- und D-Magneten dadurch realisieren, indem man ihnen eine gemeinsame Spule gibt; dadurch entsteht praktisch ein einziger langer Magnet, dessen Polschuhkontur sich in der Mitte ändert. Die FOFDOD Struktur führt zu besonders kleinen Teilchenamplituden, weil feldfreie Stücke nur zwischen insgesamt fokussierenden Untereinheiten aus je einem F- und D-Magneten eingesetzt werden. Für die FFDOD Struktur, die Wüster in Anlehnung an das DDFOF lattice des Bonner Synchrotrons ebenfalls untersuchte, gilt dasselbe. Zusätzlich ermöglicht sie besonders lange feldfreie Stücke. Nächster Schritt war die Festlegung des Feldindex[75] n. Die Stärke der Fokussierung ist proportional zu n, allerdings auch die Anforderungen an die Positionierung der Magnete und deren Feldgenauigkeit. Livingston hatte als Kompromiß zunächst $n = 100$ gewählt, dachte aber schon an $n = 116$. Wüster setzte $n = 125$ ein, einen Wert, für dessen Realisierung er keine Schwierigkeiten sah. Um das System partieller Differentialgleichungen, das die Bewegung der Teilchen beschreibt, iterativ lösen zu können, fehlte als letzte Randbedingung noch die Anzahl der Magnete N. Bei gegebenem Feldindex n hängt die Amplitude der Teilchenoszillationen vor allem von N ab, und damit auch Volumen und Preis der Magnetsektoren, der Energieversorgung und nicht zuletzt auch der Vakuumkammer. Bei 24 bis 30 Magneten jedes Typs befand man sich in beiden Fällen – FOFDOD und FFDOD lattice – in einem breiten Minimum, wo also die Oszillationsamplitude kaum von N abhängig war. Das Bonner Synchrotron besaß neun Magnete jeden Typs, bei C.E.A. suchte man mit der Zahl 24 größere Symmetrie zu wahren. Für DESY wurden $N = 27$ und $N = 30$ diskutiert.[76]

Endlose Diskussionen zwischen Wüster und den auswärtigen Fachleuten schienen sich anzubahnen; die Festlegung einer Magnetstruktur und von n und N ist innerhalb einer gewissen Spannweite fast schon eine Frage des persönlichen Geschmacks. Wirklich stringente Randbedingungen gab es nur wenige: Endenergie, maximales und minimales Magnetfeld, wegen der physikalischen Eigenschaften des Weicheisens; die gesamte Länge feldfreier Stücke, in denen die oben genannten Komponenten untergebracht werden mußten; und schließlich die Betatronzahlen Q_h und Q_v, die weder ganz- noch halbzahlige Werte annehmen durften. Darauf ist bisher noch nicht eingegangen worden. Die Betatronzahl Q gibt die Anzahl der Schwingungen um die Sollbahn an, die das Teilchen während eines Umlaufs macht. Wenn Q ganz- oder halbzahlig ist, sieht das Teilchen alle Störungen, z.B. durch Fehlstellung der Magnete verursacht, immer mit derselben Phase. Selbst wenn sie klein sind, addieren sie sich kohärent auf und der Strahl geht innerhalb weniger Umläufe verloren. Man kann den Feldindex n der F-

---

[75] Der Feldindex n gibt an, wie stark das Magnetfeld B mit dem Radius r variiert (vgl. [Liv59, S. 132f.]): $n = -(r/B)(dB/dr)$ Ein hoher negativer Feldindex bedeutet daher, daß das Feld des betreffenden Magnetsektors stark nach innen abfällt.

[76] K.G. Steffen, Description of the Accelerator, DESY A1.6, v.M., 1959, S. 5-7, DB; O. Beer et al., Die Vorbereitungen ... , S. 15-19, a.a.O.; M.S. Livingston, in: [Reg56]; W. Paul, in: [Reg56].

und D-Magnete so wählen, daß die Betatronzahlen für vertikale und radiale Oszillationen identisch werden: $Q_v = Q_h = Q$. Dieser Wert ist dann einfacher zu berechnen und hängt außerdem nur noch von n und der Zahl der Magnete N ab. So war die optimale Anzahl von 27 bzw 30 Magneten jeden Typs durch die Bedingung zustande gekommen, daß Q_v und Q_h von den ganz- und halbzahligen „Stopbändern" so weit wie möglich entfernt sein sollten.[77]

Die analytischen Formeln zur Berechnung von Q und N sind bereits ziemlich kompliziert. Am meisten Zeit kostete Holzhausen, den technischen Rechner, aber die Angabe genauer Zahlen für die Schwingungsamplitude der Teilchen, weil dazu partielle Differentialgleichungen iterativ gelöst werden mußten. An Hilfsmitteln standen ihm ein Tischrechner und eine Logarithmentafel zur Verfügung. Im Laufe des Jahres 1957 wurde Maunz, der Mathematiker in der Studiengruppe, zu IBM auf einen Programmierlehrgang geschickt, weil an der Universität eine elektronische Rechenmaschine aufgestellt werden sollte: Das Modell IBM 650 konnte bis zu 2000 Rechenschritte in den Programmspeicher aufnehmen, und bis zu 100 Multiplikationen pro Sekunde durchführen. Seit kurzem war auch die Ausgabe trigonometrischer Funktionen durch einen einzigen Befehl möglich. Trotzdem würde die Berechnung von Teilchenbahnen Stunden dauern. Und eine Stunde Rechenzeit kostete mit 340 DM fast halb so viel wie ein Monatsgehalt von Holzhausen. Das Thema elektronische Unterstützung der Rechenarbeiten wurde daher bis auf weiteres verschoben.[78]

Die Rechnerei durfte aber auch nicht endlos dauern. Eine Parametertagung im Juli 1957, zu der wieder alle Interessenten eingeladen waren, brachte noch keine Festlegungen. Am 20. September wurde schließlich als erster Schritt der mittlere Radius auf 48 Meter eingefroren. Da damit der physikalische Umfang des Synchrotrons festlag, fast ein Drittel größer als C.E.A., konnte die Baugruppe endlich mit ihren Planungen für die Fundamente beginnen. Warum wurde der Radius so groß und damit kostentreibend gewählt? An erster Stelle stand Sicherheitsdenken bezüglich der Strahlaufweitung durch die Synchrotronstrahlung. Die Gründe dafür, daß die Synchrotronstrahlung die Schwingungsamplitude der Elektronen bei hoher Energie vergrößert, sind schon genannt worden. Ein kleineres Magnetfeld reduziert die Strahlung und alle damit verbundenen Effekte. Das geringe Maximalfeld von 8 kGauß barg eine weitere Sicherheitsmarge, da es Inhomogenitäten im Eisen garantiert ausschloß. Das Magnetfeld beim Einschuß, nur 40 Gauß, bei Verwendung von Eisenblechen mit sehr geringer Remanenz gerade noch beherrschbar. Und die erhöhten Bau- und Anschaffungskosten wurden dadurch wettgemacht, daß die Magnetstromversorgung und die Hochfrequenzanlage kleiner ausgelegt werden konnten. Mit der Festlegung des mittleren Radius auf 48 Meter hatte die Theoriegruppe Zeit für weitere Rechnungen herausgeschun-

[77]K.G. Steffen, Description ... , S. 5-9, a.a.O.; O. Beer et al., Die Vorbereitungen ... , S. 17f., a.a.O.; vgl. [Liv59, S. 145-147].

[78]Vermerk Maunz, September 1957, HH6043-5; vgl. H.O. Wüster, Vorschlag zur Beschaffung einer elektronischen Rechenmaschine, DESY A3.4, v.M., 1959, Protokoll ArbA, 12.1.59, DA7.

den. Die anderen Gruppen kamen vorerst mit der Kenntnis dieses Parameters und der Endenergie aus.[79]

Schaffer und Hardt waren vollauf mit der Einrichtung ihrer Laborräume und dem Aufbau von Meßständen für Magnete, Hochfrequenzgeneratoren und Hohlraumresonatoren beschäftigt. Bothe hatte mit der Auslegung der Magnetversorgung begonnen. Es ist oben bereits gesagt worden, daß Elektronen in einem Synchrotron viel schneller beschleunigt werden können als Protonen. Daher bietet sich zur Erregung des Magneten ein Schwingkreis an. Die Energie im Feld des Magneten geht am Ende eines Beschleunigungszyklus dann nicht verloren, sondern wird in einem System aus Kondensatoren und Drosseln zwischengespeichert. Dadurch steht sie im folgenden Beschleunigungszyklus erneut für die Erregung des Magneten zur Verfügung. Aus dem Netz müssen nur die Ohm'schen Verluste nachgeliefert werden. Als Resonanzfreqenz des Schwingkreises wählt man zweckmäßig die Netzfrequenz, d.h. in Deutschland 50 Hz. Da das Magnetfeld nicht umgepolt werden, sondern zwischen Null und seinem Maximalwert variieren soll, wird der Wechselspannung eine Gleichspannungskomponente überlagert. Bei der Auslegung der Kondensatoren, Drosseln, Umspanner und Gleichstromnetzgeräte war Bothe eine Zeitlang weitgehend unabhängig von Wüsters Berechnungen.[80]

Das Laborgebäude für die Studiengruppe konnte dagegen nicht so lange warten. Es war nicht daran zu denken, die Herstellung von Modellen oder Versuche im Physikalischen Staatsinstitut durchzuführen. Zwei Hindernisse standen dem Bau aber noch im Weg: Zunächst die Suche nach einem geeigneten Gelände, denn das Gebäude sollte auf demselben Grundstück wie der Beschleuniger errichtet werden; und natürlich die Finanzierung dieses im Vergleich zu den Personalkosten großen Postens.[81]

Ein Grundstück war schon Ende 1956 gefunden: Der ehemalige Flugplatz Bahrenfeld, acht Kilometer westlich vom Hamburger Zentrum gelegen, würde vom neuerrichteten Bundesministeriums für Verteidigung nicht beansprucht werden, weil die Luftwaffe sich nicht auf einem so nahe an einem Wohngebiet gelegenen Flugplatz niederlassen wollte. Da der neue Verteidigungsminister zudem Strauß hieß, bereitete es Hocker wenig Mühe, dem Ministerium auch eine anderweitige Nutzung auszureden und DESY eine Teilfläche des riesigen Areals zu sichern. Die Bundesvermögensstelle wies das Physikalische Staatsinstitut 1957 in den Besitz der ersten drei Hektar ein und erlaubte Tiefenbohrungen auf dem Rest des Geländes, damit der geologisch stabilste Teil bestimmt werden konnte.[82]

---

[79] Programm für die DESY-Parameter-Tagung vom 5. bis 7. Juli 1957 in Marburg, o.D., DA4; H.O. Wüster, Vorläufige Festlegung des mittleren Radius auf 48 m, DESY A2.1, v.M., 1957, DB.

[80] DESY, Situationsberichte ..., a.a.O; [Liv59, S. 52, 147f.].

[81] Vermerk Meins, 25.1.57, HH6040-5.

[82] Hocker an Jentschke, 5.12.56, Bundesvermögensstelle Hamburg an Physikalisches Staatsinstitut, 27.5.57, DA4; Vermerk Meins, 25.1.57, HH6040-5.

Dagegen stieß die Finanzierung der Bauten und der Bohrungen, aber auch der Anschaffungen für Mobiliar, Werkzeuge, Meßgeräte, Installationen etc., also der Erstausstattung der Studiengruppe, auf einige Hindernisse. Im Bundeshaushalt 1957 gab es zwar den schon erwähnten Titel über 1,75 Millionen DM und Hamburgs Senat beantragte am 7. Juni 1957 für den Landeshaushalt eine gleichlautende Haushaltsstelle. Das BMF weigerte sich jedoch, Baukosten zu zahlen, da es noch keinen Rechtsträger für DESY gab. Dessen Gründung war im Hinblick auf die laufenden Verhandlungen mit den anderen Bundesländern vertagt worden. Hocker rang dem BMF immerhin die Zusage ab, diejenigen Posten zu übernehmen, die auch der physikalischen Ausbildung dienten. Da die Vorbereitungsbauten die beengten Verhältnisse im Physikalischen Staatsinstitut linderten, erfüllten sie diese Bedingung. Einen Monat später kam aber der ein Rückzieher aus dem Finanzministerium: Man Wert auf nur 50 %ige Beteiligung an den Kosten. Hamburg hatte bis dahin angenommen, sich 1957 nur mit den bereits ausgewiesenen 200.000 DM engagieren zu müssen: Jentschke den Bedarf zwar mit 1,3 Millionen DM angegeben hatte, der Differenzbetrag konnte aber leicht aus dem Titel im Bundeshaushalt gedeckt werden. Da das BMAt aber erst 100.000 DM überwiesen hatte, fehlten wegen der starren Haltung des BMF nunmehr 1,2 Millionen DM – und davon mußte Hamburg nolens volens die Hälfte aufbringen. Schließlich stimmte Jentschke notgedrungen der Übertragung von 400.000 DM aus dem Haushalt des Physikalischen Staatsinstituts auf DESY zu.[83]

Vermittlungskünste waren im Sommer 1957 nicht nur bei der Geldbeschaffung gefragt. Anfang Juli hatte es die erste Reiberei zwischen der Baubehörde und Beer gegeben. Jedes aus öffentlichen Mitteln bezahlte Gebäude wird nach einer in der Reichshaushaltsordnung genau festgelegten Prozedur geplant, ausgeschrieben und errichtet. Am Anfang steht ein Planungsauftrag an die zuständige Baubehörde, die die Wünsche des Bauherrn mit den gesetzlichen Bestimmungen vergleicht, ein Verzeichnis der zu erbringenden Bauleistungen und einen Kostenvoranschlag anfertigt. Das Leistungsverzeichnis ist die Grundlage der Ausschreibung, bei der der Zuschlag grundsätzlich dem preiswertesten Bieter zu erteilen ist – selbst wenn es zwischen Bauherr und Bauamt Differenzen über dessen Leistungsfähigkeit gibt. Vor Baubeginn wird ein Kostenanschlag aufgestellt, der vom Bauherr und meistens auch noch anderen zuständigen Behörden abgezeichnet wird. Wenn zu diesem Zeitpunkt die Mittel freigegeben sind, erteilt das Bauamt anschließend den Bauauftrag. Nach Übergabe der Gebäude wird eine Schlußabrechnung gemacht. Im Juni 1957 war dieses Verfahren so weit fortgeschritten, daß das Hochbauamt die drei Vorbereitungsbauten für DESY ausschreiben wollte. Beer hatte schon vorher mit einer Baufirma verhandelt, die ihm das Richtfest noch für den Sommer 1957 versprochen hatte. Die Ausschreibung brachte dann aber einen preisgünstigeren Bieter – und außerdem hatte das Hochbauamt, so Beer, die Baupläne ohne Rücksprache mit ihm abgeändert. Fertig-

[83]Mitteilung des Senats an die Bürgerschaft Nr. 198, 7.6.57, Vermerk Meins, 6.6.57, HA an BMAt, 6.6.57, Vermerk Meins, 6.7.57, Vermerk Glässing, 11.7.57, Vermerk HA, 5.9.57, HH6040-5.

stellungstermin und Innenausstattung der Vorbereitungsbauten entsprachen damit nicht mehr seinen ursprünglichen Vorstellungen. Von der Industrie war Beer einen anderen Stil gewohnt. Nicht zum letzten Mal mußte Jentschke daher verhindern, daß sein Gruppenleiter mit Baurat Kohbrock lautstark aneinandergeriet.[84]

Ein Richtfest im Sommer 1957 war nach der jüngsten Entscheidung des BMF aber in jedem Fall illusorisch. Selbst die briefliche Versicherung Sievekings an Balke, Hamburg trete auf jeden Fall für die zweite Hälfte der Baukosten ein, beschleunigte die Freigabe der Bundesmittel nicht. Erst am 16. September 1957 wurde eine erste Rate von 100.000 DM zugesagt, und wenn die Baufirma nicht auf eigenes Risiko einige Vorarbeiten auch ohne Bauauftrag begonnen hätte – der Richtkranz hätte kaum vor Beginn der Winterpause auf dem Dachstuhl geflattert.[85]

Ab April 1958 zog die Studiengruppe Zug um Zug nach Bahrenfeld um. An das Verwaltungsgebäude, mit 12 Räumen für die Theoriegruppe, Schreibzimmer, Bibliothek und Sitzungszimmer, schloß sich ein Laborgebäude an, in dem sich jede Gruppe einen Raum von 20-40 m^2 für ihre Versuche einrichtete. Die mechanische und die elektrische Werkstatt sowie das Materiallager waren in einem dritten Gebäude untergebracht.[86]

Der Exkurs zur Studiengruppe im Physikalischen Staatsinstitut wäre damit eigentlich beendet. Der Blick könnte wieder zurück auf die Verhandlungen Hamburgs und des BMAt mit den Bundesländern gerichtet werden, zumal deren Abschluß nach dem Umzug des DESY in die eigenen vier Wände immer dringlicher wurde. Eine kurze Episode im Winter 1957/58 bewegte aber alle Beteiligten so heftig, daß sie an dieser Stelle nicht ausgelassen werden kann.

Die Linac-Alternative

Es mag mit der Loslösung der Teilchenphysik von der Kernphysik zusammenhängen, daß in der Mitte der fünfziger Jahre an so vielen Stellen in der Welt neue, größere Beschleuniger geplant wurden. Vor Baubeginn wurde immer – wie bei DESY und C.E.A. – ein detailliertes „proposal“ ausgearbeitet, das parallel zur Beratung in den Regierungsinstanzen meistens auch bei befreundeten Kollegen zirkulierte. An der Stanford University bildete sich im April 1956 eine Gruppe, um ein solches proposal für den Nachfolger des 700 MeV-Mark III Linac zu verfassen. Ein Jahr später wurde die erste Fassung in die wissenschaftliche Diskussion gegeben.[87]

Schon die Durchsicht des Druckwerks weckte Zweifel, ob DESY mit sei-

[84]Baubehörde an Jentschke, 6.6.57, DA4; Vermerk Hochbauamt, Niederschrift über Besprechung am 3.7.57, DA7.

[85]Vermerk Meins, 6.7.57, Sieveking an Balke, 16.7.57, HH-6040-5; Vermerk Meins, 16.9.57, DA4; O. Beer et al., Die Vorbereitungen ... , S. 9, a.a.O.; Hamburger Echo, 5.12.57.

[86]JB57-60, S. 23; O. Beer at al., Die Vorbereitungen ... , S. 8f., a.a.O.

[87]Jentschke an Hofstadter, 27.11.57, DAs; R.B. Neal, in: [Kow59, S. 349-358].

nem AG-Synchrotron auf dem richtigen Weg war. Ein Linac bot zweifellos mehr Optionen für die Zukunft, weil seine Energie sich prinzipiell beliebig erhöhen ließ. Außerdem stand sein Elektronenstrahl am Ende als externer Strahl kleiner Emittanz[88] zur Verfügung. Die Elektronen in einem Synchrotron waren dagegen nicht auslenkbar, so daß Sekundärstrahlen – außer γ-Strahlen – praktisch kaum vorstellbar waren. Für die Studiengruppe gab es weitere, aktuellere Argumente für den Linearbeschleuniger. Niemand wußte genau, ob die Rechnungen über die Strahlaufweitung durch die Synchrotronstrahlung richtig waren. Vielleicht lagen 6 GeV weit oberhalb der Grenze, die mit einem Synchrotron erreicht werden konnte. Die Herstellung der Vakuumkammer des Synchrotrons war ein weiteres ungelöstes Problem: Die hohe Repetitionsrate erzwang einerseits die Verwendung elektrisch isolierender Materialien, weil Wirbelströme in einer leitenden Vakuumkammer das Hauptmagnetfeld unzulässig verzerrt hätten. Andererseits war die Strahlenbelastbarkeit der meisten bekannten Isolatoren aber viel zu schlecht, als daß sie der intensiven Synchrotronstrahlung hätten standhalten können. Keramik und Porzellan, für die das nicht gilt, waren wiederum nicht in der geforderten Länge von vier bis fünf Metern herstellbar. Der Linac stellte keine vergleichbaren technischen Herausforderungen an seine Erbauer. Dafür war seine kurze Pulslänge für die späteren Experimente ein unübersehbarer Nachteil. Die Beschleunigungsspannung ist in einem Linac viel höher als in einem Synchrotron. Die Klystrons, mit denen die Hochfrequenzspannung erzeugt wird, dürfen daher nur für ganz kurze Zeit, etwa 1 Mikrosekunde, ihre Nennleistung abgeben. Schon in der wissenschaftlichen Begründung für C.E.A. hatte gestanden, daß mit so kurzen Pulsen keine Koinzidenzexperimente möglich seien. Andererseits machte die Entwicklung schneller Elektronik Fortschritte; der kurze Puls war bei Flugzeitexperimenten sogar vorteilhaft; und für eine Blasenkammer spielte er überhaupt keine Rolle.[89]

Es gab also Gründe genug, den Beschleunigertyp im Winter 1957/58 nochmals zur Diskussion zu stellen. Jentschke war ab 12. Dezember 1957 in den USA und hatte auf seiner Rundreise auch Besuche in Stanford, Cambridge und Brookhaven eingeplant. Nach seiner Rückkehr wurden Für und Wider des Linac und des Synchrotrons in einem langen Bericht festgehalten. Er trug die Diskussion aus der Studiengruppe in die interessierten Institute und den Arbeitskreis Kernphysik. Nur von dort konnte die endgültige Entscheidung kommen.[90]

Gerüchte über die Diskussionen auf den Fluren des Physikalischen Staatsinstituts waren aber schon vorher nach außen gedrungen. Als Jentschke Mitte Januar die während seiner Abwesenheit eingegangene Post durchsah, fand er auch einen Brief von Heisenberg darunter. Der Vorsitzende des Arbeitskreises

[88] Die Emittanz ist als Produkt aus Divergenz und Durchmesser des Strahls ein Maß für das von ihm eingenommene Volumen im sechsdimensionalen Phasenraum.

[89] Gegenüberstellung der Möglichkeiten und Kosten eines Elektronensynchrotrons und eines Linearbeschleunigers, v.M., 1958, S. 9-14, DB.

[90] Jentschke an Hofstadter, 27.11.57, Jentschke an Gugelot, 4.12.57, Hofstadter an Jentschke, 6.12.57, Jentschke an Moore, 15.2.58, DAs.

Kernphysik hatte nichts dagegen einzuwenden, daß der Beschleunigertyp in Hamburg überdacht wurde – im Gegenteil. Ein Linac ließe sich in Stufen bauen, so daß mit einem relativ kurzen Stück schon bald Experimente begonnen werden könnten. Außerdem käme das auch Bedenken entgegen, DESY sei zu teuer und das viele Geld sei z.B. in der Biologie besser investiert.[91]

Kurze Zeit später hörte sich die letzte Bemerkung anders an. Heisenberg habe, so wurde Jentschke zugetragen, im kleinen Kreise verlautbart, daß seine Theorie der Elementarteilchen bald alle Beschleuniger entbehrlich machen werde. Tatsächlich arbeiteten Heisenberg und Wolfgang Pauli in jenem Winter 1957/58 an einer Materiegleichung. Aus ihrem Briefwechsel geht Heisenbergs Enthusiasmus für deren universelle Gültigkeit hervor. Welcher Politiker würde DESY noch einen Pfennig geben, wenn der Nobelpreisträger, Kanzlerberater und Doyen der deutschen Kernforscher, Prof. Werner Heisenberg, alle offenen Fragen mit einer einzigen Gleichung beantwortete? Die Überlegung, anstelle der Kernphysik die biologische Forschung stärker zu fördern, präsentierte sich plötzlich in ganz anderem Licht.[92]

Jentschke meldete sich umgehend für den 27. Februar 1958 zu einem Besuch in Göttingen an, noch bevor der Arbeitskreis Kernphysik über Linac oder Synchrotron zu entscheiden hatte. Bei seinem Eintreffen im Max-Planck-Institut für Physik hatte der Wirbel, den die Materiegleichung mittlerweile in der Presse machte, ihm schon einen Gutteil seiner Arbeit abgenommen. Die Schlagzeilen des Tages, die vom Ende der Physik phantasierten, konnte Heisenberg natürlich nicht auch noch durch sein Abrücken von den großen Beschleunigerprojekten unterstützen. Der unveränderten Unterstützung Heisenbergs für DESY versichert, konnte Jentschke von Göttingen nach Bonn weiterreisen, wo sich am folgenden Tag alle unmittelbar Beteiligten im Physikalischen Institut trafen.[93]

Dort ging es nur noch um die Alternative Linac oder Synchrotron. Neben den physikalischen Argumenten spielten natürlich auch die Kosten eine Rolle. Die ursprünglichen Schätzungen, 43 Millionen DM, waren inzwischen auf 50,3 Millionen DM angestiegen, von denen allerdings fast 5 Millionen bei Verzicht auf die 7,5 GeV Option eingespart werden konnten. Ein Linac von 700 Metern Länge, der also gerade noch auf dem Flugplatz untergebracht werden konnte, würde einschließlich der Bauten 55,3 Millionen DM kosten. Auch hier boten sich bei günstigem geologischen Untergrund vielleicht 4 Millionen DM Einsparmöglichkeiten. Die Endenergie des Linac von 3,7 GeV würde später durch stärkere Klystrons auf 7 GeV angehoben werden können. Die DESY-Studiengruppe dachte also keineswegs an eine zunächst preisgünstige Baukastenlösung. Jentschke wußte lange Zeit nicht, für welche der beiden Alternativen er votieren sollte, setzte sich doch vor allem Schmelzer vehement für den Bau

[91] Heisenberg an Jentschke, 10.1.58, He.

[92] Faissner an Jentschke, 30.1.58, DAs; [Her76, S. 117-119].

[93] dpa-Meldung 105 1626, 25.2.58; Jentschke an Heisenberg, 6.2.58, Heisenberg an Jentschke, 8.2.58, Jentschke an Heisenberg, 19.2.58, DAs; Protokoll ArbA, 28.2.58, DA7; [Her76, S. 122].

eines Linac ein. Auch in der Runde aller Beteiligten, versammelt im Bonner Physikalischen Institut, wurde bis 1 Uhr nachts kein Argument gefunden, das in den Augen aller Anwesenden eindeutig gegen einen der beiden Beschleunigertypen gesprochen hätte: Beide hatten Vor- und Nachteile, und selbst die Differenz in ihren Baukosten war in Schmelzers Augen künstlich, da C.E.A. seine Schätzungen bewußt niedrig, Stanford dagegen unnatürlich hoch angesetzt hatte.[94]

Schon zuvor hatte Glässing davor gewarnt, diese Diskussion an die Öffentlichkeit, und damit meinte er seine Finanzministerkollegen, zu tragen. Auf der Sitzung des Arbeitskreises Kernphysik schloßen Paul und Heisenberg sich dieser Überlegung an, indem sie den schnellstmöglichen Baubeginn favorisierten. Jensen stellte für den Linac sogar Hamburg als Standort in Frage: Bei der Karlsruher Reaktorstation stehe bedeutend mehr Platz zur Verfügung als in der Hansestadt. Schließlich wurden Jentschke, Paul, Walcher und Schmelzer in ein Nebenzimmer ins Konsistorium geschickt. Da letztendlich nur taktische Gesichtspunkte von Entscheidung waren, fiel ihre Wahl auf das Synchrotron.[95]

Die Gesamtfinanzierung

Glässings Befürchtung, die Diskussion um „Linac oder Synchrotron" könne den Finanzministern zu Ohren kommen, erwies sich zwar als unbegründet. Dafür traf im März 1958 aber der schon erwähnte Brief des Bremer Schulsenators Dehnkamp in Hamburg ein, in dem er sich über Heisenbergs angebliche Zweifel an DESY erkundigte. Dieses Gerücht erreichte die oberen Etagen der Ministerien zum denkbar ungünstigsten Zeitpunkt, weil Hamburg und das BMAt bereits mit voller Kraft auf die endgültige Entscheidung zusteuerten: Balke hatte seinen Drohbrief an die Ministerpräsidenten der Länder vor einigen Tagen abgeschickt; für die nächste MPK wurde von Hamburg ein Memorandum vorbereitet, in dem noch einmal alle Argumente für DESY zusammengefaßt und die neuerlich erhöhten Kosten vertreten werden sollten; und auf einer Besprechung Glässings mit Hocker, an der auch Finanzsenator Weichmann teilgenommen hatte, war vereinbart worden, daß das BMAt und Hamburg die Arbeit der Studiengruppe notfalls auch bis Ende 1958 allein finanzieren würden.[96]

Glässings Aufforderung, eine neue Gesamtkostenschätzung aufzustellen – nur wenige Tage nach den nervenaufreibenden Sitzungen in Bonn – hatte für alle Mitarbeiter bei DESY erneut zusätzliche Verwaltungsarbeit mit sich gebracht.

[94] Gegenüberstellung ... , S. 9-14, a.a.O.; Jentschke an Teucher, 19.2.58, DAs; Protokoll ArbA, 28.2.58, DA7; Vermerk Tuebben, 3.3.58, DA4; W. Jentschke, Über die Gründung von DESY, Manuskript o.D., Js.

[95] Protokoll AK Kernphysik DAtK, 1.3.58, DAs; Vermerk Tuebben, 3.3.58, DA4. Im Protokoll wird anstelle von Schmelzer Gentner als Teilnehmer genannt. Dies widerspricht jedoch der Erinnerung der Zeitzeugen.

[96] Dehnkamp an Landahl, 24.3.58, Balke an Ministerpräsidenten der Länder, 15.3.58, Brauer an Ministerpräsidenten der Länder, 14.4.58, Vermerk Finanzbehörde, 10.3.58, HH6040-5.

Abb. 3. Atomminister Balke und der Hamburger Bürgermeister Brauer (rechts) bei der Unterzeichnung des Staatsvertrages für DESY (18.12.1959, Bildnachweis: DESY/1666).

Abb. 4. Der Flughafen Bahrenfeld kurz vor dem Zweiten Weltkrieg. Auf dem zentralen Teil des Geländes wurde ab 1956 DESY errichtet (um 1938, Bildnachweis: DESY/37837).

Gleich nach Ablieferung der neuen Zahlen verabschiedete Jentschke sich daher in den Skiurlaub, nachdem er sich in den vergangenen Tagen „grün und blau geärgert" hatte. Zwei Tage später kam aus der Hochschulabteilung die Blitzanfrage, was es mit den Heisenberg-Äußerungen auf sich habe. Auf Jentschke's Rückkehr konnte man nicht warten. Ein schriftlicher Bericht des neuen Verwaltungsdirektors Tuebben über die Ereignisse der letzten Wochen, auch über Heisenbergs Unterstützung DESYs auf der letzten Sitzung des Arbeitskreises Kernphysik, veranlaßte Dehnkamp glücklicherweise, die Gerüchte nicht weiter zu kolportieren. Die endgültige Klärung brachte ein auf Hockers Bitten zustandegekommener Brief Heisenbergs an den Bremer Senator, in dem der Direktor des Göttinger Max-Planck-Instituts für Physik die ihm zugeschriebenen Äußerungen noch einmal ausdrücklich dementierte.[97]

Glässings Bitte um eine neue Gesamtkostenschätzung war Teil seiner Vorbereitungen für die Schlußrunde der Verhandlungen im Frühjahr 1958. Das am 21. März 1958 abgelieferte Papier entsprach noch nicht den Vorstellungen der Verwaltung. Erstens sollte statt einer reinen Auflistung eine Gegenüberstellung alter und neuer Zahlen abgeliefert werden, mit einer Punkt-für-Punkt Erklärung jeder einzelnen Erhöhung. Und zweitens sollte kein Posten mehr fehlen, mit dem später ein Nachschlag begründet werden konnte. Eine Bemerkung in der Schätzung vom 21. März 1958, daß die Vorbereitung der Experimente später noch gesondert im Kostenansatz aufgeführt werden müsse, wurde von Glässing daher rot angestrichen. Die überarbeitete Aufstellung vom 8.April 1958 kam denn auch auf 59,08 Millionen DM Gesamtkosten für DESY – so daß nach erneuter Prüfung in der Hamburger Verwaltung und diversen Verschiebungen zwischen einzelnen Titeln schließlich ein Betrag von 60 Millionen DM herauskam, den Bürgermeister Brauer in seinem Memorandum an die Ministerpräsidenten begründen mußte (vgl. die Tabelle auf S.259). Der größte Zuwachs kam vom Synchrotron, dessen Kosten sich mehr als verdoppelt hatten. Neue Zahlen aus Cambridge und zerstobene Hoffnungen, bei der deutschen Industrie billiger einkaufen zu können, waren die Ursache für diesen Anstieg. Die allgemeinen Ausgaben hatten sich ebenfalls fast verdoppelt. In der Schätzung vom Januar 1957 hatte noch die Annahme gesteckt, daß die Experimente in der Regel an den Universitäten vorbereitet würden. Diese Hoffnung war mittlerweile aufgegeben worden. Sogar am CERN, dessen Unterstützung durch auswärtige Laboratorien so viel sicherer war als die des DESY, diskutierten alle Gremien im Frühjahr 1958 den Bau einer großen Blasenkammer in eigener Regie. Und Nachschläge würde es für DESY in absehbarer Zeit nicht geben.[98]

Der April 1958 diente der Vorbereitung der Konferenz der Ministerpräsidenten am 2. Mai 1958. Der Arbeitskreis Kernphysik befürwortete das neue Investi-

---

[97] Jentschke an HA, 21.3.58, Tuebben an HA, 27.3.58, Vermerk HA, 28.3.58, Hocker an Meins, 22.4.58, Meins an Bevollmächtigten FHH in Bonn, 29.4.58, HH6040-5; Zitat: Jentschke an Alder, 22.3.58, DAs.

[98] Jentschke an HA, 21.3.58, HH6040-5. Jentschke an HA, 8.4.58, DA16; Brauer an Ministerpräsidenten der Länder, DA16; [KP86].

tionsvolumen von 60 Millionen DM als "notwendig und angemessen"; Heisenberg schrieb seinen schon erwähnten Brief an Dehnkamp, in dem er noch einmal ausdrücklich dafür warb, die Finanzierung so schnell wie möglich zu sichern; und die Antworten der Ministerpräsidenten auf Balkes Brief vom März präzisierten noch einmal deren Gegenargumente, daß sie mit ihren eigenen Forschungsausgaben bereits überlastet seien und das BMAt seinen Anteil daher heraufsetzen müsse.[99]

Im Mai 1958 kam es zu größeren Verwirrungen. Hamburgs letztes Angebot war, eine 25 %ige Interessenquote am 30-Millionen-DM-Anteil der Bundesländer vorweg zu übernehmen, zusätzlich zu seinem regulären Anteil von 3,6 % nach dem Königsteiner Schlüssel – zusammen 8,6 Millionen DM. Erwartungsgemäß hatte die MPK keinen einstimmigen Beschluß fassen können – die drei größten Bundesländer Bayern, Nordrhein-Westfalen und Baden-Württemberg waren nicht bereit, die auf sie jeweils entfallenden 3,1 bis 6,8 Millionen DM aufzubringen. Hocker versprach daraufhin, Balke zu Telefongesprächen mit den drei widerspenstigen Ministerpräsidenten zu überreden. Der Atomminister fing mit Hanns Seidel an, dem Regierungschef aus Bayern, seiner eigenen Heimat. Bei 60 % Bundesbeteiligung waren die beiden sich einig. Seidels Zusage in der Tasche, versuchte er es in Stuttgart und Düsseldorf, vorerst allerdings ohne Erfolg. Sein Angebot kam am 16. Mai 1958 zufällig bei einer Vorbesprechung der Tagesordnung für die nächste Bundesratssitzung zur Sprache. Dort stellen die Beauftragten der Länder in Bonn fest, welche der eingereichten Tagesordnungspunkte strittig sind und daher gesondert vorbereitet werden müssen. Minister Farny aus Baden-Württemberg berichtete über die 60 %-Lösung. Da Hamburg 25 % zugesagt habe, sehe er in der Aufbringung der verbleibenden 15 % keine Schwierigkeit mehr. Die Verbreitung der Richtigstellung, daß Hamburg nicht 25 % der Gesamtkosten, sondern 25 % des Länderanteils daran (also 12,5 % der Gesamtkosten) tragen wollte, benötigte zwei weitere kostbare Wochen.[100]

Im Juni 1958 zeichnete sich schließlich das Scheitern ab. Die MPK am 6. Juni 1958 vertagte das Thema bis nach den Wahlen in Nordrhein-Westfalen. Nur eine neue Regierung würde den Kabinettsbeschluß aus Düsseldorf umstoßen, der eine Beteiligung ohne wenn und aber ausschloß. Jentschke drohte daraufhin offen mit der Aufgabe des Projekts. Selbst wenn ab sofort nur noch Gehälter gezahlt würden, sei ab 31. Juli 1958 kein Geld mehr da. Des ewigen Wartens satt, akzeptiere er keine Teilbeträge mehr, sondern wolle DESY insgesamt genehmigt haben. Hamburg bot 9 Millionen DM. Alles hing nun davon ab, ob die Hansestadt bis zum 31. Juli beim BMAt die Übernahme der fehlenden 51 Millionen DM durchsetzen konnte.[101]

[99] Protokoll Arbeitskreis Kernphysik 16.4.58, DAs; vgl. Steinhoff an Brauer, 4.6.58, HH6040-5.

[100] Brauer an Ministerpräsidenten der Länder, 14.4.58, DA17; Vermerk Meins, 5.5.58, Vermerk Meins, 12.5.58, Vermerk Bundesrat, Stenographischer Dienst, 16.5.58, Brauer an Ministerpräsidenten der Länder, 27.5.58, HH6040-5.

[101] Telegramm Vertretung FHH in Bonn an Senatskanzlei FHH, 4.6.58, Vermerk FB, 9.6.58, Brauer an Balke, 11.6.58, Vermerk Meins, 16.6.58, Vermerk HA, 30.6.58, HH6040-5; Vermerk Tuebben, 13.6.58, DA16.

Am 16. Juli 1958 reiste eine kleine Hamburger Delegation nach Bonn. Glässing und Landahl trafen im BMAt mit Balke, dessen Ministerialdirektor Grau und Hocker zusammen. Walcher und Paul waren ebenfalls zugegen, und als eigentlicher Kontrahent Ministerialdirigent Schneider-Muntau aus dem BMF, dort für den Haushalt des BMAt zuständig. Hocker hatte einen Beschluß des Arbeitskreises Kernphysik vom 16. Juni 1958 in der Tasche, nach dem das Scheitern des Projekts DESY auf jeden Fall verhindert werden müsse, notfalls um den Preis einer Finanzierung durch den Bund und Hamburg allein. Schneider-Muntau widerstand dem Trommelfeuer nur kurz. Er rückte zwar nicht von seinem Standpunkt ab, daß die Verhandlungen mit den Ländern fortgesetzt werden müßten, erklärte sich aber zur sofortigen Entsperrung des gesamten Bundesanteils von 30 Millionen DM bereit. Für den Fall des Scheiterns der Verhandlungen könne Balke die fehlenden Mittel, wie in seinem Brief an die Regierungschefs angedroht, durch Übertragung von Länderzuschüssen bereitstellen. Die akute Geldnot des DESY solle durch unverzügliche Freigabe aller von Jentschke für 1958 angeforderten Mittel, mehr als 4 Millionen DM, beseitigt werden. Die vertrauliche Abmachung besiegelte ein Austausch entsprechender Aktenvermerke.[102]

Jentschke hatte zwei Wochen zuvor an Martin Teucher geschrieben:

„Entweder wird der Beschleuniger in Hamburg gebaut oder er wird überhaupt nicht gebaut. Am 15. Juli weiss ich genau, ob wir 60 Mill.DM in der Tasche haben oder nicht und dann geht es mit Höllengeschwindigkeit los oder das ganze Projekt fliegt auf, ich bin aber zu 90 % sicher, dass wir es schaffen werden.“[103]

Er hatte recht behalten.

[102] Vermerk Glässing, 17.7.58, Vermerk BMAt, Ergebnisprotokoll einer Besprechung, die am 16. Juli im BMAt über die Finanzierung des Hamburger Beschleunigerprojekts stattgefunden hat, o.D., HH6040-5.

[103] Jentschke an Teucher, 30.6.58, DAs.

Aufbau

Nach dieser Wende, mit der das Überleben der Studiengruppe gesichert worden war, ging die Initiative wieder auf die Physiker über. Auch wenn die Verhandlungen über die Aufteilung der 60 Millionen DM auf Bund, Hamburg und die übrigen Länder sich in die Länge zögen, die Arbeit der Studiengruppe störte das zunächst kaum, weil ihre Finanzierung notfalls durch das BMAt und Hamburg alleine geschah.

Das Schicksal des DESY hätte damit eigentlich in die Hände einer eingespielten Organisation gehört. Das BMF hatte bereits mehrfach bemängelt, daß das zukünftige Forschungszentrum sich noch keine eigene Rechtspersönlichkeit geschaffen hatte. Auf die Schnelle war diesem Mangel aber nicht abzuhelfen. Die beteiligten Physiker und das BMAt hatten früher einmal an einen eingetragenen Verein gedacht; die Hamburger Verwaltung besaß dagegen Präferenzen für eine Stiftung. Wie würde die Wartezeit bis zur Konstitution des Rechtsträgers, sei es ein Verein oder eine Stiftung, überbrückt werden?[1]

Die Lücke schloß die Initiative des sogenannten „Arbeitsausschuß DESY". Alle Fragen grundsätzlicher Bedeutung, neben Beschaffungen und der Bauplanung vor allem Personalangelegenheiten, wurden während der folgenden achtzehn Monate in diesem Gremium geklärt, dem neben Jentschke, Paul und Walcher noch Hocker und Meins als Vertreter der Geldgeber angehörten. Dieser Personenkreis hatte sich zwar schon vorher sporadisch getroffen, ab Juli 1958 fanden die Sitzungen dann aber regelmäßig alle vier bis acht Wochen statt. Noch öfter trafen sich in Hamburg unter Jentschkes Vorsitz die acht Gruppenleiter zu Sitzungen, bei denen technische und physikalische Details der Planungen besprochen wurden. Zu Seminaren der interessierten Wissenschaftler wurde dagegen nicht mehr eingeladen; die externe Begutachtung wichtiger Entscheidungen übernahm ab sofort der AK Kernphysik der DAtK. Dieses Verfahren wurde nirgends schriftlich festgehalten, es ergab sich einfach, daß das vom Planungs- in das Realisierungsstadium getretene Projekt eine festere Hand am Steuer brauchte.[2]

Anders sah es natürlich bei den Experimenten aus. Ein Alleingang eines Lenkungsgremiums bei deren Vorbereitung hätte die Funktion des DESY als allen Universitäten offenstehender Beschleuniger konterkariert.

---

[1] Vgl. [Dre82, S. 1956-59.3–1956-59.7]; Protokoll ArbA, 19.7.58, DA7; vgl. Sieveking an Balke, 16.7.57, HH6040-5; Walcher an Mitglieder Fachausschuß Kernphysik DPG, 22.10.57, Wa.

[2] vgl. Protokolle ArbA, DA7; vgl. Protokolle AK Kernphysik DAtK, DAs.

Der Aufbau des Forschungszentrums bestand also aus viel mehr als dem Aus-dem-Boden-Stampfen eines Großinstruments und einiger Gebäude. Anderenorts gab man sich mit der Erfüllung dieser Aufgabe zufrieden – zumal wenn ein Kreis zukünftiger Nutzer nur darauf wartete, alles Weitere übernehmem zu dürfen. Für DESY bedeutete „Aufbau" mehr: Beschaffung wissenschaftlicher Instrumente, Koordination der Gruppenbildung für die zukünftigen Experimente, Gewinnung hochqualifizierter Wissenschaftler und Formulierung von Regeln für den allgemeinen Zugang zum Beschleuniger. Davon abgesehen, gab es außer zwei Aktenvermerken kein Dokument, das dem Forschungszentrum eine Daseinsberechtigung verschaffte. Die Errichtung eines Rechtsträgers, der Abschluß eines Staatsvertrags über die Finanzierung der Investitionen und der laufenden Kosten, die Berufung der Organe und Gremien, die das Forschungszentrum leiten und beraten sollten – all diese Aufgaben harrten noch ihrer Erledigung.

Damit wäre das Spektrum der Themen für dieses Kapitel aufgerissen. Den Anfang soll jedoch das Naheliegendste, der Bau des Synchrotrons, machen.

Der Bau des Synchrotrons

Es mag vermessen erscheinen, diesem Thema nur einen einzigen Abschnitt in der Geschichte des DESY zu widmen. All die Arbeiter an den Drehbänken und Fräsmaschinen, Zeichner und Konstrukteure, Physiker, Ingenieure, Einkäufer, Elektroinstallateure, Einrichter und Bauarbeiter verbanden damit das Auf und Ab ihrer Arbeitstage und oft genug auch ihrer Freizeit. L.C. Teng, unter dessen Leitung in Argonne (Illinois) ein ähnlich großes Projekt, ein 12,5 GeV-Protonensynchrotron, gebaut wurde, hat dieses Auf und Ab rückblickend so zusammengefaßt:

„Der Bau eines Beschleunigers ist ein endloser Kampf. Probleme gibt es jeden Tag, technologische, finanzielle, organisatorische oder personelle, und alle sind kritisch."[3]

Vieles dringt nicht über den Kreis der unmittelbar Betroffenen hinaus – anderes erzwingt tiefgreifende Änderungen im Konzept des Beschleunigers, in der Finanz- oder Zeitplanung, beschäftigt viele Personen. Der Bau des DESY bestand aus beidem, wobei der weitgespannte Bogen einer Chronologie den Schwerpunkt natürlich auf die großen, alle bewegenden Fragen legt, ohne deren Lösung das ganze Projekt fehlgeschlagen wäre.

Vieles, was nach Teng als organisatorisches oder finanzielles Problem charakterisiert werden kann, ist bereits angeschnitten worden. Aber wo lagen die großen technologischen Herausforderungen?

Beim Blick auf eine Aufschlüsselung der Kosten für den Beschleuniger (vgl. Anhang II) fallen zwei große Posten sofort ins Auge – der Magnet und der Linearbeschleuniger für den Einschuß. Dort würde ein kleiner Schnitzer im Design die Funktionsfähigkeit des ganzen Beschleunigers in Frage stellen. Das

[3] [Ten80], (Übersetzung v. Verf.)

Kontrollsystem, die Energieversorgung und das Hochfrequenzsystem bestanden dagegen aus vielen verschiedenen und unabhängigen Komponenten, die teilweise selbst entwickelt und gebaut, teilweise spezifiziert und in Auftrag gegeben, oder aber einfach nach Katalogangeboten bestellt wurden. Das Vakuumsystem nahm eine Zwischenstellung ein, da die Vakuumkammer des DESY eine risikoreiche technische Herausforderung repräsentierte, es bei den Pumpen, dem zweiten Bestandteil des Vakuumsystems, dagegen nur auf die richtige Auswahl industriell gefertigter Typen ankam.

Auch die Betonarbeiten waren alles andere als ein normaler Auftrag an eine Tiefbaufirma. Die bereits erläuterten Anforderungen an die Positionierung der Magnete galten ohne Einschränkung auch für die Stabilität der Fundamente. Die Grenze des technisch Machbaren schlugen sich dann im Preis nieder: für den kreisrunden, 300 Meter langen Beschleunigertunnel wurden zunächst 3 Millionen DM veranschlagt, ein Betrag, der in den folgenden Jahren bis auf 8,84 Millionen DM anstieg.

Aus der Fülle dieser technologischen Herausforderungen sollen in diesem Abschnitt drei herausgegriffen werden: 1.) Die Magnetentwicklung, weil davon mehr als von anderen Komponenten das Funktionieren des Beschleunigers abhing; 2.) der Entwurf des Vakuumsystems stellvertretend für die Lösung eines technologischen Problems und 3.) als Exempel für unvorhergesehene Kostensteigerungen der Bau des Ringtunnels. Da die Schilderung der Ereignisse aber an einer anderen Stelle unterbrochen worden war – bei den Überlegungen zur Parameterwahl – soll der Faden auch an dieser Stelle wieder aufgenommen werden.

Nach der Festlegung des mittleren Radius auf 48 Meter verlegte Wüster seinen Arbeitsplatz für einige Zeit an das CERN, um sich bei der Parametersuche von den Genfer Spezialisten beraten zu lassen. Nach seiner Rückkehr ließ er alle bisherigen Konzepte fallen und begann einen kompletten Neuentwurf. Die bisher favorisierte FOFDOD-Struktur wurde, wie seit kurzem bei C.E.A. und von Beginn an bei CERN, durch ein FODO-lattice ersetzt. Ein Magnet, dessen Feldgradient in der Mitte das Vorzeichen ändert, barg so viele Probleme in sich, daß geringfügig kleinere Schwingungsamplituden der Teilchen allein sie nicht aufwiegen konnten. Die neue Struktur wies jedem Magneten eine einzige Funktion zu – fokussierend oder defokussierend – und besaß darüber hinaus noch einen praktischen Vorteil: Durch radiales Versetzen war die Änderung des Feldindex n, also der Betatronzahl Q, eventuell sogar während des Betriebs möglich.[4]

Auch die nachfolgenden Überlegungen führten zu Vereinfachungen des Entwurfs. Zunächst sollten die freien Stücke zwischen den Magneten unterschiedliche Länge besitzen, so daß in jedem zweiten Zwischenraum besonders viel Platz für den Einbau von Beschleunigungsstrecken und Experimenten zur Verfügung stehen würde. Bald senkte Wüster die Zahl der Magnete jedoch, von 56 auf 48, und verlängerte dafür jeden dieser Magnete von 3,77 m auf 4,29 m. Wenn der

[4]Situationsberichte der verschiedenen Arbeitsgruppen nach dem Stand vom 31.10.1957, v.M., o.D., HH6043-5; H.O. Wüster, Neufestsetzung der Parameter für DESY, DESY A2.29, v.M., 1958, DB; [CEA60, S. 8].

mittlere Radius dann noch auf etwas über 50 m vergrößert wurde, konnten alle freien Stücke identische Länge haben – 2,45 Meter – dem vorher nur den langen Einsätzen vorbehaltenen Wert.[5]

Beim Vergleich der Parameter von C.E.A. und DESY stechen einige Ähnlichkeiten sofort ins Auge. Beide Beschleuniger besaßen ein FODO-Struktur aus 2 mal 24 Magneten, 48 feldfreie Stücke gleicher Länge, von denen 16 mit Beschleunigungsstrecken belegt waren. Die Endenergie, die Option für den Ausbau auf 7,5 GeV und der erwartete Teilchenstrom entsprachen sich ebenfalls. Schon der zweite Blick zeigt aber, daß DESY überall dort, wo Gefahren vermutet wurden, mit großzügigeren Sicherheitsmargen als C.E.A. ausgelegt wurde. Der um 38 % größere mittlere Radius, mit entsprechenden Konsequenzen für die Kosten des Magneten, des Vakuumsystems und des Fundaments, ist treffendstes Beipiel dafür. Er bedeutete eine erhebliche Reduzierung der Strahlungsbelastung der Vakuumkammer und, wichtiger noch, daß die von der Synchrotrontrahlung verursachte Aufblähung des Strahls ebenfalls eine geringere Rolle spielte. Obwohl mehrere theoretische Behandlungen dieses Problems ergeben hatten, daß davon keine wirkliche Gefahr herrührte, ging DESY in diesem Punkt lieber auf Nummer sicher. Zur Rechtfertigung der höheren Kosten wurde angeführt, daß auch Einsparungen bei der Energieversorgung – wegen des geringeren Magnetfeldes – und der Hochfrequenz – wegen der geringeren Umlaufspannung – anfallen würden. Der Feldindex n wurde im Laufe der Zeit von 125 auf 70 erniedrigt, während das C.E.A.-Design $n = 91$ vorsah. Der kleinere Gradient beinhaltete geringere Anforderungen an die Genauigkeit des Magnetfeldes. Die freien Stücke waren bei DESY praktisch doppelt so lang wie bei C.E.A. – 2,45 m gegen 1,27 m (50 Zoll). Daher stand bedeutend mehr Platz für Hochfrequenzstrecken, Quadrupolmagnete und Experimente zur Verfügung als bei C.E.A. DESY und C.E.A. sahen nur auf dem Papier wie Schwestern aus; dem größeren Beschleuniger entsprach auf der europäischen Seite des Ozeans natürlich auch das höhere Budget.[6]

Eine der oben genannten großen Komponenten, der Linearbeschleuniger, bedingte im November 1958 die letzte Änderung der Parameter. Es war von Anfang an vorgesehen, den Injektor bei der Industrie in Auftrag zu geben, wie es auch C.E.A. getan hatte. Die Frequenzen der in Europa und in den USA für Elektronenlinacs verwendeten Klystrons unterschieden sich aber um einige MHz, so daß erst nach der Wahl der Lieferfirma die Frequenz des Beschleunigungssystems im Ring festgelegt werden konnte. Aus Anpassungsgründen muß die Frequenz der Klystrons im Linac nämlich ein Vielfaches der Beschleunigungsfrequenz im Synchrotron und der Umlaufsfrequenz der Elektronen sein. Nachdem Timm im Herbst 1958 die englische Firma Metropolitan Vickers als Lieferant für den Injektor vorgeschlagen und der Arbeitskreis Kernphysik und die Finanzbehörde

---

[5]H.O. Wüster, Neufestsetzung ..., a.a.O.

[6]H.O. Wüster, Vorläufige Festlegung des mittleren Radius auf 48 m, DESY A2.1, v.M., 1957, H.O. Wüster, Strahlungseffekte im Elektronen-Synchrotron, DESY A2.26, v.M., 1958, DB; [DES64]; [CEA60, S. 36-40]; K.W. Robinson, Phys. Rev. 111:373(1958).

diesem Vorschlag zugestimmt hatten, lagen die Parameter für DESY endgültig fest.[7]

Bis dahin hatte die Magnetgruppe nur vorbereitende Arbeiten angehen können. Warum? Der Entwurf eines Magneten, genauer der Magnetsektoren, vollzieht sich in drei Schritten. Zunächst wird aufgrund der Angaben in der Parameterliste die Form der Polschuhe und deren Länge errechnet. An einem Modellmagneten wird anschließend die Genauigkeit der Berechnungen und die Güte der Konstruktion überprüft. Eventuell muß ein zweites Modell entworfen und getestet werden, bevor die ganze Serie ausgeschrieben werden kann. Bevor nicht Feldindex, Länge der Magnetsektoren und minimale sowie maximale Feldstärke festgelegt worden waren, konnte Hardt daher kein Magnetmodell in Auftrag geben, sondern höchstens Meßverfahren entwickeln und die Berechnungsmethoden für die Polschuhform verfeinern. Für diesen letzten Punkt erwies sich die lange Wartezeit allerdings als günstig: Dem Leiter der Magnetgruppe gelang die Angabe eines analytischen Rechenverfahrens zur Bestimmung der Polschuhkontur. Darauf soll kurz eingegangen werden.[8]

Mit wenigen Rechenschritten kann man zeigen, daß Polschuhe in Hyperbelform den gewünschten konstanten Feldgradienten erzeugen; das eigentliche Problem liegt in der Gestaltung der Randzonen. Die Hyperbeln brechen dort ab und die Form dieses Übergangs bestimmt letztlich den nutzbaren Bereich des Luftspaltes, wo der Feldindex n noch innerhalb der erlaubten Grenzen bleibt. Durch kleine „Nasen“ in der Übergangszone kann dem Feld auch im Randbereich die gewünschte Form gegeben werden. Leider konnte der Effekt einer bestimmten Nasenform auf das Magnetfeld nur schwer berechnet werden, so daß man zur Kontrolle auf Magnetmodelle angewiesen war. Schon deren Auftragswert – einige Hunderttausend Mark – und die Lieferzeit von mehreren Monaten verboten allzu viele fehlgeschlagene Versuche.[9]

Hardt entwickelte ein Rechenverfahren, mit dem die Polschuhform analytisch optimiert werden konnte. Zwei Parameter ermöglichten Größe und Form der Nasen zu variieren. Eine umfangreiche Rechnung ergab dann eine Reihenentwicklung des Feldindex n nach diesen beiden Parametern. Deren Werte wurden so lange variiert, bis die Abweichung vom gewünschten Feldindex, $\Delta n/n$, an keiner Stelle im Magneten größer als 1 % war. Unter idealen Bedingungen hätte es damit sein Bewenden gehabt. In der Praxis waren noch Korrekturen für die endliche Permeabilität und die Form des Rückflußjochs anzubringen und der Einfluß der Fertigungstoleranzen und der Spulenposition zu untersuchen. Die Formeln, die Hardt für den Feldindex, das Magnetfeld auf der Achse und die

[7] H.O. Wüster, Änderung der Parameter für DESY, DESY A2.38, v.M., 1958, DB; U. Timm, Zuerkennung des Auftrags über den Injektor des Hamburger Elektronen Synchrotrons, DESY A3.1, v.M., 1958, DA7; Protokoll AK Kernphysik DAtK, 24.11.58, DAs; FB an Metropolitan Vickers (Manchester, GB), 23.12.58, HH6041-9.

[8] JB57-60, S. 12f.

[9] W. Hardt, Über die Gestaltung des DESY-Magneten, DESY A1.5, v.M., 1959, S. 2-5, DB; vgl. Protokoll ArbA, 14./15.5.59, DA7.

Polschuhkontur erhielt, waren so kompliziert, daß die IBM 650 des Instituts für angewandte Mathematik für die Rechnungen zu Hilfe genommen wurde. DESY konnte diese elektronische Rechenmaschine kostenlos benutzen, und die Mitarbeiter der Parametergruppe waren mit der Programmerstellung mittlerweile gut vertraut.[10]

Die Konstruktionsprinzipien der Magnetsektoren waren zu diesem Zeitpunkt schon festgelegt worden: Jeder Magnetsektor bestand aus zwölf Magnetblöcken, die auf einem Gestell in Form eines Ploygonzuges festgeschraubt wurden. Mit Splinten, Keilen und Spannschienen auf der Oberseite wurden die Blöcke unverrückbar fixiert und anschließend die Erregerspulen eingesetzt. Vor allem bei der Injektion sollte das Feld noch feinkorrigiert werden. Dafür waren Polflächenwindungen vorgesehen.[11]

Gleich nach der Bestimmung der Polschuhform wurde ein Zeichnungssatz angefertigt, um mit potentiellen Lieferfirmen für die beiden Magnetmodelle zu verhandeln. Jede Firma hatte eigene Methoden zum Ausstanzen der Bleche, deren gegenseitiger Isolation und ihrer anschließenden Verklebung zu Blöcken. Um Vergleichsmöglichkeiten zu haben, gingen die Aufträge für den D-Magneten (mit hohem Luftspalt) und für den F-Magneten an zwei verschiedene Lieferanten. Weitere Firmen bekamen nur Schnitte zum Verkleben zu Magnetblocks: Die Anforderungen an die Fertigungspräzision – 0,01 mm – waren so hoch, daß der Auftrag notfalls gestückelt werden sollte.[12]

Die Vermessung der beiden Modelle zeigte, daß Hardts Rechnungen fehlerfrei gewesen waren: Im Herbst 1960 wurde der Auftrag für die Fertigung der Magnetblocks ausgeschrieben. Mit dem Vergleich der Angebote war es hier, wie auch in anderen Fällen, aber nicht getan. Die Siemens-Schuckert-Werke, die das D-Modell geliefert hatten, forderten einen um fast 50 % höheren Preis als eine italienische Firma, deren F-Magnetmodell in der Qualität deutscher Wertarbeit nicht nachstand. In einem zweiten Angebot ging Siemens auf 2,36 Millionen DM herunter, um über eine Million DM, und nur noch 400.000 DM über dem Angebot aus Italien. Das Berliner Dynamowerk bot zudem als einziger Bieter an, vor der Auftragserteilung noch getemperte Probeblocks zu liefern, von denen sich die Magnetgruppe verringerte Inhomogenitäten versprach. Der Verwaltungsrat, der mit der Entscheidung ausnahmsweise befaßt worden war, bestärkte das Direktorium in seinem Entschluß, möglichst mit Siemens zum Abschluß zu kommen. Kurz vor Weihnachten 1960 trat aber ein weiterer ernsthafter Mitbewerber auf den Plan, eine Firma in den USA, die bereits die Magnete für die Beschleuniger in Brookhaven, Cambridge, Princeton und Argonne geliefert hatte. Im Gegensatz zu den anderen preiswerten Bietern war ihr Erfüllung der Spezifikationen *und* Einhaltung der Lieferfristen durchaus zuzutrauen. Siemens wurde um ein

[10] W. Hardt, Über … , a.a.O.; Die Entwicklung des Deutschen Elektronen-Synchrotrons und seine Tätigkeit bis zum 31.3.1958, v.M., o.D., DA4.

[11] [DES64]; JB57-59, S. 12f.

[12] Protokoll ArbA, 12./13.1.59 und 14./15.5.59, DA7.

letztes Angebot gebeten. Der Vorstand ließ noch einmal DM 136.000 nach und erhielt während einer telefonischen Konferenzschaltung zwischen Weihnachten 1960 und Neujahr 1961 den Zuschlag.[13]

Beim Auftrag für die Spulen, dem zweitgrößten Posten nach den Magnetblocks, gab sich Siemens drei Monate später ebenfalls große Mühe. Ursprünglich wollte man in Berlin die Order für die Magnetblocks nur annehmen, wenn sie mit den Spulen verknüpft worden wäre; das war dem Dynamowerk allerdings ausgeredet worden. Nach einigen Umkonstruktionen konnte der Entwurf vom technischen Standpunkt aus mit drei Mitbewerbern mithalten, war vom Preis her allerdings noch 16 % teurer als ein Angebot aus Belgien. Bei einem Gesamtpreis von etwa 1,5 Millionen DM machte das über DM 200.000 aus. Da Beer gerade eine neue Schätzung der Gesamtkosten für DESY angefertigt hatte, die unter dem Strich 68 Millionen DM auswies, war bei allen Aufträgen Sparsamkeit oberstes Gebot. Erst als Siemens bis auf den Preis des billigsten Mitbewerbers heruntergegangen war, erhielt die Firma den Zuschlag.[14]

Der Auftrag für die Polflächenwindungen ging dann allerdings nicht an Siemens. Das Berliner Unternehmen verlor durch den Bau der Mauer am 13. August 1961 einen Teil seiner Belegschaft und geriet deswegen und wegen ungenauer Fertigung mit der Lieferung der Magnetblöcke bis zum Oktober 1961 zwei Monate in Rückstand. Aber auch die Finanzierung des DESY stand von Anfang 1962 bis Anfang 1963 auf sehr wackeligen Füssen, weil das BMAt, Hamburg und die Länder sich nicht auf die Aufteilung von 50 Millionen DM Mehrkosten einigen konnten. Während dieser Zeit mußte an allen Ecken und Enden gespart werden, so daß der Auftrag für die Polflächenwindungen an eine kleine, dafür aber sehr preiswerte Firma ging. Nach wenigen Monate stand sie vor dem Konkurs – und ob sie den Auftrag vorher noch erfüllen würde, stand in den Sternen. Zum Glück waren im Juli 1963 alle Magnetsektoren zusammengebaut, vermessen und im Ring aufgestellt, so daß die DESY-Montagegruppe komplett nach Berlin übersiedeln und die Polflächenwindungen vor Ort fertigstellen konnte.[15]

Ein Fehler, der bei einem großen Projekt immer an irgendeiner Stelle unterläuft, hatte sich auch beim Ringmagneten eingeschlichen: Als alle Sektoren im Ring aufgestellt worden waren und zum ersten Mal erregt wurden, fingen sie stark zu vibrieren an; Die Magnete und ihr Fundament bildeten zusammen ein gekoppeltes mechanisches System mit einer Eigenfrequenz nahe bei 50 Hz – der Frequenz, mit der sie erregt wurden. Die Vibrationen waren so stark, daß Teile des Vakuumsystems abgeschüttelt wurden, und davon einmal abgesehen verringerten sie die Genauigkeit der Magnetpositionierung. Bei der Vermessung waren

[13]Protokoll Dir, 25.10.60, 15.12.60 und 27.12.60, DA7; Protokoll VR, 25.10.60, DA8; Schröter, Vorlage für die Vergabe des Hauptauftrages für den Eisenteil des Führungsmagneten, 9.12.60, HH6041-9.

[14]Protokoll Dir, 27.3.61 und 17.4.61, DA7; Hardt, Beurteilung der Angebote über die Erregerwicklung des Führungsmagneten, 22.3.61, DESY an GEVEL GmbH, 28.3.61, DESY an Siemens-Schuckertwerke AG, 28.3.61, HH6041-9.

[15]Protokoll Dir, 24.10.61, DA7; Protokoll VR, 8.2.63, DA8; JB62-63, S. 18f. und S. 45

alle Sektoren bereits mit 50 Hz erregt worden, ohne daß Vibrationen beobachtet wurden. Dies war allerdings in der extra dafür gebauten Magnethalle geschehen, und an die Möglichkeit eines gekoppelten schwingfähigen Systems aus Magneten und Fundament hatte niemand gedacht. Abhilfe bot einzig eine mechanische Entkopplung, was durch Tellerfedern in den Magnetstützen und Gummiblocks unter den Vakuumkammern zunächst provisorisch geschah. Die Vibrationsamplitude wurde dadurch wirklich von 100 μm auf 30 μm verringert.[16]

Damit waren noch nicht alle Schwingungsprobleme gelöst. Die Magnete bildeten, wie bereits im ersten Kapitel beschrieben wurde, zusammen mit einer Drossel und einer Kondensatorbank einen elektrischen Schwingkreis von 50 Hz. Die Ohm'schen Verluste in den Spulen wurden aus dem Netz nachgeliefert – allerdings nicht direkt, weil die Frequenz- und Spannungsstabilität des öffentlichen Versorgungsnetzes dafür nicht hoch genug war. Daher wurde die sinusförmige Netzspannung in einem Umrichter aus zwei Thyratrons und einigen Kondensatoren in eine Rechteckspannung gleichgerichtet, deren Frequenz von einem externen Standard kontrolliert wurde. Schwingungsprobleme traten deshalb auf, weil die Streukapazitäten der Kabel und die Magnetspulen einen über den ganzen Ring verteilten parasitären Schwingkreis bildeten, der einige Eigenfrequenzen nahe bei Vielfachen der Netzfrequenz besaß. Die Rechteckspannung aus dem Umrichter enthielt genügend Oberwellen, um parasitäre Schwingungen anzuregen, deren Amplitude von Magnet zu Magnet variierte. Die Magnete wurden daher unterschiedlich stark erregt, und an eine stabile Bahn der umlaufenden Teilchen war nicht zu denken. Ein Oberwellenfilter im Umrichter schaffte nur begrenzt Abhilfe; erst nachdem die gesamte Stromversorgung des Magneten erdfrei gemacht worden war, hatte die Energiegruppe die Schwingungen im Griff. Einen Schwingkreis mit 60 MWs gespeicherter Energie (bei 8,5 kGauß) ohne Masseverbindung zu betreiben, stellte allerdings nicht gerade eine schulbuchmäßige Lösung dar.[17]

Zu Anfang dieses Abschnitts wurde bereits auf den enormen Anstieg der Kosten für den Ringtunnel (vgl. Anhang II), in dem der Beschleuniger untergebracht werden sollte, hingewiesen. Allerdings lagen 1958 noch keine endgültigen Konzepte darüber vor, wie dieses komplexe Bauwerk eigentlich aussehen solle. Mit dem Entwurf war F. Leonhardt aus Stuttgart betraut worden, der auch schon das CERN beim Bau des Beschleunigertunnels beraten hatte. Erst im Laufe des Jahres 1959 schälte sich heraus, welcher Aufwand getrieben werden mußte, um ein allen äußeren Einflüssen widerstehendes Fundament zu erhalten: Der Beschleuniger mußte auf einem ringförmigen Betonhohlkörper aufgebaut werden, der zur Temperaturstabilisierung mit Wasser gefüllt würde. Dieser Betonring würde, ohne das ihn umgebende Gebäude zu berühren, auf vierzig Pfeiler aufgelegt werden,

---

[16]JB62-63, S. 18f.; C.E.A., report on foreign travel, August 1, 1963 to February 29, 1964, o.D., Hv.

[17]W. Bothe, Elektrotechnische Zeitschrift A 84:235(1963); JB62-63, S. 35; Vermerk, Erste Betriebserfahrungen beim Deutschen Elektronen-Synchrotron, 29.4.64, DA27; C.E.A., report on foreign travel, a.a.O; W. Hardt, Über ... , S. 34, a.a.O.

die von einem sechs Meter tiefer befindlichen Fundament aus Beton aufragten. Der Boden darunter mußte mit Spezialrüttlern verdichtet werden, und dennoch auftretende Versetzungen durch hydraulisch verstellbare Läger in den vierzig Pfeilern ausgeglichen werden. Als Referenzpunkte würden zusätzlich noch acht Vermessungspfeiler zwölf Meter tief in den Boden eingelassen. Um diesen Aufbau sollte dann auf einem separaten „normalen" Fundament der zweistöckige Ringtunnel „herum"gebaut werden. Der Beschleuniger würde sich im oberen Stockwerk befinden, und die Unterbringung der Kabel und Versorgungseinrichtungen in der unteren Etage Platz und Ordnung für Maschinenbedienung und Experimente schaffen.[18]

Natürlich hatte Leonhardt für viele Arbeiten Vorschläge für Baufirmen parat, mit denen er gute Erfahrungen gemacht hatte. Im November 1958 war zwischen DESY und der Baubehörde ein Vertrag geschlossen worden, der die Bauleitung und damit auch die Auswahl der Baufirmen der Hamburger Baubehörde zuwies. Die Anforderungen – daß z.B. die Vermessungspfeiler sich bei einer Laständerung von 20 kg nur um 1/100 mm bewegen durften, oder die 0,1 mm-Positionierung auf einem Sollkreis von 100 m Durchmesser – hatten ihren Eindruck auf die Beamten aber nicht verfehlt; vergleichbare technische Herausforderungen waren selbst in der Millionenstadt Hamburg selten. Schon vor der Ausschreibung herrschte daher Einigkeit, daß z.B. für die Bodenverdichtung nur die von Leonhardt vorgeschlagene Firma in Frankfurt in Frage käme. Einziger Wermutstropfen im Konzept waren die Kosten: Die Baubehörde teilte DESY schon im Juni 1959 mit, daß man statt mit 13 Millionen DM mit 23 Millionen DM rechnen müsse, zumal außer dem aufwendigen Ringtunnel auch der Bau einer zweiten Experimentierhalle beschlossen worden war.[19]

Neben dem Tunnelfundament galt der Stolz DESYs der Gestaltung des Tunneldachs in der Nähe der Experimentierhallen. Leonhardt hatte eine Spannbetonkonstruktion entwickelt, die es trotz des großen auf dem Dach lastenden Gewichts erlaubte, ohne Wand zwischen Beschleuniger und Experimentierhallen auszukommen. Am 9. Dezember 1960 war Richtfest, und von Mai 1961 bis Dezember 1961 wurde das Beschleunigergebäude Zug um Zug an DESY übergeben.[20]

Wieviel Geld eigentlich in die Bauten fließen würde, blieb lange Zeit unklar. Schätzung, Kostenvoranschlag, Kostenanschlag und Abrechnung können Differenzen aufweisen, so daß letztlich erst die Endabrechnung Klarheit schafft. Damit fing die Baubehörde erst an, nachdem die letzte Rechnung eingegangen, geprüft und beglichen worden war, also lange nach der Übergabe der Bauten. Für DESY wurde die Lage im Herbst 1961, während der Wartezeit auf erste Endabrechnun-

[18]Protokoll der Baubesprechung, 11.5.59, HH6043-5; F. Leonhardt, Bauvorhaben Beschleunigeranlage und Experimentierhallen. Technische Beschreibung und Sonderbestimmungen (Bestandteil des Leistungsverzeichnisses), DESY A2.51, v.M., 1959, DB; [DES64].

[19]Entwicklung des Deutschen Elektronen-Synchrotron und seine Tätigkeit bis zum 31. März 1958, v.M., o.D., DA4; Protokoll ArbA, 17.11.58, DA7; Protokoll der Baubesprechung, 11.5.59, HH6043-5; Seitz an Meins, 29.12.61, HH6040-5.

[20][DES64]; Protokoll Dir 17.10.60 und 27.3.61, DA7.

gen, allmählich prekär: Es war mittlerweile klar, daß das Stiftungskapital von 60 Millionen DM nicht reichen würde – dagegen war die Höhe des Nachschlags solange ungewiß, wie keine genauen Zahlen über die Baukosten vorlagen. Dabei steckten dort sicher Reserven, weil die Kostenanschläge der Baubehörde in der Regel höher als die Endabrechnungen waren. Bei seinem Beschluß, für viel Geld eine zweite Experimentierhalle zu bauen, hatte der Arbeitausschuß bereits auf derartige Differenzen als zusätzliche Geldquelle vertraut. Sie würde jedoch erst nach Abschluß der Endabrechnung zu sprudeln beginnen – und mit jedem Monat Wartens wurde die Lage bedrohlicher. Ohne Rückzahlungen konnte der Haushalt 1963 schon nicht mehr aus dem 1959 im Staatsvertrag vereinbarten Investitionsvolumen gedeckt werden. Das bedeutete, daß die Vollendung des Beschleunigers in Gefahr geriet, weil der Zeitplan zuerst die Fertigstellung der Bauten und dann die Anlieferung der großen Komponenten für das Synchrotron vorsah. Für wichtige Bestellungen, z.B. die Polflächenwindungen, war kein Geld vorhanden. Auch heftiges Drängen seitens des Direktoriums beschleunigte die Abrechnung nicht – erst auf eine Intervention von Meins beim Ersten Baudirektor Seitz hin wurde mitgeteilt, daß bis Ende 1961 13,3 Millionen DM ausgegeben worden waren. Von den Kostenanschlägen für die begonnenen Bauten, insgesamt 23,5 Millionen DM, seien entgegen der Erwartungen des Direktoriums kaum noch Abweichungen zu erwarten.[21]

Der Beschaffung der zusätzlichen Millionen ist der nächste Abschnitt gewidmet; an dieser Stelle soll nur vermerkt werden, daß darüber zehn Monate vergingen, eine Zeit, in der bei DESY an allen Ecken und Enden gespart werden mußte.[22]

Dem Beton des Beschleunigerfundaments wurde ein Jahr zum Setzen und Stabilisieren gegeben. Beer hatte DESY gerade verlassen, um in der Industrie eine neue Aufgabe wahrzunehmen, als das Bauwerk seine erste Bewährungsprobe bestehen sollte. Tangential an den Ringtunnel angebaut waren zwei Experimentierhallen; zur Abschirmung der Strahlung sollten darin zum Beschleuniger hin Wände aus Schwerbetonblöcken errichtet werden. 1962 wurde die erste Wand aufgestapelt und anschließend der Einfluß dieser Last auf das Fundament des Beschleunigers untersucht: Dort, wo der Ring durch die Experimentierhalle lief, war es um einen Millimeter abgesunken. Doch damit nicht genug: Sogar ein Vermessungspfeiler hatte sich gesenkt, allerdings nur um 0,9 mm! Die ganze teure Konstruktion war nicht mehr und nicht weniger stabil als ein einfaches Fundament wie bei C.E.A. Die Entkopplung der Vermessungspfeiler und des Ringfundament von ihrer Umgebung war nicht gelungen. Die zweite Enttäuschung folgte kurze Zeit später. Der Betonhohlkörper war statt mit Wasser nur mit Sand gefüllt und zur Temperaturstabilisierung auf $\pm 1°$Celsius eine Klimaanlage installiert wor-

[21]Protokoll ArbA, 24.9.59, DA7; Protokoll VR, 24.7.61, DA8; Kriele an HA, 31.8.61, Seitz an Meins, 14.12.61, Stähelin, Bericht an den WR über die finanzielle Lage bei DESY, v.M., 28.5.62, HH6040-5.

[22]Protokoll VR, 8.2.63, DA8.

den. Trotz dieses Aufwands beobachtete der Vermessungstrupp Verwerfungen des Betonrings in der Größenordnung von 1 mm, selbst wenn die Temperaturdifferenz zwischen dessen Ober- und Unterseite nur ein Grad betrug. In aller Eile wurden Kühlwasserrohre besorgt, auf den Betonring geschraubt, und das Ganze rundherum mit Isolationsmaterial eingewickelt.[23]

In den USA machte man sich um andere Probleme als das Betonfundament Gedanken. Es galt dort lange Zeit als fraglich, ob man für ein großes Elektronensynchrotron wie C.E.A. oder DESY eine Vakuumkammer bauen könne. Rufen wir uns die widerstreitenden Anforderungen ins Gedächtnis: Einerseits darf sich im Luftspalt der Magnete kein elektrisch leitendes Material befinden, weil Wirbelströme die Teilchenbahnen stören. Andererseits waren die meisten bekannten Isolatoren kaum resistent gegenüber intensiver Bestrahlung, so daß schon nach kurzer Zeit Lecks auftreten würden; die Materialien, deren Strahlenbelastbarkeit bekannt war, Glas, Quarz und Keramik, waren in der geforderten Länge und Präzision nicht lieferbar. Anfang 1958, als das SLAC-Proposal diskutiert wurde, gingen deshalb Gerüchte um, daß das ganze C.E.A.-Design in Gefahr sei. In Brookhaven wurde Jentschke während eines Besuchs sogar empfohlen, alle Magnete in große metallene Vakuumkammern zu setzen.[24]

Die Vakuumkammer war innerhalb des Gesamtprojekts DESY dennoch ein kleinerer Posten, sowohl vom finanziellen als auch vom zeitlichen Aufwand her. In Beers Bau- und Vakuumgruppe konnte sich G. Bathow einige Jahre Zeit für Entwürfe und Modellversuche lassen. Leider war die Konstruktion des C.E.A. für DESY nicht geeignet. In Cambridge wurde ein ovales Rohr aus rostfreiem Stahl abwechselnd von rechts und von links bis fast zum gegenüberliegenden Rand geschlitzt. Mit Glaswolle umwickelt und in Kunstharz getränkt, stellte es eine mechanisch stabile und vakuumdichte Einheit dar. Für DESY eignete sie sich nicht, weil 1.) die Magnete einen größeren Luftspalt hatten und die Kammern daher mechanisch stabiler sein mußten und 2.) die DESY-Kammer der Krümmung des Magneten folgen mußte. Bei C.E.A. bestand jeder Magnetsektor aus nur 2 Blöcken, gegenüber 12 bei DESY. Die DESY-Vakuumkammer würde daher einen echten Kreisbogen darstellen und unter der Last des Luftdrucks einknicken, wenn sie mit seitlichen Schlitzen versehen wäre.[25]

Bis etwa 1960 studierte Bathow das Verhalten verschiedener Materialien unter intensiver Bestrahlung. Einige Isolatoren stellten sich tatsächlich als resistent gegen hohe Strahlendosen heraus, aber alle Verhandlungen und Versuche, 4,5 m lange Kammern zu erhalten, schlugen schließlich fehl. Über den Umweg einer geschlitzten, Araldit-vergossenen Kammer, die aber zu stark ausgaste, landete die Vakuumgruppe Ende 1961 bei einer Titan/Glas-Konstruktion: Auf einen eisernen

[23] JB62-63, S. 36; Protokoll Dir, 9.4.62 und 14.5.62, DA7; C.E.A., report on foreign travel, a.a.O.

[24] Jentschke an Moore, 15.2.58, Hofstadter an Jentschke, 21.5.88, DAs; vgl. [CEA60, S. 23f.]; [DES64].

[25] [CEA60, S. 23f.], C.E.A., report on foreign travel, a.a.O.

Wickelkörper wurde spiralförmig ein Titanband gewickelt, wobei die einzelnen Windungen sich nicht berühren durften. Eine anschließend aufgetragene dünne Glasschicht verschloß die Lücken. Als Metall für die Spirale eignete sich nur Titan, weil es denselben thermischen Ausdehnungskoeffizienten wie Glas besitzt. Mechanische Stabilität besorgte schließlich eine dickere Schicht zusätzlich aufgetragenen Kunstharzes. Diese Konstruktion bestand alle Tests – das Titanband ließ sich sogar als Heizband verwenden. Anfang 1962 wurden erste Angebote für ovale Wickelkörper in Kreisbogenform eingeholt. Vor der Auftragsvergabe wurde noch ein Spezialglas entwickelt, das schon bei 450° Celsius schmolz und daher in einer offenen Flamme aufgetragen werden konnte. Im Oktober und November 1962 wurden je 36 Wickelkörper für F- und D-Kammern bestellt, im März 1963 geliefert, und gleich darauf bei DESY mit der Serienproduktion begonnen. Um die Kammern von den Wickelkörpern zu lösen, wurden sie nach der Verglasung in ein Ätzbad gelegt. Eine Zeitlang ging alles gut, bis die Säure aus unbegreiflichen Gründen plötzlich auch das Titanband angriff. Versuche, den Eisenkörper nicht wegzuätzen, sondern aufzuschneiden und herauszuziehen, blieben erfolglos und wurden bald wieder aufgegeben, zumal das Ätzbad plötzlich wieder wie gewünscht arbeitete. Als die Wickelkörper schließlich alle aufgebraucht waren, befand sich deshalb leider keine ausreichende Zahl von Kammern im Lager der Vakuumgruppe.[26]

Der Blick auf die im Ringtunnel aufgestellten Magnete, die nur noch auf die Vakuumkammern warteten, drängte zur Eile. Bathow's Gruppe griff als Notlösung auf die zwei Jahre zuvor entwickelte geschlitzte Kammer zurück: Ober- und Unterseite wurden aus schmalen Streifen rostfreien Stahls gebildet, die zur Ringinnenseite hin auf eine durchgehende metallene Seitenwand geschweißt, auf der anderen Seite mit einer ebenfalls massiven Außenwand verklebt wurden. Dieses Metallgerüst wurde mit Kunstharz vakuumdicht vergossen. Die durchgehende Innenwand gab ausreichende mechanische Stabilität gegenüber der von der Krümmung herrührenden Knickbelastung. Allerdings war diese Kammer nicht ausheizbar. Die C.E.A.-Kammer, von oben gesehen ein Metallstreifen im Zick-Zack, konnte wie die Titan/Glas-Kammer durch Anlegen einer Spannung zwischen beiden Enden problemlos ausgeheizt werden. Die durchgehende Innenwand verhinderte dies bei der in Windeseile fertiggestellten Notlösung – so daß diese Kammern, wie schon oben erwähnt, kräftig ausgasten. Dafür wurde am 7. Februar 1964 gefeiert: Das Vakuumsystem war geschlossen und dem Einschalten des Synchrotrons stand nichts mehr im Weg.[27]

Ein neuer Beschleuniger funktioniert nur in den seltensten Fällen im ersten Anlauf. Meistens geht es nicht ohne kleinere Reparaturen, Ausbesserungen und

[26]W. Jentschke, in [Kow59]; G. Bathow, Strahlenbelastung der Vakuumkammerwand, DESY A2.60, v.M., 1960, DB; JB60-61, S. 28; JB62-63, S. 40; C.E.A., Report on Visit to CERN, DESY, and NIRNS, 21.5.63, Hv; C.E.A. report on foreign travel, a.a.O.

[27]JB62-63, S.40; J.R. Rees et al., Trip report on European travel, August 19 - September 15, 1963, o.D., Hv; C.E.A., report on foreign travel, a.a.O.; Vermerk, Erste Betriebserfahrungen ..., a.a.O.; Kumpfert, Interner Bericht DESY S 1-69/2, Juni 1969, Ku.

Korrekturen ab, bevor der Strahl auch nur einziges Mal umläuft. Tag und Nacht wird geschraubt, justiert, ausgetauscht, bis Magnet, Hochfrequenz, Steuerung, Vakuumsystem, Vorbeschleunigung, Injektion und Versorgung Hand in Hand arbeiten, so wie es auf dem Papier schon immer vorgesehen war. Bei C.E.A. wurden Mitte Februar 1962 erstmals alle Magnete bis zum Nennstrom erregt, am 2. März 1962 die Beschleunigungsstrecken erfolgreich unter Spannung gesetzt, drei Tage später der injizierte Strahl eingefangen, noch mit konstanter Erregung der Magnetsektoren; am 7. März 1962 gelang dann endlich die Beschleunigung des umlaufenden Strahls, bis auf 2,2 GeV – ein Moment, der seit Jahren herbeigesehnt worden war. Das Protonensynchrotron im CERN hatte seine Erbauer 27 Monate zuvor schon mehr Nerven gekostet: Mehr als zwei Monate hatten zwischen erster Injektion und erfolgreicher Beschleunigung gelegen, neun Wochen, in denen wieder und wieder überprüft, getestet, justiert und für gut befunden wurde, ohne daß auch nur der geringste Fortschritt zu verzeichnen war. Eine Pulverkaffeedose, in der Wolfgang Schnell eine elektronische Schaltung zur Phasenregelung der Hochfrequenz aufgebaut hatte, vollbrachte dann das nicht mehr erwartete Wunder. In der Nacht vom 24. auf den 25. November 1959 wurde das Synchrotron auf einen Schlag von Null bis auf 25 GeV, seine Endenergie, hochgefahren.[28]

DESY schien dasselbe Schicksal bevorzustehen. Schon Ende 1963 war hinter den Kulissen Kritik laut geworden, daß der Beschleuniger immer noch nicht lief, und als dann alles bereit war, verschwand der Elektronenstrahl regelmäßig gleich nach der Injektion. Das war erwartet worden, aber es gab keinen vernünftigen Grund dafür, daß er auch nach zwei Wochen pausenloser Versuche niemals mehr als 100 Umläufe machen wollte: Eine Resonanz wurde ganz offensichtlich nicht angeregt; die Bahn der Teilchen führte auch nicht gefährlich nahe an den Rand der Vakuumkammer heran; Regelung und Steuerung arbeiteten einwandfrei – der Strahl verschwand scheinbar grundlos. Bis dann am 25. Februar 1964 entdeckt wurde, daß zwei Ventilschieber halb in die Vakuumkammer ragten! Es wurde nicht lange nach dem Schuldigen gesucht, sondern gleich aufs Neue ein Versuch gemacht. Aus den Eintragungen im Logbuch (Abb. 5) geht hervor, welche Begeisterung die – endlich – erste Beschleunigung von Elektronen im Synchrotron wenig später in der Nacht auf den 26. Februar hervorrief.

Am folgenden Tag wurden 5 GeV erreicht, wenn auch nur für kurze Zeit. Vieles war noch improvisiert, Ausfälle waren häufig, und das aus Ersatzteilen zusammengestrickte Oberwellenfilter im Umrichter begrenzte die Energie noch für einige Monate auf 5,5 GeV. Dennoch, im Kampf gegen all die Probleme, von denen anfangs die Rede war, war die wichtigste Schlacht geschlagen.[29]

Eine Zeitlang hatte es jedoch so ausgesehen, als ob weder technische Probleme noch Konstruktionsfehler DESY aufhalten würden, sondern eine Lücke in der Finanzierung. Darüber berichtet das folgende Kapitel.

---

[28] [Se64, S. 27.1-27.4]; [Ble69].

[29] Protokoll FK, 6.12.63, Sc; Jentschke an Weisskopf, 27.12.63, Ce, Bestand DG20822; Protokoll AK Kernphysik DAtK, 24.2.64, DAs; Vermerk, Erste Betriebserfahrungen . . . , a.a.O; Zitat: Geschichte und Geschichten 1959-1979, v.M., o.D., DA5.

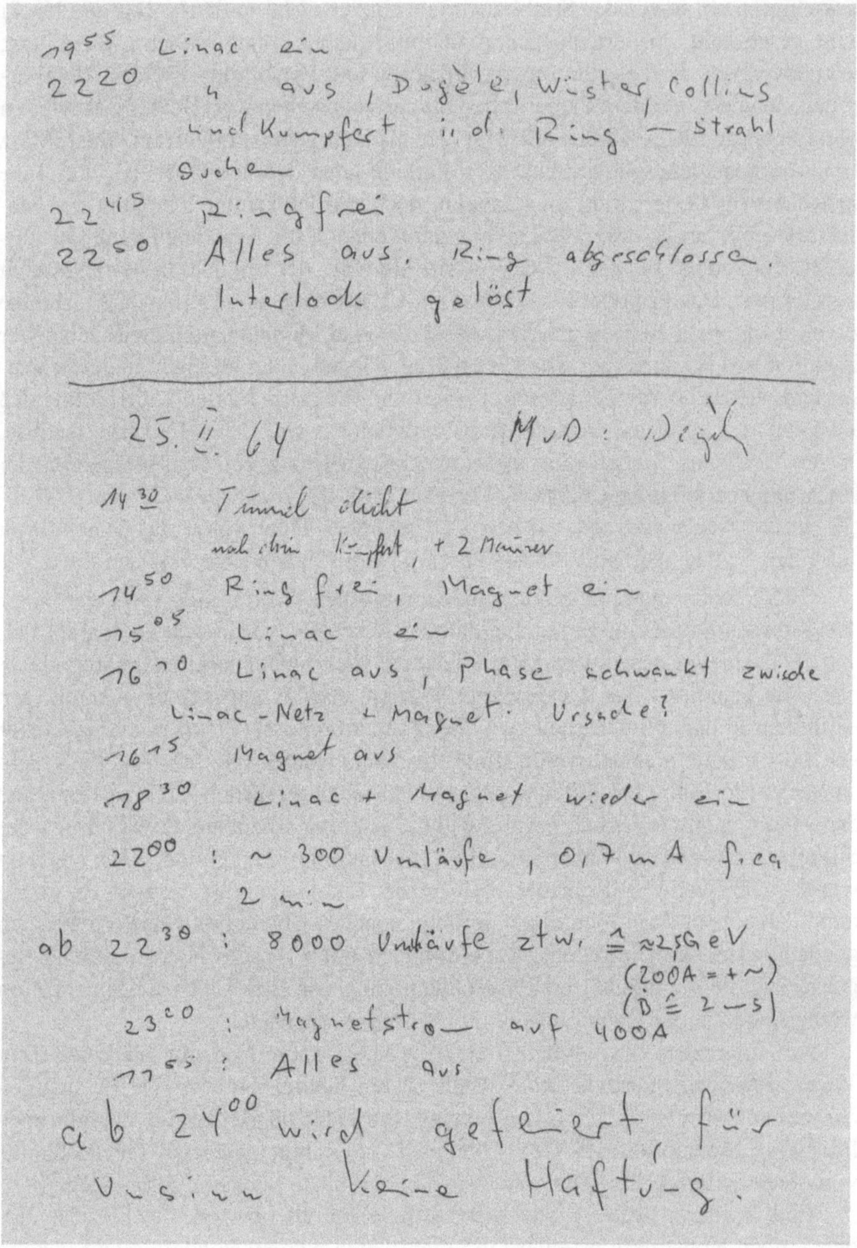

19^{55} Linac ein

22^{20} " aus, Degèle, Wüster, Collins und Kumpfert i. d. Ring — Strahl suchen

22^{45} Ringfrei

22^{50} Alles aus, Ring abgeschlossen. Interlock gelöst

---

25. II. 64 MvD: Degèle

14^{30} Tunnel dicht
nach drin Kumpfert, + 2 Maurer

14^{50} Ring frei, Magnet ein

15^{05} Linac ein

16^{10} Linac aus, Phase schwankt zwischen Linac-Netz u. Magnet. Ursache?

16^{15} Magnet aus

18^{30} Linac + Magnet wieder ein

22^{00} : ~ 300 Umläufe, 0,7 mA f. ca 2 min

ab 22^{30} : 8000 Umläufe ztw. $\hat{=} \approx 2{,}5$ GeV
(200A = +~)
($\dot{B} \hat{=}$ 2—s)

23^{00} : Magnetstrom auf 400A

23^{55} : Alles aus

ab 24^{00} wird gefeiert, für Unsinn keine Haftung.

Abb. 5. Eintragungen im Logbuch des Synchrotrons unter dem Datum 25. Februar 1964 (Quelle: Archiv des M-Bereichs bei DESY).

Reichen 60 Millionen DM?

Die Verhandlungen um die Finanzierung des DESY, würden sie weiterhin so detailliert wie bisher beschrieben, könnten ohne Schwierigkeiten den Rest dieses Buches füllen. Die grundsätzlichen Positionen aller Beteiligten sind jedoch bereits im ersten Kapitel dargestellt worden. Im Laufe der Jahre veränderten sie sich nur wenig. Die oft feingesponnenen Argumentationen und Entwicklungen versteht man am besten, wenn anstelle detaillierter Schilderungen scheinbar endloser Verhandlungen auf die Hintergründe der schließlich geschlossenen Kompromisse eingegangen wird.

Von zentraler Bedeutung war dabei immer wieder der Grundsatz, daß die Bundesregierung sich an der Finanzierung von Forschungsaufgaben höchstens mit 50 % beteiligen könne. Das Finanzministerium mußte in jeder Verhandlungsrunde neu davon überzeugt werden, daß ein Abrücken von diesem aus dem Grundgesetz abgeleiteten Prinzip aus politischen Gründen opportun war. Tagespolitik versus Prinzipientreue – in diesem Dilemma befindet sich ein Finanzminister bei jeder seiner Entscheidungen, und das Maß seiner Zugeständnisse wird letztlich durch die momentane Stärke seines Gegenüber bestimmt.

Die Schilderung der Finanzierung des DESY war mit der Übereinkunft Hamburgs und des BMAt unterbrochen worden, den Aufbau des Forschungszentrums zunächst alleine zu bezahlen; als ersten Schritt würde jede Seite ihren bisher nur angebotenen Beitrag zu den Kosten in eine verbindliche Zusage verwandeln und sofort zur Verfügung stellen.[30]

Klar war allerdings nur, daß Hamburg 9 Millionen DM freigeben würde. Balke hatte nämlich bei seinem ergebnislosen Versuch, die widerspenstigen Ministerpräsidenten am Telefon zu einer Beteiligung an DESY zu überreden, auch von einer 60 %igen Beteiligung des BMAt gesprochen. Diese Quote wollte Glässing im Ergebnisprotokoll der Verhandlungen vom 16. Juli 1958 festgeschrieben sehen. Alle Versuche, die im Entwurf genannte Zahl von 50 % zu verändern oder wenigstens eine briefliche Bestätigung der höheren Quote zu erhalten, stießen beim Finanzministerium aber auf taube Ohren. Es gab keinen Anlaß, dem BMAt in dieser Frage etwas nachzugeben.[31]

Aus Hamburg verlautbarte dennoch bei jeder sich bietenden Gelegenheit, daß das BMAt sich mit 60 % und die Hansestadt mit 9 Millionen DM an DESY beteiligen und Balke wegen der noch fehlenden 15 Millionen DM in Kürze an die Länder herantreten werde. Davon war allerdings einige Monate lang nichts zu merken. Balke wartete solange ab, bis er die Restfinanzierung des DESY mit

[30] vgl. S. 37ff.

[31] vgl. S. 37ff.; Vermerk BMAt, Ergebnisprotokoll einer Besprechung, die am 16. Juli im BMAt über die Finanzierung des Hamburger Beschleunigers statgefunden hat, o.D., Glässing an Hocker, 30.7.58, Vermerk FB, 28.10.58, HH6040-5.

Leistungen seines Hauses an die Länder zu einem Paket schnüren konnte, und eine Gelegenheit dazu bot sich erst bei den Verhandlungen um die sogenannte Länderpauschale: Über die Verwendung dieses Titels im BMAt-Haushalt, insgesamt waren 30 Millionen DM vorgesehen, konnten die Länder nach eigenem Gutdünken entscheiden. Gemäß dem Grundsatz gleichgewichtiger Finanzierung der Forschung mußte der Topf nur noch durch einen gleichhohen Betrag aus den Länderhaushalten aufgefüllt werden. Balke ließ die Länder nun im November 1959 auf Umwegen wissen, er denke daran, die Länderpauschale um 15 Millionen DM zu kürzen; dieser Betrag käme dann DESY zugute. Im Januar 1959 folgte der ungewissen Drohung ein konkretes Friedensangebot: BMAt-Ministerialdirektor Wolfgang Cartellieri schrieb in Briefen an die Vorsitzenden von FMK und KMK, daß das BMAt und Hamburg die Investitionen für DESY vielleicht alleine tragen könnten, wenn die Länder dafür eine Beteiligung an den laufenden Kosten fest zusagten.[32]

Details sollten auf der gemeinsamen Sitzung der Finanz- und Kultusminsterkonferenz am 19. Februar 1959 außerhalb der Tagesordnung ausgehandelt werden. Obwohl Hamburg vor der Sitzung noch einmal alle Länder schriftlich auf den neuesten Stand brachte, waren dazu aber vor und nach Abwicklung der regulären Tagesordnung zuwenig Ressortchefs anwesend.[33]

Die Andeutung, daß das Atomministerium die noch fehlenden Millionen übernehmen und seine Beteiligung an DESY damit auf 85 % aufstocken würde, war kein leeres Versprechen. Das Finanzministerium hatte als Gegenleistung nur gefordert, daß Hamburg sich auch an eventuellen Mehrkosten mit 15 % beteiligen müsse. Wie kam diese plötzliche Änderung des vorher so eisern vertretenen Standpunkts zustande? Immerhin hatte das BMF noch sechs Monate zuvor vehement sogar gegen eine nur 60 %ige Quote opponiert.[34]

Dem Atomministerium selbst fehlte es 1958/59 nicht an Geld – im Gegenteil. Die Tatsache, daß die Haushaltsmittel für 1956 und 1957 nur etwa zur Hälfte abgerufen worden waren, hatte der Opposition im Bundestag bereits Gelegenheit zu der lautstarken Polemik gegeben, der Minister werde seiner Aufgabe nicht gerecht. Im Haushalt 1959 wurde der Titel für Förderung und Erweiterung wissenschaftlicher Institute dann von 60 Millionen DM im Vorjahr auf 44 Millionen DM zurückgenommen! DESY hatte einen eigenen Titel, so daß die Nachfragebaisse bei der allgemeinen Förderung durch mehr Geld für institutionelle Förderung leicht kaschiert werden konnte. Hocker berichtete im Januar 1959 vor dem zuständigen Bundestagsausschuß über die Pläne und Vorhaben in seinem Bereich und orakelte dann angesichts ihres Umfangs – 700 Millionen DM – daß wohl nicht alles davon planmäßig verwirklicht werde. Selbst bei DESY waren die Ausgaben hinter den Ansätzen geblieben: Vom Haushaltssoll

[32]Protokoll ArbA, 19.7.58, DA7; Protokoll Hochschulausschuß KMK, 20./21.11.58 Landahl an KM, 2.2.59, Cartellieri an Frank, 13.2.59, HH6040-5.

[33]Vermerk Meins, 13.1.59 und 24.2.59, Cartellieri an Frank, 13.2.59, HH6040-5.

[34]Vermerk Meins, 27.4.59, HH6040-5; Protokoll AK Kernphysik DAtK, 27.4.59, DAs.

1958 in Höhe von 4,66 Millionen DM waren bis Jahresende nur 2,85 Millionen DM ausgegeben worden.[35]

Es blieb aber noch das Finanzministerium davon zu überzeugen, daß eine 85 %ige Beteiligung an DESY politisch eine bessere Figur machte als die nicht in Anspruch genommenen Haushaltsmittel. Dafür war Anfang 1959 ein günstiger Zeitpunkt – die Prinzipientreue der Finanzbeamten wurde seit kurzem von anderer Seite stark strapaziert: Im Januar 1959 setzte der Kanzler persönlich und ultimativ durch, daß der einzige unbegrenzt haftende Gesellschafter der Reaktorstation Karlsruhe die Bundesrepublik Deutschland sein sollte – die trotz dieses hohen finanziellen Einsatzes aber weniger als 50 % der Sitze im Aufsichtsrat einnehmen würde. Argumente aus dem Finanzministerium, daß in Karlsruhe auch die Industrie Partner des Bundes sei, konnten durch einen Hinweis auf den Haushalt der DFG, zu dem das Bundesinnenministerium 1959 75 % beisteuerte, entkräftet werden, kurzum – die relative Schwäche des Finanzministeriums in anderen Angelegenheiten prädestinierte geradezu die Lösung auch des Problemfalls DESY zu diesem Zeitpunkt.[36]

Immerhin bestand das BMF darauf, daß die Bundesregierung nicht wie in Karlsruhe zuzahlen müsse. Dort hatte Adenauers Ungeduld dem Land Baden-Württemberg die Begrenzung seines Engagements auf 20 Millionen DM ermöglicht. Der Hamburger Vorschlag, als Gesamtkosten für DESY 60 Millionen DM einzusetzen, und bei Überschreitungen Neuverhandlungen vorzusehen, kam dem BMF daher wie gerufen. Wenn es jemals zu derartigen Verhandlungen käme, würde sich die Position gegenüber dem Atomministerium vielleicht wieder verbessert haben.[37]

Hamburg und die Bundesregierung schlossen am 18. Dezember 1959 einen Staatsvertrag, in dem sie für DESY ein Investitionsvolumen von 60 Millionen DM vereinbarten. Schon einige Monate zuvor kursierte aber in der Hamburger Verwaltung der schon erwähnte Brief der Baubehörde, in dem von 10 Millionen DM höheren Baukosten die Rede war. Ein Durchschlag ging auch über Glässings Schreibtisch. Seine Bitte um eine aktualisierte Gesamtkostenschätzung blieb allerdings fünfzehn Monate lang unbeantwortet – trotz zahlreicher Mahnbriefe des zuständigen Referenten. Berghaus, der neue Verwaltungsdirektor des DESY, versicherte der Hochschulabteilung telephonisch noch im November 1960, daß an eine Überschreitung der 60 Millionen DM nicht zu denken sei. Die klare Tendenz, daß die Ausgaben auch weiterhin hinter den Haushaltsanschlägen zurückblieben, lasse allerdings auch nicht auf ein zu hohes Budget schließen. Sie bedeute, so der Verwaltungsdirektor im Dezember 1960 in einem Bericht an den Wissenschaftlichen Rat, ausschließlich, daß viele Ausgaben später als geplant anfielen –

[35]Der Mittag, 21.11.58; SPD-Pressedienst, P/XII/271, 28.11.58, Protokoll Bundestagsausschuß Atomkernenergie und Wasserwirtschaft, 14.1.59, Bt; JB57-59, Anhang A 5.

[36][Rad83, S. 242]; [NS70, S. 128].

[37]Vermerk Meins, 21.4.59, Vermerk FB, 15.5.59 und 22.5.59, HH6040-5; Staatsvertrag ... vom 18. Dezember 1959 mit Stiftungsurkunde über die Errichtung der Stiftung und Satzung, 18.12.58, DA16.

in einem halben Jahr werde man dann zusätzlich sagen können, ob neben diesen Verschiebungen auch höhere Kosten anfallen würden.[38]

Der Anstieg der Kosten

Bei DESY nahm man wie schon erwähnt die Kostenvoranschläge der Baubehörde zunächst nicht allzu ernst, weil später bestimmt Überschüsse anfallen würden. Wenn auch das nicht ausreichte, um das größere Bauprogramm zu finanzieren, würde man Einsparungen bei anderen Posten zu Hilfe nehmen: Harte Verhandlungen mit Lieferanten hatten an einigen Stellen zu Unterschreitungen der Voranschläge von 1958 geführt; und die Ausgaben für Modellversuche und Sachkosten lagen sogar um bis zu 20 % unter den ursprünglichen Ansätzen.[39]

Dennoch: C.E.A. hatte im Sommer 1958 erstmals einen Nachschlag erhalten. Die 1,3 Millionen $ wurden nicht für den Beschleuniger oder für mehr Personal, sondern für eine drittes und viertes Stockwerk des Laborgebäudes verwendet. Bei DESY wurde mit geringer zeitlicher Verzögerung ebenfalls deutlich, daß für Personal und Besucher mehr Platz geschaffen werden mußte, als ursprünglich angenommen worden war. Die Behauptung, daß Klarheit über den tatsächlich benötigten Platz zu spät geschaffen wurde, muß insofern eingeschränkt werden, als 1958 ausschließlich die Kosten für den Beschleuniger und die für seinen Betrieb benötigten Bauten aufgelistet worden waren; die Vorbereitung der Experimente und den laufenden Betrieb sollten Bund und Länder später gemeinsam bezahlen. Diese Illusion platzte aber im Oktober 1960, als der erste Experimentehaushalt (Kapitel II) im Verwaltungsausschuß des Königsteiner Staatsabkommens beraten wurde. Baumaßnahmen würden von der Ländergemeinschaft keinesfalls getragen werden, wurde Meins von seinen Kollegen mitgeteilt, und bei Beschaffungen über 100.000 DM sei ebenfalls davon auszugehen, daß sie Investitionen und keine laufenden Kosten darstellten. Diese Abgrenzung sei angesichts der RHO-Definiton der „Einzelmaßnahme" als Anschaffung von mehr als 10.000 DM bereits ein sehr großzügiges Angebot. Diese Entscheidung kam nicht aus heiterem Himmel. Die Hamburger Finanzbehörde hatte schon im April 1960 davor gewarnt, haushaltsrechtlich als Investitionen geltende Posten in Kapitel II aufzunehmen. Das hatte aber nur dazu geführt, daß im Vorwort zum Haushaltsplan auf den neuartigen und aufwendigen Experimentierstil hingewiesen wurde, den DESY zwangsläufig mit sich bringe. Als zusätzliche Absicherung wurde bei Schmelzer ein Gutachten in Auftrag gegeben, das zur Bestärkung dieser Argumentation Erfahrungen vom CERN anführen sollte – und das sich dann gegen DESY wandte, als Schmelzer zugeben mußte, daß auch in Genf Ausgaben über 100.000 Franken als „capital costs" behandelt würden.[40]

[38]Glässing an HA, 9.9.59, FB an HA, 4.2.60, 4.4.60, und 14.7.60, Vermerk HA, 24.11.60, HH6040-5; Bericht des Verwaltungsdirektors im Wissenschaftlichen Rat, 16.12.60, DAs.

[39]Protokoll ArbA, 24.9.59, DA7; Bericht des Verwaltungsdirektors ..., a.a.O.

[40]Krolzig an Jentschke, 18.8.58, DAs; Jentschke an HA, 21.3.58, unterscheidet 5 Millionen DM p.A. Betriebskosten und 4 Millionen DM p.A. experimenteller Aufwand, HH6040-3; Protokoll

Die Länder hatten – wie noch geschildert wird – DESY 10 Millionen DM pro Jahr an Betriebskosten zugestanden. Nachdem der Bedarf der Experimente daraus offensichtlich nicht gedeckt werden konnte, war diese Zusage der Ministerpräsidenten bis zur Inbetriebnahme des Beschleunigers nur von begrenztem Wert. Laborraum für die Wissenschaftler, Magnete für die Strahlführung und Spektrometer, elektronische Rechenanlagen – all dies mußte schnellstens auf die Investitonen (Kapitel I) übertragen werden. Die Beteuerungen, es gebe schlimmstensfalls Verschiebungen zwischen den Ansätzen, waren im Oktober 1960 hinfällig geworden. Im Februar 1961 verlautbarte die Finanzbehörde noch einmal offiziell, daß der Experimentehaushalt (Kapitel II) in seiner derzeitigen Form nicht den Veranschlagungsgrundsätzen entsprach. Selbst bei Berücksichtigung der großzügigen Grenze von 100.000 DM für Investitionen gehörten einige Posten in Kapitel I.[41]

Die neue Lage: Weil die Ausstattung für die Experimente nicht wie vorgesehen peu à peu aus Betriebsmitteln beschafft werden konnte, mußte ihr Umfang endgültig festgelegt und ein Nachschlag zu den 60 Millionen DM Investitionsvolumen erbeten werden; und da an zwei Nachforderungen nicht zu denken war, mußte zur gleichen Zeit auch eine bombenfeste Kostenschätzung für den Beschleuniger vorgelegt werden, die insbesondere keine Unsicherheiten mehr bei den Baukosten aufweisen durfte.

Kohbrock und Beer wurden daher umgehend um genaue und endgültige Zahlen gebeten, Beer für den Beschleuniger, Kohbrock für die Bauten. Die Aufstellung aus der Baubehörde ließ jedoch einige Zeit auf sich warten. Erst im Juli 1961 wurde mitgeteilt, daß es im Gegensatz zu den Erwartungen von vor drei Jahren keine Rückerstattungen geben würde – im Gegenteil. Die schon begonnenen Bauten würden statt 17,3 Millionen DM, wie 1959 in den Kostenanschlägen angenommen, nunmehr mindestens 23,5 Millionen DM kosten. 1,25 Millionen DM Mehrkosten waren durch allgemeine Kostensteigerungen verursacht (im sogenannten Baukostenindex festgehalten), 5 Millionen DM dagegen durch Sonderwünsche und zusätzliche Maßnahmen, die 1959 im Kostenvoranschlag nicht berücksichtigt worden waren. Der Bau der Verwaltungs- und Laborgebäude war noch gar nicht begonnen worden. Der erhöhte Platzbedarf forderte aber auch hier bereits seinen Preis: Die Schätzungen beliefen sich nunmehr auf 10 Millionen DM gegenüber 6 Millionen DM im Jahr 1959. Ein genauer Vergleich der Aufstellungen von 1958, 1959 und 1961 ist allerdings schwierig. Vieles, was 1961 den Baukosten zugeschlagen wurde, war früher noch in den Kosten für den Beschleuniger enthalten oder hatte als Bestandteil der zukünftigen Experimente gegolten. Diese Tatsache war auch die Ursache der praktisch das ganze Jahr 1961 über andauernden Verwirrungen darüber, welche Zahlen endgültig in die

---

VR, 11.4.60, DA8; Schmelzer, Kostenabgrenzung bei DESY, 17.6.60, Haushaltsplan 1961, Vorwort zu Kapitel II, 1.7.60, DA16; Vermerk HA, 3.10.60, Vermerk HA ... Verwaltungsausschuß des Staatsabkommens am 6.10.1960 in Wiesbaden, o.D., Vermerk FB, 2.2.60, HH6040-5.

[41] vgl. S. 68ff.; Berghaus an HA, 1.6.60, Vermerk FB, 2.2.61, Vermerk HA, 17.3.61, HH6040-5.

Nachforderung einzusetzen seien. Erst nach dem schon erwähnten Briefwechsel zwischen dem ersten Baudirektor Seitz und Meins wurden die Zahlen der Baubehörde von allen Seiten als verbindlich anerkannt: 23,5 Millionen DM für die schon begonnen Bauten plus 11,3 Millionen DM für die noch zu erstellenden Gebäude, vor allem Labors und Werkstätten.[42]

Das Direktorium kam angesichts der um 21 Millionen DM gestiegenen Baukosten nicht mehr umhin, Hamburg und das BMAt um mehr Geld zu bitten. Es hätte die Verhandlungen sehr vereinfacht, wenn es sich bei den Baukosten so wie bei den Personalkosten und den Kosten für den Beschleuniger verhalten hätte – dort waren die Erhöhungen fast ausschließlich auf die längere Bauzeit und allgemeine Preissteigerungen zurückzuführen. Im Laufe des Jahres 1961 wurden daher zunächst Sparpläne, Abstriche am Raumbedarf und kleinere Sicherheitszuschläge diskutiert; schließlich beschloß das Direktorium im Februar 1962 dennoch, in einem Memorandum um die Befriedigung aller neuaufgetretenen Bedürfnisse zu bitten. Dabei konnte es sich auf den Wissenschaftlichen Rat berufen, der schon im April 1961 gefordert hatte, alle Planungen auch um den Preis von Budgetüberschreitungen uneingeschränkt fortzusetzen.[43]

Neben erhöhten Baukosten umfaßten die Mehrkosten vor allem den Bedarf der Experimente. Folgende Strategie bot sich an: DESY würde als betriebsfertige Anlage, so wie 1958 vorgesehen, statt 60 Millionen DM nunmehr 80 Millionen DM kosten. Mehrkosten von 33 % hörten sich vernünftig an, zumal die Bauzeit ein Jahr länger als ursprünglich geplant war und die Schätzungen von 1958 ohne jede praktische Erfahrung gemacht worden waren. Um DESY nutzen zu können, würden für die experimentelle Grundausstattung weitere 30 Millionen DM gebraucht, sowohl für Bauten und deren Einrichtung als auch für wissenschaftliches Gerät. Mittlerweile lagen dafür genauere Aufstellungen vor, weil sich 1962 bereits erste Experimentiergruppen gebildet hatten und auch für die noch fehlenden Gebäude und den Bedarf an Magneten und Abschirmmaterial Kostenanschläge aufgestellt und Angebote eingeholt worden waren.[44]

DESY konnte damit zwar die Verantwortung dafür, daß das neue Finanzierungsvolumen sich mit 110 Millionen DM fast verdoppelt hatte, zum Teil auf die starren Bestimmungen des Königsteiner Staatsabkommens abwälzen. Leichter wurde es dadurch aber nicht, die fehlenden 50 Millionen DM zu beschaffen.

Die Finanzierung der Mehrkosten

Die neuen Zahlen wurden dem Verwaltungsrat zum ersten Mal am 2. Februar 1962 vorgelegt. An der Sitzung nahm für das Finanzministerium auch Schneider-Muntau teil. Als er die neue Schätzung von 80 Millionen DM für das ur-

[42]Protokoll Dir, 21.2.61 und 1.2.62, DA7; Vermerk Hochbauamt, 14.7.61, Meins an Seitz, 27.11.61, Seitz an Meins, 14.12.61, HH6040-5.

[43]Protokoll WR, 18.4.61, DA11; Vermerk Berghaus, 2.10.61, Hochbauamt an HA, 23.11.61, HH6040-5; Protokoll Dir, 27.3.61, 24.10.61 und 1.2.62, DA7.

[44]Protokoll Dir, 23.11.61, DA7; Protokoll VR 1.2.62, DA8; JB60-61, S. 29ff.

sprüngliche Investitionsprogramm befürwortete, muß ein Aufatmen durch die Reihen der anwesenden DESY-Direktoren gegangen sein. Der Ministerialdirigent schränkte seine Zusage zwar gleich wieder ein, weil er angesichts eines Lochs im Bundeshaushalt 1962 in Höhe von 1,74 Milliarden DM noch nichts Endgültiges versprechen könne, dies aber auch gar nicht in die Zuständigkeit des Verwaltungsrats falle, sondern interministeriell erörtert werden müsse. Von ihm würden der Aufstockung der Investitionen für den Beschleuniger von 60 auf 80 Millionen DM jedenfalls keine Steine in den Weg gelegt werden. Anders bei den 30 Millionen DM neuentstandener Kosten für die Vorbereitung der Experimente: Nachdem die Titel grob nach Dringlichkeit vorgeordnet und eine eingehende Prüfung angekündigt worden waren, verlangte Schneider-Muntau, daß die Länder sich daran angemessen, also mit 50 %, beteiligten.[45]

Die Strategie „20 Millionen DM Mehrkosten/30 Millionen DM neue Kosten" wurde folglich innerhalb weniger Tage umgeworfen: Der Arbeitskreis Kernphysik diskutierte und beschloß am 26. Februar 1962 ein „Gesamtprogramm" in Höhe von 110 Millionen DM, ohne den ebenfalls anwesenden Schneider-Muntau damit von seiner einmal eingenommenen Position abbringen zu können. Kriele, Vertreter des BMAt im Verwaltungsrat, mußte sich ihm nach Abschluß der ersten interministeriellen Verhandlungsrunde notgedrungen anschließen: Die Übernahme von 85 % der dem ursprünglichen Projekt eigenen Mehrkosten sei keine Frage; für neue Forderungen trete das BMAt aber höchstens mit 50 % ein.[46]

Solcher Widerstand aus dem Atomministerium veranlaßte Heisenberg, sich schon am folgenden Tag brieflich an den Ressortchef zu wenden. Die Verhandlungen um die Finanzierung der Mehrkosten dürften DESY, einen Kernbestandteil des gerade diskutierten 2. Atomprogramms, keineswegs gefährden. Antworten auf derartige Briefe des Doyens der deutschen Physiker ließen gewöhnlich einige Zeit auf sich warten, weil keiner der Adressaten sich nicht wenigstens um eine Lösung des ihm angetragenen Problems bemühen wollte. Dieses Mal lag die Antwort schon nach vier Tagen auf Heisenbergs Schreibtisch. Sie offenbarte die Hintergründe für die Unnachgiebigkeit des Finanzministeriums. Laut Balke waren sie keineswegs innerhalb der Regierung, sondern einzig beim Haushaltsausschuß des Bundestags zu suchen. Dort war in jüngster Zeit und wiederholt bekräftigt worden, daß das BMAt Forschungsinstitute höchstens mit 50 % bezuschussen dürfe. Der Parlamentsausschuß habe diese Beschlüsse natürlich nicht am grünen Tisch gefaßt: Die Frondeure des BMAt, Westdeutsche Rektorenkonferenz, DFG und MPG hätten in ihrem zähen Kampf gegen sein Haus eine weitere Bataille gewonnen. Damit nicht genug: Kürzlich sei sogar sein vertraulicher Vorschlag zur Gründung eines Forschungsministeriums in Brandbriefen an Ministerpräsidenten und Parteivorsitzende öffentlich gemacht und scharf kritisiert worden.[47]

---

[45] Protokoll VR, 2.2.62, DA8.

[46] Protokoll AK Kernphysik DAtK, 26.2.62, DAs.

[47] Heisenberg an Balke, 27.2.62, Balke an Heisenberg, 2.3.62, He.

Mit dem faktischen Verbot, Forschungsprojekte alleine aus Bundesmitteln zu finanzieren, bekamen die um ihren Einfluß bangenden Institutionen des föderativen Systems faktisch ein Mitbestimmungsrecht in die Hand. Der Haushaltsausschuß war so weit gegangen, daß er die Finanzierung von Bauten aus dem für die allgemeine Forschungsförderung eingerichteten Titel 950 des BMAt-Haushalts auf 50 % der Baukosten begrenzte. So konnte das BMAt 1962 z.B. einen van-de-Graaff-Beschleuniger bezahlen – das ihn umgebende, viel billigere Gebäude aber nur zur Hälfte ... Im Haushalt 1962 wurde der Titel 950 obendrein so stark zusammengestrichen, daß er gerade noch zur Deckung der Verpflichtungsermächtigungen aus den Vorjahren ausreichte. Der Haushalt des Atomministeriums wies dagegen eine leichte Zunahme auf, die vor allem der Entwicklung der Kerntechnik zugute kam. Die Kosten der Karlsruher Reaktorstation waren in den vergangenen Jahren sprunghaft gestiegen. Anstelle von 80 Millionen DM, die sich Staat und Industrie geteilt hätten, waren bald 500 Millionen DM im Gespräch, an denen die Industrie sich nicht und Baden-Württemberg höchstens mit 20 Millionen DM beteiligen wollte. Der Löwenanteil am Ausbau der Reaktorstation ging also auf das Konto des Atomministeriums – was nicht nur die Beziehungen zu den Wissenschaftlern belastete, sondern es auch gegenüber dem Finanzministerium schwächte. Im Nachhinein wäre Hamburg, das seine Quote von 15 % auch für das Gesamtprogramm von 110 Millionen DM aufrecht erhielt, gut beraten gewesen, wenn es zwei Jahre zuvor dem Angebot des BMF gefolgt wäre und die Aufteilung von Mehrkosten nach dem Schlüssel 85/15 vertraglich vereinbart hätte.[48]

Jetzt sah es so aus, als ob die Hansestadt sich wegen der fehlenden 10,5 Millionen DM an die Länder wenden müßte. Von der Verwaltung wurden entsprechende Tagesordnungspunkte bei KMK und FMK beantragt. Auf einen Hinweis von Meins hin, daß die Aushandlung eines Staatsvertrags einige Zeit in Anspruch nehmen könne, wurde bei DESY ab April 1962 jeder Pfennig zweimal umgedreht, bevor er ausgegeben wurde – mit den schon geschilderten Konsequenzen beispielsweise bei den Polflächenspulen. Im Haushalt 1963 klaffte eine Lücke von 8,7 Millionen DM (bzw. 3,1 Millionen DM, wenn einige Ausgaben auf das Jahr 1964 verschoben wurden). Versuche, sich weitere Finanzquellen zu erschließen, konnten daher nicht schaden: Das Direktorium reichte am 10. Mai 1962 bei der Stiftung Volkswagenwerk einen Antrag über die nach den Worten ihres Generalsekretärs Gambke „nicht kleine Summe von 30 Millionen DM“ ein. Nach der Satzung war die größte deutsche Stiftung für die Förderung der Wissenschaften jedoch gehalten, vor Bewilligungen auch andere Möglichkeiten der Finanzierung auszuloten. In Briefen an das BMAt und die Hamburger Schulbehörde wurde angefragt, ob DESY nicht auch mit einem kleineren Betrag geholfen sei. Man denke an eine Überbrückungshilfe von 8 bis 10 Millionen DM. Damit hatte die VW-Stiftung – bewußt oder unbewußt – exakt den fehlenden Betrag (35 % von

[48] Vermerk FB, 2.4.62, HH6040-5; Protokoll Bundestagsausschuß Atomkernenergie und Wasserwirtschaft, 15.6.61, Bt; Protokoll AK Kernphysik DAtK, 18.6.62, DAs; Rhein-Neckar-Zeitung, 8.10.62; [Rad83, S. 206f.].

30 Millionen DM) angeboten, was ihr unverzüglich vom BMAt und von der Hamburger Schulbehörde bestätigt wurde. Zugleich bat Gambke Heisenberg um ein Fachgutachten – mit dem dem Stiftungskuratorium die wissenschaftlichen Argumente für einen zustimmenden Beschluß geliefert werden sollten.[49]

Die „Überbrückungshilfe" kam genau zur rechten Zeit. Die Kultusministerkonferenz hatte am 5. Juli 1962 nicht nur die Beteiligung der Länder an den Mehrkosten abgelehnt; sie hatte im Gegensatz zu früheren Beschlüssen zu DESY noch nicht einmal eine sachliche Befürwortung ausgesprochen, sondern Hamburgs Anliegen kommentarlos an die elf Länderkabinette verwiesen. Vom BMAt war schon im April 1962 eine förmliche Zusage eingetroffen, sich mit 85 % an 80 Millionen DM Gesamtkosten für DESY und mit 50 % an 30 Millionen DM neuen Kosten für die Vorbereitung der Experimente zu beteiligen. Zusammen mit dem Hamburger Anteil und den 10 Millionen DM von der VW-Stiftung fehlten nur noch DM 500.000 – was zu verschmerzen gewesen wäre. Es kam aber bald so wie zu befürchten war: Das Finanzministerium teilte mit, daß aus öffentlichen Haushalten für die Vorbereitung der Experimente anstelle von 30 nur noch 20 Millionen DM aufgebracht würden; der Bundesanteil daran sei folglich auf 10 Millionen DM zu begrenzen.[50]

Hamburg machte eine letzte Geste guten Willens und sagte die Übernahme der, unter der Voraussetzung von 15 Millionen DM Anteil des BMAt, noch fehlenden 500.000 DM zu. Kriele, von dem die schriftliche Zusage über 15 Millionen DM vom April 1962 stammte, wandte sich Anfang 1963 an den zuständigen BMF-Abteilungsleiter, Ministerialdirektor Korff. Er bat ihn unter Berufung auf dessen eigene Zusagen im Arbeitskreis Kernphysik – dort hatten Korff und Kriele von 15 Millionen DM gesprochen – um das Abrücken von seiner Position. Sonst sei der Haushalt des DESY für 1964 gefährdet, von dem zu erwartenden Aufsehen in der Öffentlichkeit ganz abgesehen.[51]

Korff konnte seine Zusage nicht geben, ohne sie mit einem kleinen Aber zu versehen: Über das neue Investitionsvolumen müsse ein Staatsvertrag zwischen Hamburg und der Bundesregierung geschlossen werden. Nachdem das Hamburger Rechtsamt darauf hingewiesen hatte, daß dazu keine zwingende Notwendigkeit bestand, wurde das BMF nach einigen Wochen Anstandsfrist davon überzeugt, daß ein Briefwechsel denselben Zweck erfüllen würde.[52]

Insgesamt hatten die Verhandlungen über die Finanzierung des DESY und

---

[49] Vermerk HA, 8.3.62, Vermerk FB, 2.4.62, Vermerk BMAt, 27.4.62, FB an Finanzminister der Länder, 8.6.62, Drexelius an Kultusminister der Länder, 22.6.62, DESY an VW-Stiftung, 10.5.62, VW-Stiftung an Drexelius, 6.6.62, Drexelius an VW-Stiftung, HH6040-5; Heisenberg an VW-Stiftung, 22.6.62, BMAt an VW-Stiftung, He; Zitat: VW-Stiftung an Heisenberg, 6.6.62, He.

[50] Generalksekretär VW-Stiftung an HA, 13.7.62, Protokoll KMK, 5.7.62, Vermerk FB, 30.11.62, HH6040-5; Protokoll Dir, 18.10.62, DA7; Protokoll VR, 28.11.62, DA8.

[51] Kriele an Korff, 17.1.63, Drexelius an Lenz, 25.1.63, HH6040-5.

[52] Vermerk Meins, 4.2.63, Rechtsamt an HA, 28.3.63, Meins an Kriele, 13.6.63, Kriele an Drexelius, 1.8.63, HH6040-5.

der ersten Experimente mehr als sechs Jahre gedauert. Das Tauziehen um die Bezahlung von Investitionen war damit keineswegs für alle Zeiten beendet – noch auf der Sitzung des Verwaltungsrats am 8. Februar 1963, auf der Schneider-Muntau das Einlenken des BMF offiziell bekanntgab, kündigte Jentschke den weiteren Ausbau des DESY schon in wenigen Jahren an. Auch die Tatsache, daß 10 Millionen DM zur Deckung der Betriebskosten – die Grundausstattung der Experimente bereits ausgenommen – nicht reichten, war zu diesem Zeitpunkt bereits bekannt. Die Chronik soll dennoch an dieser Stelle unterbrochen und nur noch kurz geschildert werden, wie es dazu kam, daß die Länder sich überhaupt an den Betriebskosten des DESY beteiligten. "Finanzierung des weiteren Ausbaus" und „ansteigende Betriebskosten" – davon später.[53]

Betriebskosten: Obergrenze 10 Millionen DM

Einführend mag noch einmal Balkes Drohung vom Herbst 1958 und sein darauffolgendes Friedensangebot in Erinnerung gerufen werden, als er den Bundesländern zuerst die Kürzung von Zuschüssen androhte und ihnen wenig später anbot, sich bei DESY nur an den Betriebskosten zu beteiligen. Bei der Schilderung der weiteren Ereignisse wurde der Schwerpunkt bisher auf die Investitionen und ihre Finanzierung gelegt, so daß kaum deutlich werden konnte, wie trickreich dieser Schachzug des Atomministers im Grunde genommen war: Die FMK hatte nämlich am 11. Juli 1958 angeboten, 5 Millionen DM Betriebskosten des DESY zu übernehmen. Mit dieser Offerte wollten die Finanzminister aber nur verhindern, daß sie durch ihre ansonsten ablehnende Haltung zu totalen Verweigerern abstempelt wurden.[54]

Keiner von ihnen rechnete 1958 damit, daß der Bundesfinanzminister bei den Investitionen auch nur einen Fuß breit nachgeben würde. Nachdem dies doch geschehen war, kam es für Hamburg und das BMAt darauf an, die leichtfertig gegebene Zusage der FMK schnellstens einzulösen. Hamburg ließ das Thema auf die Tagesordnung der MPK am 19. Juni 1959 setzen – und zwar so kurzfristig, daß der FMK keine Zeit mehr blieb, ihren Beschluß vom Vorjahr umzuwerfen. Da der entsprechende Antrag aus formalen Gründen aber nicht von der Hansestadt, sondern vom KMK-Präsidenten gestellt werden sollte, mußte Glässing mehrmals telefonisch auf Ministerebene eingreifen, um Versuchen einiger Finanzminister, den Tagesordnungspunkt doch noch zu verhindern, gegenzusteuern. Der Verweis auf den Beschluß der FMK vom Vorjahr bewegte die Ministerpräsidenten am 19. Juni 1959 dann wirklich dazu, einer Beteiligung an den Betriebskosten des DESY zuzustimmen, zumal Hamburg großzügig anbot, 25 % des Länderanteils als Sitzlandquote vorweg zu übernehmen. Die MPK setzte die laufenden Kosten des DESY zu maximal 10 Millionen DM fest, von denen die Hälfte, bei Berücksichtigung der Hamburger Sitzlandquote, nach dem

[53]Protokoll VR, 8.2.63, DA8.

[54]vgl. Seite 57f.; Vermerk HA, 3.6.59, HH6040-5.

Königsteiner Schlüssel auf die Bundesländer zu verteilen sei. Die Details sollten von der gemeinsamen Konferenz der Kultus- und Finanzminister geregelt werden.[55]

Ein bekanntes Sprichwort sagt, der Teufel stecke meistens im Detail. Mit diesem Beschluß verhielt es sich nicht anders. Die wichtige Einzelheit, die die Regierungschefs offengelassen hatten, war die Einbeziehung des DESY in das Königsteiner Staatsabkommen. Warum? Zur Erläuterung soll ein kurzer Blick darauf geworfen werden, wie die Haushalte der Institute im Königsteiner Staatsabkommen festgelegt wurden.

Jedes Institut stellte etwa neun Monate vor Jahresanfang einen Haushaltsplan auf, der nach sachlicher Prüfung durch die Landesministerien der Wiesbadener Geschäftsstelle des Königsteiner Staatsabkommens zugeschickt wurde. Etwa drei Monate vor Beginn des neuen Haushaltsjahrs wurden in einem Verwaltungsausschuß, in das jedes Land einen hohen Ministerialbeamten entsandte, alle eingereichten Haushaltspläne Punkt für Punkt durchgegangen. Schon vorher hatten Berichterstatter aus den Reihen des Verwaltungsausschusses die vorgelegten Entwürfe auf ihre Übereinstimmung mit den Veranschlagungsgrundsätzen geprüft – also auf versteckte Investitionen oder überhöhte Personalkosten – aber auch darauf, ob ihr Volumen inhaltlich gerechtfertigt war. Nach Anhörung der Berichterstatter wurde für jedes Institut ein Haushalt festgesetzt, in dem oft genug gegenüber dem Plan auch Kürzungen vorgenommen wurden. Der Gesamthaushalt aller Institute wurde anschließend der gemeinsamen Konferenz der Kultus- und Finanzminister zugeleitet, die ihn kurz vor Beginn des neuen Haushaltsjahres en-bloc abstimmte. In der Praxis legte also der Verwaltungsausschuß des Staatsabkommens die Haushalte der Institute fest. Bei DESY war dieses Verfahren schon deshalb schwer praktikabel, weil dem Bund als zweitem Financier das Mitspracherecht nicht einfach verweigert werden konnte.[56]

Bei der Max-Planck-Gesellschaft verhielt es sich ähnlich. Die Ländergemeinschaft war wie bei DESY nur ein Geldgeber von mehreren, und davon abgesehen sprachen auch prinzipielle Gründe dagegen, über die Haushalte der oft weltberühmten Institute von Wiesbaden aus zu beschließen. Ein Unterausschuß setzte daher zusammen mit der Geschäftsstelle der MPG einen Haushaltsentwurf auf, der den Verwaltungsausschuß dann in der Vergangenheit immer ohne Änderungen passiert hatte. Hamburg hatte für DESY ähnliche Vorstellungen. Die Länder sollten im Verwaltungsrat der Stiftung vertreten sein, so daß der Geschäftsstelle des Staatsabkommens wie bei der MPG ein verabschiedungsreifer Kompromiß zwischen den Vorstellungen des Direktoriums und den Möglichkeiten aller Geldgeber zugesandt werden konnte. Das Verfahren sollte en détail in einem Sonderabkommen geregelt werden.[57]

---

[55] Vermerk FB, 15.5.59 und 22.5.59, Vermerk HA, 3.6.59, Vermerk Glässing, 5.6.59, Weichmann an Präsident KMK, 5.6.59, Präsident KMK an Vorsitzenden MPK, 6.6.59, HA an Drexelius, 16.6.59, Protokoll MPK, 19./20.6.59, HH6040-5.

[56] vgl. Vermerk FB, 3.12.59, HH6040-1; vgl. Protokoll VerwA KStSt, 4./5.10.62, HH6005-62.

[57] Vermerk Bundesrat, Sitzung Finanzausschuß, 2.7.59, Meins an Hochschulreferenten KMK, 17.8.59, Vermerk FB, 3.12.59, HH6040-1; Protokoll VerwA KStSt, 21.8.59, HH6040-5.

Widerstand dagegen kam vor allem aus Nordrhein-Westfalen. Wenn die Länder sich an den laufenden Kosten des DESY beteiligten, dann geschehe dies wie bei allen anderen gemeinsam finanzierten Instituten durch Aufnahme in das Königsteiner Staatsabkommen. Da die Inbetriebnahme des DESY erst für 1963 vorgesehen war, und laufende Kosten zur Vorbereitung der Experimente erstmals 1961 anfallen würden, bot sich als Ausweg eine „rein praktisch orientierte" Interpretation des MPK-Beschlusses an: Hamburg meldete 50 % der Betriebskosten zur Finanzierung über das Königsteiner Staatsabkommen an, wo der Antrag dann zusammen mit den anderen Haushaltsplänen geprüft würde.[58]

Der Haushalt des DESY wurde ab 1960 also vom BMAt und Hamburg im Verwaltungsrat der Stiftung beschlossen; das Kapitel II beurteilte jedoch anschließend wie bei allen Instituten im Königsteiner Staatsabkommen ein Berichterstatter. Angesichts der Absichten, die Vorbereitung der Experimente aus dem Betriebshaushalt zu finanzieren, mußte dessen Prüfung zwangsläufig zu dem Ergebniss kommen, daß darin unzulässige Investitionen enthalten waren. Damit wäre die Schilderung der Ereignisse wieder an ihrem Anfang angelangt – bei den Mehrkosten von 30 Millionen DM für die Vorbereitung der Experimente. Zugleich ist deutlich geworden, daß über die Struktur des DESY Haushalts noch zu verhandeln war. Der status quo stand mit den Bedürfnissen eines großen Forschungszentrums in zu krassem Widerspruch, als daß er hätte akzeptiert werden können. Die Schilderung der Lösung dieses Problems greift jedoch zeitlich so weit vor, daß sie einem späteren Kapitel vorbehalten bleiben muß.[59]

Der lange Weg zur Stiftung des privaten Rechts

Kaum ein Kapitel in der Geschichte des DESY ist so trocken und unübersichtlich wie die Entstehung der Satzung. Dennoch wäre es falsch, es als Beispiel für juristische Haarspaltereien beiseite zu schieben und sich statt dessen vermeintlich lebendigeren Themen zuzuwenden. In einer Satzung oder einem Gesellschaftervertrag, je nach gewählter Rechtsform, spiegeln sich nämlich der Fokus der Interessen und die Stärke all derer wider, die bei der Entstehung des Forschungszentrums beteiligt waren. Schon die Aufgaben, die den drei Organen der Stiftung „Deutsches Elektronen-Synchrotron" zugewiesen wurden, machen dies deutlich: Dem ehrenamtlichen Direktorium die Führung der laufenden Geschäfte; dem Wissenschaftlichen Rat aus auswärtigen Professoren die Formulierung der Richtlinien der Forschung; dem Verwaltungsrat, in dem die Geldgeber vertreten sind, die Verabschiedung des Haushalts. Es dauerte fast sechs Jahre, bis alle Aufgaben, Zuständigkeiten und Kontrollrechte zwischen diesen Organen so verteilt und ausbalanciert waren, daß Wissenschaftler und neun zuständige Behörden bzw. Ministerien keine Einsprüche mehr geltend machten.

---

[58] Protokoll VerwA KStSt, 21.8.59, Vermerk Meins, 21.12.59, HH6040-1.

[59] Vermerk Meins, 21.12.59, HH6040-1.

Diese Zeit läßt sich in vier Phasen gliedern: 1.) Zuerst wurde um die Rechtsform, ob eingetragener Verein oder Stiftung, gerungen. Zwei Initiativen zur Gründung eines vorläufigen Rechtsträgers konkurrierten miteinander, wurden aber im Februar 1958 von der Unsicherheit über das Zustandekommen der Gesamtfinanzierung gestoppt. 2.) Die Übereinkunft Hamburgs und des BMAt, DESY zunächst allein zu finanzieren, brachte die Diskussion ab Juli 1958 wieder in Gang. Alle Beteiligten waren sich schnell einig, daß nur die Stiftung weiterverfolgt werden solle; als der Satzungsentwurf dann im April 1959 unterzeichnungsreif vorlag, unterbrach die Hamburger Finanzbehörde dennoch abrupt die Verhandlungen unter Hinweis auf die noch nicht abgeschlossenen Verhandlungen mit den Ländern 3.) Erst als von dort eine Zusage zur Beteiligung an den Betriebskosten gekommen war, konnte die Errichtung der Stiftung und die Unterzeichnung des Staatsvertrags über die Finanzierung terminiert werden. Ein verspäter Einspruch des Bundesrechungshofs, am Vorabend des Festakts, verhinderte zwar nicht den Austausch der Unterschriften, zwang aber alle Beteiligten zum Eintritt in eine vierte Verhandlungsrunde, die erst im Jahr 1962 ihren Abschluß fand.

Den Hintergründen dieses Ringens um achtzehn Paragraphen ist die folgende detaillierte Schilderung des Geschehens gewidmet:

Im Sommer 1956 favorisierten die Initiatoren und das BMAt als Rechtsträger des DESY einen eingetragenen Verein, also einen Zusammenschluß natürlicher Personen. Zentrales Organ jedes e.V. ist die Mitgliederversammlung, wo alle wichtigen Entscheidungen fallen: Aufnahme neuer Mitglieder; Formulierung des Arbeitsprogramms; Wahl und Beauftragung des Vorstands; Rechnungslegung – und die bei DESY diejenigen Wissenschaftler umfassen sollte, die auf Walchers Rundschreiben vom Sommer 1956 eine positive Antwort gegeben hatten. Gegen diese Rechtsform sprach allerdings, daß das Vermögen eines Vereins den Mitgliedern zuwächst[60], so daß die Hansestadt Hamburg als Eigentümer aller Anlagen vorgesehen wurde und der Trägerverein nur noch die Aufgaben einer „Bau- und Betriebsgesellschaft" wahrgenommen hätte. Dagegen gab es in der Hamburger Verwaltung aber von Anfang an Widerstände. Der Leiter des Organisationsamts, Senatssyndicus v. Heppe, wollte Eigentümer- und Betreibereigenschaft nicht getrennt sehen und forderte, wie es bei anderen großen Projekten üblich sei, einen beides einschließenden Rechtsträger für DESY. Dafür sei eine Stiftung allerdings besser als ein e.V. geeignet. Dritter Beteiligter mit eigener Position war die Max-Planck-Gesellschaft, respektive Heisenberg: Die Rechtsform des DESY müsse dessen Aufnahme in die MPG offenhalten. Hockers Einwand, im Januar 1957 vorgebracht, die MPG habe anläßlich der Berufungsverhandlungen Jentschkes 1954 kein Interesse an der Hochenergiephysik gezeigt, wurde von Heisenberg

[60]Bei einem von der Steuerpflicht befreiten gemeinnützigen Verein muß die Satzung vorsehen, daß das Vereinsvermögen nach der Auflösung ausschließlich gemeinnützigen Zwecken zugeführt wird. Dies war auch für den Trägerverein des DESY vorgesehen. Es ändert aber nichts am Charakter des Vereins als Interessengemeinschaft natürlicher Personen.

als nicht mehr aktuell beiseite geschoben.[61]

A Priori unterstützte die Generalverwaltung der MPG keine der beiden vorgeschlagenen Rechtsformen. Es kam ihr einzig darauf an, alle Hindernisse für die spätere Überleitung unter ihr Dach schon im Vorfeld zu beseitigen. Diesbezüglich bot die Bau- und Betriebsgesellschaft in Form des e.V. Vorteile: Die Geldgeber brauchten nur ihre Zuschüsse zu streichen und die ohnehin in ihrem Besitz befindliche Anlage an die MPG zu übergeben. Aber auch in einer Stiftung konnte Widerstand gegen die Eingliederung in die MPG qua amtlicher Satzungsänderung überwunden werden.[62]

Dem BMAt war der e.V. zunächst nicht aus dem Kopf zu schlagen. Als Zwischenlösung für den Bau – und bis zur Einigung mit den Bundesländern – bot diese Rechtsform sich an, weil bezüglich des Eigentums kein Präjudiz geschaffen würde. Hocker brachte im Februar 1957 einen Satzungsentwurf zu Papier, sandte ihn aber erst im Juli 1957 zur Beratung nach Hamburg. Die Organe seines DESY e.V. stellten eine Mitgliederversammlung; ein Vorstand, nun Direktorium genannt; und ein Verwaltungsrat dar, letzterer aus fünf bis zehn Vertretern des Bundes und der Länder gebildet, um den Haushalt zu beraten und zu verabschieden. Meins sah damit den Wissenschaftlern eine zu starke Position gegeben. Er präzisierte noch vor der Weiterleitung des Entwurfs an andere Hamburger Behörden die Aufgaben des Direktoriums (u.a. Kassenführung und Rechnungslegung), gab dem Geschäftsführenden Direktor einen Stellvertreter zur Seite, beschränkte das Recht, den e.V. nach außen zu vertreten, auf diese beiden Personen, und machte bestimmte Beschlüsse des Direktoriums von der Zustimmung des Verwaltungsrats abhängig. In der Finanzbehörde blieb dennoch kaum ein Satz dieses bereits den Vorstellungen der Verwaltung angepaßten Entwurfs ungeschoren. Alle Änderungsvorschläge liefen auf die Kontrolle wichtiger Personalentscheidungen durch den Verwaltungsrat und die Anwendung öffentlicher Richtlinien bei Kassen- und Buchführung hinaus. Der Trägerverein verlor damit faktisch seinen privatrechtlichen Charakter: Der Stellvertretende Generaldirektor, expressis verbis Verwaltungsdirektor, dürfe nicht von der Mitgliederversammlung, sondern müsse vom Verwaltungrat gewählt werden; Neben BMAt und Hochschulabteilung sollten dort auch BMF und Finanzbehörde Sitz und Stimme haben; schließlich sei die Kasse nach der Reichshaushaltsordnung zu führen und der Abschluß jährlich vom Rechnungshof zu prüfen.[63]

[61] vgl. Organisation und Ziele der Midwest Universities Research Association, Anlage Jentschke an Schoch, 25.8.56, Niederschrift der Elektronenbeschleuniger-Tagung in Bonn am 15. und 16.2.1957, o.D., Sc; Brix, Protokoll über die Organisationsbesprechung am 6.10.56 in Bonn, o.D., Wa; Niederschrift über die Sitzung am 12.12.1956 betreffend Bau eines Hochenergiebeschleunigers in Hamburg, 12.12.56, Vermerk Glässing, 15.7.57, HH6040-5; Protokoll AK Kernphysik DAtK, 28.1.57, DAs; Vermerk Heisenberg, 3.7.57, He.

[62] MPG-Generalverwaltung an Wenke, 22.7.57, He; Vermerk HA, 19.11.57, MPG-Generalverwaltung an Meins, 28.11.57, HH6040-1; HA an FB, 27.11.57, HH6040-5.

[63] Hocker an Meins, 22.7.57, Vermerk HA, 10.9.57, Meins an Organisationsamt und Finanzbehörde, 19.9.57, Glässing an Meins, 4.10.57, Vermerk HA, 11.10.57, HH6040-1; Protokoll ArbA, 26.7.57, DA7.

Weiterer strittiger Punkt war die Aufgabe des Vereins: Nach Ansicht der Finanzbehörde sollte sie Bau *und* Betrieb des DESY umfassen, also endgültig sein – dagegen hatten Meins und Hocker nur eine Übergangslösung bis zur Einigung mit den Bundesländern im Sinn, die folglich ausschließlich den Bau des Beschleunigers umfassen sollte. Wenn die Finanzbehörde aber auf der umfassenderen Aufgabenbestimmung beharrte, stellte das aus Hamburger Sicht der Dinge sogar die gewählte Rechtsform in Frage. Ende Oktober 1957 ließ Meins den e.V. fallen und arbeitete das Paragraphenwerk zu einer Stiftungssatzung um. In der Zwischenzeit hatte Walcher aber seinerseits, des langen Wartens satt, zur Gründung eines Deutschen Elektronen-Synchrotron e.V. aufgerufen, eine Satzung verschickt und die Einberufung einer Gründungsversammlung angekündigt. Von der Reichshaushaltsordnung war in seinem Satzungsentwurf natürlich mit keinem Wort die Rede; und der Paragraph über den Verwaltungsdirektor sah dessen Bestellung durch das Direktorium vor.[64]

Immerhin beschleunigte Walchers Initiative die Einigung der Hamburger Behörden. Kassenführung und Rechungslegung nach öffentlichen Richtlinien waren schon kein Thema mehr – es ging nur noch um die Aufgaben der einzelnen Organe und deren Wahl. Da die Stiftung von Bund und Ländern errichtet werden sollte, konnte es weder Mitglieder noch eine Mitgliederversammlung geben. Ein Wissenschaftlicher Rat sollte ersatzweise die Richtlinien der Arbeit festlegen und das Direktorium wählen. Die Jahresrechnung würde dagegen der Verwaltungsrat entgegennehmen, dem das Direktorium auch alle größeren Geschäfte zur Genehmigung vorzulegen haben würde. Den Verwaltungsdirektor würden Direktorium und Verwaltungsrat gemeinsam bestellen. Vom Standpunkt der Wissenschaftler aus kam dem Passus, der die Aufnahme neuer Mitglieder in den Wissenschaftlichen Rat alleine von dessen Beschlüssen abhängig machte, ganz wie bei der Mitgliederversammlung eines Vereins, besondere Bedeutung zu. Hätte man den Wissenschaftlichen Rat nämlich als Kuratorium ausgebildet – wie es größere Max-Planck-Institute besaßen – wären seine Mitglieder von den Stiftern ernannt worden. Der vorliegende Satzungsentwurf placierte die Richtlinien der Forschung und die Wahl des Direktoriums dagegen außerhalb der Reichweite von Verwaltung und Politik.[65]

Meins bat den Arbeitsausschuß und das BMAt umgehend um eine Stellungnahme. Von den Forschern kam wie erwartet Kritik an der Bindung an das öffentliche Haushaltsrecht, die aber nach einem Hinweis auf mögliche Erleichterungen durch den Verwaltungsrat verstummte. Hocker wollte das Ganze noch einmal mit seinem Minister bereden, weil Balke sich persönlich für einen e.V. eingesetzt habe; im Anschluß daran würde er auch einige Verbesserungen im Detail vorschlagen. Aber noch bevor er seine Ideen zu Papier bringen konnte,

---

[64]Glässing an Meins, 4.10.57, Vermerk HA, 11.10.57, Meins an Jentschke, 25.10.57, HH6040-1; Walcher an Mitglieder FA Kernphysik DPG, 22.10.57, Wa.

[65]Vermerk HA, 30.10.57 und 31.10.57, HH6040-1; Vermerk Sehnalek, 1.11.57, DA7.

flatterte dem Ministerialrat ein Einspruch des BMF auf den Schreibtisch: Weder in der Satzung noch in der Bund/Länder-Vereinbarung über die Errichtung der Stiftung dürfe ein Wort über den gemeinsamen Betrieb der Forschungsanlage durch die Stifter stehen. Da das BMF sich jeder über die Baukosten hinausgehenden Beteiligung an DESY widersetzte, Glässing und v. Heppe aber auch nicht allein auf den laufenden Kosten sitzen bleiben wollten, hatten sich die Verhandlungen zunächst einmal festgefahren.[66]

Waren die Chancen für den von Walcher initiierten Verein damit gestiegen? Seine Vereinssatzung war in der Generalverwaltung der MPG sorgfältig durchgesehen worden. Die starke Stellung der Mitgliederversammlung gefiel Ballreich, dem späteren Generalsekretär der MPG, überhaupt nicht. Er setzte sich umgehend mit der Hamburger Hochschulabteilung in Verbindung, sandte auch gleich die Satzungen dreier rechtlich selbständiger Max-Planck-Institute zu, und regte die Einrichtung eines Kuratoriums anstelle eines Wissenschaftlichen Rats an. Für die rein wissenschaftliche Aufgabenstellung eines solchen Organs gäben die drei Satzungen Beispiele. Heisenberg übernahm es, Walcher in einem Brief um die Zurückstellung der Vereinsgründung zu bitten.[67]

Angesichts der ungewissen Gesamtfinanzierung des DESY und der widerstreitenden Interessen legte die Hamburger Verwaltung den ganzen Vorgang im Februar 1958 aber erst einmal für unbestimmte Zeit ad acta.[68]

Mit der Übereinkunft zwischen Hamburg und dem BMAt, die Zukunft des DESY notfalls alleine zu sichern, schied die Max-Planck-Gesellschaft aus dem Kreis der unmittelbar Beteiligten aus. Ihre Finanzierung aus den Haushalten der Bundesländer stand in direktem Widerspruch zu deren Weigerung, sich an DESY finanziell zu beteiligen. Gleichzeitig gab das BMAt seinen Widerstand gegen eine Stiftung auf. Auch dort wurde eingesehen, daß neben den schon erwähnten Vorteilen auch die Unkompliziertheit, mit der Beitritte weiterer Stifter möglich waren, und die Genehmigung durch nur eine einzige Stelle (die Hamburger Senatskanzlei) für diese Rechtsform sprachen. Der Entwurf aus dem vergangenen Jahr ging im September 1958 erneut auf die Reise durch die beteiligten Hamburger Behörden. Vorher hatte Walcher noch einmal versucht, einige Elemente seiner e.V.-Satzung in die Stiftungssatzung hinüberzuretten: Der Wissenschaftliche Rat solle in Mitgliederversammlung umbenannt werden, als deren „Kopf" das Direktorium agiere. Auch das vorgesehene Vetorecht des Verwaltungsrats bei der Direktorenwahl müsse wegfallen.[69]

Walchers Ideal des DESY als eines in allen wesentlichen Belangen von Wissenschaftlern kontrollierten Forschungszentrums waren den Hamburger Behörden

---

66 Protokoll ArbA, 18.11.57, DA7; Vermerk HA, 25.11.57, Vermerk HA, 25.11.57, HH6040-1.

67 Vermerk HA, 19.11.57, HH6040-1; Ballreich an Meins, HH6040-5; Heisenberg an Walcher, 7.11.57, He.

68 Vermerk HA, 21.2.58, HH6040-1.

69 HA an Organisationsamt, Finanzbehörde, Rechtsamt, Personalamt, 11.9.58, Walcher an Meins, 1.8.58, HH6040-1; Protokoll ArbA, 19.7.58, DA7; Protokoll AK Kernphysik DAtK, 19.7.58, DAs; Vermerk Glässing, 17.7.58, HH6040-5.

viel zu luftig. Ihre Vorstellungen liefen auf eine Balance zwischen auswärtigen Wissenschaftlern, ehrenamtlicher Leitung und Geldgebern hinaus, wobei manche Gewichte überhaupt nie zur Verschiebung anstanden.[70]

Es liegt in der Natur einer Behörde, daß sie alle möglicherweise auftretenden Probleme schon im Voraus zu erkennen und zu lösen versucht. Jedes denkbare „was passiert, wenn ... " resultiert dann in einer Regelung, das heißt in diesem Fall einem zusätzlichen Absatz der DESY-Satzung, in dem z.B. die Anrufungsrechte bei Streitfällen, die Abwahl des Direktoriums, der Umfang der Gültigkeit der RHO und der Verdingungsordnung für Bauleistungen, die Mindest- und die Höchstzahl der Mitglieder des Wissenschaftlichen Rats, dessen Rechte bei der Bestimmung der Amtszeit der Direktoren, die Genehmigung des Organisationsplans und der Geschäftsordnung einzelner Organe, und noch vieles mehr aufzugreifen und endgültig zu regeln versucht wurde. Wer dabei welche Positionen einnahm, dürfte aus dem bisher Gesagten unschwer zu erraten sein. Im Anschluß an die Formulierung zweier Alternativentwürfe und an ein Spitzengespräch des Arbeitsausschusses mit den zuständigen Senatssyndici kam schließlich ein Paragraphenwerk heraus, dem der Arbeitsausschuß bis auf einen Punkt, betreffend die Rechte des Verwaltungsrats, zustimmen konnte. Der Satzungsentwurf ging daher nach Bonn, um die offizielle Stellungnahme des BMAt einzuholen. Währenddessen arbeitete die Hochschulabteilung an der Stiftungsurkunde – dafür benötigte sie z.B. die Erstmitglieder des Wissenschaftlichen Rats –, an einem Bund/Länder-Abkommen zur Finanzierung des DESY und einem zweiten Abkommen für die gemeinsame Finanzierung des Betriebs.[71]

Im Frühjahr 1959 rückte die Errichtung der Stiftung endlich in greifbare Nähe: Das Finanzministerium hatte sein Einverständnis signalisiert, und überhaupt wurden neu aufkommende strittige Punkte nicht mehr so kategorisch behandelt: Die Finanzbehörde bestand nicht mehr auf ihrem Sitz im Verwaltungsrat, sondern war mit der Hinzuziehung eines ihrer Beamten einverstanden; dem Direktorium wurde zwar der ungeliebte Verwaltungsdirektor zur Führung der laufenden Geschäfte zur Seite gestellt, der bei Streitigkeiten sogar den Verwaltungsrat anrufen konnte; jedoch wurde er ohne Zutun des Verwaltungsrats bestellt. Die Wahl des Direktoriums erforderte gleichlautende Beschlüsse des Verwaltungsrats und des Wissenschaftlichen Rats; und nicht zuletzt wurden nichtendenwollende Amtszeiten im Wissenschaftlichen Rat durch die elegante Bestimmung verhindert, daß die Hälfte seiner Mitglieder jedes Jahr durch das Los ausschied und sich daher um eine Wiederwahl bemühen mußte.[72]

Dennoch scheiterte auch dieser Anlauf, einen Rechtsträger für DESY zu

---

[70] Tuebben an Meins, 17.7.58 (enthielt Vorschläge des DESY zur Satzung. Der Brief wurde von Meins ohne Reaktion zu den Akten genommen), HH6040-1.

[71] Personalamt an HA, Organisationsamt an HA, Finanzbehörde an HA, 30.9.58, Vermerk HA, 14.11.58, Vermerk HA, 27.11.58, HA an BMAt, 27.11.58, FB an HA, 9.1.59, Vermerk HA, 12.3.59, HH6040-1; Satzung der Stiftung „Deutsches Elektronen Synchrotron (DESY)", Anlage Protokoll ArbA, 4.10.58, Protokoll ArbA, 4.10.58, Protokoll ArbA, 17.11.58, DA7.

[72] Protokoll ArbA, 12.1.59, Satzungsentwurf, Stand 15. Januar 1959, DA7.

schaffen. Im April 1959 wurden alle Vorbereitungen vom Hamburger Finanzsenator Weichmann angehalten – bevor die Aufteilung der Investitionskosten und der laufenden Kosten nicht vertraglich geregelt sei, gebe es seitens seiner Behörde keine Zustimmung zur Stiftung oder einem Staatsvertrag. Seine Behörde dürfe sich mit den vagen Zusagen aus Bonn und den ablehnenden Beschlüssen der Länder nicht zufrieden geben. Über die Finanzierungsverhandlungen wurde bereits berichtet; hier sei noch einmal ins Gedächtnis gerufen, daß die MPK – zwei Monate nach Weichmanns Einspruch – einer Beteiligung der Länder an den Betriebskosten des DESY zustimmte, die Einigung über die konkrete Form der Bezuschussung aber noch in weiter Ferne lag. Da die Bundesregierung aber schon eine Woche nach Weichmanns Intervention ihre 85 %ige Beteiligung an den Investitionen und gleichzeitig die Übernahme von 50 % der Betriebskosten zugesichert hatte, ließ der Senator es damit sein Bewenden haben und stimmte der Errichtung der Stiftung zu.[73]

Die Stiftungsurkunde war schon auf Büttenpapier gedruckt, das Frühstück im Senatsgehege des Rathauses in Vorbereitung, sogar Minister Balke schon auf dem Weg nach Hamburg, als ein Fernschreiben aus Bonn eintraf: Der Bundesrechnungshof sei mit Satzung und Staatsvertrag nicht einverstanden. Alles, was dem BMF und der Finanzbehörde mühsam abgehandelt worden war, kam wieder aufs Tapet: Der Verwaltungsdirektor müsse Mitglied des Direktoriums sein, dem Bund stünde im Verwaltungsrat ein Vetorecht zu, die Richtlinienkompetenz des Wissenschaftlichen Rats gehe zu weit, und noch vieles mehr – der Fernschreiber kam erst zum Stillstand, als er fast einen Meter Papier ausgeworfen hatte.[74]

Zum Glück ließ niemand sich davon ins Bockshorn jagen. Brauer und Balke tauschten am folgenden Tag, dem 18. Dezember 1959, zwei Briefe aus, in denen sie neue Verhandlungen mit dem Ziel entsprechender Satzungsänderungen vereinbarten. Anschließend setzten der Hamburger Bürgermeister und der Atomminister ihre Unterschriften unter die Urkunden, mit denen sie DESY neben der faktischen endlich auch eine juristische Existenz verschafften.[75]

Dabei hatte der Bundesrechnungshof bei genauerer Betrachtung eigentlich nur Kleinigkeiten einzuwenden. Am 17. Februar 1960 wollten sich alle Beteiligten im BMAt in Ruhe zusammensetzen, vormittags Ministeriale und Vertreter des Bundesrechnungshofs unter sich, nachmittags um Ranft von der Hamburger Finanzbehörde, Schneider von der Hochschulabteilung und Berghaus von DESY verstärkt. Was vier Beamten des Atomministeriums am Morgen nicht gelang, Ranft brachte es durch geschickte Argumentation und Beharrlichkeit nachmittags zustande: Der Rechnungshof gab nicht nur in den meisten Punkten nach – er erklärte sich auch mit einer „Vereinbarung über die Handhabung

[73] Vermerk Meins, 27.4.59, Protokoll MPK 19./20.6.1959, HH6040-5; Weichmann an Landahl, 21.4.59, Geschäftsstelle Königsteiner Staatsabkommen an Mitglieder KMK und FMK, 3.8.59, Vermerk Meins, 24.8.59, Meins an Landahl, 19.10.59, HH6040-1; Protokoll ArbA, 23.9.59, DA7.

[74] Telegramm Hocker an Meins, 17.12.59, HH6040-1.

[75] Telegramm Hocker an Meins, 17.12.59, Balke an Brauer, 18.12.59, Brauer an Balke, 18.12.59, HH6040-1.

der Satzung“ anstelle einer Satzungsänderung einverstanden. Das machte die Zustimmung der Hamburgischen Bürgerschaft obsolet, die die Verwaltung wegen ihrer Unwägbarkeiten scheute wie der Teufel das Weihwasser. Die Vereinbarung sollte bis zum Eintritt der Länder in die Stiftung, was ohnehin mit einer Satzungsänderung verbunden sein würde, gültig sein.[76]

Auch wenn die eigentliche Einigung nur ein paar Stunden benötigte, Formfragen verzögerten die Paraphierung des Ergebnisses anschließend für Monate. Die Frage, ob ein Vertrag, eine Vereinbarung oder ein Schriftwechsel die Abmachungen festhalten würde, wurde solange erörtert, bis sie ihre Aktualität verloren hatte – bis nämlich die Bundesländer dem Beitritt zur Stiftung endgültig adieu gesagt und den Weg für eine Satzungsänderung frei gemacht hatten. Jetzt galt es allerdings, die Zustimmung der drei Stiftungsorgane einzuholen, einschließlich des Wissenschaftlichen Rats, so daß die Senatskanzlei in Hamburg die Eintragung der neuen Satzung erst am 18. April 1962 bekanntgeben konnte.[77]

Obwohl die neue Satzung die Position des Verwaltungsrats insgesamt stärkte, hatte sich der Widerstand des Wissenschaftlichen Rats in Grenzen gehalten. Am Anfang dieses Abschnitts ist die Rede davon gewesen, daß sich in einer Satzungsdiskussion die Interessen der Beteiligten wiederspiegeln. Fünf Jahre nach den ersten Initiativen zur Gründung des DESY hatte keiner der auswärtigen Physiker mehr den Wunsch, am administrativen Tagesgeschäft mitzuwirken. Der Blick war nach vorne gerichtet, auf die Experimente am Beschleuniger, auf die Suche nach qualifiziertem Personal, auf die Regeln für die Zulassung der Experimente und die Hinführung der Universitäten an die Forschungsanlage. Der Beschneidung seines Einflusses im Verwaltungsbereich setzte der Wissenschaftliche Rat daher kaum mehr als Deklamationen entgegen. Er setzte sich nur – und das vergeblich – für die teilweise Aufhebung der Ehrenamtlichkeit der Direktoren und seiner eigenen Mitglieder ein. Dieser Wunsch nach großzügigerer Handhabung der Aufwandsentschädigungen hatte seine Wurzel in der Einsicht, daß schon die Wahrnehmung der beschnittenen Befugnisse überreichlich Arbeit mit sich brachte. Der Verzicht auf Verantwortung in administrativen Fragen fiel um so leichter, als es in den vergangenen sechzehn Monaten keinen einzigen Konflikt gegeben hatte, in dem die Satzung gegen den Wissenschaftlichen Rat angewendet worden wäre.[78]

Die erste Hälfte dieses Kapitels hat sich mit dem Bau des Beschleunigers und der Sicherung finanzieller und rechtlicher Grundlagen beschäftigt. Schon in der Einleitung wurde hingewiesen, daß daneben neue Fragen, weiter in die Zukunft weisend, aufkamen, die den Wissenschaftlichen Rat viel stärker beschäftigten

---

[76]Hocker an Bundesrechungshof, 10.2.60, Vermerk HA, 19.2.60, HH6040-1, Protokoll Dir, 3.2.60, DA7.

[77]Protokoll Dir, 11.4.60, DA7; Protokoll VR, 11.4.60, 25.10.60 und 9.5.61, DA8; Protokoll WR, 18.4.61, DA11; Unterlage zur Sitzung des VR am 11.4.60, o.D., Vermerk FB, 21.9.60, HA an BMAt, 18.10.60, Bundesrechungshof an Hocker, 19.10.60, Senatskanzlei an HA, 18.4.62, HH6040-1.

[78]Protokoll WR, 18.4.61, DA11; Protokoll VR, 24.7.61, DA8.

sollten: Die Vorbereitung der Experimente und die Konstituierung der Experimentiergruppen.

Die Vorbereitung der Experimente

Den Nichtfachmann fasziniert oder erschreckt an der modernen Physik wahrscheinlich am meisten, daß ihre Phänomene sich den menschlichen Sinnen entziehen: Die Verbindung zwischen beiden kann nur durch einen Apparat geknüpft werden. Obwohl auch sein Auge die Entstehung eines Elementarteilchens nicht beobachten kann, macht sich doch jeder Physiker ein Bild davon – und da es sich um ein Phänomen handelt, wird er dieses Bild viel weniger voreingenommen als „wirklich" annehmen als eine anschauliche Deutung theoretischer Gedanken. Der Mikrokosmos kann nur mit Apparaten erforscht werden, die ihrerseits ebenfalls auf Phänomenen im Mikrokosmos beruhen. Als Konsequenz gibt es anschauliche Bilder der untersuchten Phänomenen *und* der verwendeten Apparaturen – hier wie dort eine eindimensionale Projektion der mikroskopischen Welt in die Welt menschlicher Sinneswahrnehmungen: Jede Beschreibung eines Szintillators oder einer Blasenkammer wird letztlich auf die Vorstellung hochenergetischer Teilchen als Geschosse und durchquerter Materie als winzige Planetensysteme zurückgeführt. In der Teilchenphysik sind die Apparate größer und komplexer als in anderen Wissenschaftszweigen, so daß für deren elementare Beschreibung zwangsläufig noch mehr als anderswo Bilder aus der Mechanik benutzt werden. Für die physikalischen Phänomene gilt dasselbe. Hier hat sich die Trennung in bildhafte prosaische Schilderung für Jedermann und mathematische Beschreibung regelrecht eingebürgert, zumal im zweiten Fall das zum Verständnis benötigte Handwerkszeug oft nur von einer Handvoll Spezialisten beherrscht wird.[79]

Daher scheint es angebracht, der Beschreibung experimenteller Vorbereitungsarbeiten bei DESY einige allgemeine Betrachtungen über das Verhältnis von Experiment und Apparat voranzuschicken.

Martin Deutsch, ein Pionier der Hochenergiephysik, hat vor dreißig Jahren drei Klassen von Experimenten unterschieden: 1.) Die Beobachtung. Ein typisches Beispiel stellt die Entdeckung des K^0 in einer Nebelkammeraufnahme dar. Beobachten geht von Phänomen aus und ist deshalb unabhängig von einer bestimmten Theorie – es soll im Gegenteil Ansporn zur theoretischen Deutung der Resultate sein. 2.) Der Gegenpol dazu ist die Bestätigung oder Widerlegung einer Theorie. Deren abstrakte Gedanken werden auf ein Phänomen hin durchsucht, in dem sie sich in ihrer klarsten Form zeigen würden. Der Apparat wird dann um etwas schon Bekanntes, genau Beschreibbares „herumgebaut". Viele berühmte Experimente fallen in diese Kategorie, z.B. die Nachweise der Paritätsverletzung und der Existenz des Ω^--Teilchen. 3.) Die Messung bewegt sich dagegen innerhalb einer bestimmten Theorie und erkennt sie grundsätzlich als gültig an. Sie gilt manchmal der präzisen Bestimmung einer physikalischen Größe, die in der

[79] vgl. [Deu58].

Theorie an hervorragender Stelle Eingang findet; häufiger ist ihr Ziel, Phänomen und Vorhersage quantitativ zu vergleichen. Vor allem dabei spielt hintergründig das Bestreben mit, die Theorie doch widerlegen oder zumindest ein anderes Experiment an Genauigkeit übertreffen zu können. Gute Beispiele für Messungen sind die Bestimmung der Masse, der Ladung, des Spins und der Parität von Elementarteilchen.[80]

Die Gewichte zwischen Beobachtung, Falsifikation und Messung befinden sich in ständiger Bewegung. Gibt es eine „gute", viele Phänomene erklärende Theorie, wird sie durch die Suche nach Phänomenen, die sich der Erklärung dennoch entziehen, zu widerlegen versucht. Streiten dagegen viele Theorien miteinander um die Vorherrschaft, dann gibt es auch quantitative Unterschiede in ihren Vorhersagen – und damit Anreiz für Messungen.[81]

Dieser Hintergrund wird leicht übersehen, wenn Experimente der Teilchenphysik im geschichtlichen Überblick beschrieben werden, zumal Interferenzen mit dem technologischen Fortschritt nicht zu vermeiden sind. Als DESY entstand, waren die Gewichte in der Teilchenphysik etwa gleich zwischen Beobachtung und Messung verteilt. Viele Phänomene entzogen sich jeder Erklärung. Als DESY in Betrieb genommen wurde, war zwar vieles immer noch ohne Erklärung; dennoch gab es neue Theorien, SU(3), Regge-Pole, das Vektordominanzmodell und die bootstrap-Hypothese, die ein breites Betätigungsfeld für quantitative Vergleiche öffneten. Es verwundert kaum, daß die Zahl der Experimente und deren Genauigkeit in Windeseile anwuchsen. Parallel dazu machte die Experimentiertechnik enorme Fortschritte – mit der Blasen- und der Funkenkammer, schneller Elektronik, Magnetspektrometern und separierten Teilchenstrahlen, um nur einige Beispiele zu nennen –, so daß sich auch von dieser Seite aus vorher ungeahnte Möglichkeiten für Präzisionsmessungen eröffneten. Die großen Fortschritte in der experimentellen Teilchenphysik ab 1955, die schon auf den ersten Seiten dieses Buchs konstatiert wurden, setzten sich somit aus zwei völlig unterschiedlichen Komponenten zusammen.[82]

DESY hatte dem schon während der Bauzeit des Synchrotrons Rechnung zu tragen.

Der Bau der Blasenkammer

An keinem Beispiel läßt sich die Geschwindigkeit, mit der die Hochenergiephysik und ihre Experimentiertechnik ab 1955 voranschritten, so treffend belegen wie der Entwicklung der Wasserstoffblasenkammer: In der wissenschaftlichen Begründung des C.E.A. und dem „Vorschlag für einen deutschen Hochenergiebeschleuniger", beide aus dem Jahr 1956, wird über diesen Teilchendetektor noch kein Wort verloren. Nur vier Jahre später wurde er bereits als unverzichtbarer

---

[80] [Deu58]; G.D. Rochester und C.C. Butler, Nature 160:855(1947); C.S. Wu et al., Phys. Rev. 105:1413(1957); V.E. Barnes et al., Phys. Rev. Lett. 12:204(1964).

[81] vgl. dazu vor allem [Gal87].

[82] vgl. z.B. [Sal66]; [Pic84, S. 46-73]; [Rio87, S. 73-99]; [Pey81, S. 537-543].

Bestandteil eines Hochenergielaboratoriums bezeichnet. Logische Konsequenz: Bei C.E.A. und DESY wurde eine Blasenkammer auf die Liste der dringend anzuschaffenden Instrumente gesetzt. Als DESY weitere vier Jahre darauf, Ende 1964, offiziell eingeweiht wurde, gruppierten sich um die Blasenkammer mehr als 50 % aller überhaupt dort tätigen Wissenschaftler. Die Photoerzeugung von Antiprotonen, in der wissenschaftlichen Begründung des C.E.A. noch an erster Stelle genannt, stellte dagegen nur noch einen Nebenaspekt des Experimentierprogramms dar.[83]

Visuelle Methoden haben in der Teilchenphysik eine lange Tradition. Die Wilson'sche Nebelkammer war der erste Detektor dieser Art – Anderson entdeckte damit 1932 das Positron – der noch in den fünfziger Jahren technisch weiter verfeinert und außer bei Höhenstrahlexperimenten zunehmend auch an Beschleunigern eingesetzt wurde. Je höher die Energie der untersuchten Teilchen war, desto mehr fiel aber ihr Hauptnachteil, die geringe Ereignisrate, ins Gewicht. Für Prozesse mit kleinem Wirkungsquerschnitt waren photographische Emulsionen besser geeignet. Nach Kriegsende hatte eine Gruppe um C.F. Powell an der Bristol University in Großbritannien diese Technik zur Vollkommenheit entwickelt. Aber: Die Auswertung eines großen Kernemulsionsstapel verdiente einzig die Bezeichnung Sisyphusarbeit, denn unter einem Mikroskop mußten Hunderte und Tausende kreuz und quer verteilter Spuren unterschieden und ausgemessen werden. Es war außerdem unmöglich, neutrale Teilchen nachzuweisen, da sie weder in der Nebelkammer noch in Emulsionen eine Spur hinterlassen. Mit der Entdeckung des Antiprotons, bei der ein Zählerexperiment zugleich einen Triumph über ein konkurrierendes Emulsionsexperiment feierte, schien daher eine neue Ära in der Teilchenphysik zu beginnen. Und dennoch: Prozesse, bei denen drei oder mehr Teilchen im Ausgangszustand beteiligt waren, waren selbst ausgefeilten Zählerexperimenten auch weiterhin nicht zugänglich.[84]

Genau diese Vielteilchenprozesse stellten sich bald als Domäne der Blasenkammer heraus. Ihr Funktionsprizip ist denkbar einfach. In einem Gefäß befindet sich eine Flüssigkeit nahe des Siedepunkts; sie wird durch plötzliche Expansion überhitzt. Wenige Augenblicke später beginnt sie zu sieden. Die Gasbläschen bilden sich vorzugsweise an sogenannten Keimen, das heißt Unreinheiten oder Unregelmäßigkeiten in der Flüssigkeit, wie sie z.B. ionisierte Moleküle darstellen. Ein kurz nach der Expansion der Flüsigkeit durch die Blasenkammer fliegendes Teilchen hinterläßt eine Spur von Ionen, die sich innerhalb weniger Augenblicke in eine deutlich sichtbare Spur aus kleinen Gasbläschen verwandelt. Hat das Teilchen darüber hinaus eine Kernreaktion verursacht, kann man wie in einer Nebelkammer ein Stereophoto der ein- und auslaufenden Spuren machen und

[83]B.T. Feld, D.H. Frisch, Scientific Justification, o.D., Anlage zu Jentschke an Schoch, 25.8.56, Sc; Vorschlag über en Bau eines Teilchenbeschleunigers hoher Energie, o.D., Anlage Protokoll konstituierende Sitzung der Arbeitskreise der Fachkommission II der DAtK, 27.6.56, DAs; Vermerk Steffen ... Angaben ... Livingston ... Sitzung ArbA am 23.9.59, 14.10.59, Anlage Protokoll ArbA, 24.9.59, DA7; vgl. Prop. 9, 8.7.64, Jo, und JB64, S. 3.1-3.2.

[84]C.D. Anderson, Science 76:238, 1932; [Alv70], [HSW81, S. 81f.]; [Rio87, S. 75].

Abb. 6. Lohrmann (links) hinter einem Meßtisch für die Auswertung von Blasenkammeraufnahmen (um 1963, Bildnachweis: DESY/1179/18).

Abb. 7. Die Wasserstoffblasenkammer während ihres Aufbaus in der Experimentierhalle (Sommer 1964, Bildnachweis: DESY/1828).

anschließend auswerten. Die Blasenkammer befindet sich in einem Magneten, so daß der Impuls geladener Teilchen aus dem Krümmungsradius ihrer Spuren bestimmt werden kann. In der Praxis wird die Kammer meist mit flüssigem Wasserstoff gefüllt, weil die einlaufenden Teilchen, in der Regel Kaonen, Pionen oder Protonen, dann nur Protonen und keine komplexen Kerne als Reaktionspartner vorfinden.[85]

Im Radiation Laboratory in Berkeley begann eine Gruppe um Luis Alvarez ab 1955 mit der Umsetzung dieser Idee in die Praxis. Die Handhabung mehrerer Hundert Liter flüssigen Wasserstoffs war nur eine, die offensichtlichste, unter vielen technologischen Herausforderungen bei diesem Abenteuer. Eine grobe Schätzung zeigte nämlich, daß vor allem neue Methoden der Datenanalyse gefunden werden mußten: Ein typisches physikalisches Institut, das Kernemulsionen auswertete, beschäftigte vielleicht fünf Physiker und fünf sogenannte scanning-girls. Deren Aufgabe war die Vermessung von Spuren mittels eines Spezialmikroskops, so daß aus Reichweite und Spurdicke auf die Energie der Teilchen geschlossen werden konnte. Die Vermessung eines einzigen komplizierteren Ereignisses, mit fünf oder mehr Spuren, dauerte etwa einen Tag. In der 72-Zoll-Blasenkammer am Bevatron würden jeden Tag allein 200 strange-particle-events photographiert werden, für deren Auswertung ein Physiker/Scanner-Gespann dann ein Jahr benötigt hätte. Dieser Zeitbedarf wurde in Berkeley bis zur Inbetriebnahme der 72-Zoll-Blasenkammer um eine Größenordnung reduziert: 1.) wurde der Meßprozeß so weit wie möglich mechanisiert. Der Blasenkammerfilm wurde dazu auf einen großen Schirm projiziert, auf dem die Scannerin die Spuren mit einem Fadenkreuz nachzeichnete. Der Führungsknopf für das Fadenkreuz war mit einem Koordinatenaufnehmer verbunden, der die vom Fadenkreuz durchfahrenen Koordinatenpaare automatisch auf Lochstreifen oder Lochkarten stanzte. Ein halbautomatischer Meßtisch, nach seinem Erfinder Franck „Franckenstein" genannt, nahm den scanning-girls noch mehr Arbeit ab. Sie mußten das Fadenkreuz nur noch an den Anfang einer Spur legen, der es dann, von einem feinen Lichtstrahl und einem Photomultiplier gesteuert, wie von Geisterhand von alleine folgte. Auch Franckenstein stanzte die Koordinaten der Spur auf Lochkarten, so daß 2.) eine elektronische Rechenmaschine anschließend Ereignis für Ereignis die Impulse der Teilchen berechnen konnte. Aus der Länge der Spur wurde die Energie berechnet. Der Computer bekam schnell weitere Aufgaben übertragen: Aus der Abweichung der Koordinatenpaare von einer Kreisbahn berechnete er den Meßfehler; die mühsame graphische Darstellung der Ergebnisse in Histogrammen erledigte er in Minuten; später wurde ein standardisiertes Format für die Lochkarten und Magnetbänder vereinbart, so daß Blasenkammerfilme auf verschiedene Laboratorien aufgeteilt und die Datenkarten dennoch von einem Computer zentral ausgewertet werden konnten.[86]

---

[85] D.A. Glaser, Phys. Rev. 87:665, 1952 und Phys. Rev. 91:762, 1953; [Per82, S. 57-60].

[86] [Alv70]; [HSW81, S. 86-91]; [Kri87].

Die ersten beiden Teilchen, die mit einer Blasenkammer entdeckt wurden, deuteten bereits an, welche Möglichkeiten die Blasenkammer eröffnete. Das Ξ^0-Teilchen, das – so Gell-Mann und Nishijima – existieren mußte, wenn die strangeness eine Quantenzahl war, konnte 1959 tatsächlich in einem Blasenkammerphoto nachgewiesen werden. Da dieses neutrale Teilchen in zwei ebenfalls neutrale Teilchen zerfällt, und auch das assoziativ mit ihm erzeugte Kaon neutral ist, schien es lange Zeit unmöglich, die Existenz des Ξ^0 zu verifizieren. Da alle genannten neutralen Teilchen aber anschließend in geladene zerfallen – deren Spuren gleichsam aus dem Nichts zu kommen scheinen – konnte die Alvarez Gruppe in Berkeley durch Kombination aller Informationen über diese geladenen Teilchen auf Ladung, Masse, Spin und strangeness des primären neutralen „Mutterteilchens" schließen. Die Blasenkammer war ideal für die Untersuchung derart komplexer Reaktionen mit kleinem Wirkungsquerschnitt. Ein Jahr darauf wurde in Berkeley dann das Y_1^* in Reaktionen negativer Kaonen mit Protonen entdeckt. Es hat eine so kurze Lebensdauer, daß seine Spur selbst unter dem Mikroskop unsichtbar kurz ist: Wenn man aber für jede beobachtete Kaon-Proton Reaktion die Energien aller Zerfallsprodukte aufsummierte, kamen dabei besonders häufig Werte um 1385 MeV vor: In einem Histogramm wird ein „peak" sichtbar. Die Mehrzahl der Zerfallsprodukte mit dieser Energie mußte über einen resonanten Zwischenzustand erzeugt worden sein. Dessen Lebensdauer war direkt aus der Breite des Peaks ablesbar. Bis zur Entdeckung des Y_1^* war das Nukleon-Isobar die einzige bekannte Resonanz gewesen. Die Blasenkammer war das ideale Instrument für die nun einsetzende Jagd nach weiteren, noch unbekannten Resonanzen. Der sogenannte Teilchenzoo umfaßte wenige Jahre später mehr als 200 neue Teilchen, die sich alle erstmals als Peak in Histogrammen von Blasenkammerdaten präsentiert hatten.[87]

Aber war die Blasenkammer überhaupt für den Einsatz an einem Elektronenbeschleuniger wie DESY geeignet? Die elektromagnetische Wechselwirkung ist so schwach, daß selbst eine sehr lange Kammer von einem 6 GeV-Elektron in der Regel glatt durchquert wird. Sichtbare Spuren ohne Reaktion erschwerten die Auswertung aber sehr. Immerhin konnten anstelle von Elektronen Photonen in die Kammer gelenkt werden, in einem Bremsstrahlungstarget erzeugt und selbst keine Spur hinterlassend. Bremsstrahlungsphotonen haben jedoch ein sehr breites Energiespektrum, so daß die gesamte für die Reaktion zur Verfügung stehende Energie nicht mehr bekannt ist. Außerdem erzeugen sie mit hohem Wirkungsquerschnitt Elektron-Positron-Paare, deren allgegenwärtige schneckenförmige Spuren die Auswertung stören würden. Diese Einwände konnten die enormen Vorteile, die eine Blasenkammer bei der Untersuchung von Vielkörperprozessen bot, aber nicht aufheben. Ab Herbst 1960 stand das Thema bei DESY ganz oben auf der Tagesordnung.[88]

---

[87] [Alv70]; [Per82, S. 71]; vgl. Particle Data Group, Phys. Lett. 170B(1986).

[88] Gottstein und Teucher, Vorläufiger Bericht über die Verwendbarkeit von Blasenkammern an Elektronenbeschleunigern, v.M., o.D., DA51; Protokoll Dir, 17.10.60, DA7.

Schon vor der Entdeckung des Ξ^0 und des Y_1^* war allerorten mit gleichgerichteten Entwicklungen begonnen worden. In Deutschland hatte das Max-Planck-Institut für Physik auf diesem Gebiet unbestritten die Führung übernommen. Klaus Gottstein war schon 1956/57 für ein Jahr bei Alvarez in Berkeley gewesen und hatte danach mit dem Aufbau einer Auswertegruppe begonnen. Eine Zeitlang wurde sogar der Bau einer eigenen MPI-Kammer mit Propanfüllung und gepulstem Magnetfeld erwogen. In Hamburg gab es mit Martin Teucher einen Spezialisten in der Auswertung von Kernemulsionen. Er hatte bei seiner Berufung nach Hamburg ursprünglich eine Plattengruppe aufbauen wollen – die Vollendung des DESY vor Augen begann er sich jetzt aber auch für Blasenkammern zu interessieren.[89]

Im Frühjahr 1960 wurden für die Vorbereitung der Experimente bei DESY sogenannte Studiengruppen für Hochenergiephysik gebildet. Der kurz zuvor zum Forschungsdirektor von DESY berufene Peter Stähelin schlug vor, daß sich eine dieser Studiengruppen mit der Beschaffung einer Blasenkammer und eine zweite mit der Entwicklung von Auswertemethoden beschaffen solle. Bei der Sichtung der Rückantworten schälte sich bald heraus, daß neben dem MPI für Physik und der Universität Hamburg auch die Universitäten in Aachen und Bonn Interesse an der Mitarbeit zeigten. Mit Heinz Filthuth, der beim Bau der CERN-Blasenkammern mitgearbeitet hatte, war darüberhinaus ein auswärtiger Experte dabei. Auf Reisen nach Genf und Frascati sammelten Teucher und Gottstein noch Informationen. Anschließend holten sie bereits Gutachten bei Physikern ein, die an Elektronenbeschleunigern gerade mit visuellen Detektoren arbeiteten oder Experten für Blasenkammern waren. Gedanken und Ideen wurden schließlich in einem Vorschlag zum Bau einer 1m Blasenkammer zusammengefaßt. Darin waren neben dem oben beschriebenen Für und Wider bereits die wesentlichen technischen Daten, ein Zeitplan und eine rohe Schätzung der Kosten enthalten. Die Größe der Kammer wurde durch die Energie des DESY determiniert, weil der Krümmungsradius der Spuren mit großer Genauigkeit bestimmbar sein mußte. Bei Teilchen von 6 GeV benötigte man eine 70 cm lange Spur, um ihren Impuls auf 100 MeV/c genau zu bestimmen. Da die Reaktionen über die ganze Kammer verteilt sein würden schien 1 Meter Kammerlänge ein vernünftiger Kompromiß zwischen Aufwand und Nutzen. Ähnlichen Überlegungen veranlaßten die Studiengruppe die Breite der Kammer zu 60 cm festzulegen. Filthuth hatte schon vorher eine Aufstellung der Kosten für die 30 cm Kammer des CERN zur Verfügung gestellt, aus der für die DESY-Blasenkammer 5 Millionen DM Gesamtkosten extrapoliert wurden.[90]

Es würde sich also um eine größere Investition handeln. Das Budget für die englische 60-Zoll-Kammer belief sich sogar auf £ 400.000, das waren 8 Millionen

---

[89] vgl. [Kri87]; Gottstein an Heisenberg, 14.3.57 und 15.6.60, He; Jentschke an Hocker, 30.6.59, HH6040-5; Teucher an Jentschke, 6.5.57, DAs; Vermerk Teucher, 29.6.60, DA51.

[90] Protokoll Dir, 27.4.60, DA7; Peyrou an Teucher, 23.6.60, Vermerk P. Joos, 3.8.60, Über die Notwendigkeit und Größe einer Wasserstoffblasenkammer, v.M., 8.11.60, DA51.

DM, inklusive des Wasserstoffverflüssigers, des Elektromagneten und der Stromversorgung. Die Bezahlung aus dem Experimentehaushalt des DESY kam nicht in Frage, die Blasenkammer mußte auf anderen Wegen beschafft werden. Wem sollte der Vorschlag aber unterbreitet werden, wenn das Instrument im DESY-Etat nicht untergebracht werden konnte? Eine Möglichkeit war ein Antrag der interessierten Hochschulen beim BMAt, unterzeichnet beispielsweise von Heisenberg, Jentschke und Paul. Sie sollte zunächst auf einer Sitzung des AK Kernphysik am 28. November 1960 vordiskutiert werden. Zur Vorbereitung wurde ein schriftlicher Bauvorschlag für eine Blasenkammer bei DESY ausgearbeitet und an die Mitglieder des AK Kernphysik versandt.[91]

Der Arbeitskreis unterstützte den Vorschlag tatsächlich – und forderte damit implizit das BMAt auf, für die Finanzierung einzutreten. Zunächst wurden die Unterzeichner des „proposals" als Planungsgruppe eingesetzt, verstärkt um ein Mitglied aus den eigenen Reihen und erfahrenen Unterhändler: Jentschke. Erste Aufgabe war die Suche nach einem hauptamtlichen Projektleiter. Filthuth war nur bereit, diese Stelle anzunehmen, wenn sie mit einer außerordentlichen Professur verbunden war; ein Kandidat aus dem Tieftemperaturlabor in Leiden in den Niederlanden wollte erst am 1. September 1961 in Hamburg anfangen und im Organigramm keinesfalls unter Filthuth stehen. Das Projekt trat schon auf der Stelle noch bevor es richtig begonnen hatte. Immerhin vermittelte Filthuth den Kontakt zu der Blasenkammergruppe im französischen Saclay, deren Kammer für CERN, 80 cm lang, gerade der Vollendung entgegensah. Das Gespräch mit den Experten von der anderen Seite des Rheins sollte zunächst nur dem Informationsaustausch dienen. Als aber Florent und Garçon, zwei leitende Ingenieure des Commissariat à l'Energie Atomique (CEA), am 3. Mai 1961 in Hamburg eintrafen, zeichnete sich zugleich eine elegante Lösung des Dilemmas ab: Ein Auftrag an Saclay, für die quasi schlüsselfertige Lieferung einer Blasenkammer, enthob dort ein eingespieltes Team aller Sorgen, bald ohne Arbeit dazustehen – und garantierte der deutschen Planungsgruppe die Lieferung einer Blasenkammer rechtzeitig zur Inbetriebnahme des DESY.[92]

Wer würde mit dem CEA in Paris verhandeln? DESY oder die interessierten fünf Universitäten konnten keineswegs ohne Vollmacht durch das BMAt mit einer offiziellen französischen Regierungsstelle in Kontakt treten. Unter Bezugnahme auf den Beschluß des AK Kernphysik vom letzten November bat Jentschke daher am 16. Mai 1961 das BMAt um die offizielle Aufnahme von Verhandlungen mit der französischen Regierung.[93]

Dennoch war es nicht unklug, die Verhandlungen inoffiziell ein wenig zu

[91] Vermerk 60" Liquid Hydrogen Bubble Chamber Estimated Cost, o.D., Vermerk Stähelin, 28.10.60, DA51.

[92] Protokoll AK Kernphysik DAtK, 28.11.60, DAs; Protokoll Dir, 15.12.60 und 8.5.61, DA7; Jentschke an Maillet, o.D., Zusatz zum Konstruktionsvorschlag der DESY-Wasserstoff-Blasenkammer, v.M., 25.4.61, Vermerk Teucher, Besprechung über den Bau einer Wasserstoff-Blasenkammer am 3. Mai 1961 in Hamburg, o.D., DA51.

[93] Jentschke an BMAt, 16.5.61, DA51.

beschleunigen. Dafür bot sich schon am 2. Juni 1961 auf höchster Ebene eine Gelegenheit. An diesem Tag fand eine Sitzung des CERN-Rats statt, des höchsten Gremiums dieser internationalen Organisation, Als Leiter der französischen Delegation würde daran auch der Hohe Kommissar Francis Perrin, dem im CEA unter anderem die Forschungszentren unterstanden, teilnehmen. Jentschke holte sich bei Hocker die Erlaubnis, Perrin auf den Bau der DESY-Blasenkammer in Saclay anzusprechen. Gleichzeitig bat er Maillet, den Direktor des CEN Saclay, den Hohen Kommissar bereits vor seiner Abreise nach Genf entsprechend vorzubereiten. Es hätte eines Gesprächs dann eigentlich gar nicht mehr bedurft – beide Seiten waren sich praktisch schon vorher einig. Ein Briefwechsel zwischen Balke und Perrin besiegelte im Juli 1961 dann die mündliche Abmachung, so schnell wie möglich auf Expertenebene einen Vertrag auszuhandeln.[94]

Während der Sommerferien bewegt sich in Frankreich aber nur wenig. Berghaus, Teucher und Jentschke wurden erst für den 11. und 12. September 1961 nach Paris eingeladen. Sie wurden bei ihrer Ankunft im Sitzungssaal der CEA-Zentrale außer von Maillet und Florent auch von vier hochstehenden Beamten, darunter dem stellvertretendem Verwaltungsdirektor und dem Büroleiter des Hohen Kommissars, begrüßt. Auf dem Tisch lag ein unterzeichnungsreifer Vorvertrag, mit dem Saclay mit der Erstellung einer Vorstudie beauftragt wurde. Im Anschluß daran würde auf Grundlage der Ergebnisse – Pläne und Kostenschätzungen – ein Hauptvertrag geschlossen werden.[95]

Die Blasenkammergruppe in Saclay arbeitete mit derselben Professionalität und Geschwindigkeit wie die für die Vertragsgestaltung zuständige CEA-Zentrale: Nur zwei Monate nach Unterzeichnung des Vorvertrags lag eine umfangreiche Baustudie auf dem Tisch, verbunden mit einer detaillierten Kostenaufstellung über 3,945 Millionen DM. Dazu kamen noch 2,5 Millionen DM für den von Deutschland aus zu beschaffenden Wasserstoffverflüssiger, die Stromversorgung, Reise- und Transportkosten und Unvorhergesehenes. Die Zustimmung zum Abschluß des Hauptvertrags durch die Planungsgruppe und den AK Kernphysik war nur noch eine Formsache. Selbst das BMF erteilte nach wenigen Wochen seinen Segen, so daß Anfang Februar 1962 die großen Komponenten bei den Lieferanten bestellt werden konnten.[96]

Für die Besitzverhältnisse hatte das BMAt eine elegante Lösung gefunden: Das Ministerium blieb, wie bei allen wissenschaftlichen Instrumenten, die aus seinem Etat bezahlt wurden, Eigentümer der Blasenkammer. Es verlieh sie an die fünf Universitätsinstitute, die den Antrag auf ihre Beschaffung gestellt hatten. Damit aber weder das Ministerium noch die Universitätsverwaltungen mit

---

[94]Jentschke an Maillet, 16.5.61, Jentschke an Heisenberg, 17.5.61, Balke an Perrin, o.D., Perrin an Balke, 28.7.61, DA51; Protokoll AK Kernphysik DAtK, 15.6.61, DAs.

[95]Berghaus an BMAt, 15.9.61 und 25.9.61, DA51; Protokoll Dir, 27.9.61, DA7.

[96]CEA an DESY, 21.9.61, CEA, Rapport préliminaire sur le projet de chambre à bulles „DESY“, 28.11.61, Schlier an Teucher, 8.12.61, Deutschmann an Teucher, 10.12.61, Jentschke und Teucher an BMAt, 18.12.61, Teucher an Filthuth, 6.2.62, DA51; Protokoll AK Kernphysik DAtK, 14.12.61, DAs; Protokoll VR, 2.2.62, DA8.

administrativen Details belastet wurden, wurde DESY mit der treuhänderischen Verwaltung des Detektors beauftragt. Er war übrigens noch absichtlich etwas verteuert worden, um die Genehmigung durch das BMF nicht zu gefährden: Die Blasenkammer und alle Installationen waren prizipiell transportabel, so daß der Eindruck vermieden wurde, das BMAt bezahle im Namen von fünf Hochschulinstituten unter der Hand Investitionen für DESY. In diesem Fall hätte es nämlich wegen des Beschlusses des Haushaltsausschusses nur 50 % der Kosten übernehmen dürfen. Von der Option, die Blasenkammer an einem anderen Beschleuniger aufzustellen, ist nie Gebrauch gemacht worden.[97]

DESY zog aus der Zusammenarbeit mit Saclay auch noch anderweitig Nutzen. Der Bau der Blasenkammer wurde von einer kleinen Gruppe Spezialisten, denen später die Wartung des Detektors übertragen werden sollte, vor Ort begleitet. Der Aufenthalt war zugleich eine ausgezeichnete Lehrzeit für die zukünftigen Mitglieder der Gruppe Kältetechnik des DESY. Flüssiger Wasserstoff ist für viele Experimente ein ideales Target; seine Handhabung in einem intensiven Elektronen- oder Gammastrahl will jedoch gelernt sein. Ein kleines Leck im Kreislauf des explosiven Gases kann katastrophale Folgen haben. Nicht zuletzt durch das know-how aus Saclay blieb DESY von einem tragischen Unglück, wie es im Juli 1965 dem C.E.A. widerfuhr, verschont.[98]

Die Blasenkammer wurde im August 1964 auf einem Spezialtransporter nach Hamburg gebracht und in einer Ecke der Experimentierhalle I aufgestellt.[99]

Magnete und Zähler

Abgesehen von den Blasenkammern wurden während der sechziger Jahre nur ganz wenige experimentelle Aufbauten in allen Teilen auf dem Reißbrett entworfen, konstruiert, in Auftrag gegeben und anschließend zusammengebaut. Haupthindernis waren nicht nur die enormen Kosten, sondern auch der bei solchem Aufwand unvermeidliche Zeitverlust. Bei CERN wurde schon bald nach Inbetriebnahme des großen Synchrotrons bemerkt, daß viele Zählerexperimente aus immer wiederkehrenden Bausteinen bestanden, die am besten als Serie entworfen, gebaut und instandgehalten wurden. Die auswärtigen Physiker berücksichtigten diesen Grundstock dann schon beim Entwurf ihrer Experimente und verbuchten neben der Kosten- auch eine erhebliche Zeitersparnis. Nach Abschluß des Experiments, das oft nur wenige Wochen am Strahl hing, wurden die Standardkomponenten dann wieder dem Fundus zugeführt. Auch C.E.A., dessen Experimentatoren aus der unmittelbaren Umgebung kamen, nahm die Fertigung großer Experimentiermagnete selbst in die Hand; und das, obwohl die Gruppen sich untereinander im Prinzip auch gegenseitig hätten aushelfen können.[100]

---

[97] Balke an Berghaus, 27.2.62, Vermerk Berghaus, 1.3.65, DA51; vgl. S. 62-66.

[98] vgl. JB65, S. 2.7; JB67, S. 2.11-2.12.

[99] Berghaus an Teucher, 6.8.64, DA51; JB64, S. 3.3f.

[100] Studiengruppen für Hochenergiephysik, Tätigkeitsbericht für die Periode vom 1.1. bis 31.7.1961, v.M., August 1961, Sc; [Se64, S. 28.1-28.5].

Steffen, der erste Amerika-Stipendiat des DESY, kümmerte sich nach seiner Rückkehr aus den USA im Juni 1958 um die experimentelle Grundausstattung für den Beschleuniger. Zunächst stand die Ausgestaltung der Experimentierhallen im Vordergrund. Der Vorschlag vom Oktober 1958, statt einer zwei Hallen vorzusehen, ging auf Beobachtungen an anderen Beschleunigern zurück: In einer Experimentierhalle wurden immer mehrere Experimente zur gleichen Zeit aufgebaut, getestet, durchgeführt und abgebaut. Wenn ein Experiment Strahlzeit hatte, konnte sich wegen der intensiven Strahlung aber niemand in dessen Nähe aufhalten. Rund-um-die-Uhr-Betrieb des Beschleunigers war also nur mit zwei Experimentierhallen möglich, in denen wechselseitig aufgebaut und gemessen wurde. Diesen hochgesteckten Anspruch bezahlte DESY dann mit praktisch doppelt so hohen Baukosten wie ursprünglich vorgesehen; schon im letzten Abschnitt wurde erwähnt, daß die Hoffnungen, die zweite Halle aus Rückzahlungen der Baubehörde finanzieren zu können, sich nicht erfüllten.[101]

Die Lage der Hallen – außen an den Beschleunigertunnel angrenzend anstatt von diesem wie bei CERN und C.E.A. durchquert – nahm bereits auf zukünftige Techniken zur Strahlauslenkung Rücksicht. Bislang hatten sich die Targets meistens innerhalb des Beschleunigers und der Teilchennachweis in dessen unmittelbarer Nähe befunden. Ab 1958 zeitigten die intensiven Bemühungen, den beschleunigten Strahl aus der Maschine zu ejezieren, ihre ersten Früchte und führten zu entsprechenden Änderungen im Entwurf der Experimentierhallen. Der Grund, warum die Ejektionsmechanismen von Zyklotronen und Synchrozyklotronen für AG-Synchrotrone nicht geeignet waren, lag in der starken Fokussierung begründet: Der Strahl wurde ständig auf kleinem Raum zusammengehalten, so daß er sich gegen Ende des Beschleunigungsvorgangs auch nicht mehr dem äußeren Rand der Vakuumkammer näherte, wo er mittels eines starken elektrischen Feld hätte ausgelenkt werden können. Dieser prinzipielle Vorteil der starken Fokussierung war ausnahmsweise einmal von Nachteil. Eine trickreiche Idee von Tom Collins, im Unterschied zu vielen Vorgängern die erste praktikable, machte sich die gefürchteten Resonanzen zunutze: Ein zusätzlicher gepulster Magnet änderte das lattice derart, daß die Betatronzahl auf eine Resonanz fiel. Die zwangsläufig angeregten Schwingungen brachten die Teilchen so nahe an den Rand der Vakuumkammer, daß sie wie bei schwach fokussierenden Beschleunigern von einem Septum ausgelenkt werden konnten. Collins Vorschlag setzte sich in Windeseile durch, nachdem einige praktische Hindernisse überwunden worden waren. Sie rührten daher, daß sowohl der Kicker, der die Resonanz anregte, als auch das Septum jeweils am Ende des Beschleunigungszyklus eingeschaltet werden mußten – was bedeutete, daß Tausende Ampere starke Ströme und Zehntausende Volt in Pulsen von Mikrosekunden Dauer angelegt werden mußten.[102]

[101] Vermerk Steffen, 28.10.58, DA4; JB57-59, S. 27f.

[102] Livingston, in [Kow59, S. 414-421]; K.G. Steffen, Die zu erwartenden Möglichkeiten beim Deutschen Elektronen-Synchrotron, DESY A2.46, 1959, S.3f., F. Brasse, Vorbereitende Untersuchungen zur langsamen Strahlauslenkung – Teil 2 –, DESY A2.66, 1960, DB; [CEA60, S. 31]; JB60-61, S. 29.

Mit zwei fast tangentialen Experimentierhallen, in die jeweils zwei ejezierte Strahlen geleitet werden sollten, war DESY für die Zukunft gut gerüstet. Allerdings wurde beschlossen, daß von den gebotenen Möglichkeiten zunächst nur zum Teil Gebrauch gemacht werden sollte.Da es zwecklos gewesen wäre, auf dem Gebiet separierter Pionen-, Kaonen-, oder Antiprotonenstrahlen in Konkurrenz zu CERN zu treten, wurden die Entwicklungsarbeiten auf externe Elektronen- und γ-Strahlen beschränkt.[103]

Im Anschluß an die Gestaltung der Bauten stand für Steffens kleine Gruppe die Anschaffung der Magnete für die Experimente im Vordergrund, schon allein wegen ihrer Komplexität, ihrer Lieferzeit und ihrer Kosten. Massenspektroskopie und Elektronenmikroskopie hatten schon vor vielen Jahren gezeigt, daß man Teilchenstrahlen bündeln, transportieren und nach Impuls- und Masse analysieren kann. Für die Teilchenphysik kamen von den bekannten Methoden allerdings nur Magnetspektrometer in Frage, da alle anderen Techniken bei hohen Energien versagten. Ein wesentliches Hindernis war in diesem Zusammenhang lange Zeit das Fehlen einer magnetischen Linse. Nach der Entdeckung der starken Fokussierung erkannte Livingston schnell, daß durch die Kombination eines F- und eines D-Magneten ein Quadrupol entsteht, in dessen Vierpolfeld ein Teilchenstrahl beliebig hoher Energie gebündelt und in Richtung eines Brennpunkts gelenkt wird. Das eigentliche Spektrometer wird dann aus Dipolen und Quadrupolen, deren Zahl mit Auflösung und erfaßtem Raumwinkel wächst, zusammengesetzt. Man kann es auf eine schwenkbare Lafette setzen, um Winkelabhängigkeiten, d.h. differentielle Wirkungsquerschnitte, zu messen. Von der Feldstärke in den Magneten hängt das durchgelassene Impulsband ab, so daß auch die Impulsabhängigkeit eines Prozesses meßbar wird. Ein Magnetspektrometer eignet sich nicht so sehr wie die Blasenkammer zur Entdeckung neuer Teilchen, sondern vor allem zur präzisen Bestimmung differentieller und totaler Wirkungsquerschnitte.[104]

Zunächst konzentrierte sich die Gruppe „Strahlführung und Messung" noch auf den Entwurf spezieller Spektrometer, die für jeweils eine bestimmte Energie optimale Eigenschaften aufweisen sollten. Schon früh wurde dieser Weg aber zugunsten der schon erwähnten Standardausrüstung aus Dipolen und Quadrupolen verlassen, weil damit prinzipiell Spektrometer mit beliebigen Eigenschaften zusammengesetzt werden konnten. Bei der rechenintensiven Arbeit der Zusammenstellung eines Spekrometers würden die Experimentatoren von einem selbstentwickelten Analogcomputer unterstützt werden. Das Gerät zeichnete auf einem Oszillographenschirm die Teilchenbahnen nach, und mit einigen Drehknöpfen konnten alle denkbaren Parameter variiert und ihr Einfluß auf Brennweite, Auflösung und Dispersion überprüft werden.[105]

---

[103] K.G. Steffen, Die zu erwartenden ... , S. 4, a.a.O.; Protokoll Blasenkammerkomitee, 22.11.63, DA51.

[104] JB60-61, S. 30f.; [Liv59, S. 127-132]; K.G. Steffen, die zu erwartenden ... , S. 5-7, a.a.O.; [Ste65].

[105] Studiengruppen für Hochenergiephysik, Tätigkeitsbericht für die Periode vom 1.1. bis 31.7.1961, v.M., August 1961, Sc; Protokoll WR, 16.12.60, DA11; JB60-61, S. 29ff.; W. Kern und K.G. Steffen, A Fast Analog Computer for Beam Envelope and Particle Trajectories, DESY A2.80, 1961, DB.

Steffens Gruppe „Strahlführung" entwickelte von 1960 bis 1962 sechs verschiedene Standardmagnete, zunächst einen großen und einen kleineren Ablenkmagneten mit möglichst homogenem Feld (MA und MB genannt); dann einen stark fokussierenden Dipolmagneten mit auswechselbaren Polschuhen und daher variablem Feldindex (MC); schließlich drei Quadrupolmagnete unterschiedlich weiter Öffnung (QA bis QC). Fürs erste wurde festgelegt, insgesamt 35 Magnete samt zugehöriger Stromversorgung noch vor der Inbetriebnahme des Beschleunigers zu beschaffen.[106]

Wie praktisch alle Bestellungen zwischen 1961 und 1963 blieb auch dieser Posten von finanziellen Turbulenzen nicht verschont. Eigentlich war vorgesehen, ihn aus Kapitel II des Haushalts zu bezahlen. Das Königsteiner Staatsabkommen schloß aber Einzelposten über DM 10.000 von der Gemeinschaftsfinanzierung durch die Länder aus. Der Grundsatz, zwischen laufenden Kosten und Investitionen nach dem Auftragswert zu unterscheiden, mochte für geisteswissenschaftliche Institute anwendbar sein – bei DESY schloß er den Kauf der Magnete aus, weil selbst die kleinen MB-Magnete schon DM 60.000 pro Stück kosteten. Die Ministerpräsidenten der Länder wiesen zwar im Februar 1964 einen Weg aus diesem Dilemma; bis zu diesem Zeitpunkt mit der Bestellung zu warten, nur wenige Tage vor der Inbetriebnahme des Beschleunigers, wäre allerdings fatal gewesen. Die Magnete wurden deshalb, wie die ganze übrige Ausstattung der Experimente auch, bereits 1962 in das erweiterte Investitionsprogramm aufgenommen, das mit höherer Dringlichkeit durchgesetzt wurde als die Finanzierung der Betriebskosten. Dennoch sah es eine Zeitlang so aus, als ob den Experimenten dennoch Schwierigkeiten erwachsen würden. Die meisten Magnete waren wegen ihrer langen Lieferzeiten schon Ende 1961 und Anfang 1962 bestellt worden, nachdem die Lieferanten ein Zahlungsziel von zwei Jahren zugestanden hatten. Die Angebote für die letzte Tranche, vier und einen halben QC-Quadrupol und vier C-Magnete, wurden aber erst Anfang 1963, mit der Absicherung des 110-Millionen-Programms vor Augen, eingeholt: Keiner der bisherigen Vertragspartner würde vor Inbetriebnahme des Beschleunigers liefern können. Das Experiment zur elastischen Elektronenstreuung war aber auf den halben QC-Quadrupol angewiesen und würde um Monate nach hinten geworfen werden, wenn kein flexiblerer Lieferant gefunden würde. Immerhin gab es einen, bisher unbekannten Bieter, die Firma Lintott aus Großbritannien, der rechtzeitige Lieferung zusagte und dessen Angebot zugleich laut Steffen „das kontinentale Preisniveau vollständig über den Haufen" warf. Anfängliche Bedenken gegen die bei dieser Firma übliche Technik der Spulenisolation wurden bei einem Besuch in England ausgeräumt. Als Referenz konnte auf 80 nach dieser Methode gefertigte Magnete im benachbarten Forschungszentrum Harwell verwiesen werden. Das Angebot war offensichtlich seriös; DESY hatte noch einmal Glück im Unglück gehabt.[107]

---

[106]Protokoll Dir, 23.11.61 und 14.6.62, DA7; Steffen, Angebotsbeurteilung, DESY B 3.72, 30.1.63, HH6041-9.

[107]Protokoll Dir, 21.11.61, 24.6.62 und 8.2.63, DA7; Vermerk Steffen, Angebotsbeurteilung ... , a.a.O; Vermerk Stähelin, Magnetbedarf, Anlage Protokoll FK, 12.7.63, Sc; Bericht über den gegenwärtigen Bestand an Strahlführungsmagneten und Stromversorgungseinrichtungen für die Experimente, v.M., 22.2.68, HH6043-5.

Bis Anfang 1968 wurde der Bestand an Experimentiermagneten allmählich verdoppelt, es kamen auch noch einige Spezialtypen hinzu: von kleinen Dipolen zur Strahlreinigung bis zum 200 Tonnen schweren M-60 Magneten für die Funkenkammer, zwischen dessen Polen ein halber Kubikmeter Platz fand.[108]

Zu Steffens Gruppe „Strahlführung und -messung" gesellten sich vor der Inbetriebnahme des Beschleunigers noch weitere Gruppen mit ähnlicher Aufgabenstellung. Stähelin, Anfang 1960 als Forschungsdirektor berufen, mußte nämlich schon bald darauf konstatieren, daß die physikalischen Institute in Deutschland, von einigen Ausnahmen abgesehen, kaum in der Lage waren, komplette Experimente selbst zu entwickeln. Von den Studiengruppen für Hochenergiephysik konnte dies ebensowenig erwartet werden, so daß der einzige Ausweg der Aufbau von DESY-Experimentiergruppen und der Bau kompletter Teilchendetektoren samt zugehöriger Peripherie in eigener Regie waren. Funkenkammern, Cerenkov-Zähler, schnelle digitale Elektronik und der Betrieb der elektronischen Rechenanlage wurden daher schon 1962 und 1963 an jeweils neuaufgebaute Gruppen delegiert. Personalprobleme und der Umfang des Projekts hatten dies bei der Blasenkammer noch verhindert. Die Zähler, Kammern und Bausteine der schnellen Elektronik waren vergleichsweise weniger aufwendig und lagen auch finanziell innerhalb der Möglichkeiten des Haushalts. Ihre Spezifizierung, Entwicklung und der Bau in Eigenregie oder als Kleinserie in der Industrie gingen dem Aufbau der eigentlichen Experimente voraus.[109]

Die Anstrengungen des Direktoriums zur Vorbereitung der Experimente wurden auch anderenorts wahrgenommen. Das 1962 gezogene Résumé eines Besuchers von C.E.A. lautete:

Eine wichtige Sache, die ich während dieser Besuche (in europäischen Laboratorien, d. Verf.) gelernt habe, ist, daß dem Experimentator heutzutage eine gewisses Mindestmaß an Unterstützung gewährt werden muß ... die meisten fundamentalen Probleme können auf mehreren Wegen angegangen werden, und wenn gewisse flexibel einsetzbare Instrumente nicht verfügbar sind (besonders Magnete und standardisierte Elektronik), wird es schwer, schnell neue Ideen auszuprobieren, und unmöglich, mit anderen Laboratorien Schritt zu halten.[110]

Diese Äußerung muß aber aus dem Blickwinkel des Physikers von Harvard oder MIT gesehen werden. In Hamburg durfte über diesem Lob aber nicht vergessen werden, daß es Menschen sind und nicht Apparate, von denen Wissenschaft gemacht wird. Nachdem die Anschaffung der Instrumente unter Überwindung einiger Hürden geschildert worden ist, soll die Aufmerksamkeit daher als nächstes

---

[108] Bericht über den gegenwärtigen ... , a.a.O.

[109] Jentschke an Höhler, 9.5.60, DAs; Protokoll WR, 16.12.60, DA11; JB60-61, S. 29ff.; JB62-63, S. 50ff.

[110] Zitat: C.E.A., Summary Report of Foreign Travel, o.D. (die Reise fand im Juli 1962 statt, d.V.), Hv.

der Anwerbung und Zusammenführung der Wissenschaftler gelten, denen der Beschleuniger und seine Ausrüstung ab 1964 zur Verfügung stehen würde.

Öffentliches Besoldungsrecht contra Wissenschaft?

Viele Physiker, die beim Bau des Beschleunigers mitgewirkt hatten, wollten später auf die Experimente umsatteln. Eine Einarbeitungszeit würde ihnen dabei nicht zur Verfügung stehen, dazu vollzog sich der Fortschritt der Hochenergiephysik in viel zu kurzen Zeitläuften. Auch aus vielen anderen Gründen war bei den Experimenten die beim Beschleunigerbau bisher so fruchtbare Zusammenarbeit über den Ozean hinweg kein geeigneter Weg, den Anschluß zu schaffen – DESY brauchte Forscher in seinen eigenen Reihen, die bereits einige Jahre experimentelle Erfahrungen bei CERN oder in den USA gesammelt hatten. Daneben tat man gut daran, auch theoretische Physiker zu verpflichten, weil die Spezialisierung in der Hochenergiephysik so schnell fortschritt, daß ein Experimentalphysiker die Entwicklungen in der Theorie alleine kaum noch verfolgen konnte.[111]

Der einfachste Weg wäre die Errichtung von Professuren gewesen. Der Hamburger Mathematisch-Naturwissenschaftlichen Fakultät mußte jedoch jedesmal lange zugeredet werden, bevor sie den Wünschen Jentschke's nach Forschungsprofessuren nachgab. Sein Wunsch, die Stelle des nach Kiel berufenen Erich Bagge mit jemandem zu besetzen, der ihn bei DESY entlasten könne, war 1957 zunächst abgelehnt worden. Die ihm bei seiner Berufung zugesagten Professorenstellen wurden dann 1958 freigegeben, so daß es bis 1960 dauerte, ehe sie mit Stähelin und Teucher besetzt waren. Beide arbeiteten praktisch vom ersten Tag an bei DESY mit, Stähelin als Forschungsdirektor und Teucher beim Aufbau der Blasenkammergruppe.[112]

In der Kernforschungsanlage Jülich und der Reaktorstation in Karlsruhe war dieses Problem weniger akut, weil es dort eine größere Zahl weitgehend unabhängiger Institute gab, deren Direktoren gleichzeitig Ordinarien sein konnten. Anreiz für die Doppelarbeit in Forschungszentrum und Universität waren großzügige Aufwandsentschädigungen, die zusätzlich zum Gehalt gezahlt wurden. Der Arbeitsausschuß hatte 1959 versucht, einen entsprechenden Passus in die DESY-Satzung aufzunehmen, sich damit aber nicht durchsetzen können. Nur den fünf Mitgliedern des – ehrenamtlichen – Direktoriums, bis Mitte der sechziger Jahre ausnahmslos Universitätsprofessoren, stand für ihre Tätigkeit bei DESY eine Aufwandsentschädigung zu.[113]

---

[111] vgl. [Bar77].

[112] Schleswig-Holsteinische Volkszeitung, 1.12.56; Jentschke an Wenke, 4.12.56, DA4; Jentschke an Jensen, 17.1.57, Protokoll AK Kernphysik DAtK, 16.4.58, DAs; [Ham69, S. 290].

[113] Vermerk FB, 15.5.59, Vermerk Meins, 19.5.59, HH6040-5.

Die Einrichtung unabhängiger Institute war natürlich kein wirklich gangbarer Weg für DESY. Trotzdem mußten so früh wie möglich Stellen, die einem Institutsleiter entsprachen, im Haushalt untergebracht werden. Dafür bot sich Kapitel II an, aus dem der laufende Betrieb des Beschleunigers und die Experimente bezahlt wurden. Bei der Beratung des ersten Experimentehaushalts im Verwaltungsrat, im Sommer 1960, tauchte aber ein Problem auf. Das Kapitel II des DESY-Budgets mußte den Veranschlagungsgrundsätzen des Königsteiner Staatsabkommens entsprechen, auch bezüglich der Eingruppierung und Bezahlung des Personals. Gehobene Stellen waren in den Richtlinien des Königsteiner Abkommens aber nicht vorgesehen (bei den vorhandenen Gruppenleitern stellte sich dieses Problem nicht, weil sie aus Kapitel I bezahlt wurden, und es für ihre Gehälter eine Sondervereinbarung zwischen Hamburg und dem BMAt gab). Allen Physikern, die DESY als Leiter einer Experimentiergruppe vom CERN oder aus den USA zu sich holen wollte, konnte deshalb keine adäquate Bezahlung geboten werden. Um dieses Dilemma zu verdeutlichen, soll ein kurzer Blick auf das damals gültige öffentliche Besoldungsrecht geworfen werden:[114]

Professoren und Universitätsassistenten waren grundsätzlich Beamte. Die drei Besoldungsgruppen H 1 bis H 3 waren den Professoren[115] vorbehalten, für Assistenten gab es die Gruppe A 13. Mitarbeiter des DESY waren allerdings Angestellte, und für sie galt nicht mehr die alte „TOA", sondern seit 1. April 1961 ein vollkommen neuer Tarifvertrag, BAT genannt. Die dort für Wissenschaftler vorgesehene Vergütungsgruppe BAT II war vom Bruttogehalt her den Besoldungsgruppen A 13 und H 1 zwar bis auf etwa 10 % gleich; die Beamten standen sich netto jedoch besser, weil sie keine Vorsorge für ihre Altersversorgung treffen mußten – mit 65 Jahren erhielten sie 75 % ihres letzten Gehalts als sogenanntes Ruhegehalt. Der Vergleich der Angestelltengruppen BAT I und ADO, die für Angestellte mit Leitungsfunktion vorgesehen waren, mit den Besoldungsgruppen H 2 und H 3 fällt noch krasser aus. Die Professorenbesoldungen boten zunächst einmal schon beim Grundgehalt einen Verhandlungsspielraum von etwa 20 %. Dann hatte ein Hochschullehrer Anspruch auf bis zu DM 11.000 Kolleggeld pro Jahr, dessen genaue Höhe bei den Berufungsverhandlungen festgelegt wurde. In der Max-Planck-Gesellschaft, deren Institutsdirektoren in Anlehnung an H 3 besoldet wurden, war die Obergrenze für das Kolleggeld sogar aufgehoben worden. Unter Einbezug der Zulagen wurde ein Hochschullehrer daher brutto etwa 50 % besser bezahlt als ein Angestellter in der höchsten Vergütungsgruppe ADO. Der Angestellte hatte sich nun noch um seine Altersversorgung zu kümmern, während dem Professor eine großzügige Versorgung zustand: Die Richtlinien der Länder berücksichtigten nämlich das Kolleggeld bei der Bemessung des Ruhegehalts. Dieser Grundsatz leitete sich davon ab, daß ein Hochschullehrer nicht

---

[114]Protokoll VR, 1.7.60, DA8; Bericht des Verwaltungsdirektors im Wissenschaftlichen Rat, 16.12.60, DAs.

[115]Die drei H-Besoldungsgruppen für Professoren wurden später in vier umgewandelt. Die neuen Gruppen H 2 bis H 4 entsprachen den alten Gruppen H 1 bis H 3. Die neue Besoldungsgruppe H 1 für nicht habilitierte Wissenschaftler bot eine Bezahlung nach A 13.

in den Ruhestand versetzt, sondern nur seiner Pflichten enthoben – emeritiert – wurde.[116]

Der BAT, der auch den Veranschlagungsgrundsätzen des Königsteiner Staatsabkommens zugrunde lag, wies erfahrenen Wissenschaftler die Vergütungsgruppe BAT I zu[117]. Dieses Gehalt lag nun nicht nur unter dem eines Hochschulprofessors, es lag auch unterhalb der für jüngere Forscher vorgesehenen Gehaltsstufen 9 und 10 des CERN. In Genf verdiente man etwa das Grundgehalt eines Professors, also ohne Kolleggeld, mußte aber auch keine Steuern bezahlen. Der mit dem BAT abgesteckte Rahmen konnte einem CERN-Physiker eine Tätigkeit bei DESY daher kaum schmackhaft machen. Die anderen deutschen Forschungseinrichtungen waren davon genauso betroffen. Der Haushaltsausschuß des Bundestages hatte am 25. Februar 1960 beschlossen, daß Angestellte bei vom Bund bezuschußten Einrichtungen ausnahmslos nach dem BAT zu bezahlen seien. Einziger Ausweg war folglich eine Sonderregelung innerhalb des BAT, die aber 1961 noch verhandelt wurde, und im übrigen gar nicht auf die Schaffung von Spitzengehältern abzielte. Klagen über Schwierigkeiten bei der Gewinnung qualifizierten Personals waren allerorten zu hören.[118]

Zwei Auswege boten sich an: Erstens konnten an den Universitäten Assistentenstellen und Professuren zweckgebunden für DESY eingerichtet werden. Neben der besseren Bezahlung boten Assistentenstellen die Möglichkeit zur Habilitation und Professuren ein Sozialprestige, das dem eines Angestellten nicht vergleichbar war. Der Wissenschaftliche Rat empfahl am 18. April 1961, an möglichst vielen Hochschulen solche zweckgebundenen Stellen für DESY einzuwerben. DESY sollte Musteranträge zur Verfügung stellen, damit die Aktion ohne Verzug gestartet werden konnte.[119]

Aber wer hätte auf den langfristigen Erfolg eine Wette abgeschlossen? Niemand kann einen Wissenschaftler zwingen, seine Experimente an einem bestimmten Beschleuniger durchzuführen, wenn ihm ein anderes Institut vielleicht attraktiver erscheint. In den 1962er-Haushalt von DESY wurden daher sechs Stellen für hauseigene „leitende Wissenschaftler“ eingestellt, die so weit wie möglich Universitätsprofessuren angeglichen waren. Dadurch würden Widerstände von seiten der Länder am ehesten vermieden. Vor der Besetzung würde eine Berufungskommission eine Vorschlagsliste erarbeiten. Jeder leitende Wissenschaftler würde anschließend wie ein Hochschullehrer einen besonderen Vertrag bekom-

[116]Vergütungsgrundsätze für wissenschaftliche Assistenten der MPG und Besoldungsgrundsätze für Direktoren und Wissenschaftliche Mitglieder der MPG, v.M., o.D., W. Lotz, Mitteilungen des Verbandes der Wissenschaftler an Physikalischen Forschungsinstituten, Nr. 5, 4.5.64, He.

[117]Die erste Fassung des BAT kannte für Wissenschaftler nur die Vergütungsgruppen ADO, BAT I und BAT II. Später wurde die Gruppe BAT I in zwei aufgespalten, BAT Ia und BAT Ib, von denen die erste die höhere war.

[118]Vergütungsgrundsätze ..., a.a.O; Protokoll WR, 18.4.61, DA11; Protokoll Ausschuß Atomkernenergie und Wasserwirtschaft, 15.6.61, Bt.

[119]Protokoll WR, 18.4.61, DA11; Protokoll Dir, 8.5.61 und 30.6.61, DA7.

men, der im Einzelfall vom Verwaltungsrat zu genehmigen war.[120]

Die Berufungskommission wurde auf Vorschlag des Direktoriums aus Mitgliedern des Wissenschaftlichen Rats gebildet. Grundlage der Verhandlungen waren Verträge für Extraordinarien, das heißt der Besoldungsgruppe H 2. Die Suche nach geeigneten Kandidaten und die ersten Gespräche dauerten einige Monate. Die angesprochenen Wissenschaftler interessierten sich natürlich auch für ihre Mitwirkungsmöglichkeiten bei DESY, für die es noch keine festgeschriebenen Regeln wie in einer Fakultät gab. Darüber wird im nächsten Abschnitt berichtet. Am 28. November 1962 standen schließlich drei Verträge, die Meins nach einem Muster aus der Kernforschungsanlage Jülich gestaltet hatte, im Verwaltungsrat zur Abstimmung. Die Klippen in den Organen des Königsteiner Staatsabkommens waren schon vorher glücklich umschifft worden, so daß einer Zustimmung eigentlich nichts mehr im Weg stand. Die neue DESY-Satzung hatte neben dem Vertreter des BMAt aber auch einem Beamten aus dem BMF Sitz und Stimme im Verwaltungsrat beschert – und genau von dort kam ein Veto gegen die Verträge. Das Bundesbesoldungsgesetz sehe keine ruhegehaltsfähigen Zulagen wie das Kolleggeld vor. DESY dürfe angesichts unzähliger Aufwandsentschädigungen, die bei der Pensionsberechnung von Bundesbeamten nicht berücksichtigt würden, keinen Präzedenzfall schaffen. Die Anlehnung der Verträge an die Richtlinien eines Landes, denn die Kernforschungsanlage Jülich war eine Forschungseinrichtung des Landes Nordhein-Westfalen, kehrte sich plötzlich gegen ihre Urheber.[121]

Ohne eine Emeritierungszusage verloren die Vertragsentwürfe stark an Attraktivität. Schneider-Muntau telefonierte noch während der Verwaltungsratssitzung mit seinem Staatssekretär im Ministerium, von dem er jedoch Weisung erhielt, keinem den BMF-Richtlinien widersprechenden Beschluß zuzustimmen. Meins' Angebot, eine Ruhegehaltszusage in Höhe von 75 % des letzten Bruttogehalts einzusetzen, stieß bei dem Ministerialdirigenten folglich auf taube Ohren. Am 1. Februar 1963 setzten sich in Bonn BMF, BMAt und BMI zusammen, um ihre Marschroute in dieser Angelegenheit zunächst einmal intern zu klären. Das Atomministerium war auf der letzten Verwaltungsratssitzung nämlich auf Seiten Hamburgs und des DESY-Direktoriums gewesen. Paul wurde als Berater für Kriele, Hockers Nachfolger im BMAt, ebenfalls zu der Sitzung im BMF eingeladen. Die versammelten Tarifexperten des Innen- und Finanzministeriums überzeugten dort schließlich alle Zweifler, daß Verträge mit einem einfachen Pensionsangebot, also ohne Emeritierungszusage, attraktiv genug für leitende Wissenschaftler bei DESY seien. Meins legte daraufhin die Verhandlungsführung am 8. Februar 1963 nieder und bat Paul und Schneider-Muntau um die Übernahme dieser Aufgabe. Seiner Meinung nach stelle die eingeschlagene Richtung einen unzulässigen Einbruch in die Struktur der Hochschullehrerbesoldung dar. Außerdem habe er in den vergangenen sechs Jahren genügend Berufungsverhandlungen geführt, um

[120] Protokoll Dir, 8.5.61, DA7; Protokoll VR, 9.5.61, DA8.

[121] Protokoll Dir, 24.7.61, 9.4.62 und 14.9.62, DA7; Protokoll WR, 15.12.61, DA11; Protokoll VR, 2.2.62 und 28.11.62, DA8.

das Nichteinverständnis der Kandidaten mit einer einfachen Pension vorhersagen zu können.[122]

Im Laufe der folgenden Monate verhärteten sich die Positionen. Eine Pension anstelle der Emeritierung fand, wie von Meins und Jentschke vorhergesagt, keine Zustimmung. Weitere interministerielle Gespräche zwischen BMF, BMAt und BMI endeten ohne Kompromiß, so daß nach einigem Hin und Her die Weitergabe des Problems an die Minister einziger Ausweg schien.[123]

Dort boten sich neue Interventionsmöglichkeiten. Heisenberg schrieb einen persönlichen Brief an Finanzminister Dahlgrün, in dem er auf die Gefahren unzureichender Ausnutzung des DESY aufmerksam machte und um elastischere Handhabung der Besoldungsgrundsätze bat. Diese Bitte bezog sich nicht nur auf DESY – auch das BMAt selbst wollte für eine Abteilungsleiterstelle eine Ausnahme vom Besoldungsgesetz vorsehen, um einen Manager der BASF für diese Position zu interessieren. Der Nobelpreisträger aus München wurde daher gebeten, in beiden Fällen Schützenhilfe zu leisten.[124]

Die Lösung konnte bei DESY natürlich nur in der Mitte zwischen einem Professorenvertrag und dem Vertrag eines Beamten liegen, weil dann keine Seite ihr Gesicht verlor. Schneider-Muntau wurde auf der Verwaltungsratssitzung am 8. April 1963 überredet, versuchsweise in dieser Richtung zu verhandeln: Es solle ein nicht weiter aufgeschlüsseltes ruhegehaltfähiges Gesamtgehalt in den Vertrag eingesetzt werden, in dem implizit bereits ein Kolleggeld enthalten sein würde. Die leitenden Wissenschaftler würden dann auch ohne explizite Zusage der Emeritierung de facto diesen Status geniessen. Das Hamburger Personalamt und das BMF einigten sich bis zum 15. Mai 1963 tatsächlich auf einen derartigen Vertrag. Schneider-Muntau glaubte allerdings, mit dem Versand und der Bitte um Unterzeichnung seine Pflicht getan zu haben. Nach Heisenberg's Intervention gab er die Verhandlungsführung an das BMAt ab.[125]

Kriele, Meins und das Direktorium führten die Gespräche fortan gemeinsam. Der vom BMF am 15. Mai 1963 versandte Vertrag stellte sich wirklich als tragfähiger Kompromiß heraus, der im Laufe des Juli 1963 allerdings noch in zahlreichen Details verändert werden mußte. Querschüsse aus dem Finanzministerium waren zum Glück nicht mehr zu erwarten. Am Ende bedurfte es noch etwas guten Zuredens, auf einer Reise Jentschke's nach Genf, und DESY hatte im Herbst 1963 seine ersten drei leitenden Wissenschaftler gewonnen.[126]

Dieser Erfolg war angesichts des mageren Ergebnisses bei der Einwerbung von DESY-Assistenten von einiger Bedeutung. In Heidelberg waren drei Stellen,

---

[122] Protokoll VR, 28.11.62 und 8.2.63, DA8; Protokoll Dir, 8.2.63, DA7.

[123] Drexelius (Schulsenator FHH) an Dahlgrün (BMF), 12.2.63, DAs; Protokoll VR, 8.4.63, DA8; Vorlage für die Sitzung des WR am 25.6.63, DA11.

[124] Jentschke an Heisenberg, 29.5.63, DAs; Heisenberg an Dahlgrün, 31.5.63, He.

[125] Protokoll VR, 8.4.63, DA8; Vorlage ..., a.a.O; Vermerk Berghaus, 13.5.63, Schneider-Muntau an Kriele, 28.6.63, DAs; Protokoll WR, 25.6.63, DA11; Protokoll Dir, 2.7.63, DA7.

[126] Jentschke, Protokoll Besprechung 23.7.63, DAs; Protokoll Dir, 10.9.63, DA7; Protokoll VR, 10.10.63, DA8.

in Karlsruhe, Marburg und Aachen nur je eine Stelle genehmigt worden. Sechs promovierte Physiker reichten gerade zur Besetzung einer mittelgroßen Experimentiergruppe aus: Die Blasenkammerkollaboration vereinte z.B. schon 1963 sechzehn Physiker, darunter zehn mit Promotion oder Habilitation. Daher durfte kein Versuch ausgelassen werden, noch weitere Hochenergiephysiker für DESY zu interessieren.[127]

Ständige Aufstockung der Planstellen für leitende Wissenschaftler war ein Teil dieser Strategie. 1965 fanden sich im Stellenplan acht, 1969 zwölf und 1974 sogar zwanzig dieser Positionen, die ihren Inhabern vollständige Freiheit in der Forschung boten, wenn sie nur im Zusammenhang mit DESY stand (bis zu fünf dieser Stellen standen zudem für nicht ehrenamtlich tätige Mitglieder des Direktoriums zur Verfügung). Stanford hatte einen ähnlichen Weg eingeschlagen, um gute Wissenschaftler an den 2-Meilen-Linac zu verpflichten: Anfang der sechziger Jahre litt SLAC unter der größeren Attraktivität der Protonenbeschleuniger, so daß eine Professur die einzige Möglichkeit war, einen guten Wissenschaftler entweder zu halten oder neu zu verpflichten. Die Physik-Fakultät leistete jedoch Widerstand dagegen, wie Berkeley von den Teilchenphysikern dominiert zu werden. Außerdem schien vielen Hochenergiephysikern die von ihnen geforderte Beteiligung an den Lehrveranstaltungen zu hoch. Panofski setzte deshalb 1962 die Gründung einer eigenständigen Hochenergie-Fakultät für SLAC durch. Insgesamt waren 20 Forschungsprofessuren vorgesehen. DESY hätte so viele Stellen anfangs natürlich gar nicht besetzen können. In Hamburg stellte sich eher das Problem, daß mancher Physiker lieber ein richtiges Ordinariat innegehabt und auch die damit verbundenen Lehrverpflichtungen gerne wahrgenommen hätte. 1966 gelang DESY die Einrichtung einer ordentlichen Professur an der Hamburger Universität, die aus dem DESY-Haushalt bezahlt wurde.[128]

Neben der „DESY-Fakultät" aus leitenden Wissenschaftlern waren attraktive Zeitverträge für ausländische Gäste eine zweite Möglichkeit, gute Wissenschaftler zu gewinnen. Zumal Amerikaner verbrachten die Semesterferien oder ein „sabbatical year" gerne an einem großen Forschungsinstitut. Ihre Universitäten zahlten ihnen in dieser Zeit jedoch höchstens das halbe Gehalt, so daß sie auf einen Ausgleich angewiesen waren. In einem Gutachten war von DM 50.000 bis DM 75.000 pro Jahr die Rede. Das lag natürlich weit oberhalb jedes zulässigen Gehalts für DESY-Angestellte. Ein Ausweg war die Einwerbung eines großen Pauschalbetrags, über dessen Verwendung im Einzelfall dann das Direktorium entscheiden würde. Die Stiftung Volkswagenwerk genehmigte Anfang 1964, nach einem vergeblichen Versuch des DESY an anderer Stelle, 1 Million DM für diesen Zweck. Die erfolgreiche Inbetriebnahme des Beschleunigers am 18. Februar 1964 hatte dem Antrag zusätzlichen Auftrieb verschafft.[129]

---

[127]Protokoll WR, 13.12.63, DA11; Protokoll Blasenkammerkomitee-Sitzung, 22.11.63, DAw.

[128]JB65, S. 1.9; Protokoll Dir 10.10.63 und 20.11.67, DA7; Protokoll VR, 20.2.67 und 30.11.73, DA8; [Rio87, S. 127f.]; [Ham69, S. 290f.].

[129]P.G. Kruger, Bemerkungen, Anregungen und Empfehlungen für die Organisation des Deutschen Elektronen-Synchrotrons, v.M., o.D., DA27; Protokoll WR, 25.6.63, DA11; Protokoll Dir, 10.9.63 und 12.12.63, DA7; Heisenberg an VW-Stiftung, 28.2.64, Wurster an VW-Stiftung, 28.2.64, He.

Im Laufe des Jahres 1965 wurden die Mängel des öffentlichen Tarifsystems schließlich auch anderenorts erkannt. Das BMI prüfte, ob attraktive Zeitverträge für herausragende junge Wissenschaftler einen Ausweg darstellten. Resultat war die Empfehlung, Forscher unter 38 Jahren im Einzelfall und befristet besser als BAT Ib zu bezahlen, auch wenn ihre Planstelle nur dieser Vergütungsgruppe entsprach. Aber auch der Mittelbau des Personals sollte besser gestellt werden und Leistungsanreize erhalten. Dazu wurde der BAT um eine Sonderregelung ergänzt, nach der Angestellte in Kernforschungseinrichtungen, also auch bei DESY, widerrufliche Zulagen erhalten konnten: Der BAT gliederte sich in Dienstaltersstufen, so daß ein Angestellter alle zwei Jahre in eine neue Altersstufe mit einem besseren Gehalt aufrückte. Die Sonderregelung SR 2 o erlaubte u.a. auch DESY, seine Angestellten widerruflich bis zu zehn Altersstufen mehr zu bezahlen als ihnen eigentlich zustand.[130]

Damit verfügte das Direktorium über ein komplettes Instrumentarium für seine Personalpolitik: Lebenszeitstellen für leitende Wissenschaftler; besondere Zeitverträge für herausragende junge Forscher; Einladungen an ausländische Gäste; und Forschungszulagen für wissenschaftliche und technische Angestellte. Die Klagen über Probleme bei der Gewinnung qualifizierten Personals verstummten denn auch im Laufe der Zeit. Einzig der Hinweis, daß man mit den Gehältern des CERN nicht konkurrieren könne, war von Zeit zu Zeit noch zu hören.[131]

Die Bildung der ersten Experimentiergruppen

Die experimentelle Hochenergiephysik unterscheidet sich von anderen Bereichen der Wissenschaft auch durch das ausgeprägte Maß an team-work, ohne das große Apparaturen weder gebaut noch betrieben werden können. Im Unterschied zu anderen Gruppen, beispielsweise an einem Universitätslehrstuhl, kommt als besonderes Merkmal noch die Spezialisierung aller Mitarbeiter hinzu. Ein Zählerexperiment umfaßt so viele Komponenten – Magnete, Szintillatoren, Cerenkov-Zähler, Verstärker und Pulsformer, elektronische Logikbausteine, Quantameter, Vakuumkomponenten, Abschirmblöcke etc., daß praktisch kein Physiker mehr es in allen Deteils vollständig kennen kann. Die Arbeitsteilung, die sich ganz automatisch herausbildet, weist den erfahreneren Wissenschaftlern den Entwurf des Aufbaus sowie Koordinations- und Auswerteaufgaben zu; Doktoranden und jüngere Physiker bekommen die Verantwortung für eine Komponente vom Design bis zur Überwachung ihrer Funktion während der Strahlzeit zugewiesen; sie können sich im Laufe des Experiments dann für allgemeinere Aufgaben qualifizeren.[132]

---

130 Protokoll Dir, 15.3.65, 31.5.65, 31.8.65 und 28.9.70, DA7.

131 vgl. JB64, S. 1.9, JB65, S. 1.8, JB67, S. 1.7, JB68, S. 1.8f.; Protokoll AK Kernphysik DAtK, 20.6.66, DAs; Protokoll VR, 21.11.68, DA8.

132 vgl. [Bar77, S. 110-112, S. 119] und [Mor78].

Die Entstehung der Experimentiergruppen bei DESY läßt sich leichter verstehen, wenn man diese Tatsache nicht aus dem Auge verliert. Der Sprung vom Beschleunigerbau zur Hochenergiephysik, zumal dem Entwurf oder der Koordination eines Experiments, ist weit. Anders sieht es dagegen für Physiker aus, die eine der oben genannten Komponenten für ein Zählerexperiment entwickelt haben: Sie können ihr Instrument in eine neu entstehende Gruppe einbringen und sich anfänglich in erster Linie auf dessen Funktionieren konzentrieren. Die Bedeutung eigener Apparateentwicklung, verbunden mit der Anwerbung leitender Wissenschaftler von auswärts wird jetzt in vollem Umfang klar: In den Experimentiergruppen mußte sich jeder der beiden genannten Qualifikationstypen finden – jüngere Spezialisten und erfahrene Koordinatoren –, von denen die einen bei DESY herangebildet, die anderen von CERN oder aus den USA zu DESY geholt wurden. Natürlich folgte die Bildung der Experimentiergruppen nicht durchgängig diesem Idealtypus, sondern verschlungeneren Wegen; sie wiesen dennoch im allgemeinen in diese Richtung.

Zu Anfang, das heißt bis zu Stähelins Berufung zum Forschungsdirektor 1960, waren die größten Hoffnungen auf die Universitäten gesetzt worden. Von dort sollten die Experimentiergruppen zu DESY kommen – wie es auch für das CERN geplant war – und in Hamburg dann bestenfalls Hilfestellung durch einige DESY-Physiker erhalten. Um für diese Aufgabe gerüstet zu sein, wurden nach Klaus Steffen noch Peter Joos und Friedhelm Brasse zu C.E.A. und an die Cornell-University geschickt. Im Gegensatz zu Alfred Krolzig oder Gustav-Adolf Voss, die bei C.E.A. den Bau des Beschleunigers kennenlernen sollten, sollte sich ihr Augenmerk in erster Linie auf die Experimente in den beiden Forschungszentren richten. USA-Erfahrung brachten bei ihrer Berufung auch Stähelin und Teucher nach Hamburg mit, sowie Erich Lohrmann, der in Chicago mit Teucher zusammengearbeitet hatte.[133]

Der Arbeitsausschuß entschied sich im Herbst 1959 dafür, keine speziellen Experimente zu planen, sondern nur allgemeine Vorbereitungen zu treffen. Ohne verbindlichen Anspruch sollten die allmählich enstehenden Gruppen jeweils einen Experimentetyp ins Auge fassen und ihre Planungen laufend den an anderen Forschungszentren verzeichneten Fortschritten anpassen. Parallel dazu sollten Apparate entwickelt werden, aus denen dann 1963/64 die Experimente zusammengesetzt würden. Die Diskussion im Herbst 1959 wies DESY die Verantwortung für die beschleunigernahen Komponenten – Targets, Strahlführung, Quantameter und Kältetechnik – zu, während die eigentlichen Teilchennachweise – Blasen- und Nebelkammern, Szintillations- und Cerenkovzähler, Emulsionsentwicklung und Meßtische – von auswärts beigesteuert werden sollten. Um zwischen DESY und den Universitäten ein Bindeglied zu schaffen, das die einzelnen Spezialisten und nicht etwa die Lehrstuhlinhaber zusammenbrachte, wurden im

[133]Jentschke an Teucher, 8.4.59, DAs; Steffen, Zusammenfassender Bericht ... über die Organisation der Zusammenarbeit der Universitäten bei der Vorbereitung und dem Aufbau von Experimenten ... am 24.9.1959, v.M., o.D., DA7.

Frühjahr 1960 die „Studiengruppen für Hochenergiephysik" ins Leben gerufen. Die Hoffnung, daß die Vorbereitung der Experimente damit in Schwung kommen würde, erfüllte sich aber leider nicht, wenn man von einer Ausnahme absieht: Von der Gruppe „visuelle Methoden" kam, wie schon beschrieben, der Anstoß zum Bau der DESY-Blasenkammer. Die personell eng mit ihr verknüpfte Studiengruppe „Auswerteverfahren" bezog ab 1961 von CERN Blasenkammeraufnahmen, an denen ihre Mitglieder weitgehend unabhängig von DESY zunächst die Auswertetechniken erlernten. Schon kurze Zeit später kamen aus den Reihen dieser Studiengruppe auch originäre Beiträge zur Forschung, gekrönt von der Entdeckung zweier neuer Resonanzen. Bei den Zählerexperimenten war die Entwicklung weniger ermutigend.[134]

Stähelin hatte mehr als 20 Institute zur Mitarbeit in den Studiengruppen eingeladen. Seine Themenvorschläge reichten von der theoretischen Physik über moderne Elektronik und Zähler bis hin zu experimentellen Themen wie Photoerzeugung und Elektronenstreuung. Zu konkreter Mitarbeit fanden sich dennoch nur die Institute bereit, die auch bisher schon in der Hochenergiephysik tätig gewesen waren. Die enttäuschend schwache Resonanz lag sicher nicht am fehlenden Geld, weil für die entstehenden Reise- und Sachkosten das BMAt und DESY eintreten wollten. Zusagen, sich bei DESY an einem Zählerexperiment zu beteiligen, kamen von den beiden Instituten, die auch ohne DESY Hochenergiephysik betrieben hätten: Bonn und Karlsruhe. Jentschke konnte daher nur konstatieren, „...daß wir die Dinge wohl weitgehend selber in die Hand nehmen müssen". Dieses Fazit drängte sich auch durch Berichte aus Genf auf. Dort lief das CERN-Protonensynchrotron nach der Inbetriebnahme Ende November 1959 ein halbes Jahr lang leer, weil die Vorbereitung der Experimente zu spät angepackt und der Beschleuniger daher vor ihnen fertiggestellt worden war.[135]

Dies war aber nur ein Aspekt der vielfältigen Anlaufprobleme in Genf. Ein weiterer offenbarte sich kurze Zeit später: Viele Physiker hatten sich bislang gegen eine straffe Organisation gewehrt und in den Worten des CERN-Generaldirektors John Adams mit „Diskussionen über philosophische Aspekte der Physik" viel Zeit verschwendet. Das CERN-Protonensynchrotron war der erste Beschleuniger, der prinzipiell jedem interessierten Forscher offenstand; darum, wie dieser Anspruch einzulösen sei, gab es das ganze Jahr 1960 über hitzige und langwierige Debatten. Niemand hatte sich zuvor über den Status der Besucher und das Verhältnis der CERN-Physiker zu ihnen Gedanken gemacht.

---

[134] Steffen, Zusammenfassender Bericht ..., a.a.O; Protokoll Dir, 27.4.60, DA7; Protokoll WR, 16.12.60, DA11; Studiengruppen für Hochenergiephysik, Tätigkeitsbericht für die Periode vom 1.1.61 bis 31.7.63, v.M., August 1961, Studiengruppen für Hochenergiephysik, Tätigkeitsbericht 1961, v.M., 9.3.62, Protokoll FK, 17.5.63, Sc; JB64, S. 3.5f; Aachen-Berlin-Birmingham-Bonn-Hamburg-London-München Collaboration, Phys. Lett. 10:226(1964).

[135] Stähelin, Vermerk Vorschläge für Studiengruppen, Übersicht vom 30.5.60, Sc; Protokoll AK Kernphysik DAtK, 16.5.60, Zitat: Jentschke an Höhler, 9.5.60, DAs; Vermerk HA, Sitzung des Verwaltungsausschuß des Staatsabkommens am 6.10.60, o.D., HH6040-5; Protokoll WR, 16.12.60, DA11.

Die Orientierungslosigkeit mündete im Laufe des Jahres 1960 in eine vollständige Umstrukturierung des Forschungszentrums. Dasselbe Problem kam mit drei Jahren Verzögerung auch auf DESY zu, weil dessen Bestimmung der des CERN sehr ähnlich war.[136]

Die Dinge in die Hand zu nehmen – das bedeutete also zweierlei: 1.) Entwicklung von Apparaten und Heranbildung von Experimentatoren. 2.) Aufstellung von Regeln, innerhalb derer sich später das team-work vollziehen würde. Da sich beides gegenseitig beeinflußte und befruchtete, soll die Lösung beider Aufgaben parallel in kleinen Schritten geschildert werden.

Wissenschaftliche Regeln: 1. Fassung

Schon 1959 war im Arbeitsausschuß und mit Besuchern bei DESY sporadisch darüber diskutiert worden, wie DESY-Wissenschaftler und Gäste zueinander gestellt werden sollten, und ob gemischte Gruppen vielleicht größere Aussicht auf Erfolg versprächen. Diese Diskussion sollte im Wissenschaftlichen Rat, der im April 1960 das erste Mal zusammentrat, dann offiziell fortgeführt werden. Nach den Ereignissen im CERN, die viele Mitglieder dieses Gremiums aus nächster Nähe miterleben mußten, bedurfte es dazu keiner großen Überredungskünste mehr. Ein ähnliches Desaster sollte durch rechtzeitig aufgestellte „wissenschaftliche Regeln" schon im Ansatz verhindert werden.[137]

Deren Beratung begann im Dezember 1960, als die Wogen in Genf sich allmählich glätteten. Ein Ausschuß, bestehend aus sechs Wissenschaftlern von Universitäten, CERN und DESY, sollte einen ersten Entwurf vorlegen. Um überhaupt eine Diskussiongrundlage zu haben, wurde noch vor Jahresende ein Fragebogen an alle Mitglieder des Wissenschaftlichen Rates geschickt, dessen Inhalt gleichzeitig den Umfang der zu bewältigenden Aufgabe verdeutlichte: Neben der zentralen Frage nach dem Gremium, das über die Zulassung der Experimente entscheiden sollte, und nach der Zusammensetzung der Gruppen aus DESY-Wissenschaftlern und Besuchern traten praktische Probleme: Würde den Besuchergruppen ein bestimmter Anteil der Strahlzeit garantiert werden? Wer sollte das Recht besitzen, Experimente vorzuschlagen? Sollten auch Ausländer zugelassen werden? Sollte eine Gruppe ein Thema für sich „pachten" dürfen? Wer war Besuchern gegenüber weisungsberechtigt? Die zweite Hälfte des Fragebogens war administrativen Punkten gewidmet – Stellung von Verbrauchsmaterial, Normung von Teilen, Reisekostenerstattung, Unterstützung durch die DESY-Verwaltung etc.[138]

---

[136] Zitat: [Ada65].

[137] Jentschke an Hocker, 30.6.59, HH6040-5; Anlagen Protokoll ArbA, 23.9.59, DA7; Protokoll WR, 16.12.60, DA11.

[138] Mitglieder des Ausschusses: Schmelzer (Vorsitz), Brix, Citron, Ehrenberg, Meyer-Berkhout, Schoch, Stähelin; Protokoll WR, 16.12.60, Brix an Mitglieder WR, 23.12.60, DA11.

Insgesamt trafen acht Antworten ein. Eine dürftige Resonanz? Ein Blick auf die Zusammensetzung des Wissenschaftlichen Rats zeigt, daß sich darunter acht theoretische Physiker fanden, von denen Erfahrung in solchen Fragen kaum erwartet werden konnte. Manche von ihnen, wie Fritz Bopp aus München oder Carl-Friedrich von Weizsäcker aus Hamburg, waren weniger der aktuellen Teilchenphysik als vielmehr ihren Implikationen mit anderen Bereichen der Physik verbunden. Aber auch einige Experimentalphysiker im Wissenschaftlichen Rat, wie z.B. Erwin Schopper aus Frankfurt und Rudolf Fleischmann aus Erlangen, kannten den Arbeitsstil der Hochenergiephysik nur von ferne. Die Zusammensetzung des Wissenschaftlichen Rats war anfänglich sehr breit; von seinen 22 Erstmitgliedern konnten vielleicht acht als Hochenergiephysiker im weiteren Sinne bezeichnet werden. Durch Zuwahlen verdoppelte sich ihre Zahl innerhalb eines Jahres.[139]

Die acht Antworten auf den Fragebogen wurden an Schmelzer geschickt, der daraus eine Zusammenfassung anfertigte. Sie war in weiten Teilen einem Paragraphenwerk bereits so ähnlich, daß der Ausschuß sie, mit nur wenigen Änderungen versehen, als Entwurf für wissenschaftliche Regeln an den Wissenschaftlichen Rat weiterleitete. Schmelzers Grundlinie war, und das angesichts von Klagen über den schlechten Zugang zu CERN wohl mit gutem Grund, die vollkommene Offenheit von DESY für alle Wissenschaftler, auch Nicht-Hochenergiephysiker und Ausländer. Drei Ecksteine sollten diesem Prinzip zur Gültigkeit verhelfen: Arbeit in Gruppen; Weisungsbefugnis des Geschäftsführenden Direktors; und ein Forschungsausschuß zur Genehmigung der Experimente. Für jedes Experiment würde eine Gruppe gebildet, ganz nach Bedürfnissen und Möglichkeiten aus DESY-Wissenschaftlern und Besuchern zusammengesetzt. Einzelpersonen müßten sich einer bereits bestehenden Gruppe anschließen. Jede Gruppe sollte einen Sprecher bekommen, der sie nach außen vertrat, und würde ihr Innenleben selbst organisieren. Der Geschäftsführende Direktor sollte jedem, auch auswärtigen Wissenschaftler gegenüber weisungsbefugt sein und daher alle täglichen Probleme klären. Die Genehmigung der Experimente, und das schloß die Festlegung der Strahlzeit, der verfügbaren DESY-Infrastruktur und der Zusammensetzung der Gruppe ein, sollte dagegen dem Forschungsausschuß vorbehalten bleiben. Vier seiner sieben Mitglieder würden aus den Reihen des Wissenschaftlichen Rats kommen, verstärkt um den Geschäftsführenden Direktor, den Leiter der Betriebsgruppe des Synchrotrons und einen weiteren DESY-Wissenschaftler. Nach Schmelzers Auffassung – bei der er sich auf fast alle Antworten auf den Fragebogen stützen konnte – sollte der Forschungsausschuß sehr weitgehende inhaltliche Kompetenzen erhalten. Eigentlich hätte man seine Aufgaben sogar dem Wissenschaftlichen Rat aufbürden müssen – als einem von DESY unabhängigen Personenkreis auswärtiger Fachleute; weil aber der Mehrzahl seiner Mitglieder nicht zugemutet werden konnte, unter Umständen einmal pro Monat nach Ham-

[139] vgl. [Dre82, S. 1956-59.4f.]; Protokoll WR, 18.4.61, DA11; Stellungnahme Fleischmann, 16.1.61, DA11.

burg zu kommen, sollte als sein verlängerter Arm der Forschungsausschuß eingesetzt werden. Schmelzers Vorschläge wurden während ihrer Diskussion im Ausschuß des Wissenschaftlichen Rats nur in zwei Punkten wesentlich geändert: Der Forschungsausschuß wurde von sieben auf sechs Mitglieder verkleinert, von denen drei aus den Reihen des Wissenschaftlichen Rats kommen sollten. Dies vergrößerte den Zwang zum Kompromiß. Die Regelung, daß alle Vorschläge für Experimente an den Geschäftsführenden Direktor zu adressieren seien, zielte in dieselbe Richtung, weil dadurch keine Entscheidung über den Kopf des DESY-Direktoriums hinweg getroffen werden konnte.[140]

Der Vorschlag des Ausschusses wurde auch in der Verwaltung sorgfältig durchgesehen. Gegen die Satzung verstießen nach Meinung von Berghaus und eines Referenten der Hochschulabteilung vor allem die Zulassung von Ausländern und der Passus, daß die Arbeit in den Gruppen auch der Ausbildung dienen könne. Damit sollte sichergestellt werden, daß Doktoranden, die sich formell noch in der Ausbildung befanden, bei DESY mitarbeiten konnten. Nach der Satzung war die Ausbildung von Wissenschaftlern kein Satzungszweck – und das delikate Verhältnis zwischen Bund und Ländern ließ in dieser Frage nur wenig Spielraum: DESY diente ausschließlich Forschungszwecken. Der Ausweg aus dem Dilemma bestand in der Straffung des vorgelegten Entwurfs, weil manches Mißverständnis durch das Weglassen von Selbstverständlichkeiten gar nicht erst entstehen würde.[141]

Auf der Sitzung des Wissenschaftlichen Rats am 18. April 1961 wurde daher nicht über konkrete Formulierungen gesprochen, sondern nur der Entwurf vorgestellt und um Anregungen gebeten; diese würden von einem Redaktionskomitee in die gestraffte Endfassung eingearbeitet. In den folgenden Monaten rückten jedoch die Finanzprobleme, von denen bereits ausführlich die Rede war, immer mehr in den Vordergrund, so daß vor allem Berghaus keine Zeit mehr fand, sich um diesen weniger aktuellen Fragenkomplex zu kümmern. Als das Redaktionskomitee dann Anfang 1962 seine Arbeit begann, war die Bildung von Experimentiergruppen für Zählerexperimente in der Zwischenzeit doch ein ganzes Stück vorangekommen. Daneben verhandelten Meins und Jentschke bereits mit Kandidaten für die wissenschaftlichen Leiter-Stellen, die bei der Festlegung des Forschungsprogramm ein Mitspracherecht beanspruchten. Beides konnte nicht ohne Einfluß auf die Neufassung der wissenschaftlichen Regeln bleiben.[142]

---

[140]Stellungnahmen gingen ein von: Citron, Deutschmann, Fleischmann, Gottstein, Neuert, Schlier, Schoch, Schopper. An der Sitzung des Ausschusses in Genf am 14.2.61 nahmen neben seinen Mitgliedern Filthuth und Jensen teil. Schmelzer, Gedanken zur Bildung von Arbeitsgruppen bei DESY, v.M., 8.2.61, Ausschuß „Status ... Besuchergruppen", Vorschlag zur zukünftigen Organisation der wissenschaftlichen Arbeit am Deutschen Elektronen-Synchrotron, v.M., 17.2.61, DA11.

[141]Berghaus an Walcher, 3.3.61, Schmelzer an Berghaus, 7.3.61, DA11; Protokoll Dir, 17.4.61, DA7.

[142]Protokoll WR, 18.4.61 und 15.12.61, DA11; Protokoll Dir, 9.4.62, DA7; Protokoll WR, 9.4.62, DA11.

Abb. 8. Kumpfert (Mitte) mit einigen Mitarbeitern im Kontrollraum des Synchrotrons kurz vor dem ersten erfolgreichen Probelauf. (25.2.1964, Bildnachweis: DESY/1492/48).

Abb. 9. Das Synchrotron kurz vor seiner Fertigstellung. (Ende 1963, Bildnachweis: DESY/1371).

Von E1 bis E6 zu F1 bis F41

Nach der informellen Arbeitsteilung zwischen DESY und den Hochschulen sollten die beschleunigernahen Teile der zukünftigen Experimente in Hamburg entwickelt werden. Steffen, dem dieser Komplex anfänglich vollständig zugeordnet war, konzentrierte sich ab 1960 immer stärker auf die Strahlführung und den Entwurf der Experimentiermagnete. Die Leitung des neugeschaffenen Experimente (E-)-Bereichs wurde auf der Direktoriumsebene angesiedelt, bei Stähelin, der die Vorbereitungsarbeiten mit neuen Gruppen auf eine breitere Basis stellte: Allgemeine Forschungsaufgaben, Strahlmessung, Kältetechnik, Elektronik für die Experimente, Ejektion/Targets, Cerenkov-Zähler und Wissenschaftliche Dienste.[143]

Die Reihenfolge, in der diese mit E1 bis E6 bezeichneten Gruppen hier aufgelistet sind, folgt etwa ihrer Enstehung. Sie zeigt, wie ihre Themenstellungen sich vom Synchrotron entfernten und dafür konkreten Experimenten annäherten. Bei genauerer Betrachtung boten aber eigentlich alle Gruppen die Möglichkeit, erworbenes know-how später bei Experimenten einzusetzen. Ein Beispiel: Unverzichtbarer Bestandteil jedes an ein Experiment gelieferten Strahls sind Informationen über dessen Intensität und Energie, weil ohne diese Informationen keine quantitative Auswertung des Experiments möglich ist. Es war also selbstverständlich, daß parallel zum Beschleuniger entsprechende Meßgeräte gebaut wurden. Die Intensität der Elektronen- und γ-Strahlen wird entweder mittels eines Quantameters – einer speziellen Faraday-Tasse – oder zerstörungsfrei in Ionisationskammern, durch die der Strahl hindurchtrit, bestimmt. Die Messung des kontinuierlichen Energiespektrums eines γ-Strahls aus einem Bremsstrahlungstarget ist schwieriger: In den γ-Strahl werden ein Magnet und ein dünnes Target, in dem Elektron-Positron-Paare erzeugt werden, gestellt. Elektronen und Positronen treten dann in den Magneten ein, so daß aus ihrem Krümmungsradius das Energiespektrum bestimmt werden kann. Um dies möglichst schnell – in mehreren Kanälen parallel – zu messen, werden die Teilchen in positionsempfindlichen Detektoren nachgewiesen, die jedes Signal direkt mit einer Energie korrelieren. Ein solches „Paarspektrometer“, ein nicht wegzudenkender Bestandteil des Beschleunigers, stellte also gleichzeitig fast ein kleineres Experiment dar – zumindest was seinen Aufbau betraf – und es verwundert nicht, daß die vier Mitarbeiter der Gruppe „Strahlmessung“ sich ab 1963 auch am Aufbau „richtiger“ Experimente beteiligten.[144]

Auf die enge Verwandtschaft von Strahlführung und magnetischen Spektrometern ist bereits hingewiesen worden. Mit den Targets und der Ejektion verhielt es sich nicht anders. Die Targets im Synchrotron, auf die der umlaufende Strahl am Ende des Beschleunigungszyklus geleitet wurde, dienten entweder der Erzeugung sekundärer γ-Strahlen oder als Streuer für die elastische Elektronen-

[143] JB60-61, S. 28-33; JB62-63, S. 50-58.

[144] vgl. G. Sommer, DESY 64/12, DB; Vermerk Stähelin, Stellenplan 1963 Experimente, 8.7.63, Vermerk Stähelin, Arbeitsgruppen Experimente 8.7.63, beides Anlage Protokoll FK, 12.7.63, Sc.

streuung. Für alle anderen Experimente mit Elektronen war es günstiger, einen ejezierten Strahl auf ein außenliegendes Target zu lenken. Die Wirkungsquerschnitte für elastische Elektronenstreuung sind jedoch bei hohen Energien und großen Streuwinkeln so klein, daß ein internes Target große Vorteile bringt: Der Strahl durchquert es mehrere Male, so daß dessen effektive Intensität sich entsprechend vergrößert. Ein externer Strahl geht dagegen nach einmaligem Durchgang im sogenannten „beam-dump" verloren. Die Entwicklung der Ejektion und der internen Targets bedeutete für die beiden Physiker in dieser Gruppe, daß sie sich intensiv mit der Strahloptik des Synchrotrons beschäftigen mußten. Beiden war der Aufbau eines Spektrometers daher kein vollkommenes Neuland mehr, als sie zusammen mit der Karlsruher Gruppe begannen, das erste Experiment zur elastischen Elektronenstreuung aufzubauen.[145]

Die Grenzen zwischen E-Gruppen, die Komponenten für Experimente herstellten, und F-Gruppen, in denen Experimente vorbereitet wurden, waren also fließend. Aber auch wenn Physiker aus E-Gruppen im Laufe der Zeit nicht in F-Gruppen überwechselten, unterhielten sie doch meistens enge Verbindungen zu diesen – so zum Beispiel die Gruppe E 2 „wissenschaftliche Dienste", die das Rechenzentrum und die Bibliothek umfaßte. E 2 ging 1963 aus Wüsters Theoriegruppe hervor, die ihre Tätigkeit nach der Festlegung der Parameter des Synchrotrons zunehmend auf die Unterstützung anderer Physiker durch elektronische Rechenmaschinen verlegt hatte. Zunächst stand ihnen dazu die IBM 650 des Hamburger Instituts für angewandte Mathematik stundenweise zur Verfügung. Lange Zeit wurde ein eigenes Rechenzentrums zugunsten einer späteren Beteiligung am geplanten Hamburger Großrechenzentrum zurückgestellt. Dieses Projekt kam einige Jahre lang aber kaum voran. Da die Lieferzeiten für IBM-Computer zwei Jahre und mehr betrugen, und die Studiengruppe „Auswerteverfahren" spätestens bei Inbetriebnahme des DESY auf einen IBM-Rechner angewiesen war, wurde im September 1961 doch noch beschlossen, ein eigenes Rechenzentrums einzurichten. Es bot sich an, die Mittel dafür in den Experimentehaushalt aufzunehmen. IBM bot seine Computer auch zur Miete an, so daß der Titel für das Rechenzentrum trotz seiner Höhe – DM 400.000 – nicht in Widerspruch zu den Veranschlagungsgrundsätzen des Königsteiner Staatsabkommens stand. Im Mai 1963 wurden die beiden bestellten Rechner ausgeliefert, eine IBM 1401 zum Aufbereiten und Komprimieren von Daten und eine IBM 650 als eigentliche elektronische Rechenmaschine. Bereits im November 1963 wurde die IBM 650 durch eine IBM 7044 ersetzt, neuestes und größtes Modell in der Produktpalette des amerikanischen Herstellers. Da praktisch alle Programme zur Auswertung von Blasenkammeraufnahmen für IBM-Computer geschrieben waren, kam als Lieferant, zumal für ein damals kleines Zentrum wie DESY, keine andere Firma in Frage. Nicht nur die zahlreichen Hamburger Diplomanden und Doktoranden der Studiengruppe „Auswerteverfahren", sondern auch andere

[145]Protokoll Dir, 30.6.61, DA7; JB62-63, S. 46ff; Vermerk Stähelin, Stellenplan ... , a.a.O; Vermerk Stähelin, Arbeitsgruppen ... , a.a.O; H.J. Behrend et al., Planung des Experiments: Elektronenstreuung am Proton und Neutron, v.M., 2.1.64, DA27.

Interessenten konnten ab 1964 in Kursen des Rechenzentrums lernen, wie Programme geschrieben, getestet und in den Computer eingegeben wurden. Neben den Blasenkammerphysikern wurden auch Zählerphysiker mit elektronischer Datenverarbeitung vertraut und begannen sie bei der Auswertung ihrer Experimente einzusetzen.[146]

Diese drei näher ausgeführten Beispiele – Strahlmessung, Targets/Ejektion und Rechenzentrum – zeigen, daß sich bei DESY zahlreiche Anknüpfungspunkte für spätere Mitarbeit in einer Experimentiergruppe boten. Und wie sah es damit in den Studiengruppen für Hochenergiephysik und an den Universitäten aus, denen dabei ursprünglich die entscheidende Rolle dabei zugedacht worden war?

Von den ursprünglich zwanzig Vorschlägen für Studiengruppen wurden im Laufe des Jahres 1960 fünf ins Leben gerufen: Neben visuellen Methoden und Auswerteverfahren noch Theorie, Zählerexperimente und Elektronik.[147]

Die Studiengruppe Elektronik fand schnell Kontakt zu anderen Universitäten und Forschungszentren. Nicht nur in der Hochenergiephysik, sondern auch in zahlreichen anderen Zweigen der Wissenschaft nahm die elektronische Signalverarbeitung einen immer größeren Raum ein. Es wäre wenig sinnvoll gewesen, Verstärker für Photomultiplier, Pulsformer und Untersetzer überall neu zu entwickeln. Außerdem rief das Konzept der Besuchergruppen, die teilweise eigenes Gerät zu DESY mitbringen sollten, nach Standardisierung der elektronischen Bausteine. Nur bei identischen Spezifikationen bezüglich der Signale am Ein- und Ausgang, der äußeren Abmessungen der Bausteine und ihrer Versorgungsspannungen war es möglich, aus einem bestimmten Fundus heraus einen Beitrag zu einem Experiment zu versprechen, ohne daß damit Kompatibilitätsüberlegungen verbunden waren. Da Reaktorforschungsstationen prinzipiell vor demselben Problem standen, war der Kontakt zu ihnen schnell hergestellt; von dort war es nicht mehr weit bis zu einer Initiative, auf europäischer Ebene einen sogenannten ESONE (European Standards of Nuclear Electronics) Standard einzuführen. Leider schloß sich ausgerechnet CERN dieser Normung nicht an, weil in Genf schon zuviel Elektronik nach eigenen und sehr unterschiedlichen Richtlinien entwickelt worden war. Die für und bei DESY entwickelte Elektronik entsprach jedoch der ESONE-Norm, dem sich auch die Industrie mit ihren Standardbausteinen zunehmend anschloß.[148]

Wie bei der Elektronik, wo die Studiengruppen in erster Linie die schon mit dem Gebiet befaßten Institute zusammenbrachte, so verhielt es sich auch bei den Zählerexperimenten. Bonn, Karlsruhe, Hamburg – aus diesen Orten kamen die meisten Teilnehmer. In Bonn hatte das 500 MeV-Synchrotron 1958 seinen Betrieb aufgenommen. Das Bonner Schwerpunktthema „Photoproduktion von

[146]H.O. Wüster, Vorschlag zur Beschaffung einer elektronischen Rechenmaschine, DESY A3.4, 1959, Protokoll Dir, 3.2.60, 30.6.61, 28.9.61, 16.12.61 und 23.9.64, DA7; Protokoll Verwaltungsausschuß Königsteiner Staatsabkommen, 4.10.62, HH6005-62; JB62-63, S. 50.

[147]Studiengruppen für Hochenergiephysik, Tätigkeitsbericht 1961, v.M., 9.3.62, Sc.

[148]Studiengruppen für Hochenergiephysik, Tätigkeitsbericht ... , a.a.O; W. Becker et al., Atomwirtschaft 10:298(1965).

Mesonen" würde bei DESY zu höheren Energien hin fortgesetzt werden. In Karlsruhe war ein neuer Lehrstuhl für Kernphysik mit Herwig Schopper besetzt worden. Schopper hatte, nach der Promotion und einigen Jahren Assistentenzeit bei Fleischmann, mit einem der ersten Experimente zur Paritätsverletzung 1957 internationale Anerkennung gefunden. Ein einjähriger Studienaufenthalt in Cornell 1959/60 diente dazu, die Hochenergiephysik kennenzulernen. Das unter seiner Leitung neu eingerichtete gemeinsame Institut für experimentelle Kernphysik der Universität und des Kernforschungszentrums Karlsruhe wollte der Hochenergiephysik in seinem Forschungsprogramm denn auch einen gewichtigen Platz einräumen.[149]

Außer Bonn und Karlsruhe war jedoch keine weitere Universität zur Mitarbeit an einem Zählerexperiment zu gewinnen. Manchmal mag dies einfach am Mangel an qualifizierten Wissenschaftlern gelegen haben. Walcher versuchte zum Beispiel ab 1960 einige Jahre lang ohne Erfolg Physiker mit CERN-Erfahrung für ein Extraordinariat in Marburg zu interessieren, was aber regelmäßig an deren Forderungen und der mangelnden Bereitschaft zu häufigen Reisen zu CERN oder DESY scheiterte. So blieb die Mitarbeit des Marburger physikalischen Instituts für viele Jahre auf die Entsendung eines einzigen Mitarbeiters zu DESY beschränkt.[150]

Nachdem Bonn sich wohl der Photoproduktion zuwenden würde, bot sich für DESY und Karlsruhe eine Zusammenarbeit bei der elastischen Elektronenstreuung an, zumal auf beiden Seiten Berührungspunkte gegeben waren – bei DESY durch die Targetentwicklung und den einjährigen Aufenthalt des Leiters dieser Gruppe, Brasse, bei C.E.A.; in Karlsruhe durch das erste Experiments zur elastischen Elektronenstreuung an einem Synchrotron, das Schopper als Gast in Cornell hautnah erlebt hatte. Während einer gemeinsamen Tagung der Studiengruppen „Zählerexperimente" und „Theorie" wurden vom 9. bis 13. Oktober 1961 mögliche Experimente durchdiskutiert, und Anfang 1962, nach offizieller Etablierung der Kollaboration, der organisatorische Rahmen der Studiengruppe verlassen. Die Aufteilung der Vorbereitungsarbeiten – über die im nächsten Kapitel berichtet wird – geschah nun direkt zwischen den beiden Instituten, so daß Ende 1962 alle Komponenten spezifiziert waren und Anfang 1963 bestellt wurden.[151]

In der Studiengruppe „Zählerexperimente" fiel, schon 1961, noch eine weitere und weitreichende Entscheidung: Die Aufgabe der Spektrometerentwicklung

---

[149] R.R. Wilson et al., Nature 188:94(1960); D.N. Olson, H.F. Schopper und R.R. Wilson, Phys. Rev. Lett. 6:286(1961); R.M. Littauer, H.F. Schopper und R.R. Wilson, Phys. Rev. Lett. 7:141(1961); Studiengruppen für Hochenergiephysik, Tätigkeitsbericht ... , a.a.O; Schopper, Bericht über das Forschungsprogramm des Instituts für Experimentelle Kernphysik des Kernforschungszentrums Karlsruhe, v.M., 26.2.62, Anlage Protokoll AK Kernphysik DAtK, 26.2.62, DAs; Phys. Bl. 21:243(1965).

[150] Heisenberg an Walcher, 12.2.64, He; vgl. z.B. JB65, S.3.1, JB66, S3.1.

[151] Jentschke an Joos, 1.10.59, Höhler an Jentschke, 2.6.60, DAs; Studiengruppen für Hochenergiephysik, Tätigkeitsbericht ... , a.a.O; JB60-61, S.30; JB62-63, S. 46ff.

zugunsten von Normalmagneten und Linsen ging auf eine Tagung im Januar 1961 zurück. Ausschlaggebend waren Erfahrungen aus dem CERN, für deren Berücksichtigung es bei C.E.A. schon zu spät war – dort existierten bis Ende 1963 nicht weniger als 18 verschiedene Typen im eigenen Hause entwickelter Magnete, die Mehrzahl davon nur in einem oder zwei Exemplaren.[152]

Die Blasenkammer, ein Experiment zur elastischen Elektronenstreuung und ein Photoproduktionsexperiment waren als Basis für ein experimentelles Programm wohl zu dünn. Von den wissenschaftlichen Leitern würden sicher Impulse für Erweiterungen kommen, allerdings zu spät für die erste Generation der Experimente. Die Lücke wurde – fast zwangsläufig – von DESY-Physikern gefüllt, die am Feierabend und unter Zusammenlegung ihres gewonnenen knowhow selbst weitere Experimente entwarfen und aufbauten. Im Laufe der Jahre 1962 und 1963 entstanden, zunächst noch auf dem Reißbrett und ohne feste Gruppenmitgliedschaft, ein Experiment zur Pioneinfacherzeugung durch hochenergetische Photonen, ein weiteres zur Mehrfacherzeugung, ein Aufbau zum Nachweis des Überall-Effekts, und schließlich vom Physikalischen Staatsinstitut aus eine Apparatur zur Messung der Eigenschaften der Synchrotronstrahlung. In den Gruppen F 1 bis F 41 – so wurden die Experimentiergruppen ab 1963 bezeichnet – fanden sich viele Namen aus den Gruppen E 1 bis E 6. Auch wenn die meisten F-Gruppen zunächst noch dünn besetzt waren und ihre Experimente bei der Inbetriebnahme des Beschleunigers kaum funktionsfähig, so ließ sich dennoch eine eindeutige Verschiebung der Gewichte zuungunsten der Universitäten und zugunsten des DESY konstatieren; die frisch berufenen wissenschaftlichen Leiter würden diese Tendenz noch verstärken.[153]

Wissenschaftliche Regeln: 2. Fassung

Der Anstoß dazu, die wissenschaftlichen Regeln noch einmal grundlegend zu überarbeiten, kam von zwei Kandidaten für eine Wissenschaftliche-Leiter-Stelle. Nach der Satzung des DESY durfte kein Mitarbeiter des Forschungszentrums, so auch nicht die zukünftigen Gruppenleiter, Mitglied des Wissenschaftlichen Rats sein. Die dominierende Stellung des Forschungsausschusses, wie sie 1961 Schmelzers Entwurf der wissenschaftlichen Regeln vorsah, ließ sich nur schwer mit der Attraktivität dieser Stellen vereinen. Wer zöge einen Lehrstuhl, und damit die Möglichkeit, das Forschungsprogramm des DESY vom Wissenschaftlichen Rat aus mitbestimmen zu können, nicht einer DESY-Stelle mit Genehmigungspflicht für alle Ideen und Vorschläge vor? Aber auch den bereits bei DESY angestellten Wissenschaftlern, die ebenfalls eigenständig Experimente entwarfen und aufbauten, konnten Mitwirkungsrechte nicht ohne weiteres verweigert werden.[154]

---

[152] Studiengruppen für Hochenergiephysik, Tätigkeitsbericht ... , a.a.O; [Se64, S. 28.3f.].

[153] Vermerk Stähelin, Stellenplan ... , a.a.O; Vermerk Stähelin, Arbeitsgruppen, a.a.O; JB62-63, S. 48f.; JB64, S 3.10-3.18; Protokoll FK, 19.7.63, Sc; Protokoll WR, 13.12.63, DA11.

[154] Vermerk Weber und Knop, Vorschlag für die Organisation der Forschung bei DESY, o.D., Anlage zu Stähelin an Berghaus, 30.5.62, DA11.

Zunächst arbeitete der Wissenschaftliche Rat jedoch die im Vorjahr liegengebliebenen Probleme ab. Eine gestraffte Neufassung der Wissenschaftlichen Regeln wurde vom Redaktionsausschuß Anfang April 1962 fertiggestellt, nachdem alle Paragraphen noch einmal ausführlich mit Berghaus und Walcher auf ihre Verträglichkeit mit der Satzung und den Anliegen des Direktoriums durchgegangen worden waren. Noch bereitete die ungeklärte Organeigenschaft des Forschungsausschusses das größte Kopfzerbrechen. Ein gemeinsamer Ausschuß aus Wissenschaftlichem Rat und Direktorium hätte nämlich eigentlich in der Satzung verankert werden müssen. Die Lösung bestand darin, den Forschungsausschuß klar dem Wissenschaftlichen Rat zuzuordnen und ihn auch ausschließlich aus dessen Reihen zu besetzen. Ein Experiment sollte nunmehr durch gleichlautende Beschlüsse des Forschungsausschusses und des Direktoriums genehmigt werden. Aber war es überhaupt praktikabel, mit dieser oft ins Detail gehenden Entscheidung gleich zwei Gremien zu befassen, die zudem noch aus ehrenamtlich tätigen Hochschullehrern bestanden?[155]

Aus dem Wissenschaftlichen Rat kam am 9. April 1962 die Anregung, über Experimente solle auf gemeinsamen Sitzungen des Forschungsausschusses und des Direktoriums beschlossen werden; weitere Änderungen einzelner Paragraphen zielten auf umfassendes Gehör der Beteiligten vor der Entscheidung ab. Verabschiedet wurden die wissenschaftlichen Regeln jedoch nicht – das Direktorium hatte kurz vorher beschlossen, den Entwurf vorher noch den Kandidaten für eine wissenschaftliche Leiter-Stelle zugänglich zu machen. Bei der Festlegung ihrer Stellung innerhalb DESY wollte man kein Präjudiz schaffen.[156]

Von seiten derjenigen leitenden Wissenschaftler, die bereits aus eigener Erfahrung mit der Arbeitsweise eines großen Forschungszentrums vertraut waren, wurde die praktische Anwendbarkeit der Regeln in Frage gestellt. Zunächst sei es illusorisch, wenn sich für jedes Experiment eine neue Arbeitsgruppe bildete. Feste Gruppen mit einem bestimmten Schwerpunkt, die ein Programm aufeinander aufbauender Experimente zu verwirklichen suchten, seien den knappen personellen Ressourcen viel angemessener. Unter dieser Voraussetzung würde es für das Direktorium und den Forschungsausschuß nur eine unnütze Belastung darstellen, wenn sie jeden einzelnen Schritt einer festen Arbeitsgruppe neu genehmigten. In der Praxis sollten sich das Direktorium und der Wissenschaftliche Rat auf die Richtlinien und die Grundlegung des Forschungsprogramms sowie die Klärung von Streitfragen beschränken. Ein Forschungskollegium würde stattdessen die laufenden Experimente genehmigen, was in erster Linie mit der Klärung technischer Fragen verbunden war. In einem Forschungsseminar müssten sich alle Vorschläge für ein neues Experiment der Öffentlichkeit stellen.[157]

---

[155]Berghaus an Walcher, 3.3.61, Brix, Ehrenberg, Meyer-Berkhout, Schmelzer, Regeln für die wissenschaftliche Arbeit beim Deutschen Elektronen-Synchrotron, v.M., 3.4.62, DA11.

[156]Protokoll Dir, 9.4.62, DA7; Protokoll WR, 9.4.62, DA11.

[157]Weber und Knop, Vorschlag ... , a.a.O.

Das Forschungskollegium sollte vom Direktorium jeweils für ein Jahr ernannt werden. Neben einem Mitglied des Forschungsausschusses sollten ihm der Geschäftsführende Direktor, der Betriebsleiter des Synchrotrons und Vertreter möglichst vieler fester Arbeitsgruppen angehören. Die Diskussion neuer Experimente und ihre Genehmigung würden also in die Hände der Beteiligten gelegt werden – der Personenkreis, auf dessen Schultern die Vorbereitung der Experimente ruhte, würde zukünftig auch ein großes Gewicht bei deren Genehmigung zukommen, jedenfalls solange zwischen allen Beteiligten Einvernehmen über die Aufteilung der Strahlzeit und des Stellplatzes in den Experimentierhallen herrschte. Bei Streitfragen entschieden auch weiterhin der Wissenschaftliche Rat und das Direktorium. In einer Besprechung des Ausschusses für die Erarbeitung wissenschaftlicher Regeln, unter Beteiligung des Direktoriums und eines Kandidaten für eine wissenschaftliche Leiter-Stelle, wurde am 1. Juni 1962 eine dritte Fassung erstellt.[158]

Der Wissenschaftliche Rat billigte den Einbezug der aktiv Forschenden in die Genehmigung der Experimente ohne Widerspruch. Dieser faktische Rückzug aus dem Tagesgeschehen wies dieselbe Tendenz auf wie die Zustimmung zu den Satzungsänderungen ein Jahr zuvor. Die Mitwirkung der auswärtigen Wissenschaftler bei allen Entscheidungen, noch vor wenigen Jahren unumstrittener Grundsatz, wurde in der Praxis auf die auch satzungsmäßig vorgesehene Richtlinienkompetenz beschränkt.[159]

Die Wissenschaftler bei DESY hatten dafür mit der neuen, dritten Fassung der wissenschaftlichen Regeln auch offiziell die Rolle erhalten, die ihnen realiter schon seit einiger Zeit zustand. Zugleich wurde der ursprünglich vorgesehene Status des DESY als ein gemeinsam von auswärtigen Wissenschaftlern betriebenes und geleitetes Laboratorium endgültig aufgegeben. Die dritte Fassung der wissenschaftlichen Regeln stellte aber nur den Schlußpunkt einer Entwicklung dar, die schon viel früher begonnen hatte: Der stetige Anstieg des Investitonsvolumens; die Verlagerung der Gewichte von auswärtigen Wissenschaftlern auf Arbeitsausschuß, später Direktorium und Verwaltungsrat; die Entwicklung kompletter Experimente im eigenen Haus; die Bestellung der Blasenkammer in Saclay; die Anstrengungen, professorengleiche Stellen zu schaffen; und schließlich die Entstehung DESY-eigener fester Forschergruppen. All dies unterschied DESY von C.E.A. War der Hauptunterschied zwischen den beiden Laboratorien anfangs noch das größere Sicherheitsdenken in Hamburg gewesen – in technischen wie in finanziellen Fragen – so stand dem C.E.A. (als Laboratorium zweier Universitäten) in DESY ab 1963 ein nationales Forschungszentrum gegenüber. Das Stanford Linear Accelerator Center war parallel dazu übrigens einen ähnlichen Weg gegangen. Daß der damit verbundenen inneren Kraft und Unabhängigkeit

[158]Weber und Knop, Vorschlag ... , a.a.O; Schmelzer, Bemerkungen zur 3. Fassung der Regeln für die wissenschaftliche Arbeit am Deutschen Elektronen-Synchrotron, v.M., 4.6.62, Schmelzer, Vorentwurf für eine Neufassung der „Regeln für die wissenschaftliche Arbeit am Deutschen Elektronen-Synchrotron“, v.M., o.D., DA11.

[159]Protokoll WR, 15.6.62, DA11.

eines Tages große Bedeutung zukommen würden, sah ein Besucher von C.E.A. schon im Sommer 1962 voraus:

DESY kann sich nicht auf die starke Unterstützung der Universitäten bei den Experimenten verlassen. Alles muß von Grund auf neu gemacht werden. Daher entwickelt sich bei der Vorbereitung der Forschung ein starker Professionalismus. Sie (DESY, d.V.) sind sich auch vollkommen der Tatsache bewußt, daß sie die zweite Maschine ihres Typs darstellen und es daher 'besser' machen müssen. Ich glaube, daß sich diese Anstrengungen in zwei Jahren, wenn C.E.A. seine ersten Experimente hinter sich hat und alles härter wird, zum Teil auszahlen werden.[160]

[160]Zitat: C.E.A., Summary Report of Foreign Travel, a.a.O.

Einzug

Elektronenstreuung

„Wegen ihrer fundamentalen Bedeutung wird die elastische Streuung von Elektronen an Protonen besonders intensiv untersucht", heißt es in einem Anfang 1965 erschienenen Artikel über das experimentelle Programm des DESY. Drei der insgesamt zehn Gruppen, die es zu diesem Zeitpunkt im Forschungsbereich gab, hatten dieses Thema gewählt. Gewiß – von der Anzahl der Wissenschaftler her konnte die Blasenkammerphysik, d.h. die Untersuchung der Erzeugung instabiler Teilchen durch hochenergetische Photonen, der Elektronenstreuung einen ersten Platz streitig machen, ebenso von der Anzahl der Publikationen her; da viele der Physiker in der Blasenkammerkollaboration aber noch andere Aktivitäten hatten, vor allem die Auswertung von Blasenkammeraufnahmen aus dem CERN, und die Blasenkammer aus technischen Gründen nur jeden fünfzigsten beschleunigten Elektronenpuls nahm, also meistens „parasitär" zu anderen Experimenten lief, bewegten die Ereignisse um diesen Detektor die Beteiligten nicht annähernd so wie es die Experimente zur Elektronenstreuung manchmal taten. Aber auch die Zahl der an der Elektronenstreuung beteiligten Physiker und Gruppen, der Umfang der ihnen verfügbar gemachten Ressourcen und die Relevanz ihrer Ergebnisse für den internationalen Ruf des DESY sind für sich genommen Gründe genug, diesem Thema den größten Teil des Kapitels über Experimente am Synchrotron zu widmen.[1]

In der 1957er Ausgabe der „Annual Review of Nuclear Science" findet sich ein zusammenfassender Artikel von Robert Hofstadter über die „Streuung hochenergetischer Elektronen an Nukleonen und Kernen". In einem sieben Jahre später erschienenen Band dieser Reihe behandelt Robert R. Wilson dasselbe Thema unter einem anderen Titel: „Die Struktur des Protons". Der im letzten Kapitel beschriebene Wandel des Verhältnisses zwischen Experiment und Theorie offenbart sich in diesen beiden zeitlich auseinanderliegenden Abhandlungen bereits in den Überschriften: 1957 – DESY existierte erst auf dem Reißbrett – befand sich die Elektronenstreuung in ihrer explorativen Phase; Pionierexperimente

[1]Zitat: [Els65]. Der Leser wird ab jetzt auch mit Formeln konfrontiert werden. Sie wegzulassen, würde die Beschreibung dessen, was im Zentrum der Aktivitäten bei DESY stand, unzulässig verkürzen. Auf Ableitungen wird jedoch verzichtet; die mathematischen Formulierungen dienen der Veranschaulichung von auch in Worten formulierten theoretischen Gedanken für den, dem diese Sprache geläufig ist.

Hofstadters in Stanford hatten gezeigt, daß diese Methode mehreren Gebieten der Physik große Möglichkeiten eröffnete. Theorie und Deutung der Meßergebnisse standen teilweise aber noch in Widerspruch zueinander. Als Titel seines Aufsatzes wählte Hofstadter daher, naheliegend, die von ihm entwickelte Experimentiermethode. 1964, als bei DESY das Synchrotron in Betrieb genommen wurde, waren die Gebiete dann weitgehend abgesteckt; die Hochenergiephysik benutzte elastisch gestreute Elektronen, um das Innere des Protons zu erforschen – die Ausdehnung der Mesonenwolke um den hypothetischen „nackten" Kern, ihre Zusammensetzung und den Vergleich dieser Daten mit theoretischen Modellen. Der Titel des Wilson'schen Artikels bezog sich daher nicht mehr auf die im Vordergrund stehende experimentelle Methode, obwohl er sogar deren Potential gegen denkbare Alternativen abgrenzte, sondern auf eine physikalische Fragestellung. Es ging nicht mehr darum, ob die genannten Fragen mittels der Elektronenstreuung überhaupt beantwortet werden konnten, sondern um den Vergleich und die Bewertung gewonnener quantitativer Ergebnisse: Der Wandel von der Beobachtung zur Messung war vollzogen.[2]

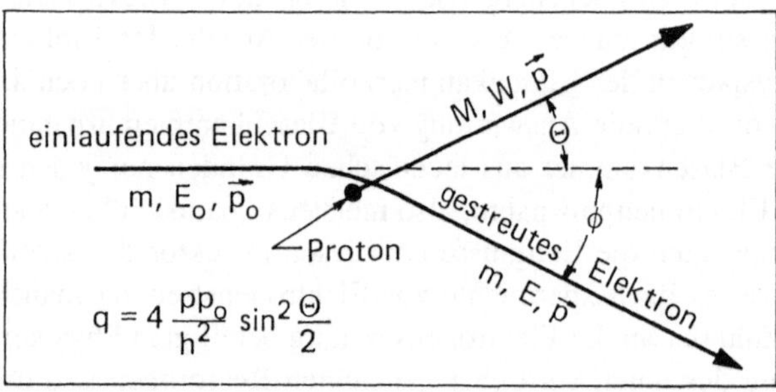

Abb. 10. Definition der Variablen bei der elastischen Streuung eines Elektrons an einem Nukleon. Nach [Hof57].

Theoretische Grundlagen der elastischen Elektronenstreuung

Zunächst interessiert nur die elastische Elektronenstreuung: Das Elektron überträgt dem Nukleon bei der Kollision kinetische Energie – wieviel, bestimmt sich aus dem Impulsübertrag q^2 und dem Streuwinkel θ_e (vgl. Abb. 10). Das weggestoßene Proton wird im Gegensatz zur inelastischen Streuung weder angeregt, noch werden in seinem Kraftfeld neue Teilchen erzeugt. Die Experimente zur elastischen Elektronenstreuung haben viel *Ähnlichkeit mit dem berühmten Rutherford-Experiment*, in dem erstmals die Existenz des Atomkerns nachgewiesen wurde. Rutherford beobachtete, daß schnelle α-Teilchen beim Durchtritt

[2][Hof57]; [WL64]; (Übersetzung der Titel vom Verf.); vgl. S. 76-77.

durch eine Goldfolie manchmal um sehr große Winkel abgelenkt wurden. Diese Beobachtung stand mit den Vorstellungen seiner Zeit über die Struktur der Atome in Widerspruch. Sie ließ sich nur durch die Annahme eines schweren geladenen punktförmigen Kerns im Zentrum jedes Atoms erklären. Die α-Teilchen konnten dann im Kraftfeld der Kerne wie Kometen im Gravitationsfeld der Sonne abgelenkt werden. In der Astronomie kann man die Bahnen von Planeten und Kometen bestimmen – in der Physik des Mikrokosmos ist dies nicht möglich. Rutherford interessierte sich deshalb für denjenigen Bruchteil der insgesamt in die Goldfolie eintretenden α-Teilchen, der um einen bestimmten Winkel abgelenkt wurde. Diese Meßgröße wird als differentieller Wirkungsquerschnitt $d\sigma/d\Omega$ bezeichnet. Rutherford berechnete den Wirkungsquerschnitt für die Streuung punktförmiger Teilchen an einem stationären Kraftzentrum:

$$\frac{d\sigma}{d\Omega}_{\text{Rutherford}} = \frac{Nk}{E^2 \sin^4(\theta_e/2)} \tag{3.1}$$

k Konstante, die die Dichte des Targets sowie die Ladungen von einlaufenden Teilchen und Targetkernen berücksichtigt;
N Dichte der Targetkerne;
E Energie der einlaufenden Teilchen;
θ_e Streuwinkel des Elektrons.

Die Übereinstimmung dieser Beziehung mit seinen Messungen führte ihn zu dem Schluß, daß in jedem Atom ein derartiges Kraftzentrum vorhanden sein müsse – der Atomkern. Im Rutherford'schen Atommodell wird dieser Kern von leichten Elektronen umkreist. Rutherford konnte durch den Vergleich eines gemessenen Wirkungsquerschnitts mit einem berechneten die Gültigkeit der Axiome prüfen, die in die Berechnungen eingingen; *die elastische Elektronenstreuung ist die Fortsetzung dieser Messungen mit der, höheren Energien inhärenten, höheren Auflösung.*

Der Rutherford-Wirkungsquerschnitt ist das Ergebnis einer klassischen Rechnung – eine Ableitung findet sich in jedem Lehrbuch der Physik – und berücksichtigt keine quantenmechanischen Effekte. Zu höheren Energien hin macht sich jedoch die Wellennatur der Teilchen bemerkbar, ebenso der Spin eines beteiligten oder beider beteiligter Stoßpartner. Rutherfords Formel kann für die Beschreibung der Elektronenstreuung daher nicht herangezogen werden kann. Außerdem folgt die Herleitung nicht den Regeln der Lorentzinvarianz, so daß sie bei relativistischen Energien, bei Elektronen also schon ab einigen MeV, versagt. Beides, Lorentzinvarianz und Spin des Elektrons, wurde von Nevill Mott berücksichtigt, als er den Wirkungsquerschnitt für die Streuung von Elektronen an spinlosen Punktteilchen berechnete:

$$\frac{d\sigma}{d\Omega}_{\text{Mott}} = \frac{Nk' \cos^2(\theta_e/2)}{p_0^2 \sin^4(\theta_e/2)(1 + 2p_0/M \sin^2(\theta_e/2))} \tag{3.2}$$

k' Konstante, in die dieselben Größen wie in k eingehen;

p_0 Energie des einlaufenden Teilchens (Zeitkomponente des Viererimpulsvektors $\boldsymbol{p_0}$)

M Ruhemasse des Targetteilchens

Für kleine Streuwinkel θ_e geht sie in die Rutherford-Formel über. Der Term mit $\sin^2 \theta_e/2$ berücksichtigt den Rückstoß des Nukleons bei höheren Energien und großen Streuwinkeln. Der $\cos^2 \theta_e/2$-Term entsteht durch den Einbezug des Spins des einlaufenden Teilchens.[3]

Die Beziehung (3.2) setzt voraus, daß die beiden beteiligten Stoßpartner punktförmig sind. Aber ist das für Elektronen und Protonen überhaupt der Fall? Wie in Rutherford's Streuexperiment liefert auch hier der Vergleich mit einer Messung die Antwort! Jede Abweichung läßt sich als Nichtgültigkeit der Forderung nach Punktförmigkeit für mindestens einen der beiden Stoßpartner – entweder das einlaufende oder das Targetteilchen – deuten. Seit Ende der vierziger Jahre, als die Renormierung der Quantenelektrodynamik abgeschlossen war, gilt das Elektron unbestritten als Punktladung. Abweichungen von Formel (3.2) müssen daher darauf zurückgeführt werden, daß dem zweiten Stoßpartner, dem Proton, diese Eigenschaft nicht zukommt – mit anderen Worten, daß es eine räumliche Struktur besitzt.[4]

Wie macht es sich in einem Experiment bemerkbar, daß die Elektronen nicht an punktförmigen Ladungen, sondern an einer über den Raum verteilten Ladung gestreut werden? Bei kleinen Energien ist kein Unterschied festzustellen – erst bei hohen Energien kann das Elektron in das Proton „eintauchen", so daß die Voraussetzung der Punktförmigkeit nicht mehr zutrifft. Dieses „Eintauchen" besitzt allerdings kein Analogon der klassischen Physik, es kann nur quantenmechanisch verstanden werden: Je höher die Energie der Elektronen ist, desto kleiner ist ihre de-Broglie-Wellenlänge. Solange das Proton, das sich im Wellenbild als Hindernis im Weg der einlaufenden Welle darstellt, klein gegenüber der Wellenlänge der Elektronen ist, kann es genausogut als punktförmig angesehen werden. Wird die Wellenlänge der Elektronen jedoch so klein, daß die sie repräsentierenden einlaufenden Wellen das Hindernis nur noch zum Teil überdecken, muss an Formel (3.2) eine Korrektur angebracht werden, die dieser Tatsache Rechnung trägt. Intuitiv ist klar, daß der Wirkungsquerschnitt sich verkleinert, weil bildlich gesprochen nur noch ein Teil des Protons mit der einlaufenden Welle wechselwirkt. Rosenbluth hat dies in einer Formel parametrisiert, die gleichzeitig auch den Spin des Protons berücksichtigt:

$$\frac{d\sigma}{d\Omega}_{\text{Rosenbluth}} = \frac{d\sigma}{d\Omega}_{\text{Mott}} \cdot \left(\frac{G_E^2 + \tau G_M^2}{1+\tau} + 2\tau G_M^2 \tan^2 \frac{\theta_e}{2} \right) \qquad (3.3)$$

G_E Elektrischer Formfaktor;

G_M Magnetischer Formfaktor;

---

[3] Vgl. [Pan82]; zur Ableitung der beiden Formeln [Per82, S. 275-280].

[4] vgl. [Wei85]; [Pic84, S. 126f.]; [Hof57, S. 239f.].

$\tau = q^2/4M^2$, q^2 bezeichnet das Betragsquadrat des auf das Proton übertragenen kovarianten Viererimpulses.

Der zweite Term in der Klammer rührt von der Wechselwirkung der magnetischen Momente der beiden Stoßpartner her; die räumliche Ausdehnung des Protons wird in den beiden „Formfaktoren" berücksichtigt, die im einfachsten Fall als Fouriertransformierte der Ladungsverteilung $\varrho(r)$ bzw. der Verteilung des magnetischen Dipolmoments $\mu(r)$ im Nukleon angesehen werden können:

$$F_1(q^2) = \int \varrho(\boldsymbol{r}) e^{i\boldsymbol{qr}} d\boldsymbol{r} \tag{3.4}$$

$$F_2(q^2) = \int \mu(\boldsymbol{r}) e^{i\boldsymbol{qr}} d\boldsymbol{r} \tag{3.5}$$

Die in der Rosenbluth-Formel (3.3) verwendeten Formfaktoren G_E und G_M sind eine Linearkombination der beiden Fouriertransformierten F_1 und F_2. Dadurch erhält sie eine besonders einfache funktionale Abhängigkeit:

$$\frac{d\sigma}{d\Omega}_{\text{Rosenbluth}} = A(q^2) + B(q^2)\tan^2\frac{\theta_e}{2} \tag{3.6}$$

Bei konstantem Impulsübertrag ergibt sich, wenn der Wirkungsquerschnitt $d\sigma/d\Omega$ gegen $\tan^2\theta_e/2$ aufgetragen wird, eine Gerade. Nur wenn die Messungen eine solche „Rosenbluthgerade" ergeben, können die Formfaktoren als Fouriertransformierte der Ladungs- bzw. Dipolmomentverteilung angesehen werden. Sie werden in diesem Fall aus der Steigung $B(q^2)$ und dem Nulldurchgang der Geraden $A(q^2)$ berechnet.[5]

Der Punktladung entspricht ein Formfaktor von 1 – für eine ausgedehnte Ladung nimmt der Formfaktor einen kleineren Wert, bis herunter zu 0 bei unendlicher Ausdehnung, an. *Welche physikalische Bedeutung kommt nun der Tatsache zu, daß das Proton eine endliche Ausdehnung hat? Und kann mittels der Formfaktoren die exakte Ladungsverteilung, diese so viel anschaulichere physikalische Größe, berechnet werden?*[6]

Yukawa versuchte 1934 die endliche Reichweite der Kernkraft dadurch zu erklären, daß er ein neues Elementarteilchen, das Pion, postulierte. Im Bild der Quantenfeldtheorie werden alle Kräfte durch den Austausch virtueller Teilchen hervorgerufen – wobei jedes dieser virtuellen Teilchen auch real existieren muß und als reales Teilchen dieselben physikalischen Eigenschaften besitzt wie sein nur als Sinnbild einer Wechselwirkung benutzter „virtueller" Gegenpart. Das Pion – es wurde vor seiner Entdeckung durch die Powell-Gruppe Yukawa-Teilchen genannt – ist in diesem Bild der Träger der starken Kraft. Wie wird deren kurze Reichweite erzielt? Wenn das Pion nur kurze Zeit lebte, so würde es die starke Wechselwirkung selbst mit Lichtgeschwindigkeit nur über eine bestimmte Distanz tragen können. Die Forderung nach endlicher Lebensdauer des

[5] M.N. Rosenbluth, Phys. Rev. 79:615(1950); vgl. auch [WL64, S.136]; [Per82, S. 283].

[6] [Per82, S. 283f.].

Trägerteilchens einer Kraft ist also gleichbedeutend mit der nach endlicher Reichweite der Kraft. Die Heisenberg'sche Unschärferelation verknüpft mit der endlichen Lebensdauer τ eine Energieunschärfe $\Delta E = \hbar/\tau$, die dem Trägerteilchen eine Ruhemasse $M = \Delta E/c^2$ verleiht. Nach der Entdeckung des realen Gegenparts des virtuellen Trägerteilchens der starken Kraft, des Pions, nahm das Bild weitere Gestalt an: Um jedes Proton herum, wie auch um alle anderen stark wechselwirkenden Teilchen, befindet sich eine Wolke aus Pionen, deren Durchmesser so groß ist wie die Reichweite der starken Wechselwirkung. Da Pionen geladen sein können, reagiert ein gestreutes Elektron als ob das Proton eine ausgedehnte Ladungsverteilung besäße. Die Elektronen werden jedoch gar nicht am Proton selbst, sondern an der es umgebenden, etwa 10^{-15}m messenden Pionenwolke gestreut. Im Zentrum dieser Wolke befindet sich (nach diesen Vorstellungen aus der Mitte der fünfziger Jahre) das eigentliche, punktförmige, „nackte" Proton, dessen Eigenschaften dem des Elektrons sehr ähnlich sein sollten. Die elastische Elektronenstreuung war zur Untersuchung dieser Vorstellungen hervorragend geeignet. Erstens lieferten theoretische Modelle über die starke Wechselwirkung auch Dichteverteilungen der Mesonenwolke, aus der Formfaktoren berechnet und mit Messungen verglichen werden konnten. Zweitens würden Anomalien in der Abhängigkeit der Formfaktoren vom Impulsübertrag darauf schließen lassen, daß das Elektron auf einen harten Kern, das hypothetische nackte Proton, gestoßen war. In diesem Fall würde bei hohen Impulsüberträgen der Formfaktor wieder gegen 1 ansteigen oder zumindest konstant bleiben und nicht weiter absinken.[7]

Hofstadters Messungen in Stanford fanden keine Evidenz für einen harten Kern – das Proton war danach eine strukturlose Ladungsverteilung. Die Vorstellungen über das nackte Proton im Zentrum der Ladungswolke kamen dadurch allmählich ins Wanken, ohne daß eine Alternative zur Hand gewesen wäre – zumindest eine Zeitlang. Aus den Ergebnissen mußte aber auch geschlossen werden, daß die Ladungswolke um das Proton nicht allein aus Pionen bestehen konnte; dafür war ihr Durchmesser zu klein. Nach der Entdeckung weiterer, schwerer Mesonen mit kürzerer Lebensdauer, der ϱ-, ω- und ϕ-Teilchen, gab es dafür eine einleuchtende Erklärung: Die Mesonenwolke enthielt auch Anteile schwerer Mesonen, deren kürzere Lebensdauer zu einer entsprechenden Verringerung ihres Durchmessers führte.[8]

Welchen Zielen diente die Fortsetzung der Messungen bei höheren Energien? Zunächst einmal waren damit zwei zusätzliche Schwierigkeiten verbunden: Erstens kann die Ladungsverteilung aus gemessenen Formfaktoren nicht eindeutig berechnet werden, weil in der Praxis wegen des schnell abfallenden Wirkungsquerschnitts nur Impulsüberträge bis zu einigen GeV/c realisiert werden können. Bei der Berechnung von Ladungsverteilungen ergeben sich durch diese Begren-

[7]H. Yukawa, Proceedings of the Physical and Mathematical Society of Japan, 17:48(1934); D.H. Perkins, Nature 159:126(1947); G.P.S. Occhialini und C.F. Powell, Nature 159:186(1947); [WL64, S. 153]; vgl. [Bod78, Bd. 1, S. 136-138].

[8]G. Chew, in: [HS64, S. 3-10]; [WL64, S. 135, 167]; vgl. auch [Pic84, S. 71-78].

Abb. 11. Entspannte Gesichter nach dem ersten gelungenen Probelauf des Synchrotrons am 25. Februar 1964 (Bildnachweis: DESY/1492/33).

Abb. 12. Mitglieder des Haushaltsausschusses des Deutschen Bundestags besichtigen DESY. Den Parlamentariern wird eine ausgebaute Beschleunigungskavität erläutert. (Ende 1964, Bildnachweis: DESY/1938/41).

zung Doppeldeutigkeiten – jeder Satz gemessener Formfaktoren wird von mehr als einer Ladungsverteilung korrekt wiedergegeben. Die zweite Schwierigkeit ist grundsätzlicherer Natur: Bei hohen Impulsüberträgen und großen Streuwinkeln ist der Rückstoß des Protons nicht mehr zu vernachlässigen. Dann können die gemessenen Größen G_E und G_M nicht mehr als Fouriertransformierte interpretiert werden. Das Dilemma ist komplett: Werden die Experimente auf kleine Impulsüberträge beschränkt, sind die Aussagen über das Potential mehrdeutig; Werden sie zu hohen Energien hin ausgedehnt, verliert der Zusammenhang zwischen Ladungsverteilung und Formfaktor seine Gültigkeit.[9]

1957 – in Hofstadters Artikel über elastische Elektronenstreuung – finden sich noch graphische Darstellungen möglicher Ladungsverteilungen im Proton, basierend auf dem von Yukawa angegeben Potential und Variationen davon. 1964 – in Wilsons Artikel über die Struktur des Protons – fehlen solche Vergleiche. Die Abbildungen zeigen Rosenbluthgeraden bei verschiedenem q^2 und die Abhängigkeit der Formfaktoren G_E und G_M vom Impulsübertrag q^2. Bei komplexen Kernen war die Situation anders. Der Rückstoß spielt wegen ihrer größeren Masse eine viel kleinere Rolle und Messungen der Ladungsverteilung waren auch in den sechziger Jahren noch von Interesse.[10]

Welche Aussagekraft kam den Rosenbluthgeraden dann überhaupt noch zu? Aus ihrer Steigung $B(q^2)$ und dem Achsenabschnitt $A(q^2)$ konnten auch weiterhin Formfaktoren extrahiert werden. Die gemessenen Werte fielen proportional zu q^2 ab, und auch ohne Kenntnis der genauen Ladungsverteilung ließ das nur den Schluß zu, daß es innerhalb des Protons keine Strukturen gebe – genauer: daß mögliche Strukturen innerhalb des Protons höchstens eine Ausdehnung Δx besitzen durften, die sich nach der Unschärferelation aus dem Impulsübertrag zu $\Delta x = \hbar/q$ berechnete. In der Praxis wurde der Impulsübertrag daher oft als inverse Länge ausgedrückt: $197\,\mathrm{MeV} \simeq 1\,\mathrm{F}^{-1}$, wobei $1\,\mathrm{F} = 10^{-15}\,\mathrm{m}$ ist. *Die Messung von G_E und G_M mit möglichst hoher Genauigkeit in einem möglichst umfassenden Bereich der beiden Parameter θ_e und q^2 war daher gleichbedeutend mit der Prüfung der Hypothese, daß das Proton eine strukturlose Ladungswolke darstellt.* Solange der Ursprung dieser Strukturlosigkeit keine befriedigende theoretische Erklärung gefunden hatte, würde die Suche nach Abweichungen von dieser Hypothese ein aktuelles Forschungsgebiet darstellen. Da der Wirkungsquerschnitt $d\sigma/d\Omega$ mit zunehmendem Impulsübertrag q^2 stark abnimmt, warteten bei der Bewältigung dieser Aufgabe bei hohen Energien sicher noch unbekannte experimentelle Hürden. Niemand wußte von vorneherein, wie weit die Experimente bei DESY schließlich vorstoßen würden. Elastische Elektronenstreuung war keine einmalige Messung im klassischen Sinne mehr, wie es zum Beispiel die Bestimmung der Elementarladung e durch Millikan gewesen war, sondern wirklich ein experimentelles Programm – um dessen Durchführung sich im Sinne

[9][WL64, S. 137f.].

[10][Hof57, S. 243, 254, 307]; [WL64, S. 148f.].

der neugefaßten wissenschaftlichen Regeln am besten eine feste Arbeitsgruppe bemühte.[11]

Komponenten eines Experiments zur elastischen Elektronenstreuung

Kontinuität bei der Verfolgung experimenteller Problemstellungen war aber auch aus einem ganz anderen Grund geboten. Ein typisches Experiment zur elastischen Elektronenstreuung bestand aus drei großen Komponenten, deren Aufbau und Inbetriebnahme keine einfache Aufgabe darstellten und eine Gruppe von fünf oder zehn Physikern leicht für ein bis zwei Jahre in Anspruch nahmen:

Die Trennung von elastisch und inelastisch gestreuten Elektronen geschieht durch ihren Impuls. Von allen unter einem bestimmten Winkel gestreuten Elektronen haben die elastisch gestreuten den höchsten Impuls, da sie nur die zur Erfüllung von Impuls- und Energiesatz notwendige Energie an das Proton übertragen haben. Bei der inelastischen Streuung wird dagegen ein Teil ihrer Energie auch zur Anregung des Protons oder zur Erzeugung von Teilchen in dessen Kraftfeld verwandt. Da es für beide Prozesse eine Schwelle gibt, kann ein Magnetspektrometer[12] ausreichender Auflösung Elektronen aus den beiden Prozessen voneinander trennen; die elastisch gestreuten Elektronen haben übrigens bedingt durch Bremsstrahlungsverluste im Target selbst eine Impulsverteilung von wenigen Prozent Breite. Bei hohen Energien, also auch am DESY-Synchrotron, werden jedoch auch in hoher Zahl Pionen des gleichen Impulses wie elastisch gestreute Elektronen erzeugt, die hinter dem Spektrometer von den Elektronen unterschieden werden müssen. Dafür ist ein Cerenkov-Zähler[13] hervorragend geeignet. Schließlich handelt es sich bei der elastischen Streuung um einen Zweikörperprozeß, so daß bei gegebenem Winkel θ_e und Impulsübertrag q^2 Richtung und Impuls des Rückstoßprotons festliegen. Das Proton kann daher in Koinzidenz mit dem Elektron nachgewiesen und störender Untergrund von konkurrierenden Prozessen, auf die noch eingegangen werden wird, um Größenordnungen reduziert werden. Für den Nachweis des Protons ist ein separates Spektrome-

[11][WL64, S. 137]; H.J. Behrend et al., Planung des Experimentes: Elektronenstreuung am Proton und Neutron, v.M., 2.1.64, DA27.

[12]vgl. S. 85-90 und die Fußnote auf Seite 133.

[13]In einem Cerenkov-Zähler wird die Geschwindigkeit eines Teilchens gemessen. Da Elektronen eine im Vergleich zu Pionen kleine Ruhemasse besitzen, ist ihre Geschwindigkeit schon bei relativ niedrigen Energien nahezu die des Lichts, was in einem Cerenkov-Zähler als Unterscheidungsmerkmal ausgenutzt wird: Ein Teilchen, das sich im Vakuum mit nahezu Lichtgeschwindigkeit bewegt, kann in einem brechenden Medium schneller als das Licht sein. In diesem Fall wird es durch Aussendung von Cerenkovlicht abgebremst. In der Praxis werden als brechendes Medium Gase unter Druck oder Flüssigkeiten benutzt, jeweils von einem metallenen Tank umschlossen. Auch Bleiglas findet als zugleich absorbierender Cerenkovzähler Verwendung. Das Cerenkovlicht wird von einem Photomultiplier nachgewiesen, der also immer dann ein elektrisches Signal abgibt, wenn ein Teilchen mit einer bestimmten Mindestgeschwindigkeit den Tank durchquert hat. Vgl. B.A. Cerenkov, Comptes Rendus Academie des Sciences USSR 8:451(1934); I. Franck und Ig. Tamm, Comptes Rendus Academie des Sciences USSR 14:109(1937); R.H. Dicke, Phys. Rev. 71:737(1947); J.V. Jelley, Proceedings of the Physical Society A64:82(1951).

ter denkbar, aber auch einfachere Anordnungen wie ein Schauerzähler[14]oder ein zweiter Cerenkovzähler.[15]

Randbedingungen bei DESY und in anderen Laboratorien

Auf die DESY-Karlsruhe-Kollaboration, die ab 1962 das Experiment zur Elektronenstreuung aufbaute, wartete die Entwicklung und Inbetriebnahme dieser drei Komponenten – Elektronenspektrometer, Elektronennachweis und Protonennachweis – und nicht zu vergessen auch der daran angeschlossenen Nachweiselektronik. Sich ohne große experimentelle Erfahrung und mit einer nagelneuen Apparatur sofort auf experimentelles Neuland zu stürzen – das trauten sich die Physiker aus Hamburg und Karlsruhe nicht zu. Stattdessen planten sie zwei aufeinander aufbauende Apparaturen parallel und unabhängig voneinander zu entwickeln: Eine 1. Generation zur Bestätigung bereits anderweitig gewonnener Ergebnisse und zum Kennenlernen der experimentellen Schwierigkeiten; anschließend eine 2. Generation als eigentlichen Vorstoß in noch nicht gemessene Bereiche von q^2 und θ_e. In dieser Vorgehensweise spiegelt sich der schon angesprochene „Professionalismus" wieder, der langfristiges Gelingen vor schnelle Erfolge und die Gefahr des Scheiterns stellte. Es „besser" zu machen, bedeutete mehr zu planen und sich stärker abzusichern als anderenorts für nötig gehalten wurde:[16]

Ich nahm an einer Besprechung über die Beschaffung von Komponenten für Experimente teil. Dabei beeindruckte mich, bis in welches Detail große Experimente geplant werden. Zum Beispiel ist die Zahl der Magnete verglichen mit uns extrem groß, obwohl die Gesamtzahl der Experimente der unsrigen entspricht. Ich hatte das Gefühl, daß sich hier (bei DESY, d.Verf.) Leute, die selbst keine Experimente am laufen haben, von deren Komplexität überfahren lassen.[17]

Die folgenden Schilderungen des Aufbaus der Experimente dürfen trotz der Verwandtschaft experimenteller Anordnungen nicht darüber hinwegtäuschen, daß der Arbeitsstil in verschiedenen Laboratorien ganz unterschiedlich war und Experimente anderswo auch anders geplant, aufgebaut, durchgeführt und verbessert wurden.

---

[14]Wie stark ein Teilchen hoher Energie die Materie ionisiert, die es durchquert, hängt neben der Kernladungszahl des Materials vor allem vom Verhältnis seiner Energie p_0 zu seiner Ruhemasse M ab. In einem Schauerzähler wird die spezifische Ionisation eines Teilchens in einem „sandwich" aus Platten eines schweren Materials (z.B. Blei) und Szintillatoren gemessen. In dem schweren Material wird ein Schauer aus sekundären Elektronen und Photonen erzeugt, dessen Intensität in den an die Szintillatoren angeschlossenen Photomultiplier gemessen wird. Wenn der Impuls des Teilchens bekannt ist, z.B. weil der Schauerzähler hinter einem Spektrometer aufgestellt ist, kann in einem bestimmten Energiebereich aus der Pulshöhe der Photomultiplier direkt auf die Ruhemasse der Teilchen geschlossen werden. G. Backenstoß et al., Nucl. Instr. Meth. 20:294(1963) und Nucl. Instr. Meth. 21:155(1963).

[15]G.R. Bishop, in [HS64, S. 351]; [WL64, S. 141-148]; vgl. S. 139.

[16]Protokoll FK, 30.10.63 und 15.11.63, Sc; H.J. Behrend et al., Planung ... , a.a.O.

[17]P.F. Cooper, report of foreign travel May 21 - Jun 1, 1963, 8.1.64, (Übersetzung v. Verf.), Hv.

Auch die Gruppen bei DESY bildeten im Laufe der ersten Jahre einen ihnen typischen „Stil“ aus, der nicht ohne Einfluß auf die weiteren Entwicklungen blieb und als eine Randbedingung für die Experimente gesehen werden muß. Wie kommt ein solcher Stil zustande? Das Maß an Planung, überhaupt die ganze Herangehensweise an ein neues Experiment wird vor allem von der Persönlichkeit der Beteiligten, ihren vorangegangenen Erfahrungen, aber auch der Erwartungshaltung ihnen gegenüber beeinflußt. Es ist demzufolge ein individueller Prozeß, der in jedem Fall einzeln untersucht werden muß.

Dennoch greift diese, der Mikroebene der Arbeitsgruppe entstammende Komponente für sich genommen zu kurz. Zu ihr gesellt sich die Makroebene der allgemeinen Fortschritte in der Hochenergiephysik, die, wie bereits mehrfach erwähnt wurde, aus zwei Richtungen befruchtet werden – dem Wechselspiel von Experiment und Theorie sowie Neuerungen in der Experimentiertechnik. Vor allem technologische und physikalische Fortschritte werden in ihrem Einfluß auf die Entwicklung einer Experimentiergruppe leicht übersehen. Dies soll an einem Beispiel erläutert werden:

In den USA konkurrierten bei den Experimenten zur Elektronenstreuung um 1962 zwei gegensätzliche experimentelle Prinzipien miteinander, eines von Hofstadter in Stanford, das andere von den Gruppen in Cornell und bei C.E.A. vorangetrieben. Ihre Unterschiede waren vordergründig in den verfügbaren Beschleunigern begründet, einem Linac in Kalifornien und stark fokussierenden Synchrotronen an der Ostküste. Ein Aufbau aus den oben genannten drei Komponenten – Magnetspektrometer, Cerenkovzähler und koinzidenter Nachweis der Protonen – war nur für ein Synchrotron geeignet. Am Mark III-Linac in Stanford fiel, weil Koinzidenzmessungen dort nicht möglich waren, der Protonennachweis weg. Um überhaupt Elektronenpulse zählen zu können, mußte das Spektrometer außerdem eine hohe Auflösung besitzen, weil dann nur ein Teil aller elastisch gestreuten Elektronen den als Detektor verwandten Cerenkovzähler erreichte. Als Hofstadter seine ersten Experimente entwickelte, steckte die starke Fokussierung noch in den Kinderschuhen – dagegen waren Spektrometer hoher Auflösung in der Kernphysik bereits seit einigen Jahren bekannt. So war es kein Wunder, daß die Elektronenspektrometer in Stanford auf ein von dem Kernphysiker Kai Siegbahn entwickeltes Prinzip zurückgingen. Allerdings mußte ihre Größe (Höhe bis zu 7 m, Gewicht bis zu 200 Tonnen) der höheren Energie der Elektronen angepaßt werden. Dieser Weg, für die Kernphysik entwickelte Spektrometertypen für die Verwendung bei hohen Energien „aufzublasen“, fand mit der Beherrschung der starken Fokussierung im Spektrometerbau ein Ende[18]. Genau zu diesem Zeitpunkt wurden in Cornell und bei C.E.A. erstmals Experimente zur elastischen Elektronenstreuung konzipiert. Die Spektrometer an den beiden Synchrotronen

[18] Hofstadter wollte in den sechziger Jahren am SLAC auch weiterhin ein schwach fokussierendes 15 GeV-Spektrometer vom Siegbahn-Typ einsetzen. Er ließ von diesem Vorhaben erst ab, als man ihm vorrechnete, daß der 90 m hohe Aufbau bis nach Berkeley, 30 km entfernt, zu sehen sein würde. Dieses Verhalten war eher dem persönlichen Stil des Nobelpreisträgers zuzuschreiben. Vgl. [Rio87, S. 128].

bestanden daher aus je einem Quadrupol, wobei ihre Größe (Länge etwa 1 m, Gewicht unter 10 Tonnen) und auch ihre Kosten sich gegenüber dem großen Sektorspektrometer in Stanford fast verschwindend ausnahmen – obwohl die Energie der analysierten Elektronen bis zu sechsmal höher als am Mark III-Linac war. Die Kunst, aus mehreren Dipolen und Quadrupolen stark fokussierende Spektrometer sehr hoher Auflösung aufzubauen, entwickelte sich erst im Laufe der Zeit. Die Auflösung der ersten stark fokussierenden Spektrometer aus einem einzigen Quadrupol war daher noch begrenzt. Der Lösung der Aufgabe, inelastische von elastisch gestreuten Elektronen zu unterschieden, tat dies wegen der langen Pulse in einem Synchrotron keinen Abbruch.[19]

Das erste Elektronenstreuexperiment bei DESY

Die beiden erfahrensten Personen in der Elektronenstreugruppe bei DESY, Schopper und Brasse, hatten je ein Jahr in Cornell und bei C.E.A. verbracht. In der 1. Generation ihrer Experimente fand sich daher viel von dem wieder, was sie dort gesehen und gelernt hatten.[20]

Ein Nachteil des Synchrotrons gegenüber dem Linac ist dessen geringere Intensität. Auf Robert Wilson aus Cornell geht die Idee zurück, dies durch mehrfaches Durchschießen des Elektronenstrahls durch ein Target innerhalb der Vakuumkammer des Synchrotrons wieder auszugleichen. Ein solches Target innerhalb des Synchrotrons nutzt auch den kleinen Querschnitt des stark fokussierten Strahls optimal aus. Der Bereich, in dem die Elektronen durch das Target treten, kann nahezu als punktförmig angesehen werden, so daß auch einfache Spektrometer bereits eine befriedigende Auflösung erzielen. Diese in Cornell ab etwa 1960 verwandte Kombination eines multi-traversal-targets mit einem Spektrometer aus einem Quadrupol (vgl. Abb. 13) stellte auch den Aufbau der 1. Generation bei DESY (vgl. Abb. 14) dar. Die Entwicklung des Targets unter Brasses Mitwirkung ist bereits geschildert worden. Der Quadrupolmagnet des Elektronenspektrometers fokussierte die Teilchen bei DESY wie in Cornell in vertikaler Richtung. Der Brennpunkt dieser einfachsten magnetischen Linse war deshalb ein schmaler Streifen, dessen Entfernung vom Target mit dem Impuls wuchs; fünf streifenförmige hintereinander angebrachte Szintillatoren in der Fokalebene erlaubten daher fünf verschiedene Impulse gleichzeitig zu messen. Die Fläche dieser Szintillatoren legte zugleich den vom Spektrometer erfaßten

---

[19] K. Siegbahn und N. Svartholm, Nature 157:872(1946); N. Svartholm und K. Siegbahn, Arkiv för Fysik 33A, Nr 21(1946); R. Hofstadter et al., in: Proceedings of an International Conference on Instrumentation for High-Energy-Physics, Interscience Publ., New York 1961, S. 310-315; [WL64, S. 139-141]; vgl. auch [Ste65] und [Ste66, Abschnitt K]. In Orsay war einem dritten Weg viel Erfolg beschieden. Wegen des relativ kleinen Impulsübertrags q^2 dieser Messungen soll darauf nicht weiter eingegangen werden. Vgl. dazu P. Lehmann et al., Phys. Rev. 126:1183(1962); B. Dudelzak et al., Nuov. Cim. 28:18(1963).

[20] JB60-61, S. 30; H. Schopper, Bemerkungen zur Elektronenstreuung, Bericht KfK 83, 1962; [WL64, S. 141-150]; H.J. Behrend et al., Planung ... , a.a.O.

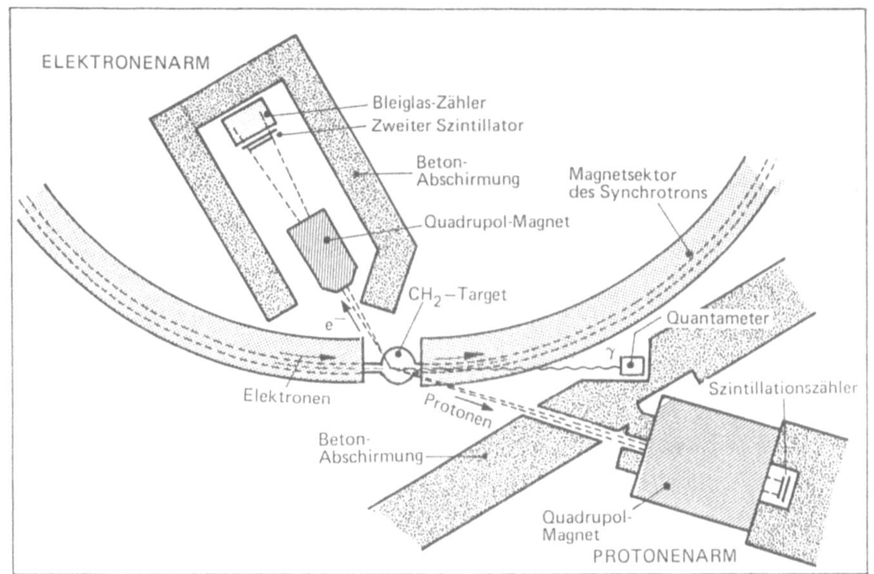

Abb. 13. Aufbau eines Experiments am Synchrotron in Cornell, mit dem dort Anfang der sechziger Jahre die elastische Elektronenstreuung untersucht wurde. Nach Berkelman et al., Phys. Rev. 130:2061(1963).

Raumwinkel fest, wenn diese Aufgabe nicht von zusätzlichen Blenden aus Blei übernommen wurde. Hinter den Szintillatoren befand sich dann der Cerenkov-Zähler zur Unterscheidung der Elektronen von den schwereren Teilchen. Mit den Kollaboranden aus Karlsruhe war vereinbart worden, daß dieses Bauteil von zwei dort arbeitenden jungen Physikern aufgebaut werden sollte; alle anderen Komponenten würden bei DESY entwickelt werden. In Cornell wurden die Protonen in einem separaten zweiten Magnetspektrometer nachgewiesen. In der 1. Experimentegeneration bei DESY sollte zwar nicht auf Koinzidenzen verzichtet, der Protonennachweis jedoch einzig einem Cerenkov-Zähler zugewiesen werden. Das schuf Platz für zwei Elektronenspektrometer, je eines auf der Innen- und der Außenseite des Beschleunigers, und beide aus je einem Quadrupolmagneten und Cerenkovzähler bestehend. Das innere Spektrometer war etwas kleiner und enthielt anstelle eines ganzen Quadrupols einen schmäleren, halben (es war dies der spezielle Magnet, um dessen Lieferzeiten es Anfang 1963 kurzzeitig Aufregung gegeben hatte), der den extrem großen Winkelbereich von 54° bis 150° überstreichen konnte. Der vollständige Quadrupol im Außenspektrometer erzielte auf Kosten des Schwenkbereichs (32° bis 90°) eine höhere Auflösung. Die Apparatur der 1. Generation besaß somit drei „Arme", zwei für Elektronen und einen für Protonen.[21]

[21] Jentschke an Joos, 1.10.59, DAs; R.R. Wilson et al., Nature 188:94(1960); K. Berkelman et al., Phys. Rev. 130:2061(1963); H.J. Behrend et al., Planung ... , a.a.O.; W. Albrecht et al., Überblick über bisherige Messungen der Elektron-Proton-Streuung am internen Target 22 und

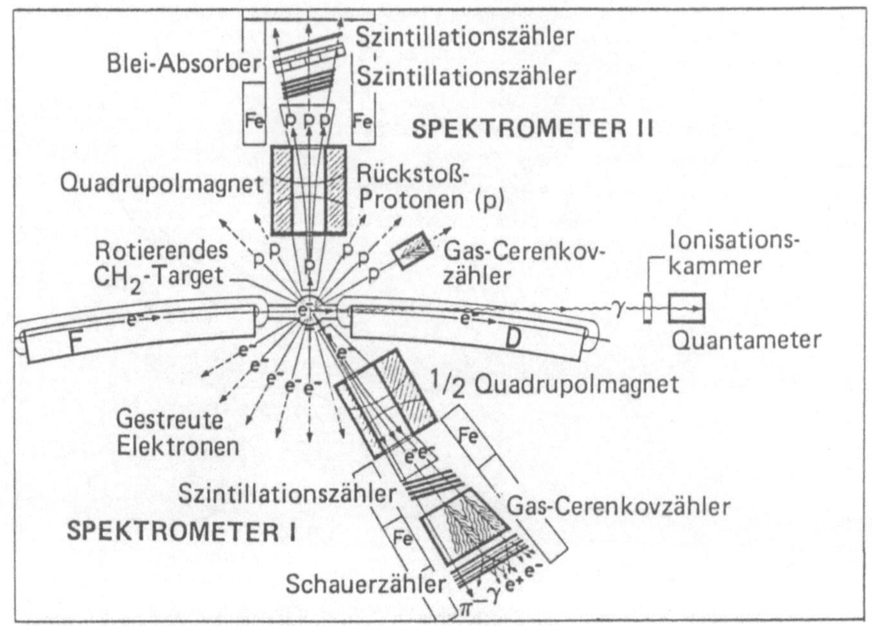

Abb. 14. Der Aufbau der Experiments der 1. Generation zur Untersuchung der elastischen Elektronenstreuung. Nach DESY 66/27.
Zwischen den beiden Magnetsektoren F und D befindet sich ein rotierendes Target in einer Streukammer. Die zwei Magnetspektrometer bestehen aus Quadrupolmagneten (schraffiert), Szintillationszählern, Gas-Cerenkovzählern und Schauerzählern. Der zweiter Protonenarm, bestehend aus einem Gas-Cerenkovzähler, wurde nicht in Betrieb genommen. Das Quantameter und die Ionisationskammer dienen der Messung der Strahlintensität.

Die beiden Elektronenarme waren auf Lafetten aufgebaut, die um einen unterhalb des Targets angebrachten Zapfen drehbar waren. Innen- und Außenspektrometer konnten daher samt ihrer Abschirmung aus Schwerbetonblöcken um das Target geschwenkt werden, um die Kinematik des Streuprozesses variieren zu können. Da der Impuls der elastisch gestreuten Elektronen vom Streuwinkel abhängt, würde nach jeder Veränderung der Lafettenposition der Erregerstrom im Quadrupol solange variiert werden, bis ein Maximum der Zählrate im zentralen Szintillator anzeigte, daß das Spektrometer genau auf den Impuls $|\,\boldsymbol{p}_0 - \boldsymbol{q}\,|$ elastisch gestreuter Elektronen eingestellt war.[22]

Die Signale aus den Photomultipliern in Szintillatoren und Cerenkov-Zählern wurden in Verstärkern und Pulsformern so aufbereitet, daß sie in logischen Schaltungen weiter verarbeitet werden konnten: An Koinzidenzkreise schlossen

Programm für zukünftige Messungen zur Bestimmung der Formfaktoren des Neutrons, v.M., Anlage Prop. 45, 10.3.67, Jo; vgl. S. 103.

[22]H.J. Behrend et al., Planung ..., a.a.O.

sich elektronische Zählerbausteine an, von denen die Ereignisse aufsummiert und ihre Zahl dann jeweils vor Einstellung neuer Parameter abgelesen wurde.[23]

Praktische Schwierigkeiten und ihre Konsequenzen

Prinzipiell erlaubten die drei Detektorarme auch eine alternative Strategie zu verfolgen. Anstatt beide Magnetspektrometer für den Nachweis gestreuter Elektronen zu verwenden und die Protonen mittels eines Cerenkovzählers zu detektieren, konnte auch allein das Innenspektrometer für den Elektronennachweis benutzt und für die Koinzidenzen mit den Rückstoßprotonen das dann freie Außenspektrometer eingesetzt werden. Die Entscheidung, diesen alternativen Weg zu gehen, fiel im ersten Halbjahr 1964. Warum dieser Kurswechsel? Das Elektronenstreuexperiment der Gruppe von Richard Wilson[24] und Norman F. Ramsey bei C.E.A. dürfte nicht ohne Einfluß darauf gewesen sein – es bestand nämlich aus einem einzigen Spektrometer, alternativ zum Nachweis von Elektronen oder Rückstoßprotonen benutzt. So wurde in Cambridge auch mit einem unerwartet hohen Untergrund in den Szintillatoren – 10 bis 50 mal so groß wie das Signal – gekämpft. Die Wissenschaftler von der Harvard University mußten zugeben, daß ihnen dessen Quelle unbekannt war. Zur Unterdrückung waren sie auf das einwandfreie Funktionieren des hinter den Szintillatoren aufgestellten Cerenkovzählers angewiesen.[25]

Neben dem hohen Untergrund war allen Elektronenstreuexperimenten an Synchrotronen, ob mit oder ohne koinzidenten Nachweis der Protonen, noch ein weiteres praktisches Problem gemein. Um den elastischen Streuquerschnitt $d\sigma/d\Omega$ angeben zu können, muß die Zahl der insgesamt auf das Target treffenden Teilchen bekannt sein – was bei jedem multi-traversal-target auf Schwierigkeiten stieß, da kaum meßbar war, wie oft es vom Strahl durchquert wurde und wieviele Teilchen es jeweils bei den einzelnen Durchgängen waren. Außerdem variierten diese Zahlen von Puls zu Puls. Beim Linac in Stanford gab es dieses Problem nicht: Hinter dem Spektrometer befand sich ein Faradaybecher, in dem alle durch das Target hindurchtretenden Elektronen aufgefangen wurden. Aus Cornell kam die Idee, wie ähnliches auch an einem internen Target gemacht werden konnte: Die Bremsstrahlung, die die Elektronen im Target erzeugen, ist dem Strom durch das Target proportional. Da die Bremsstrahlungsphotonen das Synchrotron tangential verlassen, konnte ihre Intensität in einem Quantameter, das einige Meter vom Target entfernt aufgestellt wurde, bequem gemessen werden. Diese indirekte Methode barg allerdings einen relativ größeren Meßfehler in sich, weil der Umrechungsfaktor auf den effektiven Strom im Target durch eine Kalibra-

---

[23] H.J. Behrend et al., Planung ... , a.a.O.

[24] Richard Wilson, Professor an der Harvard University, darf nicht mit Robert Rathburn Wilson, Professor an der Cornell University verwechselt werden.

[25] K.W. Chen et al., Phys. Rev. Lett. 11:561(1963); H.J. Behrend et al., Planung ... , a.a.O; C.E.A., Semi-Annual Report for the Period July 1st through December 31st, 1963, CEAL-1009, v.M., 17.1.64, DB; Protokoll Dir, 26.5.64, DA7.

tionsmessung bestimmt werden mußte und anschließend Langzeitschwankungen unterworfen war.[26]

Angesichts des hohen Untergrunds bei C.E.A. und möglicher Unsicherheiten bei der Kalibrierung der Quantameter war es keine Frage, daß das Programm der Gruppe Elektronenstreuung (der das Kürzel F21 gegeben worden war) vorsah, sich zunächst auf sicherem Terrain zu bewegen und Messungen aus Cornell und von C.E.A. zu reproduzieren. Unter dieser Prämisse war die Ausrüstung des Außenspektrometers für Protonen eine logische Konsequenz: Bei kleinen Energien und Impulsüberträgen wird das Rückstoßproton im Laborsystem unter so großem Winkel ϕ fortgeschleudert, daß es noch im Schwenkbereich des Außenspektrometers lag. Bei höheren Impulsüberträgen, beginnend mit etwa 100 F^{-2}, war der Winkel der Rückstoßprotonen so klein, daß sie ausschließlich vom Protonenbein mit dem Cerenkovzähler nachgewiesen werden konnten. Je ein separates Magnetspektrometer für Elektronen und Protonen eröffnete aber noch anderweitig Vorteile: Die Zahl der Meßgrößen überstieg die der Freiheitsgrade, so daß systematische Fehlerquellen bequem untersucht und gegebenfalls eliminiert werden konnten.[27]

Verzögerungen

Die Entscheidung der DESY-Karlsruhe-Kollaboration, alle denkbaren Fehlerquellen Schritt um Schritt auszuschließen, hatte auch ihre Nachteile. Schon im vorhergehenden Kapitel wurde geschildert, daß die Vorbereitung der Experimente bei DESY lange Zeit eine Beschäftigung für den Feierabend darstellte. Da das 110 Millionen DM Investitionsprogramm erst im Februar 1963 alle Hürden übersprungen hatte, war aus Geldmangel bis zu diesem Zeitpunkt an den Aufbau des Experiments ohnehin nicht zu denken – wenn von der lieferfristbedingten Bestellung der Standardmagnete einmal abgesehen wird. Die lange Liste der restlichen benötigten Komponenten für das Elektronenstreuexperiment wurde deshalb erst im Laufe des Jahres 1963 abgearbeitet. Ihr Volumen betrug für die 1. Generation immerhin 1.168.000 DM und für die 2. Generation noch einmal 636.000 DM. Den Löwenanteil (ca. 60 %) daran hatten die Anschaffungskosten für elektronische Bausteine. Schon nach wenigen Monaten, im Juli 1963, wurde allmählich deutlich, daß es der Gruppe F21 beim Zusammenbau der Nachweiselektronik an Arbeitskräften mangelte. Die Magnete waren verhältnismäßig schnell auf die Lafetten aufgesetzt und vermessen. Der Abgleich und die Funktionstests der umfangreichen Elektronik nahmen demgegenüber bedeutend mehr

[26]Die Quantameter bestanden bei DESY aus einem Stapel Metallplatten, in denen die eintretenden Photonen ihre Energie durch Schauerbildung vollständig abgaben. In den Zwischenräumen zwischen den Metallplatten ionisierten die Schauerteilchen ein eingelassenes Gas. Die dabei insgesamt erzeugte Ladung wurde gemessen und integriert. Offensichtlich ist die Empfindlichkeit des Quantameters von der Art und dem Druck des eingelassenen Gases abhängig. Vgl. [Ste66, Blatt M1, M4 und M5]; R.R. Wilson, Nuclear Instruments and Methods 1:101(1957); [WL64, S. 144]; W. Albrecht et al., Überblick ... , a.a.O.

[27]JB64, S.3.6f.; H.J. Behrend et al., DESY 65/3.

Zeit in Anspruch, die die hauptamtlich in E- und M-Gruppen tätigen Physiker einfach nicht aufbringen konnten.[28]

Trotz aller Bemühungen, die meisten Experimente zusammen mit dem Beschleuniger fertigzustellen, geriet eines nach dem anderen gegenüber der Planung in Verzug. Das vorgesehene Programm würde keinesfalls wie geplant Anfang 1964 gestartet werden können. Die Lieferung der Blasenkammer war erst für den Sommer 1964 angekündigt, mit einer sich anschließenden mehrmonatigen Einlaufphase, so daß die Lücke von dieser Seite aus auch nicht gefüllt werden konnte. Hinter den Kulissen gab es deshalb einige Kritik, zumal C.E.A. mit immer größerer Geschwindigkeit Ergebnisse produzierte. Daß es im Innern des Protons mit großer Wahrscheinlichkeit keinen „nackten Kern" gebe, weil die Formfaktoren auch bei Impulsüberträgen $q^2 > 100\,\mathrm{F}^{-2}$ abnahmen, war eines dieser Ergebnisse, gewonnen von der Wilson/Ramsey-Gruppe bei C.E.A. Heisenberg nannte es gegenüber dem ihm bekannten Wissenschaftsredakteur der Frankfurter Allgemeinen Zeitung, Kurt Rudzinski, eines der wichtigsten Ergebnisse der Elementarteilchenphysik. Das einzige Laboratorium auf der Welt, das diese Messungen bestätigen oder widerlegen konnte, war DESY. Es kam darauf an, diesen Vorteil zu nutzen, solange er Bestand hatte. In Stanford schritt der Bau des zwei Meilen langen Linac, über dessen Entstehung schon berichtet wurde, 1963/64 zügig voran. Seine Energie von 15 GeV würde DESY und C.E.A. schon in wenigen Jahren auf die Plätze verweisen.[29]

Im Februar 1964, als der Beschleuniger erstmals funktionierte, hatte die Gruppe F 21 das Innenspektrometer fertig aufgebaut. Während der folgenden Monate, mit dem noch unregelmäßigen und unzuverlässigen Maschinenbetrieb, waren richtige Experimente aber so gut wie unmöglich – alle Gruppen mußten sich auf Tests ihrer Spektrometer und der Elektronik beschränken. Im Mai 1964 waren diese Arbeiten am Innenspektrometer abgeschlossen und die Entscheidung getroffen worden, das Außenspektrometer für den Protonennachweis im Juli 1964 aufzubauen. Wegen der Lage des Detektors im Ringtunnel des Beschleunigers konnte dies erst während des dann vorgesehen „shut-down" des Beschleunigers geschehen. Vorher hätten Aufbauarbeiten im Ringtunnel jeden Maschinenbetrieb verhindert.[30]

Im September 1964 würden dann die Tests des Außenspektrometers und anschließend Messungen bei niedrigen Impulsüberträgen beginnen. Für die auch außerhalb DESY interessierenden Experimente bei hohem q^2 war frühestens 1965 Platz im Programm. Bei dieser Zeitplanung war zudem zu berücksichtigen, daß vorher noch das Protonenbein fertiggestellt werden mußte.[31]

---

[28] H.J. Behrend et al., Planung ... ; Protokoll FK, 19.7.63, Sc; vgl. auch S. 62-66 und S. 88.

[29] Jentschke an Weisskopf, 27.12.63, Ce, Bestand DG 20822; K.W. Chen et al., Phys. Rev. Lett. 11:561(1963); Heisenberg an Rudzinski, 15.6.64, He; vgl. S. 34.

[30] C.E.A., Report on Foreign Travel, March 2, 1964 to March 18, 1964, o.D., Hv; H.J. Behrend, Planung ... , a.a.O.; Protokoll Dir, 26.5.64, DA7; Degèle, Zusammenstellung über die Maschinenzeit vom 11.5.64 bis 26.6.64, v.M., 3.7.64, Jo.

[31] Protokoll FK, 10.7.64, Sc.

Die Gruppe F 21 hatte bei ihren Entscheidungen auch das Gesamtinteresse des Laboratoriums zu berücksichtigen, zumal DESY ständig in finanzieller Bedrohung war: Die Ministerpräsidenten der Länder hatten im Februar 1964 beschlossen, für den Jahresetat eine vollkommen illusorische Obergrenze von 30 Millionen DM einzusetzen. Die beste Grundlage für die Aufhebung dieses Beschlusses würden international beachtete Resultate wie die des C.E.A. bilden. Würden die Experimentiergruppen, und dieses Problem betraf alle Gruppen im Forschungsbereich, diese Herausforderung alleine meistern?

Konstitution des Forschungskollegiums

An dieser Stelle muß ein kurzer Exkurs über die Entstehung des Forschungskollegiums, des für die Beurteilung und Genehmigung von Experimentvorschlägen vorgesehenen Gremiums, eingeschoben werden.

Ein „vorläufiges Forschungskollegium" konstituierte sich bereits im Mai 1963, mit einem leitenden Wissenschaftler, Hans Joos als Sprecher seiner insgesamt 14 Mitglieder. Da dieses Gremium alle zwei Wochen tagte, bestand es fast zwangsläufig aus Ortsansässigen – Vertretern der Experimentiergruppen, des Direktoriums, des zukünftigen Maschinenbetriebs und der Theoriegruppe. Der Beschleuniger war noch im Aufbau, so daß das neugeschaffene Komitee weder Experimente genehmigen noch Strahlzeit zuteilen konnte. Worin bestand dann seine Aufgabe? Die Vorstellungen der Experimentiergruppen bei DESY konkretisierten sich allmählich; zudem wurden von Zeit zu Zeit von außen Vorschläge für neue Experimente herangetragen, für die ein Diskussionsforum geschaffen werden mußte. Kurzum: Es war der Zeitpunkt gekommen, wo die Gruppen nicht mehr für sich allein arbeiten durften, sondern untereinander stärker in Kontakt treten mußten, vor allem mit der im Entstehen begriffene Theoriegruppe unter Joos' Leitung, die sich auch als Anlaufstelle für theoretische Fragen der Experimentatoren verstand. In den stillen Fluren bot sich dem Besucher noch das Bild geschlossener Türen – im Gegensatz zu Laboratorien in den USA, wo lautstark und wegen der ständig geöffneten Türen auch überall hörbar diskutiert wurde. Dort wußte jeder, wenn es irgendwo Probleme gab. Das vorläufige Forschungskollegium verstand sich als institutionalisierte Alternative zu solchen informellen Diskussionen über die Arbeit einzelner Gruppen.[32]

Im Februar 1964, als die Inbetriebnahme des Beschleunigers vor der Tür stand, war der Zeitpunkt gekommen, das Forschungskollegium mit seinen in den wissenschaftlichen Regeln festgehaltenen Kompetenzen auszustatten. An Experimente war, wie bereits erwähnt wurde, aber noch nicht zu denken, so daß der Forschungsausschuß des Wissenschaftlichen Rats einer Verlängerung der Amtszeit des vorläufigen Forschungskollegiums zustimmte. Das Direktorium sollte es zu gegebener Zeit auf eine der Tragweite der zu treffenden Entscheidungen an-

[32]C.E.A., report on foreign travel (vom Juli 1962, d.Verf.), o.D., Hv; Protokoll FK, 2.5.63, und 12.7.63, Sc; vgl. auch die Protokolle der anderen Sitzungen des FK; Protokoll Dir, 30.5.63, DA7; W. Kern, Heimkehrer aus den USA, DESY-Nachrichten 6:8(1970), DA5.

gemessene Größe verkleinern und dann auch mit den erweiterten Befugnissen ausstatten.[33]

Der Beschleuniger stand für Experimente ab August 1964 zur Verfügung – wenn man die unregelmäßigen Testmessungen vom Frühjahr 1964 ausklammert. Im Juni 1964 berief das Direktorium ein neues, nur noch sieben Personen umfassendes Forschungskollegium. Es setzte sich aus je einem Vertreter der Theoriegruppe (Joos), eines Zählerexperiments (Elsner), der Blasenkammerphysiker (Lohrmann), sowie Stähelin als Mitglied des Direktoriums zusammen. Donatus Degèle war seit kurzem als Hallendienstleiter für alles, was in den zwei Experimentierhallen geschah, verantwortlich. Er gehörte dem Forschungskollegium ex officio an, ebenso der Strahlzeitkoordinator. Mit dieser Aufgabe, die vor allem die Aufstellung wöchentlicher Strahlzeitpläne umfaßte, war kommissarisch Gustav Weber beauftragt worden. Weber war einer der drei leitenden Wissenschaftler, die vom CERN nach Hamburg gekommen waren oder noch kommen sollten. Schließlich war der Forschungsausschuß gebeten worden, ein Mitglied in das Forschungskollegium zu entsenden. Da aber niemand in Hamburg ansässig oder bereit war, alle 14 Tage dorthin zu reisen, baten die Mitglieder des Forschungsausschusses darum, ihnen vorläufig nur die Protokolle der Sitzungen zu übersenden und sie über auftretende Schwierigkeiten auf dem Laufenden zu halten.[34]

Erste Entscheidungen über die Elektronenstreuung

Die neue, verbindlichere Aufgabenstellung des Forschungskollegiums verlangte eine schriftlich festgehaltene Grundlage, eine Art Geschäftsordnung, in der zum Beispiel die Entscheidungskriterien für Ablehnungen von Experimenten und die Kompetenzen des Hallendienstleiters und des Strahlzeitkoordinators festgelegt werden müssten. Auch hier stellte sich die Erfahrung der vom CERN gewonnenen leitenden Wissenschaftler als hilfreich heraus; sie wußten bereits, wo in der Praxis Probleme entstehen würden. Ein Entwurf eines „internen Verfahrens zur Genehmigung von Experimenten" wurde im Mai und Juni 1964 in allen Gruppen informell diskutiert. Weber faßte die Ergebnisse dann am 19. Juni 1964 in einer Vorlage zusammen. Vieles darin war den wissenschaftlichen Regeln entnommen (an denen er wesentlichen Anteil gehabt hatte), einiges wurde neu konkretisiert, als wichtigster Punkt sicherlich der Prüfungsauftrag des Forschungskollegiums: Jeder Vorschlag sollte danach beurteilt werden, ob er 1.) vom physikalischen Standpunkt aus interessant; 2.) vom experimentellen Standpunkt aus durchführbar; und 3.) unter Berücksichtigung der technischen und finanziellen Randbedingungen in absehbarer Zeit zu verwirklichen schien. Als einziger Tagesordnungspunkt wurde für die zweite Sitzung des Forschungskollegiums festgelegt: Bis dahin vorliegende Anträge für Experimente. Das bedeutete, daß auch

[33]Jentschke an Schoch, 16.1.64, Protokoll FK, 7.2.64, Sc.

[34]Protokoll FK, 12.6.64 und 1.9.64, Sc; H. Winick, Report on Foreign Travel (von Anfang August 1964, d.Verf.), o.D., Hv.

die Gruppe F21 bis zum 8. Juli 1964 ein „proposal" auszuarbeiten hatte.[35]

Angesichts des bevorstehenden Aufbaus des Außenspektrometers wurde es sehr kurz gefaßt – knapp zwei Seiten für die Beantwortung von elf in den „Instruktionen für die Einreichung eines Zulassungsantrags für Experimente" gestellten Fragen. Bei den bereits begonnenen Experimenten waren Ablehnungen durch das Forschungskollegium angesichts des Stands der Vorbereitungen unwahrscheinlich. Das Experiment zur Elektronenstreuung wurde bereits auf der zweiten Sitzung am 8. Juli 1964 grundsätzlich genehmigt. Daß damit aber noch kein grünes Licht für das Meßprogramm gegeben war, zeigte die Aufforderung, für jede der beiden geplanten Generationen noch einen ausführlichen Antrag über die Ziele der Messung und den Bedarf an Maschinenzeit einzureichen.[36]

Die beiden Gruppen F21 und F31 waren die ersten, deren Experimente für einen Produktionsrun, so wurde die eigentliche Datennahme im Gegensatz zu Testmessungen genannt, bereit waren. Das kleinere und leichter bedienbare Experiment F31 bekam für den Monat August 1964 Priorität, F21 dann für den September, nach der Rückkehr aller Gruppenmitglieder aus den Ferien.[37]

Ein alternatives Elektronenstreuexperiment?

Ende August 1964, als sich die Gruppe F21 für ihre erste Strahlzeit rüstete, fanden die Mitglieder des Forschungskollegiums einen Vorschlag für ein zweites Experiment zur Elektronenstreuung in ihrer Post. Verfasser waren Hanns Krehbiel, Ulrich Meyer-Berkhout, ein vor kurzem vom CERN eingetroffener leitender Wissenschaftler, Klaus Steffen und Gustav Weber. So, wie sie sich ihr Experiment vorstellten, war es in vielen Punkten komplementär zu dem der Gruppe F21 um Brasse und Schopper:

Erstens sollte das Spektrometer an einem ejezierten Strahl aufgebaut werden. Dessen geringere Intensität begrenzte die Untersuchung zwar auf Streuwinkel θ_e unter 35°. Dafür war dieser Parameter aber auch nicht wie bei den Experimenten am internen Target grundsätzlich nach unten begrenzt.

Zweitens sollte das Spektrometer, vertikal und horizontal fokussierend, aus mehreren Dipol- und Quadrupolmagneten aufgebaut werden und daher eine besonders hohe Auflösung besitzen. Der gewählte „sloped-window"-Typ war Zweikörperprozessen, also auch der Elektronenstreuung, besonders angemessen. Ein weniger aufwendiges Spektrometer dieses Typs sah auch die Gruppe F21 für ihren Aufbau der 2. Generation vor.

Drittens sollten die Messungen von Beginn an in experimentelles Neuland vorstoßen und nicht zunächst im Detail experimentelle und apparative Probleme studieren.

---

[35] Protokoll FK, 12.6.64, Weber, Entwurf internes Verfahren zur Genehmigung von Experimenten, v.M., 19.6.64, Sc.

[36] Protokoll FK, 8.7.64, Brasse, Elastische Streuung von Elektronen an Protonen und Neutronen, Prop. 7, Fassungen 3.7.64 und 24.7.64, Jo.

[37] Protokoll FK, 10.7.64, Jo.

Abb. 15. Gentner, Hahn, Balke, Butenandt und Heisenberg bei der Einweihung des MPI für Kernphysik in Heidelberg (1962, Bildnachweis: MPI für Kernphysik).

Abb. 16. Das Innenspektrometer des Experiments der 1. Generation zur elastischen Elektronenstreuung, mit dem gestreute Elektronen nachgewiesen wurden. Vgl. dazu auch Abb. 14 (Bildnachweis: F. Brasse).

Die zwei Experimente zur Elektronenstreuung schienen eine interessante Perspektive zu eröffnen: Die Formfaktoren G_E und G_M werden aus Steigung $B(q^2)$ und Achsenabschnitt $A(q^2)$ der Rosenbluthgeraden bestimmt. Je weiter die verwendeten Meßpunkte auseinanderliegen, d.h. je größer bei festem Impulsübertrag q^2 der überstrichene Winkelbereich $\theta_{e\,\min} - \theta_{e\,\max}$ ist, desto kleiner ist der Fehler bei dieser sogenannten Trennung der Formfaktoren. Der Gruppe F 21 würde bei dieser Arbeitsteilung der Winkelbereich von 35° bis 180°, der Gruppe um Weber der bis 35° zufallen.[38]

Gegen den Vorschlag, bei DESY zwei Experimente zur Elektronenstreuung durchzuführen, konnten dennoch zwei Argumente vorgebracht werden: Bei C.E.A. wurde von der Wilson-Gruppe bereits ein Kleinwinkelexperiment am äußeren Strahl aufgebaut, dessen Ergebnisse ebensogut wie die erst später zur Verfügung stehenden Meßwerte der Weber'schen Gruppe mit DESY-Großwinkeldaten kombiniert werden konnten. Schließlich ist bereits darauf hingewiesen worden, daß der Protonenwinkel ϕ um so größer ist, je kleiner der Elektronenstreuwinkel θ_e ist. In Cambridge waren unter großem Winkel fortgestoßene Rückstoßprotonen, was kleinen Streuwinkeln für die (nicht nachgewiesenen) Elektronen entsprach, bereits erfolgreich mit einem modifizierten Elektronenspektrometer nachgewiesen worden. Auch die Gruppe F 21 hatte entsprechende Messungen für einen späteren Zeitpunkt auf dem Programm.[39]

Hinter dem Vorschlag, ein zweites Elektronenstreuexperiment aufzubauen, steckte jedoch mehr als der Wunsch, die Ergebnisse der Gruppe F 21 zu komplementieren. Die stark fokussierenden Spektrometer bei C.E.A. und Cornell hatten noch vor wenigen Jahre die jüngsten Fortschritte der Experimentiertechnik repräsentiert; mittlerweile hatte die Entwicklung auf diesem Gebiet nicht stillgestanden und zu komplexeren, höher auflösenden und mit geringeren Abbildungsfehlern arbeitenden Spektrometern geführt, die nicht mehr wie bei C.E.A. und in Cornell aus einem, sondern aus mehreren Magneten aufgebaut wurden[40].

---

[38] Weber und Meyer-Berkhout, Elastische und inelastische Elektron-Proton Streuung bei kleinen Winkeln und hohen Energien, Prop. 12, 28.8.64, Jo; W. Albrecht et al., Überblick, ... a.a.O.; W. Bartel et al., Nucl. Instr. Meth. 53:293(1967); vgl. auch [Ste65].

[39] C.E.A., Semi-Annual Report for the Period July 1st through December 31st, 1963, CEAL-1009, v.M., 17.1.64, C.E.A., Semi-Annual Report for the Period Jan 1st through June 30th, 1964, CEAL-1011, v.M., 21.7.64, DB; Brasse, ... Prop. 7, a.a.O.

[40] Die Teilchen, die eine Quelle (z.B. ein Target) verlassen, nehmen im sechsdimensionalen Phasenraum ein bestimmtes Volumen ein. Von Interesse sind vor allem die drei Impulskoordinaten, während der genaue Ort der Teilchenemission in der Quelle nur wenig interessiert. Ein Spektrometer ist ein Instrument, das Impulskoordinaten auf Ortskoordinaten abbildet: Der Ort des Teilchens hinter dem Spektrometer ist mit seinem Impuls vor dem Spektrometer korreliert. Schon ein einfacher Dipolmagnet ist im Sinne dieser Definition ein Spektrometer. Zur Impulsbestimmung muß allerdings die Bahn des Teilchens in drei Dimensionen gemessen werden. Dies ist, wie das Beispiel der Blasenkammer zeigt, bei der Datenaufnahme und Auswertung mit hohem Aufwand verbunden. Daher wird in einem Spektrometer in der Regel nicht die Bahn der Teilchen bestimmt, sondern es werden alle Teilchen gleichen Impulses auf gleiche Orte fokussiert und dort mit Szintillationszählern nachgewiesen. Wegen der Erhaltung des Phasenraumvolumens (Liouville'scher Satz) ist die Auflösung eines solchen Spektrometers jedoch begrenzt, denn

Weber hatte seit Beginn seiner wissenschaftlichen Laufbahn mit hochauflösenden Spektrometern gearbeitet und war daher dafür prädestiniert, diese Fortschritte in einem Experiment bei DESY einzuführen.

Seine Promotion hatte der leitende DESY-Wissenschaftler 1952/53 am Mainzer MPI für Chemie angefertigt. Dort beschäftigte sich eine Abteilung unter der Leitung von A. Flammersfeld mit der beta-Spektroskopie. Schon zu Beginn der fünfziger Jahre wurden in Mainz ausgefeilte Spektrometer verwandt, um die Energiespektren von Elektronen zu messen – Spektrometer, deren Dimensionen noch, der Energie der Elektronen von wenigen MeV entsprechend, in Zentimetern gemessen wurden. Nach einem zweijährigen Aufenthalt am California Institute of Technology hatte Weber sich der Hochenergiephysik zugewandt und 1957 eine Stelle am CERN angenommen. Dort wurde er durch seine Mitwirkung bei einem Experiment, das erstmals direkt die Lebensdauer des π^0 bestimmte, international bekannt. Im Wesentlichen hatte der Aufbau aus einem Positronenspektrometer hoher Auflösung und maximaler Rejektion schwerer Teilchen bestanden. 70 m lang, war es aus sechs Quadrupol- und drei Dipolmagneten zusammengesetzt worden.[41]

Zur Berücksichtigung neuester Fortschritte gesellte sich ein anderer, vom CERN geprägter Arbeitsstil. Im Gegensatz zu DESY mußte das Genfer Laboratorium von Anfang an einen führenden, wenn nicht den ersten Platz in der Hochenergiephysik beanspruchen. Als Zusammenschluß von 13 europäischen Nationen wäre etwas anderes undenkbar gewesen. Nach den Verwirrungen des Jahres 1960 hatte CERN allmählich Tritt gefaßt – Mitte 1961 waren bereits vier Blasenkammern in Betrieb und dazu eine steigende Zahl von Zählerexperimenten. Mit dem Forschungsprogramm wuchs der Wettbewerb um Strahlzeit, so daß tastendes und sich rückversicherndes Herangehen an ein Experiment, wie von der DESY-Karlsruhe-Kollaboration praktiziert, in Genf bald unmöglich wurde. 1964, als Weber von Genf nach Hamburg kam, lief bereits das Schlagwort von „truck-experiments" um, die an einer Universität oder einem nationalen Laboratorium vorbereitet, auf einen Lastwagen geladen, nach Genf transportiert und dort für eine genau und langfristig festgelegte Zeit Strahl bekommen sollten. Zu den steigenden Anforderungen an die Genauigkeit der Experimente und zu ihrer wachsenden Komplexität gesellte sich die Notwendigkeit, das Funktionieren

---

eine derartige Fokussierung von Teilchen entspricht einer Kompression des Phasenraumvolumens bezüglich der nichtfokussierten Phasenraumkoordinaten; daher muß in jedem Spektrometer der beobachtete Raumwinkel zugunsten der Auflösung eingeschränkt werden. Das ist dann mit einer Verringerung der Zählrate verbunden, da nur ein Bruchteil aller das Target verlassenden Teilchen in das Spektrometer eintritt. Die Qualität eines Spektrometers bemißt sich danach, wie stark der Fokus von anderen als den abgebildeten Impulskoordinaten abhängt. Durch geeignete Feldgradienten oder eine Kombination aus Dipol- und Quadrupolmagneten kann dieser Einfluß auf das durch den Liouville'schen Satz gegebene Minimum reduziert werden. Vgl. dazu und zu den Entwicklungen der frühen sechziger Jahre auf diesem Gebiet: W.K.H. Panofski, in: [DPG65, Bd.1, S. 138-154] und [Ste65].

[41] G. Weber, Zeitschrift für Naturforschung 9a:115(1954); G. Weber und J.B. Marion, Phys. Rev. 102:1355(1955); G.v. Dardel et al., Phys. Lett. 4:51(1963).

der Apparatur fast auf Knopfdruck sicherzustellen. Sich Schritt für Schritt an die Grenzen heranzutasten, indem eine Apparatur allmählich aufgebaut wurde, war bei CERN zumindest bei den Zählerexperimenten angesichts der knappen Strahlzeit und des beschränkten Platzes in den Experimentierhallen unmöglich. Im Februar 1964 wurde daher die Gesellschaft für Kernforschung in Karlsruhe vom Arbeitskreis Kernphysik um Unterstützung bei der Vorbereitung von truck-Experimenten gebeten; offensichtlich handelte es sich dabei um eine Aufgabe, die außerhalb der technischen und infrastrukturellen Möglichkeiten vieler Universitäten lag. DESY würde sich diesem neuen Stil auf die Dauer nicht entziehen können – im Gegenteil: Einer der Hauptgründe dafür, daß die Hälfte der leitenden Wissenschaftler von CERN berufen worden war, lag sicher in ihrer diesbezüglichen Erfahrung.[42]

Meyer-Berkhout war von 1956 bis 1958 in Stanford gewesen. Von seiner Ausbildung her Kernphysiker wie Weber, hatte er dort mit Hofstadter und einem weiteren Deutschen, Heinz Ehrenberg, die Ladungsverteilungen in komplexen Kernen gemessen. Die Jahre 1962 bis 1964 hatte er dann bei CERN verbracht. Seine Erfahrungen aus Stanford prädestinierten ihn für die Mitarbeit in der Gruppe F21; sein schon in Genf geplanter Wechsel zur Gruppe F22, mit diesem Kürzel war Webers Arbeitsgruppe belegt worden, beleuchtet das Dilemma, in dem sich das experimentelle Programm des DESY befand: Das hochauflösende Spektrometer am externen Strahl würde keineswegs vor Ende 1965 oder Anfang 1966 fertiggestellt sein, selbst wenn es zum größten Teil aus Normalmagneten aufgebaut würde. Gleichzeitig wurde die Gruppe F21 durch Meyer-Berkhouts Wechsel geschwächt. Dort waren überhaupt nur noch fünf ortsansässige Wisenschaftler tätig, von denen zwei, Steffen und Brasse, sich dem Experiment wegen ihrer Verpflichtungen in E-Gruppen nur mit halber Kraft widmen konnten.[43]

Sechs Experimente zur Elektronenstreuung

Umgekehrt konnte natürlich auf die notwendige Schwerpunktbildung und die förderliche Wirkung der Konkurrenz von Arbeitsgruppen mit ähnlicher Zielsetzung verwiesen werden. Im Laufe des Herbst 1964 trafen aber weitere Vorschläge für Elektronenstreuexperimente ein: Schopper und einige seiner Karlsruher Mitarbeiter planten die Formfaktoren des Neutrons mittels Elektron-Deuteron-Streuung zu messen. Dafür sollte eine vollkommen neue Apparatur an einem externen Strahl aufgebaut werden, in der die gestreuten Elektronen in Funkenkammmern und daher mit hoher Ortsauflösung nachgewiesen würden. Aus Italien, von der Universität Pisa und dem INFN Frascati, kam ein Vorschlag zur Messung von Po-

---

[42][ECF63, S. 13]; Protokoll AK Kernphysik DAtK, 24.2.64, DAs; Heisenberg an GfK (Schnurr), 28.2.64, GfK (Schnurr) an Heisenberg, 25.3.64, He; Memorandum, Förderung der Forschungsarbeiten deutscher Wissenschaftler auf dem Gebiet der Hochenergiephysik, v.M., 13.5.65, Ci.

[43]H.F. Ehrenberg et al., Phys. Rev. 113:666(1959); Meyer-Berkhout an Jentschke, 20.10.61, DAs; Protokoll FK, 23.11.64, Jo.

larisationseffekten in der Elektron-Nukleon Streuung. Es handelte sich zunächst allerdings nur um eine Absichtserklärung, da nicht klar war, ob das Experiment technisch überhaupt realisierbar war. Schließlich schlugen einige DESY-Mitarbeiter, mit Hans Hultschig von der Gruppe F21 als Sprecher, vor, den Wirkungsquerschnitt der Elektron-Proton-Streuung mit dem der Positron-Proton Streuung zu vergleichen. Der Rosenbluth-Formel liegt die Annahme zugrunde, daß beim Streuprozeß nur ein Photon ausgetauscht wird. Wenn Zwei-Photon Prozesse zum Wirkungsquerschnitt beitrügen, würde sich das in unterschiedlichen Wirkungsquerschnitten für Elektronen und Positronen bemerkbar machen. Mitte Oktober 1964 lagen, wenn man die beiden Generationen der Gruppe F21 als zwei getrennte Experimente zählt, daher insgesamt sechs „proposals" zur elastischen Elektronenstreuung vor, von denen erst eines, das der DESY-Karlsruhe-Kollaboration, grundsätzlich genehmigt worden war.[44]

Alle sechs Experimente parallel durchzuführen hätte zweifelsohne bedeutet, der Elektronenstreuung einen zu großen Anteil am Gesamtprogramm zuzuweisen. Alleine in den Vorschlägen der beiden Gruppen F21 und F22 wurde um 3000 Stunden Strahlzeit ersucht. Ab Oktober 1964 standen für alle Experimente zusammen 64 Stunden Strahlzeit pro Woche zur Verfügung; schon von dieser Seite aus würden sich beim dritten Prüfpunkt des Forschungskollegiums – ist das Experiment unter Berücksichtigung der technischen und finanziellen Randbedingungen in absehbarer Zeit zu verwirklichen? – Probleme ergeben. Außerdem konnte die Messung der Formfaktoren des Neutrons und die Suche nach Zwei-Photon-Beiträgen in der Elektronenstreuung ebenso gut von den Gruppen F21 und F22 im Anschluß an die Messungen der Elektron-Proton-Streuung gemacht werden.[45]

Technische Inkompatibilitäten

Nach dem Verfahren zur Genehmigung von Experimenten waren die vorliegenden „proposals" auf drei Punkte hin zu überprüfen. *Physikalisches Interesse* an ihnen zu verneinen, war kaum möglich; in dem gerade zur Veröffentlichung eingereichten Artikel von Wilson über die Struktur des Protons wurde allen drei noch nicht genehmigten Vorschlägen große Relevanz zugesprochen. Auch ihre prinzipielle *experimentelle Durchführbarkeit* anzuzweifeln wäre angesichts der schnellen Fortschritte der Experimentiertechnik gewagt gewesen. Das Forschungskollegium konzentrierte sich bei der Beurteilung daher vorrangig auf die *technischen Randbedingungen.*[46]

Nur die Gruppe F21 wollte an einem internen Strahl messen, alle vier neu

[44]Protokoll FK, 8.7.64 und 23.11.64, G. Hartwig, Quasielastische Streuung von Elektronen an Deuteronen, Prop. 14, 24.9.64, Übersicht der Experimente bei DESY, v.M., 15.5.66, Jo; H. Hultschig, Elastische Streuung von Positronen an Protonen, Prop. 15, 24.9.64, E. Amaldi, e-P-Polarisation, Prop. 26, o.D., DB.

[45]Protokoll FK, 1.9.64, Jo.

[46][WL64, S. 154-161]; vgl. S. 130.

vorgeschlagenen Spektrometer sollten an externen Strahlen aufgebaut werden. Der niedrige Untergrund in den Experimentierhallen, die großzügigeren Platzverhältnisse, die Möglichkeit, Faradaybecher anstelle der Quantameter zu verwenden, all dies waren Gründe, die für ein Experiment an einem ejezierten Elektronenstrahl sprachen. Im Herbst 1964 standen bei DESY jedoch ausschließlich externe γ-Strahlen zur Verfügung. Die Erprobung der Ejektion war für Anfang 1965 vorgesehen. Selbst wenn die ersten Tests erfolgreich verliefen, reichte der Bestand an Strahlführungsmagneten und vor allem an Stromversorgungen nur für einen einzigen ejezierten Strahl aus. Das Forschungskollegium sah hierin den eigentlichen Engpaß und kümmerte sich in den Monaten Oktober und November 1964 intensiv um seine Beseitigung oder zumindest die Linderung seiner Konsequenzen. So war es denkbar, daß der externe Strahl in der Experimentierhalle geteilt wurde, so daß auf Kosten des in der Halle verfügbaren Platzes zwei Experimente von ihm versorgt würden. Durch die Bitte an den Hallendienst, alle denkbaren Lösungen sorgfältig abzuwägen, wurde zugleich Zeit für Gespräche gewonnen, die die Verringerung der Zahl der Gruppen zum Ziel hatten: Das Forschungskollegium regte an, daß die Karlsruher und die italienische Gruppe ihre Messungen an einer gemeinsamen Apparatur durchführten. Diese Strategie zeitigte jedoch keine sichtbaren Erfolge; die Anzahl der vorgeschlagenen experimentellen Aufbauten verringerte sich nicht, obwohl beide Gruppen eine Zusammenarbeit verabredeten.[47]

Dafür gab es bei der Führung des externen Strahls eine überraschende Lösung. Degèle gab am 16. November 1964 im Forschungskollegium bekannt, daß im Januar 1965 neue Stromversorgungen geliefert würden, so daß prinzipiell in beiden Experimentierhallen ein Elektronenstrahl verfügbar sein würde – allerdings nicht sofort, weil Test und Optimierung der Ejektion nur mit einem Strahl durchgeführt werden sollten. Wegen der anstehenden Kabelverlegungen bat Degèle darum, umgehend die Halle zu bestimmen, in die dieser erste ejezierte Strahl gelenkt werden sollte.[48]

Der Kompromiß

Diese Entscheidung lag außerhalb der Kompetenzen des Forschungskollegiums, selbst bei Berücksichtigung ihrer Auswirkungen auf die Experimente. So wurde am 7. Dezember 1964 noch einmal das Für und Wider beider Möglichkeiten zusammengestellt, ohne daß die Diskutanten selbst zu einer einheitlichen Meinung kamen, und an das Direktorium weitergeleitet. Zugleich genehmigte das Forschungskollegium den Vorschlag der Gruppe F22; die Direktoren würden sich der Angelegenheit also unverzüglich anzunehmen haben. Die Entscheidung über die anderen Experimente wurde vertagt, weil entweder noch kein schriftlich aus-

[47]Protokoll FK 1.9.64, 14.10.64 und 2.11.64, Jo.

[48]Protokoll FK, 16.11.64 und 7.12.64, Jo.

gearbeiteter Vorschlag vorlag, sondern nur eine Absichtserklärung, oder aber das Forschungsseminar noch nicht stattgefunden hatte.[49]

Die Entscheidung über die Lage des externen Strahls wurde in den etwas ruhigeren Tagen zwischen Weihnachten 1964 und Neujahr 1965 von Jentschke getroffen. Danach würde der ejezierte Strahl, so wie es Weber gewünscht hatte, zuerst in Halle I geleitet werden. Dort würde aber nur ein Testaufbau des großen F22-Spektrometers errichtet werden, zwar aus allen vorgesehenen Magneten und Zählern bestehend, aber unbeweglich auf dem Boden und nicht auf einer schwenkbaren Lafette aufgebaut. Das ermöglichte ihn abzuschirmen und hielt daher auch während der Testmessungen den Zugang zur Blasenkammer frei. Später würde das Spektrometer dann in Halle II umziehen müssen, wo es auf der Lafette aufgebaut und für die Produktionsmessungen vom zweiten ejezierten Strahl versorgt werden würde. Damit würde der Testplatz zum Beispiel für die Karlsruher Gruppe frei.[50]

Implizit waren mit dieser technischen Entscheidung auch physikalische Prioritäten gesetzt worden: Zunächst würden bei DESY Übersichtsmessungen zur Elektronenstreuung den Vorrang haben; spezielle Aspekte konnten im Anschluß daran zum Zuge kommen. Die italienische Gruppe verzichtete schließlich darauf, ein detailliertes „proposal" einzureichen, weil die experimentelle Durchführbarkeit ihres Vorschlags letztlich von ihr selbst verneint werden mußte. Der Vorschlag, elastische Positron-Proton und Elektron-Proton Streuung zu vergleichen, wurde im Frühjahr 1965 abgelehnt, weil dieses Experiment in einigen Jahren, wenn ein leistungsfähigerer Injektorlinac zur Verfügung stehen würde, mit höherer Präzision und geringerem Aufwand durchführbar schien. Das Karlsruher Experiment passierte dagegen alle Hürden des Genehmigungsverfahrens; allerdings erforderten die digitalisierten Funkenkammern[51], in denen die gestreuten Elektronen nachgewiesen werden sollten, noch viel Entwicklungsarbeit, so

[49]Protokoll FK 7.12.64, Jo.

[50]Protokoll FK, 18.1.65, Jo; JB 65, S. 3.11 und 3.30.

[51]Eine Funkenkammer besteht aus einem Stapel Metallplatten mit einem Abstand von etwa einem Zentimetern zwischen den Platten. Wenn an den Stapel ein Hochspannungspuls so angelegt wird, daß je zwei benachbarte Platten unterschiedliche Polarität haben, folgen die Spuren der Überschläge zwischen den Platten der Bahn eines die Funkenkammer durchquerenden schnellen Teilchens. Die Blitze können photographiert werden; die Auswertung geschieht ähnlich wie bei einer Blasenkammer. Man kann die Metallplatten durch Gitter aus parallel gespannten Drähten ersetzen, so daß in denjenigen Drähten, zwischen denen Funken übergesprungen sind, ein Stromstoß gemessen wird. In der Praxis wurde die Information, welche Drähte den Funken getragen hatten, in Magnetkernen gespeichert, wie sie auch in den Speichern von elektronischen Rechenmaschinen Verwendung fanden. Zwischen den einzelnen Pulsen des Beschleunigers konnte die Speichereinheit einer solchen digitalisierten Drahtfunkenkammer dann auf ein Magnetband gelesen werden. Neben dieser klassischen wurden zahlreiche weitere Methoden entwickelt, um Signale aus Funkenkammern in einen Computer einlesen zu können. J.W. Keuffel, Phys. Rev. 73:531(1949); T.E. Cranshaw und J.F. deBeer, Nuov. Cim. 5:1107(1957); S. Fukui und S. Miyamoto, Nuov. Cim. 11:113(1959); Informal Meeting on Filmless Spark Chamber Techniques and Associated Computer Use, CERN 64-30; vgl. auch W.A. Wilson: Spark Chambers, in Annual Review of Nuclear Science, Volume 14, 1963, S. 205-238.

daß das Experiment sich noch für geraume Zeit nicht mit dem der Gruppen F 21 und F 22 kreuzen würde.

Die ersten Koinzidenzen

Der Aufbau der 1. Generation der Gruppe F 21 war von all diesen Entscheidungen kaum betroffen. Am Ende der Sommerpause war das Außenspektrometer fertig aufgebaut und wurde von September 1964 bis November 1964 während 152 Stunden Strahlzeit in Betrieb genommen. Brasse konnte im September Meßkurven des Innenspektrometers präsentieren, auf denen der elastische peak sich einwand-

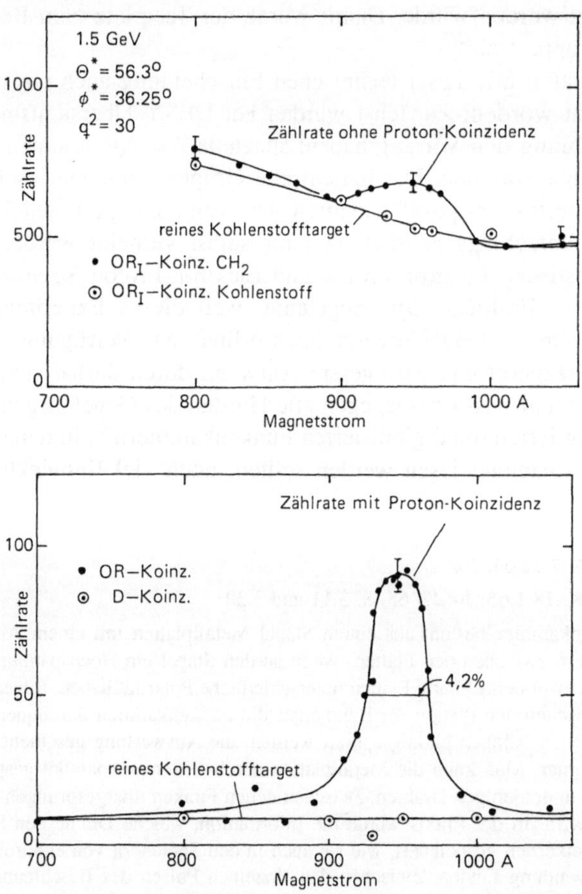

Abb. 17. Die ersten Elektron-Proton Koinzidenzen der Gruppe F 21 (1964). Auf der Abszisse ist der Strom im Quadrupol (der proportional zum Impuls der gestreuten Elektronen ist) aufgetragen, auf der Ordinate die gemessene Zählrate. Oben ist eine Einarmmessung, unten eine Koinzidenzmessung wiedergegeben. Beide Diagrammen enthalten auch die Meßwerte für ein reines Kohlenstofftarget, aus denen auf den Anteil des Untergrunds geschlossen werden kann, der dem Kohlenstoffanteil des CH_2 Targets zuzuordnen ist. Nach JB64, S.3.3f.

frei aus dem Untergrund hervorhob. Der Nachweis von Koinzidenzen war jedoch noch nicht gelungen. Der Wunsch der Gruppe, mit dem Aufbau der 2. Generation beginnen zu dürfen, wurde daher vom Forschungskollegium zurückgestellt; darüber könne erst gesprochen werden, wenn das Protonenbein funktioniere und Koinzidenzmessungen bis zu Impulsüberträgen von $100\,F^{-2}$ vorlägen. Bis zum Jahresende wurden Brasses Gruppe von Weber, der die Aufgabe des Strahlzeitkoordinators nunmehr endgültig übernommen hatte, weitere 176 Stunden Strahlzeit zugeteilt, mehr als die Hälfte dessen, was insgesamt zu vergeben war. Die ersten Koinzidenzmessungen (vgl. Abb. 17) machten dann kurz vor Weihnachten 1964 die Runde und zeigten jedermann deutlich, welcher Erfolg damit gelungen war: Das Verhältnis des Signals zum Untergrund hatte sich gegenüber den Einarmmessungen um den Faktor 40 verbessert – der elastische peak war jetzt 10 mal höher als der Untergrund, er dominierte klar und eindeutig alle Meßkurven. Die Koinzidenzmessungen zeigten gleichzeitig, daß die Hauptquelle des Untergrunds im verwendeten Targetmaterial – Polyäthylen – zu suchen war. Kohlenstoffkerne boten den Elektronen ein viel größeres Ziel als Protonen, so daß die meisten Elektronen, die das Spektrometer passierten und dem Untergrund zuzuordnen waren, inelastisch an C-Kernen gestreut worden waren. Bei höheren Energien und Impulsüberträgen nahm dieser Untergrund noch zu, wie die Wilson-Gruppe bei C.E.A. bereits gezeigt hatte. Alternativ zum koinzidenten Nachweis der Protonen gab es daher noch einen zweiten Weg zu seiner Unterdrückung: Ein Target aus flüssigem Wasserstoff, in dem den Elektronen als Streuzentren keine anderen Kerne als Protonen angeboten wurden. In die Vakuumkammer des Beschleunigers und damit in unmittelbare Nähe großer elektrischer Anlagen eine mit flüssigem Wasserstoff gefüllte Zelle zu setzen, zumal möglichst geringer Wandstärke, das setzte jedoch die einwandfreie Beherrschung der Tieftemperaturtechnik voraus – was bei DESY durch den Transfer der in Saclay gewonnenen Erfahrungen erst seit kurzem der Fall war.[52]

Nach einmütiger Auffassung des Forschungskollegiums nahm sich die Gruppe F 21 zu viel auf einmal vor: Gleichzeitiger Aufbau von zwei Experimentegenerationen, Inbetriebnahme des Protonenbeins mit dem Cerenkovzähler, Umbau des Außenspektrometers für den Nachweis von Elektronen und schließlich den Einbau eines Targets aus flüssigen Wasserstoff in den Beschleuniger. Dem Wunsch der Gruppe, ihre Apparatur so schnell wie möglich weiter auszubauen, stand vor allem entgegen, daß jetzt Resultate vorlagen: Bis Ende Januar 1965 waren bei vier Impulsüberträgen sehr schöne Koinzidenzmessungen gemacht worden; die daraus extrahierten Wirkungsquerschnitte lagen nahe den in Cornell und bei C.E.A. gemessenen Werten. Es kam von nun an darauf an, zwischen dem Interesse nach Komplettierung des Spektrometers und dem Gesamtinteresse nach weiteren experimentellen Resultaten einen goldenen Mittelweg zu finden – eine Aufgabe, deren Lösung das Forschungskollegium der Gruppe F 21 nicht alleine überlassen

[52]H. Winick, report ... , a.a.O.; Protokoll FK, 23.11.64 und 22.2.65, Vermerke Degèle, Zusammenstellung über die Maschinenzeit, v.M., 3.7.64, 28.9.64, 8.12.64 und 6.1.65, Jo; JB64, S. 3.6ff.

wollte. Ab Februar 1965 mischte es sich auch in Details des Meßprogramms ein, indem es Strahlzeit nur noch in kleinen Portionen zuteilte und jeweils mit der Aufforderung an Brasse verband, im Anschluß an jede Meßreihe über die erzielten Fortschritte zu berichten.[53]

Exkurs: Die Suche nach dem schweren Elektron

Der erfolgreiche Verlauf der vergangenen Strahlzeiten hatte der Gruppe F21 sogar Mut gemacht, neben dem weiteren Ausbau der 1. Generation neue Experimente zu beantragen. Sie schlug im Februar 1965 vor, daß die 2. Generation des Experiments ab sofort von zwei Mitgliedern der Gruppe, W. Albrecht und Werner Flauger, aufgebaut werden sollte. Die beiden würden von Sommer 1965 an personelle Verstärkung erhalten. Wie schon drei Monate zuvor wurde der Gruppe F21 vom Forschungskollegium jedoch nahegelegt, sich zunächst ausschließlich um den Abschluß der 1. Generation zu kümmern. Anders verhielt es sich mit einem zweiten Vorschlag, der vier Wochen später (am 25. März 1965) eingereicht wurde: Mit dem Spektrometer der 1. Generation, und ohne vorher daran Umbauten durchzuführen, sollte die Existenz eines schweren Elektrons geprüft werden. Bei C.E.A. hatte Francis M. Pipkin Anfang 1965 bekanntgegeben, daß seine Gruppe Abweichungen von der Quantenelektrodynamik gemessen habe – Details werden im nächsten Abschnitt geschildert. Als die Ergebnisse im April 1965 erstmals veröffentlicht wurden, zirkulierten bereits zahlreiche Spekulationen theoretischer Physiker über mögliche Gründe für die Meßergebnisse. F.E. Low vom MIT ordnete sie der Existenz eines schweren Elektrons zu, das nach sehr kurzer Lebensdauer unter Aussendung eines γ-Quants (vgl. Abb. 18) in ein normales Elektron zerfiele. Die Apparatur der Gruppe F21 war, weil die Protonenkoinzidenz jetzt funktionierte, für eine Suche nach einem derartigen Teilchen gut geeignet:[54]

Wenn in einem Experiment beide am Streuprozeß beteiligten Teilchen nachgewiesen werden, können Abweichungen von einem reinen Zweikörperprozeß – z.B. die Verwandlung des einlaufenden Elektrons in ein schweres Elektron – leicht nachgewiesen werden. In diesem Fall wird – bei festgehaltenem Streuwinkel θ_e – das Proton nämlich zu kleineren Winkeln ϕ als bei der elastischen Streuung von Elektronen weggestoßen: Für eine Suche nach einem schweren Elektron werden die beiden Spektrometerarme daher zunächst auf den Nachweis elastischer Streuung eingestellt. Anschließend wird der Protonenarm schrittweise zu kleineren Winkeln ϕ geschwenkt. Die Protonenzählrate sinkt wegen der Ver-

[53] H.J. Behrend et al., Electron-Proton Coincidence Measurements, DESY 65/3; Protokoll FK, 22.2.65, 8.3.65, 16.6.65, 23.7.65 und 9.9.65, Jo.

[54] F21 (Albrecht et al.), Antrag auf Erweiterung eines Experiments – Elektronenstreuung am Target 22, Prop. 23, 24.2.65, Protokoll FK, 23.11.64 und 22.2.65, F21, Antrag auf Genehmigung eines Zusatzexperiments: Nachweis eines schweren Elektrons, Prop. 24, 25.3.65, Jo; R.B. Blumenthal, Ph.D. Thesis, Harvard University, Januar 1965; F.E. Low, Phys. Rev. Lett. 14:238(1965); R.B. Blumenthal, Phys. Rev. Lett. 14:660(1965); vgl. S. 160-179.

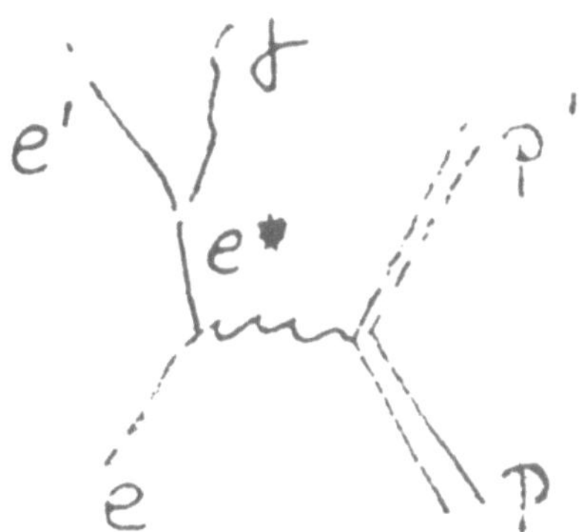

Abb. 18. Feynmangraph der Erzeugung eines schweren Elektrons im Feld eines Protons sowie des nachfolgenden Zerfalls in ein normales Elektron und ein Photon. Faksimile aus: F 21, Antrag ... , a.a.O.

letzung der kinematischen Bedingungen stark ab; wenn das schwere Elektron existiert, steigt sie jedoch bei einem bestimmten Winkel plötzlich wieder an und in der Koinzidenzzählrate wird ein peak sichtbar. Bei C.E.A. gab es kein Doppelarmspektrometer wie das der Gruppe F 21. Obwohl die Gruppe von Henry Kendall vom MIT versuchte, die Rückstoßprotonen alleine – also nicht in Koinzidenz mit dem Elektron – nachzuweisen, schien ein Experiment bei DESY wegen seines geringeren Untergrunds von großem Interesse zu sein.[55]

Dennoch empfahl sich ein Target aus flüssigem Wasserstoff, weil inelastische Streuprozesse an den Kohlenstoffkernen in einem Polyäthylen-Target die Untergrundrate erhöht hätten. Hans Pingel, ein Physiker aus Steffens Strahl-führungsgruppe, hatte ein solches Target im Frühjahr 1965 praktisch fertiggestellt; ob es unter normalen Betriebsbedingungen zuverlässig laufen würde, war jedoch noch nicht geprüft worden. Da der Vorschlag der Gruppe F 21 aber auch noch das Forschungsseminar passieren mußte, das für den 30. April 1965 angesetzt worden war, blieb für die Beantwortung dieser Frage einige Wochen Zeit. An der Diskussion über die besten kinematischen Bedingungen für das Experiment beteiligten sich auch Hans Joos und Fritz Gutbrod von der Theoriegruppe. Es kam schließlich heraus, daß die beiden Spektrometerarme am besten ihre Funktionen vertauschten, das Innenspektrometer also Protonen und das Außenspektrometer Elektronen nachweisen würde. Da beide Arme mittlerweile mit Schauerzählern ausgerüstet worden waren, bereitete dieser Funktionswechsel kaum praktische Schwierigkeiten.[56]

Nachdem das Wasserstofftarget im Juni 1965 erfolgreich getestet worden war und auch der genaue experimentelle Aufbau feststand, konnte das Experiment im Juli 1965 beginnen. Weber wies der Gruppe zunächst 7 Schichten Strahlzeit zu,

---

[55] F21, Antrag ... , a.a.O.; C.E.A., Semi-Annual Report for the Period January 1 through June 30, 1965, CEAL-1023, v.M., 22.9.65, DB.

[56] F21, Antrag ... , a.a.O.; Protokoll FK, 20.4.65 und 16.6.65, Jo; H.J. Behrend et al. Phys. Rev. Lett. 15:900(1965); JB65, S.3.3.

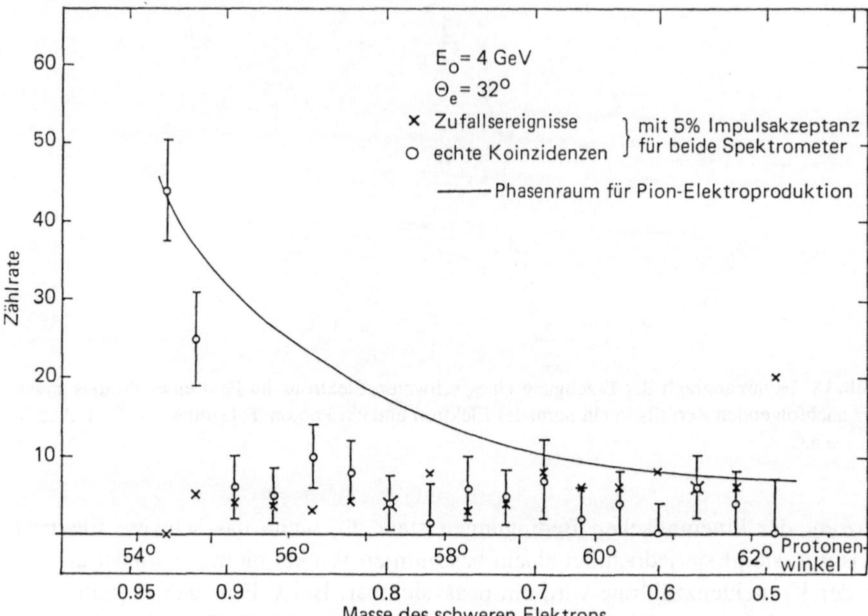

Abb. 19. Bei der Suche nach einem schweren Elektron erhaltene Meßwerte. Auf der Abszisse ist der Streuwinkel der Rückstoßprotonen θ_p, sowie die entsprechende Masse eines schweren Elektrons, und auf der Ordinate die gemessene Zählrate aufgetragen. Kreuze bezeichnen zufällige, Kreise echte Elektron-Proton-Koinzidenzen. Die durchgezogene Linie gibt die theoretisch berechnete Winkelverteilung von Rückstoßprotonen an, in deren Feld ein inelastisch gestreute Elektron ein Pion erzeugt hat. Nach DESY 65/9.

so daß sie am 23. Juli 1965 auf einem Forschungsseminar über die ersten Ergebnisse berichten konnte: Nach den Messkurven sah es wirklich so aus, als ob Low mit seiner Idee von einem schweren Elektron recht haben könnte. Die Rate der Elektron-Proton-Koinzidenzen stieg stark an, wenn das Protonenspektrometer näher als 55° an das Synchroton geschwenkt wurde (vgl. Abb. 19); leider konnte es nur bis 54° herangefahren werden, so daß die Prüfung der Hypothese, daß es sich bei dem Anstieg um die Flanke einer Linie handelte, nicht möglich war. Gegen diese Hypothese sprach vor allem, daß zu kleineren Winkeln aufgrund inelastischer Streuprozesse ohnehin ein Anstieg der Zählrate erwartet wurde – allerdings weniger hoch als von der Gruppe F21 gemessen und mit einem sanfteren Anstieg. Es wäre gefährlich gewesen, bei derart widersprüchlichen Interpretationsmöglichkeiten bereits an die Veröffentlichung der Meßergebnisse zu denken. Im Anschluß an das Seminar lud das Forschungskollegium alle Mitglieder der Gruppe F21 zur Besprechung des weiteren Vorgehens ein. Während der Strahlzeit waren neben der Suche nach dem schweren Elektron auch die Messungen zur elastischen Streuung fortgesetzt worden. Die Statistik der Meßreihe zum schweren Elektron hätte deshalb besser sein können. In vier Wochen – am Wochenende 21./22. August 1965 – standen außerplanmäßig sieben Schichten

Strahlzeit zur Verfügung. Unter der Bedingung, daß nicht wieder zwei Sachen auf einmal gemacht würden, wurden fünf dieser sieben Schichten angeboten.[57]

Meistens erweisen sich Spekulationen über Ursachen anomaler experimenteller Daten als haltlos. Die Gründe liegen entweder beim Experiment – wo eine bessere Statistik oder die Beseitigung systematischer Fehler den gemessenen Effekt nur zu oft verschwinden lassen – oder in einer Erklärung des Effekts mittels bestehender und auf ihren Gültigkeitsbereich geprüfter Theorien. Dieser zweite Fall scheidet bei der Beobachtung von Abweichungen von der Quantenelektrodynamik allerdings aus, weil diese Theorie die Wechselwirkung von Elektronen und Photonen bei jeder Energie mit beliebiger Präzision vorhersagt. Von daher erklärt sich auch das große Interesse an experimentellen Falsifikationen der QED, weil jede Evidenz dafür – wenn sie nicht auf einen Fehler des Experimentators zurückgeführt werden kann – nicht einfach durch eine andere Wahl freier Parameter in der Theorie repariert werden kann, sondern tatsächlich ein ganzes Theoriegebäude ins Wanken bringt. In der Veröffentlichung der Pipkin-Gruppe über die bei C.E.A. beobachtete Abweichung von der QED war daher ausdrücklich darauf hingewiesen worden, daß die Messungen mit den Ergebnissen verwandter Experimente in Widerspruch stünden und weiterer Prüfung bedürften. Dennoch wurden sie so schnell wie möglich bekannt gemacht. Bei DESY wurde dieser Fehler nicht begangen; nachdem am Wochenende 21./22. August 1965 neue kinematische Bedingungen eingestellt worden waren, stellte sich schnell heraus, daß der beobachtete Anstieg der Protonenrate von inelastichen Streuprozessen herrühren mußte: Bei 4,5 GeV und 5,5 GeV Elektronenenergie und weiterhin konstantem Streuwinkel θ_e verschwand die Linie, deren „Flanke“ bei 4 GeV Elektronenenergie noch so eindeutig sichtbar gewesen war; bei den höheren Energien hätte das Signal eines schweren Elektrons vollständig im Schwenkbereich des Protonenspektrometers gelegen. Worauf war der plötzliche Anstieg der Protonenrate dann zurückzuführen? Nachdem eine kurze Meßreihe über die Winkelverteilung von Rückstoßprotonen bei inelastischen Streuprozessen mehr Fragen aufgeworfen hatte, als sie zur Klärung beitragen konnte, wandte die Gruppe F 21 sich wieder der elastischen Elektronenstreuung zu. Der Kendall-Gruppe bei C.E.A. war es nicht anders ergangen; sie verkündete bereits im Juli 1965, daß die Suche nach dem schweren Elektron erfolglos geblieben war. Die theoretischen Spekulationen über die Ergebnisse der Pipkin-Gruppe rissen dennoch nicht ab. Im nächsten Abschnitt wird die Auflösung der Widersprüche im Zusammenhang geschildert werden.[58]

---

[57] Protokoll FK, 16.6.65, 13.7.65, 19.7.65 und 23.7.65, Jo; Maschinenzeitstatistik 1965, DESY-S1-11, v.M., 20.6.66, DB; H.J. Behrend et al., Phys. Rev. Lett. 15:900(1965).

[58] Protokoll FK, 23.7.65, Jo; M.S. Livingston, Summary of Research Operations at the Cambridge Electron Accelerator, CEAL-1026, v.M., 20.1.66, DB; R.B. Blumenthal et al., Phys. Rev. Lett. 14:660(1965); H.J. Behrend et al., Phys. Rev. Lett. 15:900(1965).

Eine überraschende Wende

Trotz ihres negativen Ergebnisses hatte die Suche nach dem schweren Elektron auch einen positiven Aspekt: Das Target aus flüssigem Wasserstoff hatte im Juli und August 1965 seine Feuerprobe bestanden. Der Untergrund sank soweit ab, daß es bei den weiteren Experimenten möglich war, ganz auf den koinzidenten Nachweis der Protonen zu verzichten. Es blieb allerdings auch gar keine andere Wahl, weil der für das Protonenbein vorgesehene Cerenkovzähler trotz zahlreicher Anstrengungen nicht wie vorgesehen funktionierte. Auf das Protonenbein wurde deshalb schließlich verzichtet. Mit dem Target aus flüssigem Wasserstoff war nun auch das Außenspektrometer frei geworden und hätte eigentlich abgebaut werden können. Die Maschinenbetriebsgruppe beschwerte sich schon seit langem darüber, daß es ihr bei den Wartungsarbeiten im Weg stand. Es blieb trotz der Widerstände von dieser Seite an seinem Platz, weil es mittlerweile eine andere sehr nützliche Funktion wahrnehmen konnte. Durch die Messungen aus Orsay und Stanford war der elastische Streuquerschnitt bei niedrigem Impulsübertrag q^2 und kleinem Streuwinkel θ_e gut bekannt – besser als die Kalibrationskonstante des DESY-Quantameters. Aus der Rate der Rückstoßprotonen im Außenspektrometer konnte daher die effektive Intensität des Elektronenstrahls mit höherer Genauigkeit bestimmt werden als mit einem Quantameter. Von Oktober 1965 bis Januar 1966 wurden der Gruppe F21 200 Stunden Strahlzeit zugewiesen. Es gelang, den elastischen Streuquerschnitt bei acht Impulsüberträgen zwischen $10\,F^{-2}$ und $110\ F^{-2}$ und bei jeweils bis zu acht Streuwinkeln zu bestimmen. Der Fehler entsprach dem der Gruppen bei C.E.A. Die Experimente der 1. Generation waren damit abgeschlossen.[59]

Das Ziel, mit der Wilson-Gruppe am C.E.A. gleichzuziehen, war erreicht. Allerdings war in Cambridge das Spektrometer am internen Strahl bereits Mitte 1964 außer Betrieb genommen worden. Von einem neuen Experiment an einem externen Strahl erhoffte man sich dort, wie auch in der DESY-Gruppe F22, einen verringerten Untergrund und daher die Möglichkeit, auch noch bei sehr hohen Impulsüberträgen und damit kleinen Zählraten die Wirkungsquerschnitte bestimmen zu können. Auf der Lepton-Photon Konferenz im Juni 1965 konnte Wilson den ersten mit der neuen Apparatur gewonnenen Meßpunkt zeigen. Alle Pläne bei C.E.A. lösten sich jedoch in der Nacht vom 4. auf den 5. Juli 1965 in Nichts auf: Eine große von C.E.A. und MIT gemeinsam gebaute Wasserstoffblasenkammer explodierte bei ihrer erstmaligen Inbetriebnahme in der Experimentierhalle. Sieben Personen wurden verletzt, ein Techniker starb kurze Zeit später im Krankenhaus. Das Flachdach der Experimentierhalle wurde von der Explosion angehoben, fiel anschließend auf seine metallenen Träger zurück, zerbrach und trommelte in Stücken auf den Hallenboden. Der reichlich verwandte Teer gab den Flammen zusätzliche Nahrung, so daß praktisch alle in der Halle aufgebauten Experimente zerstört wurden. Insgesamt acht Monate ruhte der Be-

[59] Protokoll FK, 22.2.65, 8.3.65, 16.6.65, 9.9.65 und 22.12.65, Jo; Maschinenzeitstatistik 1965, ... , a.a.O.; H.J. Behrend et al., Nouv. Cim. A48:140(1967).

trieb bei C.E.A. Das gab DESY die unerwartete Gelegenheit, den Zeitvorsprung des C.E.A. von ursprünglich zwei Jahren weiter aufzuholen: Anfang 1966, als in Cambridge die sichtbaren Folgen der Katastrophe beseitigt waren, näherte sich in Hamburg der Aufbau der beiden Experimente seiner Vollendung, mit denen an die Spitze der internationalen Konkurrenz vorgestoßen werden sollte: Die 2. Generation der Gruppe F 21 und das Kleinwinkelspektrometer von F 22 am externen Strahl. Die Karten waren neu gemischt.[60]

Zielpunkt Berkeley-Konferenz 1966

Es gibt Physiker, die die Geburtsstunde der Hochenergiephysik auf die erste „Rochester-Konferenz“ datieren, ein Ereignis, bei dem erstmals drei Disziplinen, in denen dieser Wissenschaftszweig wurzelt, vereint wurden: Feldtheorie, Höhenstrahlphysik und Experimente an großen Beschleunigern. Der Erfolg dieser ersten Zusammenkunft am 16. Dezember 1950 legte es nahe, im folgenden Jahr eine Neuauflage zu versuchen – so daß sich schließlich aus den Rochester-Konferenzen das unbestritten wichtigste Forum der Hochenergiephysik entwickelte, das den ursprünglichen, eher familiären Rahmen bald verließ; schon die achte Rochester-Konferenz fand nicht mehr an ihrem ursprünglichen Tagungsort im Staate New York statt; ab 1960 wurde der jährliche Rhythmus zudem auf zwei Jahre gestreckt. Der zweijährige Turnus erlaubte es, in den „ungeraden“ Jahren Tagungen zu spezielleren Themen zu veranstalten. Für die Physiker von DESY, C.E.A., Stanford, Cornell und den anderen Laboratorien mit Elektronenbeschleunigern nahmen die „Lepton-Photon Symposien“ diese Funktion wahr. 1965 übernahm DESY die Rolle des Gastgebers, so daß auch jüngere Physiker, die sonst keine Gelegenheit zur Teilnahme an internationalen Konferenzen hatten, die Gemeinde der „electron physicists“ kennenlernen konnten.[61]

Vorträge, zumal über experimentelle Resultate, waren natürlich erfahreneren Wissenschaftlern vorbehalten, denen auch zugetraut wurde, in der anschließenden Diskussion zu bestehen. Brasse berichtete über die Koinzidenzmessungen bei Impulsüberträgen bis $40\,F^{-2}$, die Ende 1964 und Anfang 1965 gemacht worden waren. Die Wirkungsquerschnitte waren in diesem Bereich von q^2 im vorvergangenen Jahr auch in Stanford mit großer Präzision gemessen worden. Bei der Kombination dieser Daten im Winkelbereich $20° < \theta_e < 90°$ mit Kleinwinkeldaten der Wilson-Gruppe von C.E.A. gab es dann eine Überraschung:[62]

---

[60] C.E.A., Semi-Annual Report for the Period Jan 1st through June 30th, 1964, CEAL-1011, v.M., 21.7.64, C.E.A., Semi-Annual Report for the Period January 1 through June 30, 1965, CEAL-1023, v.M., 22.9.65, C.E.A., Semi-Annual Report for the Period January 1 through June 30, 1966, CEAL-1033, v.M., DB; AEC-Bulletin, Explosion beim Cambridge Electron Accelerator am Montag, den 5. Juli 1965, deutsche Übersetzung, v.M., 21.7.65, HH6043-5; R. Wilson, in: [DPG65, Bd 1, S.49f.]; JB65, S.3.10-3.13.

[61] [Ber67]; R. Wilson, in: [DPG65, S. 179f.]; vgl. [Mar85] und [Her87, S. 38].

[62] H.J. Behrend et al., in: [DPG65, S. 105-111]; R. Wilson, in: [DPG65, S. 43, 49]; vgl. S. 139.

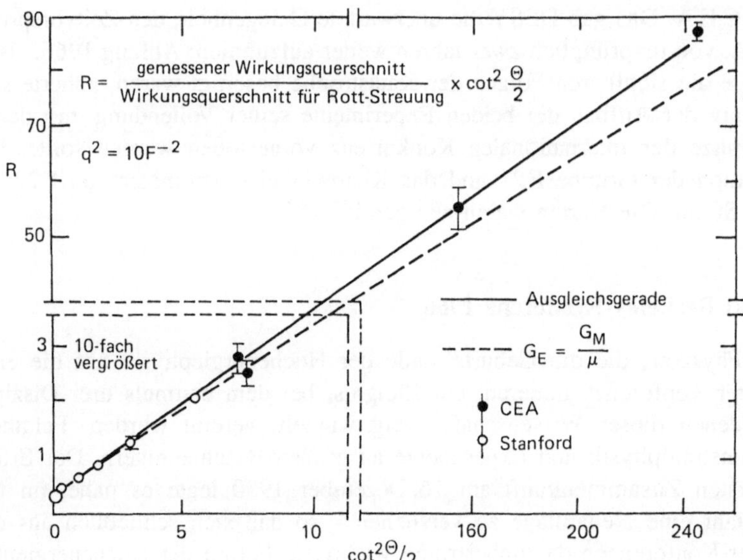

Abb. 20. Rosenbluthgeraden und die zugrundeliegenden Meßpunkte aus Stanford und von C.E.A. Die durchgezogene Linie stellt eine Ausgleichsgerade dar, die gestrichelte Linie ergibt sich aus der durch alle anderen Messungen bestätigten Annahme, daß $G_E = G_M/\mu_p$ gilt. Nach R. Wilson, in: [DPG65, Bd.1, S. 49].

Bis dahin hatte die Trennung der Formfaktoren immer auch zum Resultat gehabt, daß der magnetische Formfaktor des Protons G_M, geteilt durch dessen magnetisches Moment, gleich dem elektrischen Formfaktor war:

$$G_E = \frac{G_M}{\mu_p} \tag{3.7}$$

Dies bedeutete anschaulich, daß Ladungen und Ströme im Proton gleich verteilt waren – eine einleuchtende Forderung nach Symmetrie, die als Leitmotiv bei der Untersuchung der starken Wechselwirkung seit kurzem sehr aktuell war und auch zu einem sehr erfolgreichen Ordnungsmuster im Teilchenzoo geführt hatte: Der SU(3)-Gruppe[63]. Diese Symmetrie von Ladungen und Strömen schien bei der elastischen Elektronenstreuung, und zwar bei einem Impulsübertrag von nur $10\,F^{-2}$, plötzlich verletzt zu sein: Wenn bei der Berechnung der Rosenbluthgeraden bei $q^2 = 10\,F^{-2}$ angenommen wurde, daß die Beziehung 3.7 gültig war, fiel die daraus resultierende Gerade nicht mit einer Ausgleichsgeraden zusammen, wie das bisher im Rahmen der Meßgenauigkeit immer der Fall gewesen war (vgl. Abb. 20). Verantwortlich dafür waren vier Kleinwinkelmeßpunkte von C.E.A., von denen drei im vorvergangenen Jahr mittels Rückstoßprotonen gemessen worden waren, und einer gerade eben an dem neuen Experiment am externen Strahl.[64]

---

[63] Vgl. [Per82, S. 180-194]; Y. Ne'eman, in: [S. 172-187][HS64].

[64] R. Wilson, in: [DPG65, S. 49f.]; 1963 hatte ein $14\,F^{-2}$-Meßpunkt der Wilson-Gruppe am

Um die These, daß es sich hier um einen neuen Effekt handelte, zu stützen, bedurfte es natürlich weiterer Messungen bei anderen Impulsüberträgen; trotz aller Einschränkungen war Wilson aber, genau wie Pipkin mit seinen QED-Resultaten, darauf bedacht, seine Ergebnisse so schnell wie möglich ans Licht der Öffentlichkeit zu bringen. Zwei Jahre zuvor war es auf einer Konferenz in Stanford ähnlich gewesen: Die ersten C.E.A.-Messungen bei hohen Impulsüberträgen, aus denen dann auf die Nichtexistenz des „nackten" Zentrums im Proton geschlossen wurde, waren in der Woche vor der Konferenz gemacht worden. Die Wilson-Gruppe konnte daher nur drei Meßpunkte präsentieren, die in nicht mehr als vier Schichten Strahlzeit gewonnen worden waren.[65]

Auf der 13. Rochester-Konferenz, die im September 1966 unter dem Titel „XIII. Conference on High Energy Physics" in Berkeley stattfinden sollte, würde das Thema „Formfaktoren" deshalb sicher wieder aufgenommen werden. DESY hatte eine gute Chance, dann mit eigenen Daten zur Diskussion beitragen zu können.

Perspektivplanungen und Forschungsprogramme

Das Forschungskollegium erstellte im April 1965 einen Rechenschaftsbericht, in dem es über die Arbeit im ersten Jahr seiner Amtszeit berichtete. Danach konnten die eingereichten Vorschläge für Experimente in drei Kategorien eingeteilt werden: Zunächst solche, bei denen wenig Maschinenzeit, und zudem vorwiegend parasitär, erbeten worden war. Hier, wie auch bei kleineren Experimenten bis zu maximal 30 Schichten Strahlzeit (Kategorie 2), war das Genehmigungsverfahren nicht unnötig kompliziert und der Vorschlag entweder als ganzes angenommen oder abgelehnt worden. Anders verhielt es sich mit der dritten Kategorie, die 14 der 21 bis April 1965 eingereichten „proposals" repräsentierte: Wegen großen experimentellen Aufwands und umfangreicher Meßprogramme waren die Erfolgsaussichten hier kaum abschätzbar gewesen. Das mit der 1. Generation der Elektronenstreuung praktizierte Verfahren, solche Experimente immer nur schrittweise zu genehmigen, habe sich – so der Rechenschaftsbericht – bewährt und würde in Zukunft auf alle vergleichbaren Anträge angewandt werden.[66]

Große Experimente würden zukünftig also nur eine prinzipielle Genehmigung erhalten. Anschließend würden die Wissenschaftler für Vorversuche, Testmessungen an der fertigen Apparatur und Produktionsmessungen jeweils separate Anträge stellen müssen. Produktionsmessungen sollten zudem auf eine einzige genau umrissene Frage beschränkt werden und höchstens 40 Schichten auf einmal umfassen.[67]

C.E.A. dieselbe Tendenz gezeigt. Es hatte jedoch Unsicherheiten in der Vergleichbarkeit mit Stanford-Daten gegeben. D.R. Yennie, in: [HS64, S. 14].

[65] K.W. Chen et al. in: [HS64, S. 58f.]. Wilson, in: [DPG65, S. 49]; Blumenthal, Phys. Rev. Lett. 14:660(1965).

[66] Bericht des Forschungskollegiums, v.M., o.D. (April 1965, d. Verf.), Jo.

[67] Bericht des Forschungskollegiums, a.a.O.

Der Rechenschaftsbericht und die darin enthaltenen Vorschläge wurden am 9. April 1965 auf einem Forschungsseminar diskutiert. Eine der Kosequenzen daraus war ein geändertes Zuteilverfahren für Strahlzeit: Für Perioden von etwa vier bis sechs Wochen wurde ab Frühjahr 1965 jeweils ermittelt, wieviel Schichten in dieser Zeit insgesamt zur Verfügung stehen würden – hier spielten auch Personalprobleme in der Betriebsgruppe eine Rolle –, um diese dann für die genehmigten und meßbereiten Experimente in Blöcke aufzuteilen. Dem Strahlzeitkoordinator oblag die Aufgabe, aus den Zuteilungen einen Strahlzeitplan aufzustellen, der die terminlichen Wünsche der einzelnen Gruppen so weit wie möglich berücksichtigte. Im September 1965 wurde darüber hinaus zum ersten Mal ein Perspektivplan aufgestellt – er umfaßte drei Monate bis zum Jahresende 1965. Der Zuteilung der in dieser Zeit verfügbaren 110 Schichten war am 13. August 1965 eine Besprechung Webers mit den Gruppenleitern vorausgegangen.[68]

Anfang 1966 wurde die Reichweite der Perspektivplanung auf ein halbes Jahr verlängert. Ein weiteres Mal arbeitete Weber zusammen mit den Sprechern der Arbeitsgruppen einen Vorschlag aus, den das Forschungskollegium ohne Änderungen übernahm.[69]

Langfristige Strahlzeitplanungen gaben zugleich Gelegenheit, den Zusammenhang zum gesamten Forschungsprogramm des DESY herzustellen. Seit Januar 1966 befand sich zum Beispiel ein großes Experiment zur Überprüfung der Ergebnisse der Pipkin-Gruppe bei C.E.A. im Aufbau. Daß sich DESY dieser Frage mit Nachdruck widmete, war nicht zuletzt auf entsprechenden Druck seitens des Direktoriums zurückzuführen. Bereits bei der Genehmigung des Experiments im Januar 1966 wurde für den Zeitpunkt der Fertigstellung, Mai oder Juni 1966, die erste Strahlzeit eingeplant: Die Perspektivplanung des Forschungskollegiums war daher ein wichtiges Instrument für die Umsetzung des Forschungsprogramms – so, wie es das Forschungskollegium in seinem Rechenschaftsbericht vom April 1965 vorgeschlagen hatte.[70]

Technische Fragen, vor allem den Beschleuniger betreffend, traten demgegenüber eher in den Hintergrund. Die Erfahrungen mit der Diskussion über die Position des externen Strahls, wo die Randbedingungen sich schneller verändert hatten als die Erörterung dem folgen konnte, hatten daran nicht unwesentlichen Anteil. Mit der schrittweisen Genehmigung der Experimente wurden technische Fragen, die meistens die Kompatibilität der Experimente untereinander oder die Aussichten für die Lösung eines technologischen Problems betrafen, aber auch weniger dringlich.[71]

Die Planung für das Jahr 1966 war eindeutig darauf ausgerichtet, mit aktuellen Ergebnissen nach Berkeley zu fahren; diese sollten zudem auf einer besseren

---

[68]Bericht des Forschungskollegiums, a.a.O.; Protokoll FK, 8.3.65, 10.5.65, 16.6.65 und 9.9.65, Jo.

[69]Protokoll FK, 24.1.66, Jo.

[70]Joos an Criegee, 13.7.65, Pj; Bericht des Forschungskollegiums, a.a.O.; Protokoll FK, 24.1.65, 7.2.65, 21.2.65 und 4.4.65, Jo.

[71]Bericht des Forschungskollegiums, a.a.O.

Grundlage als einigen Schichten Strahlzeit beruhen, zumal wenn ihnen die Aufgabe zukam, zur Klärung von Widersprüchen beizutragen.

Der Weg ist frei

Für die 2. Generation der Elektronenstreuung wurde am 6. Januar 1966 in einem Brief an das Forschungskollegium offiziell das erste Mal um Strahlzeit gebeten. In der Gruppe F 21 vertrat den Arbeitsbereich „Formfaktoren" mittlerweile Hans-Joachim Behrend als Sprecher, während Brasse sich ab sofort auf die inelastische Streuung konzentrierte. Die widersprüchlichen Beobachtungen bei der Suche nach dem schweren Elektron hatten sein Interesse daran geweckt.[72]

Behrend beantragte zunächst 18 Schichten für die Inbetriebnahme des neuen Spektrometers. Danach wollte der von ihm geleitete Teil der Gruppe – er bestand aus fünf Physikern ausschließlich von DESY – versuchen, den magnetischen Formfaktor des Protons G_M bis zu den höchsten Impulsüberträgen zu messen und erst dort aufzuhören, wo die Zählrate eine natürliche Grenze setzte. Ein Blick auf die Rosenbluthformel (3.3) zeigt, daß der Wirkungsquerschnitt $d\sigma/d\Omega$ der elastischen Streuung bei großen Winkeln θ_e wegen des $\tan^2 \theta_e/2$-Terms vom magnetischen Formfaktor dominiert wird. Zur Bestimmung des elektrischen Formfaktors G_E müssen deshalb Kleinwinkeldaten herangezogen werden; umgekehrt kann aus Großwinkeldaten der magnetische Formfaktor G_M mit guter Genauigkeit berechnet werden, weil selbst ein großer Fehler in der Angabe von G_E nur einen kleinen Einfluß auf den Fehler von G_M hat. Im Extremfall genügt für jeden Wert von q^2 die Messung des elastischen Streuquerschnitt bei einem einzigen Streuwinkel θ_e. Angesichts der kleinen Zählraten entschied Behrend sich für diesen Weg. Allerdings schlug er dem Forschungskollegium als Anschlußexperiment eine Prüfung der Rosenbluthformel vor. Das implizierte die Messung elastischer Streuquerschnitte bei mehreren Winkeln und wurde nicht genehmigt.[73]

Zur Prüfung der Rosenbluthformel würden ab Mitte 1966 nämlich Kleinwinkeldaten der Gruppe F 22 vorliegen, die mit den zahlreichen Großwinkeldaten aus den verschiedenen Laboratorien kombiniert werden konnten – bis zu Impulsüberträgen von etwa $100\,\mathrm{F}^{-2}$. Bei ganz großen Impulsüberträgen, oberhalb $100\,\mathrm{F}^{-2}$, ging es dann nur noch um magnetische Formfaktoren, und dort hatte die Wilson-Gruppe bei C.E.A. das Monopol inne: Die 1963/64 am internen Strahl gewonnenen Meßdaten waren ausgewertet, magnetische Formfaktoren für Impulsüberträge bis zu $185\,\mathrm{F}^{-2}$ berechnet und die Ergebnisse im Sommer 1965 zur Veröffentlichung eingereicht worden. In der Diskussion ihres Experiments gaben die Autoren jedoch zu, daß sie sich bei einigen Korrekturfaktoren der eingesetzten Werte nicht zu 100 % sicher waren.[74]

[72]Behrend an Joos, 6.1.66, Brasse, Antrag auf Genehmigung eines Experiments, Prop. 31, v.M., 10.1.66 und 19.1.66, Jo.

[73]Protokoll FK, 24.1.66, W. Albrecht et al., Überblick, a.a.O.

[74]Weber und Meyer-Berkhout, ... Prop. 12, a.a.O.; JB65, S. 3.11-3.13; K.W. Chen et al., Phys. Rev. 141:1267(1966).

Wie sah die Zielvorgabe für die Berkeley-Konferenz aus? Wenn alles gut lief, würde DESY die C.E.A.-Messungen bei $q^2 > 100\,\mathrm{F}^{-2}$ durch eigene Daten ergänzen und darüber hinaus bei Impulsüberträgen $q^2 < 100\,\mathrm{F}^{-2}$ bei der Beantwortung der Frage mithelfen können, ob die Beziehung (3.9) universell gültig war.

Worin unterschieden sich die 1966 verwandten Spektrometer von denen der 1. Generation und den bei Cornell und C.E.A. eingesetzten Aufbauten? Der Nachweis der Teilchen geschah auch weiterhin in Szintillationszählern, allerdings wurden zur Ausnutzung der höheren Auflösung bis zu zehn von ihnen nebeneinander angeordnet und parallel betrieben. Auch die Unterscheidung der Elektronen von schweren Teilchen wurde wie früher auch von Cerenkov-Zählern vorgenommen. Auf den koinzidenten Nachweis der Protonen wurde jedoch ab 1966 verzichtet, weil die Auflösung der Spektrometer zur einwandfreien Trennung elastisch und inelastisch gestreuter Elektronen ausreichte und der Untergrund von der Streuung an Kohlenstoffkernen dank der Targets aus flüssigem Wasserstoff nicht mehr vorhanden war. Die einzig bedeutende Neuerung stellte das Magnetspektrometer dar, bei F 21 – 2. Generation – wie auch bei F 22 vom aufwendigen „sloped-window“-Typ.[75]

In einer Fußnote auf Seite 133 ist beschrieben worden, warum die Auflösung eines Spektrometers davon abhängt, wie stark der Fokus von anderen als den abgebildeten Phasenraumkoordinaten abhängig ist. Alle Spektrometer zur Untersuchung der elastischen Elektronenstreuung mußten einen weiten Bereich der beiden Parameter q^2 und θ_e überstreichen. Da q^2 und θ_e aber selbst Phasenraumkoordinaten darstellen, war die Auflösung der Magnetspektrometers in der Regel ebenfalls eine Funktion von q^2 und θ_e. Ein „sloped-window“-Spektrometer minimiert diese unerwüschte Abhängigkeit, indem es die Zweikörper-Eigenschaft der elastischen Streuung ausnutzt: Für jeden Streuwinkel θ_e ist der Impuls des elastisch gestreuten Elektrons eindeutig bestimmt,

$$p = \frac{q^2}{2p(1-\cos\theta_e)} \qquad \text{wenn gilt} : m^2 \ll q^2 \tag{3.8}$$

m Ruhemasse des Elektrons

so daß die Projektion des von den gestreuten Teilchen eingenommenen Phasenraumvolumens auf die θ_e-p-Ebene eine Linie (deren Breite durch Bremsstrahlungsprozesse im Target bestimmt wird) ergibt. In einem „sloped-window“-Spektrometer wird diese Linie im Impulsraum so in den Ortsraum abgebildet,

[75] J. Engler, Dissertation, Interner Bericht DESY, März 1967, DB; W. Bartel et al., Nucl. Instr. Meth. 53:293(1967); W. Albrecht et al., Phys. Rev. Lett. 17:1192(1966). Ein kleinerer Unterschied zu den Experimenten vor 1965 war der Verzicht auf Quantameter: F 21 benutzte auch weiterhin die Rückstoßprotonen aus der Streuung mit kleinen q^2; F 22 hatte einen speziellen sehr großen Faradaybecher anfertigen lassen, der 32 m hinter dem Target aufgestellt war.

daß sie parallel zu den einzelnen Szintillatoren des Hodoskops[76] steht. Damit wird ausgenutzt, daß nicht alle sechs Phasenraumkoordinaten linear unabhängig voneinander sind und selbst in der Praxis eine Auflösung erzielt, die nur durch den Liouville'schen Satz begrenzt ist.[77]

Wie wird ein „sloped-window"-Spektrometer praktisch realisiert? Die aus dem Target austretenden Elektronen werden bezüglich ihrer horizontalen und vertikalen Emissionsrichtung fokussiert, allerdings mit unterschiedlicher Brennweite. Das geschieht in zwei Quadrupolmagneten. Die unterschiedlichen Brennweiten der beiden magnetischen Linsen sorgen dafür, daß eine Linie in der p-θ_e-Ebene unverzerrt auf zwei Ortskoordinaten abgebildet wird. Ein Dipolmagnet dreht dieses Zwischenbild dann in die Ebene der Szintillatoren.[78]

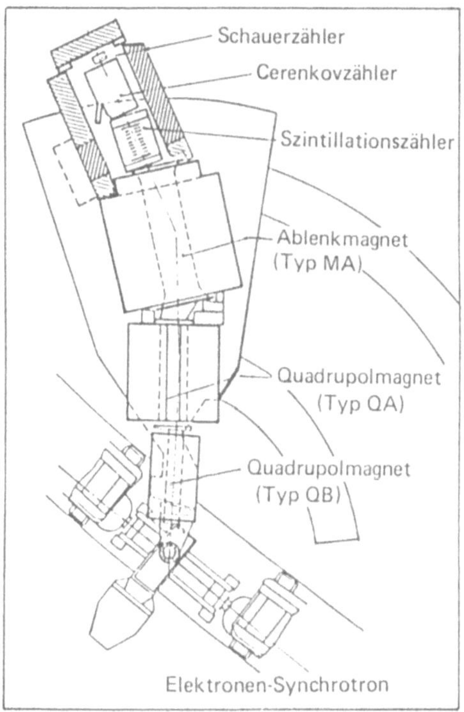

Abb. 21. Magnetspektrometer der Gruppe F21, zweite Generation, das auf der Innenseite des Synchrotrons aufgebaut wurde. Nach W. Albrecht et al., Phys. Rev. Lett. 17:1192(1966).

[76]Ein Hodoskop ist eine Anordnung aus mehreren Szintillationszählern, mit dem die Ortskoordinaten eines Teilchen gemessen werden. Ein im Fokus eines Spektrometers angebrachtes Hodoskop mißt über den Ort daher den Impuls der Teilchen.

[77]C. Mileikowski, Arkiv för Fysik, 7:57(1953); W. Bartel et al., Nucl. Instr. Meth. 53:293(1967).

[78][Ste65].

Das Magnetsystem der Gruppe F 21 (vgl. Abb. 21) bestand aus genau diesen drei Komponenten: Es wurde im Ringtunnel des Beschleunigers aufgebaut und mußte deshalb so kurz wie möglich sein. Wegen der an die drei Magnete anschließenden Zähler geriet der Aufbau aber so lang, daß die Lafette nur von 47° bis 78° geschwenkt werden konnte, obwohl sie für Winkel bis zu 135° ausgelegt worden war.[79]

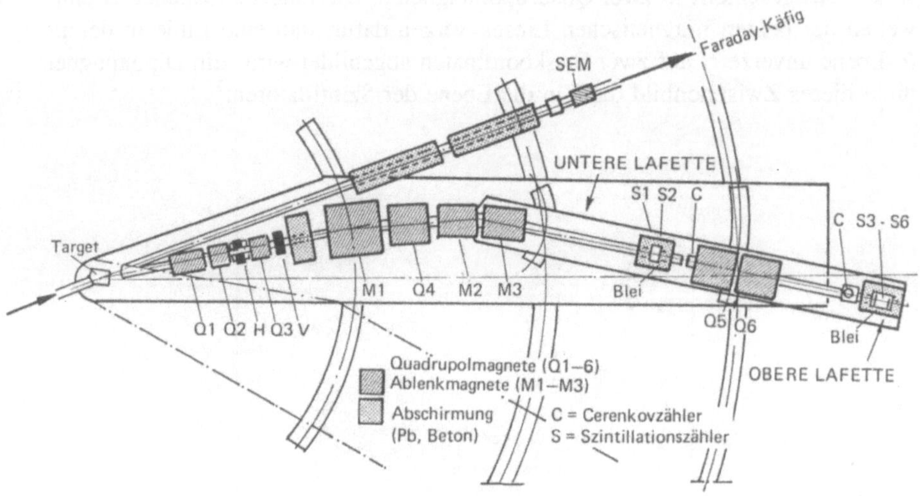

Abb. 22. Kleinwinkelspektrometer der Gruppe F 22, das in einer Experimentierhalle auf zwei Lafetten aufgebaut wurde. Nach W. Bartel et al., Nucl. Instr. Meth. 53:293(1967).

Die Länge des Spektrometers der Gruppe F 22 war dagegen nur durch die Dimensionen der Experimentierhalle beschränkt: Auf einer 26 m langen Lafette dienten zwei Quadrupole der horizontalen und ein Quadrupol der vertikalen Fokussierung (vgl. Abb. 22). Das Zwischenbild wurde von drei Dipolmagneten in die Ebene des Szintillatorhodoskops gedreht, hinter dem die Teilchen dann von zwei weiteren Quadrupolmagneten nochmals horizontal und vertikal fokussiert wurden. Im Innern dieser beiden magnetischen Linsen befand sich der Cerenkovzähler. Die Winkelakzeptanz des Spektrometers legten zwei Bleiblenden in den Winkelfoci fest, so daß die Messungen nicht durch Streuprozesse an Magnetpolschuhen oder der Wand der Vakuumkammer verfälscht werden konnten. Den eigentlichen Pfiff stellte jedoch eine schwenkbare Plattform auf der Lafette dar: Die von den gestreuten Elektronen in der p-θ_e-Ebene eingenommene Linie wird nämlich, je nach dem Impuls der Elektronen, nur unter einem ganz bestimten Winkel optimal in die x-z-Ebene des Ortsraums gedreht. Die schwenkbare Plattform erlaubte immer genau diesen Winkel einzustellen, und so unabhängig von θ_e

[79] W. Albrecht et al., Phys. Rev. Lett. 17:1192(1966).

und q^2 stets die theoretisch mögliche Auflösung zu erzielen. Die Perfektion wurde noch weiter getrieben: Die Abnahme der Auflösung unterhalb und oberhalb dieses optimalen Ablenkwinkels wurde durch ein Paar von Sextupolmagneten korrigiert. Damit überstrich jeder der zehn Szintillatoren im Hodoskop ein gleich großes Impulsintervall. Das Kleinwinkelspektrometer der Gruppe F 22 konnte Elektronen bis zu einem Impuls von 6 GeV/c analysieren, das Großwinkelspektrometer der 2. Generation war wegen der kleineren Zahl an Magneten auf Impulse bis zu 2 GeV/c beschränkt.[80]

Im Frühjahr 1966 wurden beide Apparaturen etwa gleichzeitig fertig; der Umzug und die Inbetriebnahme des Kleinwinkelspektrometers waren allerdings mit einigen Anlaufschwierigkeiten verbunden. Von Mai 1966 bis Juli 1966 erhielten die Gruppen große Blöcke an Strahlzeit zugeteilt; 317 Stunden für F 21, 271 Stunden für F 22. Anschließend hatte das QED-Experiment Priorität; das vorangegangene Drängen des Direktoriums auf Fertigstellung der Spektrometer und die Entscheidung, das Programm der Gruppe F 21 auf die Messung der magnetischen Formfaktoren zu beschränken, wird vor dem Hintergrund dieser Zeitplanung, die kaum Reserven vorsah, nur zu verständlich.[81]

Im Mai 1966 gelang es der Gruppe F 21, bei fünf Impulsüberträgen (zwischen $100\,F^{-2}$ und $200\,F^{-2}$) bei $\theta_e = 47°$ den elastischen Streuquerschnitt $d\sigma/d\Omega$ zu messen. Der Wirkungsquerschnitt sank, wie erwartet, mit q^4 ab. Die extrem kleinen Zählraten stellten eine große experimentelle Herausforderung dar: Ohne Vielfachdurchläufe durch das ringinterne Target, wofür mittlerweile ein trickreiches Verfahren existierte, wären sie, zumal bei Streuwinkeln von 45°, nicht messbar gewesen. Vor jeder eigentlichen Messung war ein umfangreiches Testprogramm (vgl. Abb. 23) zu absolvieren, das alleine einige Schichten in Anspruch nahm, und die korrekte Funktion aller Komponenten überprüfte. Im Anschluß an die eigentliche Datennahme wurde ein Teil dieses Testprogramms wiederholt.[82]

Nachdem das Forschungskollegium über diese Ergebnisse informiert worden war, teilte es der Gruppe F 21 weitere 10 Schichten (parasitärer) Meßzeit während eines Blasenkammerruns zu, damit G_M auch bei $250\,F^{-2}$ bestimmt werden konnte. Bei derart großen Impulsübeträgen sank die Zählrate auf einige Elektronen pro Stunde. Die Statistik kleiner Zahlen spielte den Experimentatoren denn auch prompt einen Streich – in Form eines elastischen peaks mit zwei Höckern. Es dauerte einige Monate, bis Messungen bei $225\,F^{-2}$ und unter einem anderen Winkel bei $245\,F^{-2}$ gezeigt hatten, daß es sich hier nicht um einen reproduzierbaren Effekt handelte. Über die „Flanke" bei der Suche nach dem schweren Elektron war ein Jahr zuvor kein Wort nach außen gedrungen; genauso

80 W. Albrecht et al., Phys. Rev. Lett. 17:1192(1966); W. Bartel et al., Nucl. Instr. Meth. 53:293(1967).

81 Protokoll FK, 24.1.66 und 20.6.66, Jo; Protokoll WR, 24.3.66, DA11; S1, Jahresbericht 1966, DESY-S1-15, v.M., 19.5.67, DB.

82 Behrend an Joos, 2.6.66, Vermerk Behrend, Programm für die Schichten vom 2.-6.5.66, o.D., Vermerk Behrend, Programm für die Schichten vom 15.5.-19.5.66, 12.5.66, DAs; JB66, S.3.12; W. Albrecht et al., Überblick ... , a.a.O.

Programm für die Schichten vom 2.-6.5.1966

Testenergie 1,2 GeV.

Target auf 40 mm, Cerenkovdruck: 5 ata.

Während des eigentlichen Testprogramms:

a) Falls beim Parasitieren nicht geprüft: Spektren der Zähler A, B, C, S, 12, 13, 27, 28 mit Elektronen aufnehmen. Vergleich von KM und OR 1,...7. Falls ungleich, weitere Spektren prüfen.

b) Timing der oberen Zähler mittels Edgeston-Peak prüfen und gegebenenfalls korrigieren.

c) Spalte 1,2 und 6,7 untersuchen (falls nicht beim Parasitieren.

d) Schauerpeak auf 517 prüfen und richtige Abschwächung für Hauptmessung ausrechnen.

e) Alle Testmessungen gleichseitig mit herausgenommenen S und C durchführen.

f) Kameratrigger usw. ausprobieren. Impulshöhen der Zählerpulse und Edgestonpuls prüfen und eventuell korrigieren.

g) Zweidimensionales C-S-Spektrum aufnehmen und ausdrucken (Peak und Untergrund).

1) Blendenkurve: Falls Peak nicht genau in der Zählerbankmitte liegt, Winkel korrigieren. Bei 4 Blendenweiten Peakraten von etwa 3000 sammeln. Bei jeder Blende ± 2,92 % einstellen jeweils 1/5 der Peakmeßzeit. Falls nicht zuviel Zeit verloren: ersten Blendenwert wiederholen. Bei allen Messungen bis q^2=200 Borer Zähler 70 (Thomas-Mimik) einschalten.

2) Strompeak Zähler 1 und 7 durch 5 Meßpunkte festlegen. Zählrate im Peak etwa 300. Keine Untergrundmessung.

3) Protonen bei q^2=10. Schauer, Cerenkov raus. Blende zur Polung ändern. Peak mittels Winkelfahren in die in die Zählerbankmitte legen, außerdem ± 2,92 %. Statistik etwa 20.000.

4) H_2-Target raus (vertikal und horizontal bis Anschlag), CH_2-Target reinfahren. Protonen bei 75 % der Sollströme messen. Blende auf. Statistik: Pro Zähler etwa 5.000. Außerdem Ströme ± 5 % mit Statistik 1.000.

- 2 -

Abb. 23. Testprogramm der Gruppe F21 vor der Messung des elastischen Streuquerschnitts bei einem Impulsübertrag von $q^2 = 200\,F^{-2}$. Faksimile der an die Mitarbeiter verteilten Anweisung. Quelle: DAs.

verhielt es sich nun mit diesen Messungen: Auf der Konferenz in Berkeley wurden nur Ergebnisse vorgestellt, derer man sich absolut sicher sein konnte (vgl. Abb. 24).[83]

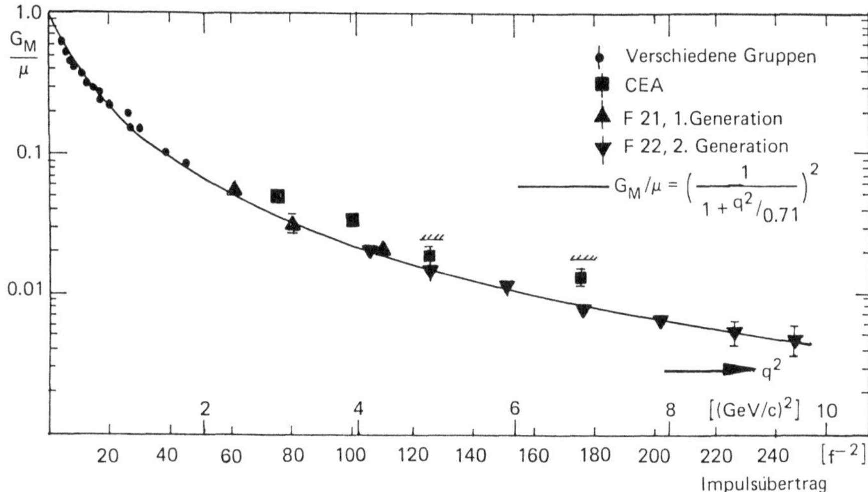

Abb. 24. Messungen des magnetischen Formfaktors, wie sie von der Gruppe F21 in Berkeley präsentiert wurden. Bei $q^2 = 100\text{F}^{-2}$ wurde mit den Spektrometern der ersten und der zweiten Generation je ein Meßpunkt gewonnen. Nach DESY 66/30.

Bei der Gruppe F22 gab es solche Überraschungen nicht. Drei Monate lang wurde ein umfangreiches Meßprogramm abgespult – wobei von den höheren Zählraten bei kleinen Winkeln und kleineren Impulsüberträgen ebenso profitiert wurde wie von 12 Schichten zusätzlicher Strahlzeit im Mai 1966. Insgesamt wurden bei acht Werten von q^2 zwischen $10\,\text{F}^{-2}$ und $105\,\text{F}^{-2}$ und bei bis zu drei Winkeln (zwischen 10° und 25°) die elastischen Streuquerschnitte bestimmt. Zum schnellen Abschluß der Messungen – ein preprint lag schon im Juli 1966 vor – trug das einwandfrei funktionierende Spektrometer bei; die Auflösung war so gut und die Zählrate so wenig von der Einstellung abhängig, daß auf die Korrektursextupole bei den Messungen sogar verzichtet werden konnte.[84]

Falsifikationen oder Abweichungen von als bestätigt angesehenen Theorien machen meistens mehr Aufsehen als Ergebnisse, die „nur“ mit den Erwartungen übereinstimmen. Die von den beiden DESY-Gruppen F21 und F22 in Berkeley präsentierten Wirkungsquerschnitte teilten dieses Schicksal: Alle vorher beobachteten Abweichungen von den beiden Regeln

$$G_E = \frac{G_M}{\mu_p} \tag{3.9}$$

[83]Protokoll FK 4.7.66, 1.8.66, 15.8.66 und 24.10.66, Jo; JB66, S. 3.12f.

[84]JB65, S. 3.13; W. Bartel et al., Phys. Rev. Lett. 17:608(1966).

$$G_M = \frac{1}{(1 + q^2/0.71)^2} \quad q^2 \text{ in GeV/c}^2 \tag{3.10}$$

waren praktisch auf einen Schlag beseitigt: Der Verlauf des magnetischen Formfaktors folgte, im Gegensatz zu den Messungen von C.E.A., der Beziehung (3.9) bis hinauf zu $q^2 = 200\,\mathrm{F}^{-2}$. Mit den Kleinwinkeldaten von F 22 wurden elektrische Formfaktoren extrahiert. Wurden sie mit Großwinkeldaten aus Stanford oder Cornell kombiniert, herrschte bei kleinem q^2 beste Übereinstimmung mit Beziehung (3.9) (vgl. Abb. 25), vor allem bei $q^2 = 10\mathrm{F}^{-2}$, wo Wilson im vergangenen Jahr noch von Abweichungen berichtet hatte. Oberhalb von $q^2 = 50\,\mathrm{F}^{-2}$ standen für die Extraktion der elektrischen Formfaktoren nur Großwinkeldaten der Wilson-Gruppe und von F 21 zur Verfügung. Der Einbezug der Meßwerte von C.E.A. ergab $G_E^2 < 0$, was für G_E einen imaginären Wert implizierte – physikalisch kaum vorstellbar. Die Kombination mit den Daten von F 21 lieferte dagegen vollständige Übereinstimmung mit Beziehung (3.9).[85]

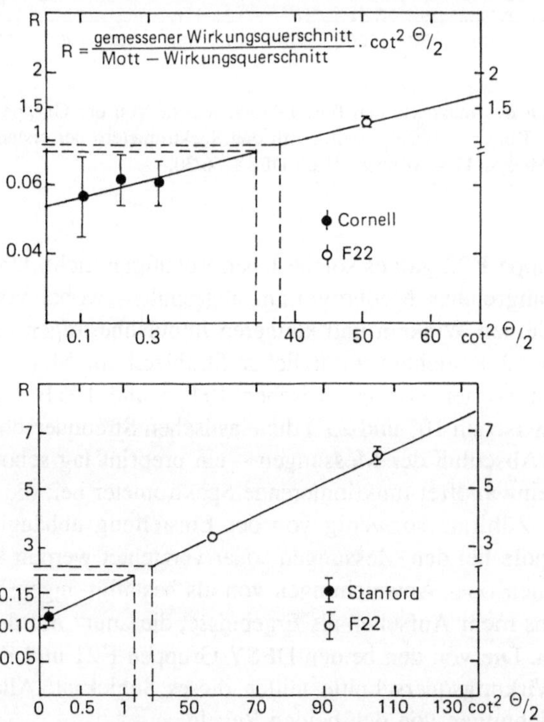

Abb. 25. Rosenbluthgeraden und Meßergebnisse bei kleinen Streuwinkeln, die die Gruppe F 22 in Berkeley vorstellte. Die Meßpunkte von C.E.A. differierten so offensichtlich, daß sie nicht eingezeichnet wurden. Nach JB66, S. 3.17.

[85] S.D. Drell, in: [Ber67, S. 85f.]; W. Bartel et al., Phys. Rev. Lett. 17:608(1966); W. Albrecht et al., Phys. Rev. Lett. 17:1192(1966).

Das Gebiet „Formfaktoren des Protons“ war von der experimentellen Seite her damit so gut wie abgeschlossen. Sidney Drell, der als „rapporteur“ auf der Rochester-Konferenz in Berkeley die Parallelvorträge über „elektrodynamische Wechselwirkung“ zusammenfaßte, bezeichnete die Implikationen weiterer Messungen für theoretische Fortschritte als unbedeutend.[86]

Im Herbst 1966 ermittelte die Gruppe F 21 zum Abschluß der 2. Generation noch elastische Elektron-Proton-Streuquerschnitte für $q^2 = 50F^{-2}$ und $q^2 = 75F^{-2}$ unter $\theta_e = 75°$. Damit war auch bei diesen beiden Impulsüberträgen die präzise Trennung der Formfaktoren möglich.[87]

In Stanford war nur kurz zuvor, im Frühjahr 1966, der zwei-Meilen-20 GeV-Linac in Betrieb genommen worden. In der sogenannten „End Station A“ warteten zwei gewaltige Spektrometer, gegen die sich selbst die Apparatur der Gruppe F 22 klein ausnahm, auf den Beginn der Experimente. Ihre Ausrüstung hatte mehr als 6 Millionen $ gekostet. Als im Frühjahr 1967 dann der reguläre Experimentierbetrieb begann, war das Experiment zur elastischen Elektronenstreuung, dem dieser Aufwand ursprünglich gegolten hatte, innerhalb weniger Monate abgeschlossen – niemand erwartete von den Formfaktoren noch etwas anderes als das von den beiden DESY-Gruppen vorgezeichnete Verhalten.[88]

Zwischenbemerkung

Es ist praktisch unmöglich, allen Experimenten am Synchrotron in dem Umfang Raum zu widmen, wie das für die Elektronenstreuung geschehen ist. Eine Beschränkung auf ihre Resultate und deren Rezeption würde jedoch wiederum eine Verkürzung darstellen, die dem Anliegen, so viele Faktoren der Entwicklung wie möglich in die Beschreibung einzubeziehen, diametral entgegenlaufen würde. Im Anschluß an den zweiten und kürzeren Teil dieses Kapitels, über ein Experiment zur Gültigkeit der QED, wird der Schwerpunkt daher wieder auf die Finanzierung des Haushalts und dessen forschungspolitische Rahmenbedingungen verlegt. Dabei, wie auch bei der Schilderung der Entscheidungsfindung über den Ausbau des DESY, wird sich noch an einigen Stellen die Gelegenheit ergeben, auf das Experimentierprogramm am Synchrotron als Ganzes einzugehen. Nicht zuletzt wird in diesem Zusammenhang auch auf Anhang V verwiesen.

Gültigkeit der QED

Es gibt Zeitabschnitte, während der die Formulierung physikalischer Theorien ihrer experimentellen Prüfung weit vorauseilt. Bei vielen Gedankengebäuden zur schwachen Wechselwirkung verhielt es sich so, wie zum Beispiel der Postulie-

[86] S.D. Drell, in: [Ber67, S. 86].

[87] JB66, S. 3.15.

[88] [Rio87, S. 127-130].

rung der Paritätsverletzung oder der V-A-Theorie. Einen vergleichbaren Zeitabschnitt stellten auch die Jahre 1943 bis 1949 dar, während der von einer Gruppe amerikanischer Physiker um Richard P. Feynman und Julian Schwinger sowie unabhängig von Sin-itiro Tomonaga die kovariante renormierte Quantenelektrodynamik (QED) entwickelt wurde. Die Präzision dieses Verfahrens zur Berechnung der Wechselwirkung von Elektronen und Photonen überstieg die experimentellen Möglichkeiten der damaligen Zeit in den meisten Fällen. So entstanden mehr als einmal Zweifel an der universellen Gültigkeit der QED, weil experimentelle Ergebnisse mit theoretischen Vorhersagen in Widerspruch zu sein schienen. Nähere Untersuchungen – meistens weitere Experimente – stellten jedoch in jedem einzelnen Fall das Vertrauen in die Theorie wieder her. Im Jahr 1966 kam diese wichtige Rolle einem bei DESY ausgeführten Experiment zu.[89]

Ausgangspunkt der QED ist die Dirac-Gleichung; diese intuitiv gewonnene Feldgleichung beschreibt die Wechselwirkung von Elektronen und Photonen. In vielen Lehrbüchern der Physik wird gezeigt, wie aus ihr mittels der Rechenvorschriften der QED in wenigen Schritten das Termschema des Wasserstoffatoms berechnet werden kann und dabei der korrekte Wert für die Feinstrukturaufspaltung herauskommt. Die QED greift aber weit über diesen Spezialfall hinaus. Hans Bethe und Walter Heitler benutzten sie zum Beispiel, um den Energieverlust schneller Teilchen beim Durchgang durch Materie zu berechnen. Sie legten damit schon 1934 den Grundstein für manch praktische Anwendung wie Abschirmmaßnahmen gegen ionisierende Strahlung oder den schon beschriebenen Schauerzähler. Weitere Beispiele: Der Wirkungsquerschnitt für die Streuung von Elektronen an einem Coulombfeld und Schwinger's Theorie der Synchrotronstrahlung.[90]

Die Dirac-Gleichung stand zwar am Anfang vieler auch in der Praxis bedeutsamer Berechnungen; dennoch waren zumindest Feldtheoretiker über viele Jahre hinweg mit den Ergebnissen unzufrieden. Ihr großes Problem war die Wechselwirkung des Elektrons mit seinem eigenen Feld, ein Prozeß, der wegen mathematischer Divergenzen nicht berechenbar schien. Wie dieses Problem in den ersten Nachkriegsjahren durch die „Renormierung" der Dirac'schen Quantenelektrodynamik gelöst wurde, ist nicht zuletzt von den Beteiligten selbst oft genug geschildert worden. Feynman, einer von ihnen, entwickelte bei dieser Gelegenheit die nach ihm benannte an graphischen Darstellungen (vgl. Abb. 26) ori-

[89]Zu Tests der QED vgl. S.J. Brodsky, in: P.G.H. Sandars (Hg.), Atomic Physics 2. Proceedings of the Second International Conference on Atomic Physics, July 21-24, 1970, Oxford. Plenum Press, London und New York 191, S. 1-24; Zur Renormierung der QED: V. Weisskopf, in: [BH83, S. 56-81]; J. Schwinger, in: [BH83, S. 329-353]; Der angesprochene Aspekt des Verhältnisses von Theorie und Experiment wird z.B. diskutiert in: [Gal87]; P. Galison, Review of Modern Physics 55:477(1983); A. Pickering, Studies in the History and Philosophy of Science 15:85(1984);

[90]P.A.M. Dirac, Proceedings of the Royal Society A117:610(1928) und A118:351(1928); W. Heitler, Zeitschrift für Physik 84:45(1933); H.A. Bethe und W. Heitler, Proceedings of the Royal Society A146:83(1934); N.F. Mott, Proceedings of the Royal Society A124:425(1929); J. Schwinger, Phys. Rev. 70:798(1946); J. Schwinger, Phys. Rev. 75:1912(1949).

entierte Rechentechnik, die vorher als esoterisch angesehene Theorien in Form eines „Kochrezeptes“ für jedermann zugänglich machte. Das bereits erläuterte Konzept der Beschreibung einer Wechselwirkung durch den Austausch virtueller Teilchen verdankt seine Verbreitung nicht zuletzt seiner zentralen Stellung in den „Feynman-Graphen“.[91]

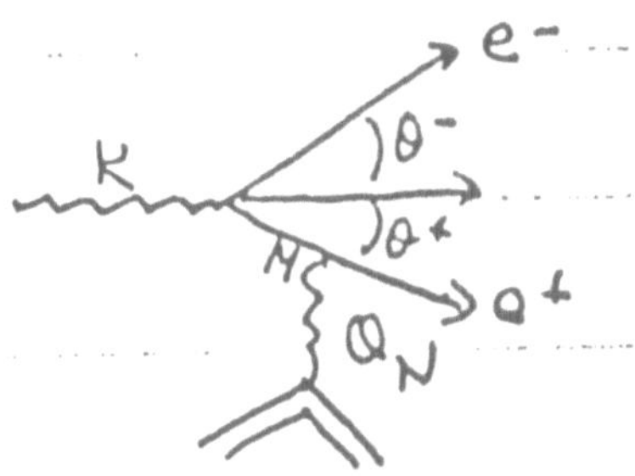

Abb. 26. Feynmangraph der Erzeugung eines Elektron-Positron-Paares im Feld eines Nukleons. Faksimile aus einem Manuskript von S.C.C. Ting. Quelle: DAs.

Die Beseitigung der Divergenzen in der Selbstwechselwirkung des Elektrons wird Renormierung genannt. Es handelt sich dabei um eine Rechenvorschrift, Divergenzen unterschiedlichen Vorzeichens voneinander zu subtrahieren. Übrig bleiben einige wenige endliche Terme, die sichtbare Effekte verursachen: So besitzt das Elektron ein magnetisches Moment μ_e, dessen Wert sich aus der Dirac-Gleichung ergibt; die sich bei der Renormierung nicht weghebenden Terme verringern es um etwa $1\,^0/_{00}$, was 1947/48 von Rabi und Mitarbeitern sowie Foley und Kusch in einer Serie atomphysikalischer Experimente entdeckt wurde. Auch das Termschema des Wasserstoffatoms erfährt kleine Änderungen: Die Entartung der $2s_{1/2}$ und $2p_{1/2}$ Niveaux wird aufgehoben, beide trennt nunmehr die sogenannte „Lamb-shift“ voneinander, die allerdings nur 10^{-6} der Bindungsenergie des $2s$-Elektrons ausmacht.[92]

Experimente über die Vorhersagen der renormierten QED schienen sich wegen der relativ kleinen Effekte offenbar an erster Stelle in der Atomphysik anzubieten. Die Teilchenphysik verfügte dagegen gar nicht über die instrumentellen Möglichkeiten für Experimente vergleichbarer Präzision. Dennoch wurden Ende der fünfziger Jahre die ersten Vorschläge für Tests der QED an Hochenergiebeschleunigern gemacht. Ihr Leitmotiv war nicht die Überprüfung der Renor-

[91] V. Weisskopf, in: [BH83, S. 56-81]; J. Schwinger, in: [BH83, S. 329-353]; R.P. Feynman, Physics Today, August 1966, S.31; [Pic84, S. 65-67].

[92] J. Nafe et al., Phys. Rev. 71:419(1947); W.E. Lamb und R.C. Retherford, Phys. Rev. 72:241(1947); P. Kusch und H.M. Foley, Phys. Rev. 72:1256(1947); H.M. Foley und P. Kusch, Phys. Rev. 73:412(1948); vgl. V. Weisskopf, in: [BH83, S. 68-78]; W. Lamb, in: [BH83, S. 322f.].

mierung, sondern einer in alle Rechnungen eingehenden Voraussetzung: Implizit wurde immer die Gültigkeit der Dirac-Gleichung bis zu den höchsten Energien angenommen, weil Integrationen über die Energie von Null bis Unendlich ausgeführt wurden. Wenn nun bei hohen Energien neue physikalische Prozesse ins Spiel kamen – wer wollte dies ausschließen? – so konnte deren Einfluß auf Renormierungseffekte durchaus minim sein. Dennoch wäre ein „Zusammenbruch der QED" bei hohen Energien von großem Interesse gewesen – ja, er wurde von manchem Physiker sogar regelrecht vorhergesagt.[93]

Für diese Prüfung waren Elektronenbeschleuniger natürlich am besten geeignet – schließlich beschreibt die QED die Wechselwirkung von Elektronen und Photonen. Ein erstes Experiment bei hohen Energien wurde 1957/58 von Burton Richter in Stanford am Mark III-Linac durchgeführt, wobei Idee und theoretische Rechnungen auf S. Drell, J.D. Bjørken und S. Frautschi zurückgingen: Richer hatte zunächst daran gedacht, den differentiellen Wirkungsquerschnitt der Streuung von Elektronen an Elektronen zu messen und mit einer von Møller angegebenen Beziehung zu vergleichen. Da die Targetelektronen eine sehr kleine Ruhemasse besitzen, sind die in der Praxis realisierbaren Impulsüberträge aber nicht sehr groß: Am 300 MeV-Betatron in Urbana (Ill.) waren 15 MeV erreicht worden, in Stanford sogar nur 6 MeV. Von einem Test der QED bei hohen Energien konnte daher kaum gesprochen werden, jedenfalls nicht angesichts der verfügbaren Elektronenenergien. Drell hatte Richter dann darauf gebracht, daß sich die Situation schlagartig änderte, wenn anstelle des Elektrons ein Proton oder gar ein schwerer Kern als Target genommen würde. Wegen der räumlichen Ausdehnung der Nukleonen war es zwar unmöglich, in der Elektron-Nukleon-Streung die Gültigkeit der QED zu überprüfen – diese wurde zur selben Zeit bei der Messung von Formfaktoren sogar implizit vorausgesetzt. Wenn aber statt Elektronen hochenergetische Photonen auf ein Target gelenkt würden, konnten diese im Coulombfeld der Nukleonen Elektron-Positron-Paare erzeugen (vgl. Abb. 26); der Wirkungsquerschnitt dafür war 1934 von Bethe und Heitler berechnet worden. Fast die gesamte Energie des Photons, in Stanford 500 MeV und mehr, stand zur Erzeugung des Paares zur Verfügung, so daß es sich wirklich um einen Test der QED bei hohen Energien handeln würde. Bei Paaren, die symmetrisch zum einlaufenden Photon erzeugt würden, war der Rückstoß auf das Nukleon zudem so klein, daß die von dessen Formfaktoren hervorgerufenen Effekte vernachlässigbar oder zumindest berechenbar wurden. Während Richter das Experiment aufbaute, betrachteten Drell und seine Mitarbeiter die „wide angle pair production" (WAPP) von ihrer theoretischen Seite. Dabei berechneten sie auch die (kleinen) Strahlungskorrekturen am Bethe-Heitler-Wirkungsquerschnitt, die durch die Renormierung verursacht wurden. Richter's Experiment zeigte dann die Gültigkeit der QED bis zu Energien von 115 MeV – was nach der Heisenberg'schen Unschärferelation einem Abstand von 10^{-15} m entspricht. Richter hatte diese obere Grenze aus praktischen Erwägungen heraus gesetzt: Bei 115

[93]S.D. Drell, Annals of Physics 4:75(1958); [Pan59].

MeV liegt die Schwelle für die Erzeugung von π^0-Teilchen, die wegen des Zerfalls auch in $e^+e^-\gamma$ erheblich zum Untergrund beigetragen hätten. Das Experiment wies von allen erzeugten e^+e^--Paaren aber ausschließlich die Positronen nach, so daß Richter sich ihres Ursprungs absolut sicher sein mußte.[94]

Die Weitwinkelpaarerzeugung wurde in Stanford dann nicht weiter verfolgt; nachdem Gerald K. O'Neill von der Princeton University Richter davon überzeugt hatte, daß Speicherringe viel genauere Tests der QED ermöglichten und Panofski für deren Bau in Washington \$ 800.000 besorgt hatte, verwandte der junge Physiker seine ganze Kraft auf dieses neue Projekt.[95]

Auch wenn in den folgenden Jahren keine neuen WAPP-Experimente durchgeführt wurden, tauchten sie regelmäßig in Listen denkbarer, wünschenswerter oder möglicher Experimente auf: Panofski erwähnte sie im September 1959 in einem Vortrag über die Zukunft der Hochenergiebeschleuniger als Beleg dafür, daß auch Beschleuniger niedrigerer Energie, aber hoher Intensität eine Zukunft besäßen. Jentschke nahm sie drei Monate später in eine Vorausschau interessanter Experimente bei DESY auf, die er auf einer Festsitzung des Wissenschaftlichen Rats anläßlich der Stiftungserrichtung präsentierte. Christoph Schlier, Oberassistent bei Paul in Bonn, arbeitete 1960 sogar einen detaillierten Vorschlag aus, entschied sich dann aber doch dafür, bei der gerade entstehenden Blasenkammerkollaboration mitzuarbeiten. Unter den ersten Experimenten bei DESY fand sich deshalb keines zur Überprüfung der QED – im Gegensatz zu C.E.A.[96]

Zweifel an der QED

Francis M. Pipkin, seit 1957 ein Mitglied der Fakultät in Harvard, war von Haus aus Spektroskopiker. Sich von diesem Gebiet ausgehend der Teilchenphysik zuzuwenden, stellte nichts ungewöhnliches dar; Pipkin befand sich damit zum Beispiel in Gesellschaft von Ramsey, einem Schüler von Isaac I. Rabi, der in der Wilson-Gruppe bei C.E.A. mitarbeitete. Pipkin, dessen Erfahrung in der Hochenergiephysik sich mit dem manch anderer Mitglieder der Harvard-Fakultät natürlich nicht messen konnte, wählte mit der Prüfung der QED ein Gebiet, wo die kleine Zahl an Vorarbeiten ihm den Einstieg besonders leicht gestaltete. Wie überall in der Teilchenphysik brachten höhere Energien dennoch Komplexität mit sich; so, wie Richter sein Experiment wenige Jahre zuvor am Mark-III Linac in Stanford durchgeführt hatte, ging es bei C.E.A. nicht mehr: Erstens war, genau wie bei der elastischen Elektronenstreuung, zum Nachweis der erzeugten Teilchen

---

[94] M. Scott et al., Phys. Rev. 84:638(1951); W.C. Barber et al., Phys. Rev. 89:950(1953); S.D. Drell, Annals of Physics, 4:75(1958); J.D. Bjørken et al., Phys. Rev. 112:1409(1958); B. Richter, Phys. Rev. Lett. 1:114(1958).

[95] B. Richter, Review of Modern Physics 49:251(1977); [Rio87, S. 245f.].

[96] [Pan59]; W. Jentschke, in: Bericht zur Gründung der Stiftung DESY (Deutsches Elektronen-Synchrotron), v.M., o.D., S. 76, DB; Rundschreiben Studiengruppen für Hochenergiephysik, 6.12.60, Beilage 4, Sc.

ein stark fokussierendes Spektrometer unverzichtbar, im Gegensatz zu dem von Richter verwendeten Sektorspektrometer. Zweitens würde der Untergrund, jedenfalls wenn die 6 GeV des C.E.A. ausgenutzt würden, um Größenordnungen höher als in Stanford sein. Dabei wurden nicht so sehr Elektron-Positron-Paare aus ϱ- oder π^0-Zerfällen, sondern vielmehr die große Zahl geladener Pionen gefürchtet, die beim Zerfall von Resonanzen entstanden, und die die Zahl der Elektron-Positron-Paare um Größenordnungen überstieg. Wie bei der elastischen Elektronenstreuung stellte also auch bei einem WAPP-Experiment die zuverlässige Unterscheidung zwischen Pionen und Elektronen eine der Hauptaufgaben dar.[97]

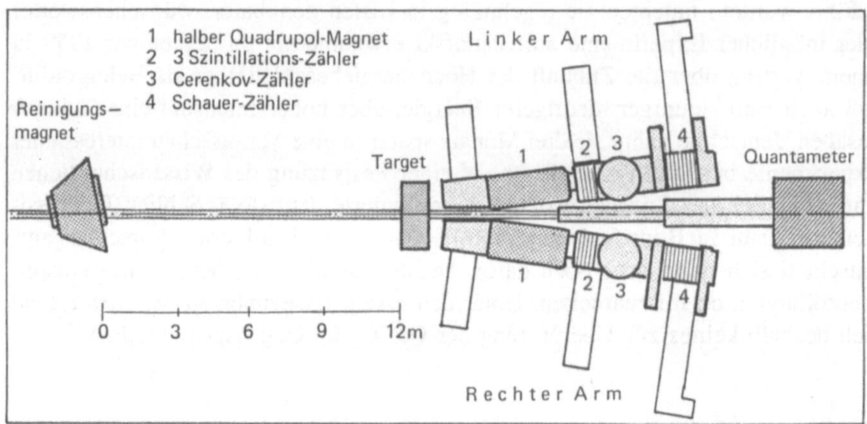

Abb. 27. Aufbau des Doppelarmspektrometers der Pipkin-Gruppe bei C.E.A. Jeder Arm besteht aus einem halben Quadrupolmagneten mit Spiegelplatten, einem Cerenkovzähler und einem Schauerzähler. Direkt hinter den Quadrupolmagneten befinden sich zur Impulsanalyse je drei Szintillatorstreifen. Nach R.B. Blumenthal et al., Phys. Rev. Lett. 14:660(1965).

Die von der Pipkin-Gruppe aufgebaute Apparatur (vgl. Abb. 27) unterschied sich daher kaum von anderen magnetischen Spektrometern aus der ersten Hälfte der sechziger Jahre. Zwei identische Arme waren auf Lafetten montiert, so daß der Winkel θ zwischen Elektron und Positron variiert werden konnte. Ein externer γ-Strahl wurde auf das am Drehpunkt der beiden Lafetten angebrachte Target aus Kohlenstoff gelenkt. Rechts oder links vom γ-Strahl unter dem Winkel θ erzeugte Teilchen konnten in die Spektrometer eintreten. Zu ihrer Impulsanalyse wurden halbe Quadrupolmagnete verwendet, deren zweite Hälften durch magnetische Spiegelplatte ersetzt worden waren. Dadurch war es möglich, sehr kleine Winkel θ einzustellen, ohne daß die beiden Magnete zusammenstießen (derselbe Trick ermöglichte dem Innenspektrometer – 1. Generation – der Gruppe F 21 den großen Schwenkbereich). Hinter den beiden vertikal fokussierenden Quadrupolen befanden sich je drei Szintillatoren, ein Cerenkov- und ein Schauerzähler. Die

[97] v. Goeler an P. Joos, 12.4.65, Pj; F.M. Pipkin, in: [Fel63, S. VIII.10-VIII.10a].

Teilchen wurden also auf Impuls, Geschwindigkeit und spezifische Ionisation hin analysiert, so daß der Nachweis von Elektronen und Positronen in einer Dreifachkoinzidenz geschah, was den Untergrund auf ein vernachlässigbares Maß herabsetzen sollte.[98]

Dieses Experiment hatte in Form eines Myonpaarexperiments gewissermassen Konkurrenz im eigenen Hause: Bei hohen Photonenergien werden außer Elektronen und Positronen nämlich auch Paare von Myonen erzeugt. Aufgrund der e-μ-Universalität – was bedeutet, daß Elektron und Myon sich nur in ihrer Masse und in den Größen, in die die Masse eingeht, unterscheiden – ist es für einen Test der QED grundsätzlich gleichgültig, ob die Bethe-Heitler-Formel in der Elektron- oder der Myon-Paarerzeugung untersucht wird: Sie ist auf beide Prozesse anwendbar und die zahlenmäßige Differenz der Wirkungsquerschnitte rührt nur von der 200 mal größeren Masse des Myons her. Diese relativ große Masse ist auch der Grund dafür, daß Myonen beim Durchgang durch Materie praktisch nicht abgebremst werden, was sie sehr einfach nachweisbar macht. Das Myonpaarexperiment bei C.E.A., von einer Gruppe um Roy Weinstein von der Northeastern University in Boston aufgebaut, nutzte diese Tatsache weidlich aus: Hochenergetische Photonen trafen auf ein Kohlenstofftarget, in dem neue Teilchen erzeugt wurden. Anstelle eines Magnetspektrometers waren hinter dem Target zwei Eisenwürfel (vgl. Abb. 28) von etwa 1 m Kantenlänge unter gleichem Winkel aufgestellt. Alle Teilchen, die einen dieser Absorber durchquert hatten, und theoretisch war dies nur Myonen möglich, wurden in einem Hodoskop regi-

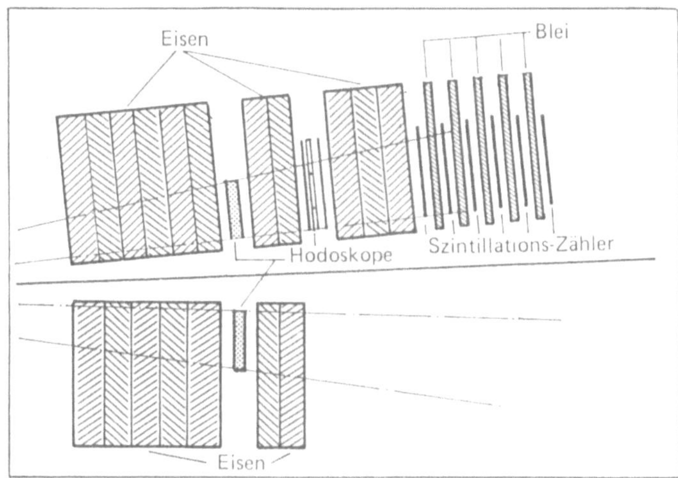

Abb. 28. Aufbau des Myonpaarexperiments der Weinstein-Gruppe bei C.E.A. aus Eisen- und Bleiblöcken sowie Szintillatoren. Nach R. Weinstein, in: [Fel63, S. VIII.8-VIII.9].

[98]F.M. Pipkin, in: [Fel63, S. VIII.10-VIII.10a]; R.B. Blumenthal et al., Phys. Rev. Lett. 14:660(1965).

striert. Aus dieser Ortsinformation wurde auf ihren Emissionswinkel geschlossen. An die Hodoskope schloß sich auf beiden Seiten je ein Schauerzähler aus Blei- und Eisenplatten an, in dessen hinteren Teil die Myonen schließlich gestoppt wurden. Der Untergrund wurde durch den koinzidenten Nachweis in Hodoskop und Reichweitenzähler[99] bereits stark verringert; Die Forderung, daß in jedem der beiden Arme ein Teilchen detektiert worden sein mußte, sollte ihn dann gänzlich unterdrücken.[100]

Durch den Verzicht auf ein Magnetspektrometer konnte Weinsteins Experiment einen viel größeren Raumwinkel erfassen als das Elektronpaarexperiment, was die Zählraten bedeutend verbesserte: 1800 „events" pro Stunde gegenüber nur 10 in Pipkins Experiment.[101]

Weinsteins Gruppe konzentrierte sich ausschließlich auf den Test der QED. In mehreren Schritten wurde die Apparatur verbessert, vor allem durch Vergrösserung des Raumwinkels und feinere Auflösung der Zählerhodoskope. Drei aufeinanderfolgende Veröffentlichungen bestätigten mit zunehmender Präzision, daß der Wirkungsquerschnitt für die Myonpaarerzeugung mit der Bethe-Heitler-Formel übereinstimmt. Pipkins Interessen waren weiter gespannt. Mit dem Doppelarmspektrometer wurde zunächst in Kollaboration mit einer Gruppe aus Stanford ein Experiment zur Photoproduktion von Pionen durchgeführt, und erst anschließend, ab Herbst 1963, das QED-Experiment. Wegen der kleinen Zählraten wurden während nahezu eines Jahres Daten bei verschiedenen Winkeln und Impulsüberträgen genommen. Die Auswertung übernahm ab Herbst 1964 ein junger Physiker, R.B. Blumenthal, der damit auch seinen Ph.D. erwerben wollte. Als die Ergebnisse vorlagen, hatte die Gruppe schon ihr drittes Experiment begonnen, das sich der Photoproduktion von Pionen in Resonanzen widmete – also zuvor noch störenden Untergrund studierte. Blumenthals Auswertung zeigte starke Abweichungen der gemessenen Wirkungsquerschnitte von der Bethe-Heitler-Formel, und zwar um so stärker, je höher der Impulsübertrag auf die Elektron-Positron-Paare war. Im Januar 1965, als Blumenthal seine Dissertation einreichte, konnte dieses Ergebnis als offiziell betrachtet werden.[102]

---

[99]Ein Reichweitenzähler oder Reichweitenteleskop wird aus Metallplatten und Szintillationszählern aufgebaut. Die Teilchen werden im Zähler gestoppt. Aus der Ionisation wird auf die Energie des Teilchens vor seinem Eintritt in den Zähler geschlossen und aus der Reichweite auf die Masse und die Wechselwirkung des Teilchens (stark und/oder elektromagnetisch). Aus diesen Informationen kann dann abgeleitet werden, was für ein Teilchen im Reichweitenzähler gestoppt wurde. Vgl. [Per82, S. 64-70].

[100]R. Weinstein, in: [Fel63, S. VIII.8-VIII.9]; J.K. dePagter et al., Phys. Rev. Lett. 12:739(1964).

[101]F.M. Pipkin, in: [Fel63, S. VIII.10-VIII.10a]; R. Weinstein, in: [Fel63, S. VIII.8-VIII.9].

[102]C.E.A., Semi-Annual Report for the Period July 1 through December 31, 1963, CEAL-1009, v.M., 17.1.64, C.E.A., Semi-Annual Report for the Period January 1 through June 30, 1964, CEAL-1011, v.M., 21.7.64, C.E.A., Semi-Annual Report for the Period January 1 through June 30, 1965, CEAL-1023, v.M., 22.9.65, DB; J.K. dePagter et al., Phys. Rev. Lett. 12:739(1964); A.M. Boyarski et al., Phys. Rev. Lett. 15:835(1965); J.K. dePagter et al., Phys. Rev. Lett. 16:35(1965); R.B. Blumenthal, Ph.D. Thesis, Harvard University, Januar 1965; P. Joos an v. Goeler, 7.4.65, Pj.

Diese Sensation gab deshalb schon vor ihrer Veröffentlichung im April 1965 Anlaß zu zahllosen Diskussionen – sowohl von Theoretikern als auch von Experimentatoren. Wenn die QED für Myonen, aber nicht für Elektronen und Positronen galt, widersprach das an erster Stelle der Forderung nach e-μ-Universalität. Low fand jedoch einen eleganten Ausweg aus der Zwickmühle, indem er anregte, nach einem schweren Elektron zu suchen: Wenn dieses Teilchen existierte, würde sich seine Existenz nur in der Elektron-Positron-, nicht aber der Myonpaarerzeugung zeigen; neben der e-μ-Universalität stellte das schwere Elektron zugleich die Gültigkeit der QED wieder her, weil der von der Pipkin-Gruppe beobachtete Überschuß an Elektron-Positron-Paaren dann ihm und nicht dem Zusammenbruch der QED zuzuschreiben sein würde. Über die vergebliche Suche nach diesem exotischen Teilchen wurde bereits im vorangegangenen Abschnitt berichtet. Dennoch kam das physikalische Weltbild nicht wirklich ins Wanken: Auch die e-μ-Universalität war den Physikern nicht heilig, sondern nur eine (vernünftige) Voraussetzung der V-A-Theorie; ein anderes Postulat dieser Theorie, die Gültigkeit der Zeitumkehrinvarianz, war bereits seit einem Jahr unbestritten verletzt – bis dato ebenfalls ohne einleuchtende Erklärung. Es war daher nicht vollkommen aus der Luft gegriffen, eine Verletzung der QED bei der Elektron-, nicht aber der Myonpaarerzeugung anzunehmen.[103]

DESY auf dem falschen Gleis?

Die Widersprüche regten auch das Interesse der Experimentatoren an. Bei C.E.A. begann eine Gruppe um Vernon W. Hughes im Frühjahr 1965 ein weiteres QED-Experiment. Ihr vorhandenes Einarmspektrometer, mit dem bislang die Erzeugung von Pion- und Kaonpaaren untersucht worden war, mußte dazu nur wenig umgebaut werden. Es wies alle erzeugten Leptonpaare nach, bei denen ein Teilchen unter einem bestimmten Winkel ausgesandt wurde – also auch unsymmetrische Paare, bei denen der Impulsübertrag auf das Nukleon groß und dessen Formfaktoren zu berücksichtigen waren. Um die damit verbundenen Fehlerquellen auszuschließen, beschränkte Hughes sich auf die Messung des Verhältnisses der Elektron- zur Myonpaarerzeugung. Damit verlor das Experiment zwar an Aussagekraft; dennoch würde es zumindest zur Klärung der Widersprüche beitragen. Konnte DESY es sich auf Dauer leisten, dies allein den Physikern in den USA zu überlassen?[104]

Immerhin wurde das Thema in Hamburg diskutiert. Jentschke lud im April 1965 den CERN-Physiker Francis J.M. Farley zu einem Vortrag über im CERN durchgeführte sehr präzise Messungen des anomalen magnetischen Moments des Myons ein. Die Ergebnisse gaben nicht den geringsten Anlaß, an der e-μ-Universalität oder der Gültigkeit der QED zu zweifeln. Zwei Monate später

[103] J.H. Christenson et al., Phys. Rev. Lett. 13:138(1964); F.E. Low, Phys. Rev. Lett. 14:238(1965); R.B. Blumenthal, Phys. Rev. Lett. 14:660(1965).

[104] C.E.A., Semi-Annual Report for the Period January 1 through June 30, 1965, CEAL-1023, v.M., 22.9.65, DB; V.W. Hughes et al., in: [DPG65, Bd II, S. 361-367].

fand in Hamburg das zweite Lepton-Photon-Symposium statt, auf dem alle drei C.E.A.-Gruppen ihre – sich widersprechenden – Ergebnisse vorlegten und zudem eine Gruppe aus Orsay vom negativen Ausgang ihrer Suche nach dem schweren Elektron berichtete. Nachdem es immer noch keinen Vorschlag für ein QED-Experiment bei DESY gab, begann Jentschke die Sache in die Hand zu nehmen. Da alle DESY-Gruppen mit Experimenten ausgelastet waren und auch niemand bereit war, begonnene Vorhaben zu unterbrechen, nahm er Kontakt mit auswärtigen Physikern auf. Klaus Winter, der früher bei CERN mit Weber zusammengearbeitet hatte, wollte seine aktuellen Experimente zum K-Zerfall aber auch nicht zugunsten eines QED-Experiments aufgeben oder verschieben.[105]

Die Suche nach einer Gruppe für ein QED-Experiment fand schließlich relativ schnell ein Ende. Eine F-Gruppe hatte im Frühjahr 1965 große Schwierigkeiten mit ihrem Experiment und wußte zu diesem Zeitpunkt nicht, ob es überhaupt zu Ende geführt werden konnte. Ihr Sprecher Peter Joos[106] war seit 1959 bei DESY und hatte ursprünglich wie Steffen und Brasse die Betreuung auswärtiger Gruppen übernehmen sollen. Nachdem, abgesehen von einer Gruppe aus Bonn, reine Besuchergruppen nicht zustande kamen, hatte er zusammen mit zwei weiteren Physikern ein Experiment zur Untersuchung der Photoproduktion von π^0-Mesonen aufgebaut, mit dem der differentielle Wirkungsquerschnitt dieses Prozesses als Funktion der Energie gemessen werden sollte. Die in der Reaktion aufgewandte Energie war jedoch a priori nicht bekannt – es sollten wie üblich Bremsstrahlungsphotonen verwendet werden –, und da das π^0 eine Lebensdauer von nur 10^{-16} sec hat, blieb zur Rekonstruktion der Kinematik einzig das Rückstoßproton übrig. Vom π^0 sollte ein Zerfalls-γ-Quant in Koinzidenz mit dem Proton nachgewiesen werden. Das Reichweitenteleskop, mit dem Winkel und Energie der Rückstoßprotonen nachgewiesen werden sollten, funktionierte bereits im August 1964; allerdings war die Auswertung mühsam und langwierig, weil die Pulse aus den Szintillatoren auf ein Oszilloskop gegeben und abphotographiert wurden. Ihre Höhe, die mit der Energie der Protonen korreliert war, wurde dann einzeln von Hand gemessen.[107]

Für den Nachweis der γ-Quanten war ursprünglich ein Bleiglas-Zähler vorgesehen, dessen Beschaffung jedoch Lieferschwierigkeiten im Weg standen. Im Januar 1965 erklärten Lutz Criegee, zweiter erfahrener Physiker der Gruppe, und Joos im Forschungskollegium, daß sie nunmehr die Reaktion $\gamma+p \rightarrow p+\pi^{+}+\pi^{-}$

---

[105]Jentschke an Farley, 8.4.65, Jentschke an Livingston, 8.4.65, Jentschke an Kern, 9.4.65, DAs; J. dePagter et al., V.W. Hughes et al., R.B. Blumenthal et al., C. Bétourné et al., in: [DPG65, S. 359-379]; P. Joos an Criegee, 13.7.65, Pj; G. Charpak et al., Nuov. Cim. 37:1241(1965); F.J.M. Farley et al., Nuov. Cim. A45:281(1966).

[106]Peter Joos, Leiter der Gruppe F31, darf nicht mit Hans Joos, dem Vorsitzenden des Forschungskollegiums und Leiter der Theoriegruppe, verwechselt werden

[107]G. Buschhorn et al., Nachweis der Rückstoßprotonen von Einfach- und Mehrfachpionphotoerzeugungsprozessen an Wasserstoff mit einem Reichweitenteleskop, v.M., 12.12.63, DA27; JB63, S. 48f.; F31, Antrag auf Zulassung eines Experiments, Prop. 6, v.M., 30.6.64, Protokoll FK, 14.10.64, Jo; JB64, S.3.10.

untersuchen, auf den Cerenkov-Zähler verzichten, und die Pionen in Funkenkammern nachweisen wollten. Trotz der Überschneidungen mit der Gruppe F32, die u.a. Pionpaare aus resonanten Zwischenzuständen studierte, genehmigte das Forschungskollegium einige Schichten Strahlzeit für den Test der Funkenkammern. Der Funktionstest der Kammern verlief dann zwar positiv; dennoch mußte das Experiment ein weiteres Mal umgeplant werden, weil der Untergrund unerwartet hoch gewesen war und das Signal vollkommen überdeckt hatte.[108]

Jentschke hatte Joos schon Anfang April 1965, noch vor den Messungen mit den Funkenkammern, gebeten, einen Vortrag über Tests der QED zu halten – unter besonderer Berücksichtigung der Ergebnisse aus Harvard. Aber erst drei Monate später, nach dem enttäuschenden Verlauf der Teststrahlzeit, brachte er ihn dazu, das Pionexperiment endgültig abzubrechen und einen Vorschlag für ein QED-Experiment auszuarbeiten.[109]

Auf Partnersuche

Praktisch über Nacht wurde ein „proposal" geschrieben. Da Criegee für einige Monate in Brookhaven war, fanden sich nur drei Unterzeichner, außer Joos noch John G. Asbury, ein Gast aus den USA, und Martin Rhode, der der Gruppe F31 schon seit einiger Zeit als Doktorand angehörte. Der Aufbau lehnte sich an den Pipkins an – es sollten nur symmetrische Elektron-Positron-Paare nachgewiesen werden –, vermied allerdings einige von dessen Schwächen: Als mögliche Fehlerquellen wurden Streustrahlung an den Spiegelplatten der Quadrupole sowie diversen Blenden aus Blei und Messing angesehen.[110]

Der Preis für den Verzicht auf Blenden war – wie bei den Experimenten zur Elektronenstreuung – ein sehr aufwendiges Spektrometer (vgl. Abb. 29). Dessen zwei Arme sollten nicht auf Lafetten, sondern fest auf dem Hallenboden aufgebaut werden. Etwa 1 m hinter dem Target aus flüssigem Wasserstoff würde sich ein großer Dipolmagnet befinden, der alle in einen bestimmten Winkelbereich ausgesandten Teilchen in einen Dipolmagneten lenkte, der sie in horizontaler Richtung fokussierte. Zur vertikalen Fokussierung schlossen sich in beiden Armen QD-Quadrupolmagnete an, und zur Drehung des Bildes aus der Achse nach oben ablenkende MB-Dipolmagnete. Nur wenige Wochen zuvor hatte Panofski auf dem Lepton-Photon-Symposium auf den Hauptvorteil eines solchen „$p\theta$-Spektrometers" hingewiesen: Unter der Bedingung, daß nur Teilchen aus der Horizontalen ($\phi = 0$) nachgewiesen wurden, bildeten sie die beiden Impulskoordinaten p und θ ohne gegenseitige Vermischung genau auf zwei Ortskoordinaten ab. Diese getrennte Messung von Impuls und Emissionswinkel in zwei Hodoskopen würde beim QED-Experiment unzweideutig zwischen symmetrischen und unsymmetrischen Paaren zu unterschieden erlauben. Zugleich erfaßten $p\theta$-

[108] Protokoll FK, 18.1.65 und 20.4.65, Jo; JB65, S. 3.14.

[109] P. Joos an v. Goeler, 7.4.65, P. Joos an Criegee, 13.7.65, Pj.

[110] J. Asbury et al., Antrag auf Zulassung eines Experiments, Prop. 28, v.M., 8.7.65, Jo; P. Joos an Criegee, 13.7.65, Pj.

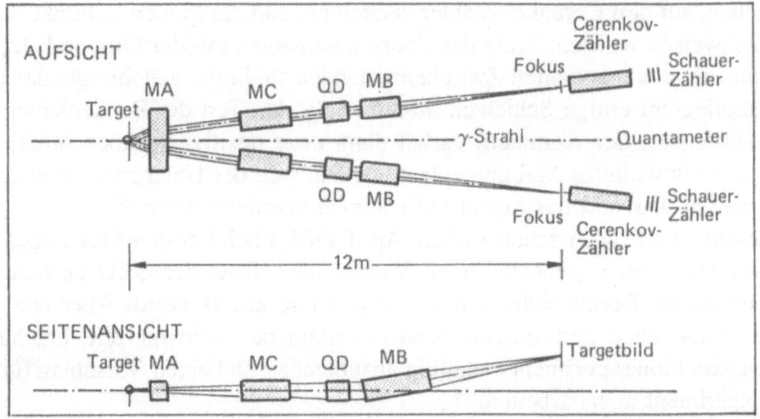

Abb. 29. Der erste Vorschlag für ein QED-Experiment bei DESY (8. Juli 1965). In einem $p\theta$-Spektrometer wird der Strahl nach der Fokussierung nach oben abgelenkt. Nach J. Asbury et al., Antrag ... , a.a.O.

Spektrometer einen relativ großen Raumwinkel (bzw. gestatteten die Verwendung eines großen Targets). Der Pionenuntergrund sollte durch Cerenkov- und Schauerzähler unterdrückt werden. Der Emissionswinkel der nachgewiesenen Teilchen würde durch Verschieben des Targets in Strahlrichtung geändert werden, so daß auch ohne Lafette bei mehreren Winkeln θ gemessen werden konnte. Schließlich war der Strahlengang vollständig frei von Blenden, so daß Streustrahlung als Fehlerquelle nicht in Frage kommen würde.[111]

Die Nachteile des Vorschlags waren denn auch weniger physikalischer, als vielmehr praktischer Natur: Die beiden stark fokussierenden C-Magneten mußten umgebaut und neue Gestelle für die Aufnahme der vertikal ablenkenden MB-Magnete angefertigt werden. Außerdem gab es noch keinen einzigen funktionierenden Cerenkov-Zähler bei DESY. Das gewichtigste Problem aber war die personelle Stärke der Gruppe F 31: Wenn das Experiment Mitte 1966 Daten nehmen sollte, mußte sie sofort auf acht bis zehn Wissenschaftler verstärkt werden.[112]

Andererseits zeigte sich ein weiteres Mal der Vorteil der Ausrüstung des DESY mit Standardmagneten: Obwohl die Gruppe F 31 ein sehr aufwendiges Spektrometer vorschlug, würde es vollständig aus verfügbaren Elementen zusammengestellt werden können.[113]

Das Forschungskollegium vertagte am 19. Juli 1967 die Entscheidung über das Experiment auf unbestimmte Zeit, weil zunächst die Personalfrage geklärt werden sollte und noch weitere Magnetkombinationen auf ihre Verwendbarkeit hin untersucht werden mußten. Dabei wurde auch der Analogrechner der Steffen-

---

[111] J. Asbury et al., Antrag ... , a.a.O.; W.K.H. Panofski, in: [DPG65, S. 139f.]. Zur Bezeichnung der Standardmagnete vgl. S. 87.

[112] J. Asbury et al., Antrag ... , a.a.O.

[113] J. Asbury et al., Antrag ... , a.a.O.

Gruppe herangezogen. Bis Ende August wurden 12 verschiedene $p\theta$-Spektrometer durchgerechnet, jeweils mit dem Ziel der Maximierung des erfaßten Raumwinkels. Schließlich einigte sich die Gruppe F 31 – unter Hinzuziehung von Stähelin – darauf, für die Fokussierung anstelle der C- und QD-Magnete doch halbe QC-Quadrupole zu verwenden. Deren Lieferzeit betrug, da keine neuen Stanzwerkzeuge anzufertigen waren, nur neun Monate. Des weiteren sollte der große Dipolmagnet fortfallen und die beiden Spektrometer dafür auf einer Doppellafette aufgebaut werden. Das Experiment wurde vom Forschungskollegium am 26. August 1965 grundsätzlich genehmigt, noch bevor ein Forschungsseminar stattgefunden hatte, weil ohne diesen Beschluß die Bestellung für die vier halben Quadrupole nicht aufgegeben werden konnte. Das Forschungskollegium mahnte beim Direktorium, das zur Eile drängte, zugleich ein weiteres Mal die personelle Verstärkung der Gruppe F 31 an.[114]

Den ganzen Sommer 1965 über hatte Joos bereits versucht, auswärtige Kollaborationspartner zu gewinnen; seine Bemühungen waren jedoch nur zum Teil von Erfolg gekrönt. Ein Mitarbeiter von Weinstein, E. v. Goeler, der vor einigen Jahren bei DESY gearbeitet hatte, war bereit, mit zwei bis drei Studenten im Sommer 1966 nach Hamburg zu kommen und auch einige Elektronikbausteine mitzubringen. Ansonsten gab es aber nur Absagen oder hinhaltende Antworten.[115]

Dafür traf Anfang November 1965 bei Weber ein Brief ein, in dem sich unaufgefordert ein möglicher Partner meldete: Samuel C.C. Ting von der Columbia University wollte wissen, ob er und sein Gruppenchef Leon Lederman das Pipkin-Experiment bei DESY wiederholen könnten. Der spätere Nobelpreisträger, Sohn chinesischer Intellektueller aus Taiwan, hatte nach seinem Studium an der University of Michigan in Ann Arbor ein Stipendium der Ford Foundation für einen Studienaufenhalt am CERN erhalten. Von Genf her kannte er Weber, mit dem er bei einem Experiment zusammengearbeitet hatte. Nach seiner Rückkehr in die USA schloß er sich der Lederman-Gruppe in Brookhaven an; ein Vortrag Pipkins an der Columbia University weckte kurze Zeit später sein Interesse für ein QED-Experiment. Ohne Kollaborationspartner aus der Region Boston hatte er bei C.E.A. jedoch keine Chance.[116]

Obwohl Elektronenbeschleuniger sich für QED-Experimente anbieten, sind Protonenbeschleunigern ebenso dafür geeignet. Weinsteins Gruppe bei C.E.A. hatte bereits einen Weg gewiesen: In der Reaktion $e + Z \rightarrow e + Z + \mu^{+} + \mu^{-}$ wird ein Myonpaar von einem virtuellen (auch zeitartig genannten) Photon erzeugt, das das einlaufende Elektron im Feld des Nukleons Z aussendet. Bezüglich der

[114]Protokoll FK, 19.7.65 und 26.8.65, J.Asbury et al., Ergänzung zum Antrag auf Zulassung eines Experiments, v.M., o.D., Jo; Vermerk P. Joos, Begründung für die Bestellung von vier Quadrupolen Typ QC 1/2 bei der Firma Lintott Engineering Ltd., 30.8.65, HH6041-9.

[115]P. Joos an Greenberg, 23.7.65, Uhlig an P. Joos, 28.7.65, Criegee an P. Joos, 29.7.65, P. Joos an Smith, 30.7.65, Smith an P. Joos, 17.8.65, Greenberg an P. Joos, 24.9.65, v. Goeler an P. Joos, 29.9.65, Pj.

[116]D. Dekkers et al., Phys. Lett. 11:161(1964); D.E. Dorfen et al., Phys. Rev. Lett. 14:995(1965); Ting an Weber, 29.10.65 und 25.7.76, DAs; [Rio87, S. 263].

Gültigkeit der QED macht es keinen Unterschied, ob das Myonpaar von einem virtuellen oder einem reellen Photon erzeugt wird. Weinsteins Vorschlag, dieses Elektroproduktionsexperiment bei C.E.A. durchzuführen, wurde allerdings zurückgestellt, weil vor 1966 kein externer Elektronenstrahl frei war. In Brookhaven, wo Ting und Lederman arbeiteten, gab es zwar keinen Elektronenstrahl, dafür aber einen externen Myonenstrahl aus dem Zerfall $\pi^{\pm} \rightarrow \mu^{\pm} + \nu_{\mu}$; wenn nun die Rolle von Elektron und Myon vertauscht wurde, war das Experiment in Brookhaven durchführbar: $\mu + Z \rightarrow \mu + Z + e^{+} + e^{-}$. Zusammen mit einem theoretischen Physiker, Stanley Brodsky, berechnete Ting gerade den Wirkungsquerschnitt für diese Reaktion, als Weber ihm antwortete, bei DESY seien er und Lederman als Kollaboranden der Joos-Gruppe herzlich willkommen. Ting ließ es mit den Überlegungen zu einem Myon-Experiment daraufhin sein Bewenden haben.[117]

Weber schlug ein Treffen in Hamburg vor, an dem auch Lederman teilnehmen solle. Da DESY gerade dabei sei, die letzten noch offenen Bestellungen für das WAPP-Experiment abzuwickeln, sei Eile geboten, wenn Ting seine Vorstellungen noch in den experimentellen Aufbau einfließen lassen wolle. Seiner Antwort legte Ting ein Manuskript bei: Der Aufbau, der ihm vorschwebte (vgl. Abb. 30) sah kein Magnetspektrometer vor, sondern wie Weinsteins Experiment die direkte Messung von Emissionswinkel und -ort der Teilchen. Dies sollte in einigen Metern Abstand vom Target in Funken- oder Drahtkammern geschehen. Zur Separation der Elektronen und Positronen von den Pionen sollten Cerenkov-, Schauer- und Bleiglaszähler verwendet werden. Wegen der begrenzten Ortsauflösung der Funkenkammern mußte das Target allerdings klein sein – $4 \cdot 4 \cdot 2\,\mathrm{mm}$ – und die zu erwartenden Zählraten waren daher bedeutend kleiner als die mit einem Magnetspektrometer erzielbaren. Für den Nachweis von 100 $e^{+}e^{-}$-Paaren mit einem Impulsübertrag von 700 MeV würden zehn Tage Strahlzeit benötigt werden.[118]

Die Besprechung in Hamburg fand Anfang Dezember 1965 statt. Allen Teilnehmern wurde bald klar, daß es Ting darauf ankam, das Experiment so schnell wie möglich am Laufen zu haben. Die aufwendigsten Komponenten seines Aufbaus, die Cerenkovzähler, wollte er bei Marcel Vivargent, den er wie Weber vom CERN kannte, ausleihen; die Ausleseelektronik könne bei einer Firma in New York in drei Monaten gebaut werden; für die Auswertung nach dem Ende der Strahlzeit stünden die Computer an der Columbia University zur Verfügung.[119]

Jemand mit Ting's Energie konnte in der Gruppe F 31 gut gebraucht werden. Allerdings gab es bezüglich der Durchführbarkeit seines Experimentevorschlags einige Zweifel. Das Forschungskollegium setzte nach seiner Abreise eine Kom-

---

[117] C.E.A., Semi-Annual Report for the Period January 1 through June 30, 1965, CEAL-1023, v.M., 22.9.65, DB; Weber an Ting, 8.11.65, Ting an Weber, o.D. (Ende Dezember 1965, d.Verf.), DAs; S.J. Brodsky und S.C.C. Ting, Phys. Rev. 145:1018(1966).

[118] Weber an Ting, 8.11.65, Ting an Weber, 15.11.65, P. Joos an Ting, 16.11.65, Pj.

[119] Stähelin an Ting, 22.11.65, Ting an Weber, 22.11.65, DAs; Telegramm P. Joos an Ting, 2.12.65, Telegramm Ting an P. Joos, 3.12.65, Ting an P. Joos, Bertram und Becker, o.D. (Dezember 1965, d.Verf.), Telegramm P. Joos an Vivargent, 16.12.65, Pj.

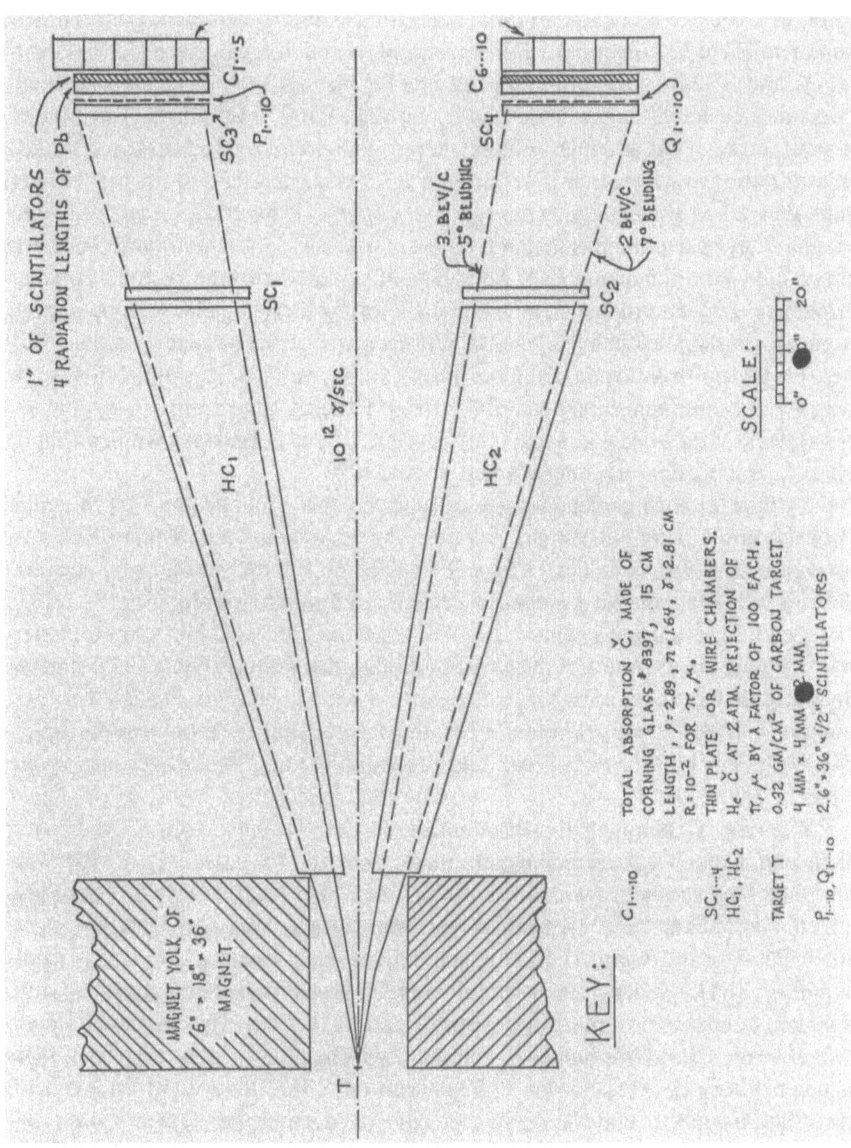

Abb. 30. Tings Vorschlag für ein Experiment zur Gültigkeit der QED. Hinter einem Dipolmagneten zur Abtrennung geladener Teilchen befinden sich zwei Cerenkovzähler. Die Bahnen der Teilchen werden in Funkenkammern aufgenommen, an die sich ein Schauerzähler und ein Bleiglascerenkovzähler anschließen. Faksimile aus einem Manuskript von S.C.C. Ting. Quelle: DAs.

mission ein, die die beiden Alternativen verglich. Die größten Bedenken wurden gegen die direkte Exposition der Funkenkammern in den Strahl gehegt. Die Gruppen F 31 und F 32 hatten damit sehr schlechte Erfahrungen gemacht, weil die hohe Untergrundrate leicht zum Überlaufen („pile-up") der Zähler führte. Ting wollte das zwar nicht recht glauben, mußte diesen Standpunkt des Forschungskollegiums allerdings akzeptieren. Die Gruppe F 32 erklärte sich bereit, bis Anfang Januar den zu erwartenden Untergrund in einigen Tests noch genauer zu bestimmen. Ting wartete die Resultate gar nicht erst ab, sondern stimmte kurz vor Weihnachten brieflich dem DESY-Vorschlag zu, zwei identische $p\theta$-Spektrometer aufzubauen. Um allerdings nicht bis zur Lieferung der halben QC-Quadrupole warten zu müssen, sollten vier ganze QD-Quadrupole verwendet werden, von denen es eine ausreichende Zahl bei DESY gab, wenn auch zum Teil fest in anderen Experimenten eingebaut. Ein großer Dipolmagnet sollte – wie im ursprünglichen Vorschlag von Joos – hinter dem Target aufgestellt werden, damit auch auf die Lafette verzichtet werden konnte.[120]

Es würde allerdings schwierig sein, auf die fest eingebauten QD-Magnete zurückzugreifen. Ting bat Weber, sich der Angelegenheit anzunehmen. An Joos, Becker und Bertram von der Gruppe F 31 schrieb er, daß er sich um die Beschaffung der Magnete zu gegebener Zeit noch kümmern werde.[121]

Es kam dann jedoch anders. Über Weihnachten 1965 und Neujahr rechneten Asbury und Bertram weitere Magnetkombinationen durch – mit der Randbedingung, daß nur frei verfügbare Magnete verwendet würden. Dabei kam, fast schon ein Wunder, ein Spektrometer heraus, das gegenüber den bisher diskutierten überlegene Eigenschaften besaß und zugleich bis Juni 1966 aufgebaut werden konnte.[122]

Ein großer Dipolmagnet (MD) sollte geladene Teilchen vom γ-Strahl weg lenken und diese Winkeländerung in einem zweiten Dipolmagneten (MB) wieder rückgängig gemacht werden (vgl. Abb. 31). Durch diese Zickzackbewegung blickten alle Zähler auf einen Punkt vor dem Target, was den Untergrund erheblich herabsetzen würde. Die Teilchen sollten dann in einem weiteren Dipolmagneten (MA) wieder zum γ-Strahl hingelenkt werden. Kurz hinter diesem Magneten befand sich ein „dispersionsfreier Punkt", wo der Ort der Teilchen also nur vom Emissionswinkel θ abhing. Zwischen dem MA- und dem MB-Magneten hing der Abstand der Teilchen von der Mittellinie vom Produkt $p \cdot \theta$ ab, so daß Impuls p und Winkel θ bei der Auswertung der Daten separierbar sein würden. Der einzige Nachteil des Aufbaus war das im Vergleich zu einem

[120]Protokoll FK, 13.12.65 und 22.12.65, Jo; P. Joos, Protokoll über die Sitzung des Ausschusses zur Diskussion des Weitwinkelelektronenpaar experiments am 15. Dezember 1965, v.M., 15.12.65, Telegramm Ting an P. Joos, 21.12.65, Ting an P. Joos, Bertram und Becker, o.D. (Ende Dezember 1965, d.Verf.), Pj; Ting an Weber, o.D. (Ende Dezember 1965, d.Verf.), DAs.

[121]Ting an P. Joos, Bertram und Becker, o.D. (Ende Dezember 1965, d.Verf.), Pj; Ting an Weber, o.D. (Ende Dezember 1965, d.Verf.), DAs.

[122]Protokoll FK, 10.1.66, Jo; J. Asbury und W.K. Bertram, Revised DESY-Columbia WAPP Experiment, v.M., o.D. (Januar 1966), DAs.

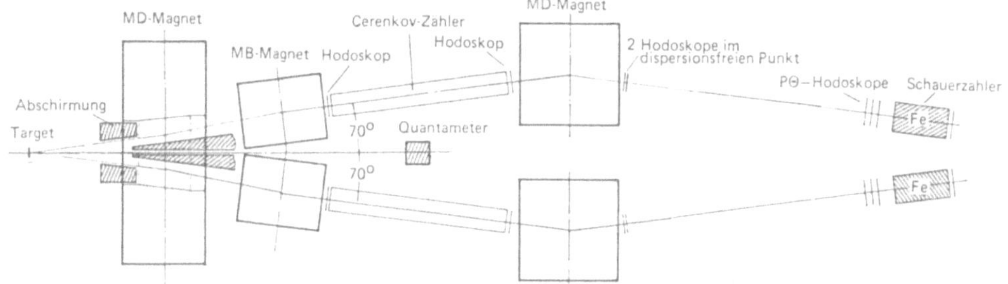

Abb. 31. Der Vorschlag von Asbury und Bertram für ein QED-Experiment bei DESY. Die beiden Spektrometer bestehen aus fünf Dipolmagneten (MA, MB und MD), sowie Hodoskopen, Cerenkov- und Schauerzählern. Nach J. Asbury und W.K. Bertram, Revised ... , a.a.O.

vertikal ablenkenden $p\theta$-Spektrometer kleine Target, was die Verwendung von Kohlenstoff anstelle flüssigen Wasserstoffs als Targetmaterial implizierte.[123]

Die Informationen aus den Zählern, eingeschlossen die Pulshöhen der Multiplier in den Schauerzählern, sollten direkt auf Magnetband geschrieben werden. Laut Ting würde die Firma LeCroy in New York innerhalb von drei Monaten die komplette Elektronik, bestehend aus Verstärkern, Pulsformern, Pulshöhenanalysatoren und Koinzidenzeinheiten liefern können. Der Preis betrug $ 24.100.[124]

Das Forschungskollegium setzte erneut eine Kommission ein. Dieses Mal gab es keine prinzipiellen Einwände gegen den Vorschlag; Tings Aufbau mit vier QD-Magneten wäre wegen des Rückgriffs auf Material anderer Gruppen nur schwer zu realisieren gewesen. Das von Asbury und Bertram erarbeitete Konzept wurde vom Forschungskollegium daher am 24. Januar 1966 als Experiment F 31b genehmigt. Vor Bestellung der Elektronik mußte noch die Einkaufskommission ihr d'accord geben, was am 11. Februar 1966 geschah. Bei drei Monaten Lieferzeit bestand eine reelle Chance, im September in Berkeley die ersten Ergebnisse vortragen zu können. Ting wollte noch Doktoranden aus New York mitbringen und auch bei DESY waren zwei weitere Physiker zur Gruppe F 31 gestoßen. Auch die Gesamtzahl der Mitarbeiter lag damit im Rahmen der Vorstellungen des Forschungskollegiums.[125]

Mit voller Kraft voraus

Ting kam im April 1966 für zunächst zwei Wochen nach Hamburg und dann wieder ab 20. Mai 1966 mit seinen Doktoranden für den Rest des Sommers.

[123] J. Asbury und W.K. Bertram, Revised DESY-Columbia WAPP-Experiment, v.M., o.D. (Januar 1966, d.Verf.), DAs; J. Asbury et al., Antrag auf Zulassung eines Experiments, Prop. 28, v.M., 20.1.66, Jo.

[124] J. Asbury et al., Antrag ... 20.1.66, a.a.O.; Ting an P. Joos, Bertram, Becker, o.D. (Ende Dezember 1965, d.Verf.), Pj.

[125] J. Asbury et al., Antrag ... 20.1.66, a.a.O.; Protokoll FK, 10.1.66 und 24.1.66, Jo; P. Joos an v. Goeler, 2.2.66, Pj.

Während des ersten Aufenthalts bat er darum, als Sprecher der Mitarbeiter von der Columbia University auftreten zu dürfen; das Forschungskollegium machte eine Ausnahme von den wissenschaftlichen Regeln und teilte die Sprechereigenschaft für das QED-Experiment auf ihn und Joos auf. Als er im Mai 1966 wieder aus den USA zurückkehrte, standen wie vorgesehen alle Komponenten des Experiments bereit oder waren sogar schon an ihrem Platz aufgestellt.[126]

In vielen Bereichen des Lebens kann der, der sich für ein Ziel ganz besonders einsetzt, über alle hierarchischen Strukturen hinweg eine natürliche Autorität gewinnen. Der Arbeitsstil des Wissenschaftlers aus New York wurde schnell zur Legende: Er verlangte von sich und seinen Mitarbeitern mehr als alle anderen zu arbeiten, und alle Aufmerksamkeit, alle Anstrengung dem Experiment zu widmen. Unermüdlich hielt er sich vom frühen Morgen bis zum späten Abend in der Experimentierhalle auf; innerhalb kürzester Zeit war er zum einzigen profunden Kenner des Experiments geworden. Da er mit Lederman, der nicht an einen Erfolg glaubte, eine 20-Dollar-Wette abgeschlossen hatte, daß er C.E.A. schlagen werde, stand seine Reputation bei seinem Chef auf dem Spiel.[127]

Teucher hatte dem Wissenschaftlichen Rat schon im März 1966 berichtet, daß die Anlaufschwierigkeiten beim neuen Experiment der Gruppe F 31 wohl im April überwunden sein würden. Diese Einschätzung wurde in den folgenden Wochen zur Realität: Die Cerenkov-Zähler, die die Gruppe A 3 mittlerweile fertiggestellt hatte, funktionierten einwandfrei, so daß auf das Angebot von Vivargent, Zähler von CERN zur Verfügung zu stellen, nicht mehr zurückgegriffen werden mußte. Ting ließ noch zwei weitere Cerenkovzähler aus mit Freon gefüllten Holzkisten anfertigen, die hinter den beiden MA-Magneten aufgestellt wurden und den Pionenuntergrund weiter unterdrückten. Um die Elektronik zu testen, kam Walter LeCroy, Chefingenieur der New Yorker Lieferfirma, für einige Tage nach Hamburg. Ende Juni war es endlich soweit: Ting bat im Namen der Gruppe F 31 um die ersten 12 Schichten reguläre Strahlzeit. Alle Komponenten seien mehrmals getestet worden und er könne ihr Funktionieren 100 %ig garantieren. Den Untergrund habe er bereits untersucht, und dazu während einer parasitären Strahlzeit anstelle des Kohlenstoff- ein Bleitarget in den γ-Strahl stellen lassen. Die in den Zählern daraufhin gemessenen Einzelzählraten von einigen MHz ließen darauf schließen, daß es im späteren Betrieb keine „pile-up"-Effekte geben würde.[128]

Während der beiden ersten Juli-Wochen teilte Weber drei Schichten zu – noch hatten die beiden Elektronenstreuexperimente ihre Messungen nicht ab-

[126]Ting an Weber, o.D. (Ende Dezember 1965, d.Verf.), DAs; Protokoll FK 7.3.66 und 4.4.66, Jo; Ting an P. Joos, o.D. (Frühjahr 1966, d.Verf.), Pj.

[127]Ting an Weber, o.D. (Ende Dezember 1965, d.Verf.), Ting an Weber, o.D. (vor 25.6.66, d.Verf.), DAs; [Rio87, S. 262].

[128]P. Joos an Vivargent, 3.2.66, Pj; Protokoll FK, 7.3.66, Jo; Protokoll WR, 24.3.66, DA 11; Ting an Weber, o.D. (vor 25.6.66, d. Verf.), J. Asbury et al. Progress Report DESY-COLUMBIA Wide-Angle Pair Production Experiment, v.M., o.D. (Sommer 1966, d. Verf.), DAs; JB65, S. 4.3f., JB66, S. 4.4f.

geschlossen. In der zweiten Monatshälfte erhielt die Gruppe F31 dann zwar mehr als achtzehn Schichten zugeteilt, konnte davon aber nur die Hälfte nutzen, weil der Beschleuniger Ausfälle zu verzeichnen hatte. Nachdem Ting jedoch im August – streng vertraulich – die ersten Ergebnisse präsentierte, erhielt das WAPP-Experiment ab 15. August 1966 bis zum Beginn des shut-downs am 16. September 1966 absolute Priorität. So kamen im August 1966 doch noch fast dreißig Schichten Strahlzeit zusammen, und Ting reiste mit noch taufrischen Meßergebnissen im Koffer Ende August 1966 nach Kalifornien. Dort fand in Berkeley vom 31. August bis zum 7. September 1966 die XIII. Rochester-Konferenz über Hochenergiephysik statt.[129]

Panofski hatte, wie er Jentschke schrieb, die „zweifelhafte Ehre", der Parallelsitzung über Verletzungen der QED vorzusitzen. Da von DESY noch keine Anmeldung für einen Beitrag vorlag, fragte er am 10. August 1966 an, ob es wirklich dabei bleiben werde. Es gebe so viele theoretische Spekulationen über dieses Thema, daß die experimentelle Seite unbedingt auf den neuesten Stand gebracht werden müsse. Jentschke antwortete prompt, Panofski habe sicherlich „einen schwierigen Job" übernommen, aber er wisse leider noch nicht, ob er ihm behilflich sein könne. Immerhin liefe das WAPP-Experiment ordentlich und vielleicht werde man vorläufige Ergebnisse vorlegen.[130]

Jentschke hatte weit untertrieben. Durch die Auslese der Daten auf Magnetband war ihre Auswertung im DESY-Rechenzentrum um vieles schneller durchführbar als bei den Experimenten, wo noch Zählerstände von Hand in Logbücher eingetragen wurden. Ting brachte deshalb Meßwerte in die Parallelsitzung mit, an denen nur noch einige energieunabhängige Korrekturen von höchstens 5 % anzubringen waren. Eindeutiges Ergebnis: Zweifel an der Gültigkeit der QED entbehrten jeder Grundlage (vgl. Abb. 32). Es waren wohl weniger die kleineren Fehlerbalken als vielmehr das Maß an Systematik und Sorgfalt, das hinter dem Experiment bei DESY steckte, wodurch Pipkins Resultate in Mißkredit gebracht wurden. Zum Beispiel lagen die 16 Werte für p und θ, bei denen der Wirkungsquerschnitt für die Elektron-Positron-Paarerzeugung gemessen worden war, auf einem äquidistanten Gitter in der $p - \theta$-Ebene. Jede systematische Abhängigkeit der Messungen vom Impuls oder dem Winkel hätte sich hier gezeigt. Richard Talman aus Cornell, der Pipkins Resultate ein halbes Jahr zuvor in der Tendenz bestätigt hatte, dessen Ergebnisse aber zugleich gerade noch mit der Bethe-Heitler-Formel verträglich waren, machte zwar mögliche Fehlerquellen aus; und Drell, der Rapporteur auf der Plenarsitzung, forderte weitere Untersuchungen zum Verständnis der Diskrepanzen. Trotzdem: Die Tatsache, daß nach der Konferenz kein einziger Beitrag eines Theoretikers beim Sekretariat als schriftlich ausgearbeitetes „paper" eingereicht wurde, zeigte den Verlust an

[129] Ting an Weber, 13.7.66 und 19.7.66, DAs; Protokoll FK, 15.8.66, Jo; S1, Jahresbericht 1966, DESY-S1-15, v.M., 19.5.67, DB; [Ber67].

[130] Zitate: Panofski an Jentschke, 10.8.66, Jentschke an Panofski, 17.8.66, DAs.

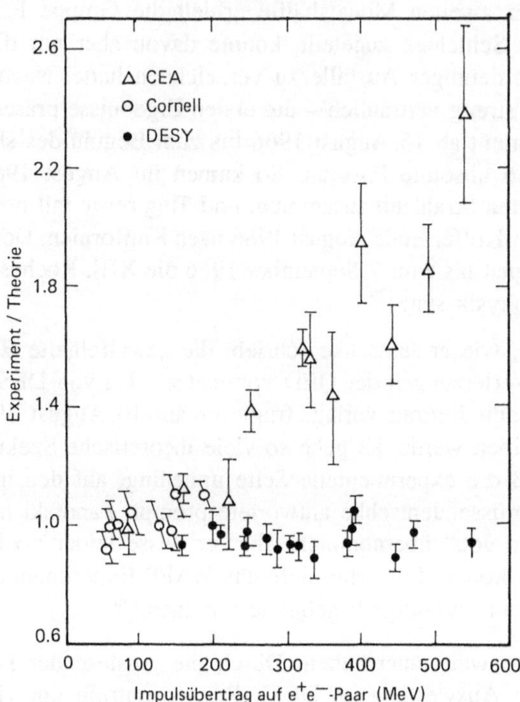

Abb. 32. Vergleich der Meßergebnisse zur Gültigkeit der QED, die bei C.E.A., Cornell und DESY gewonnen wurden. Aufgetragen ist der Quotient von gemessenem und theoretisch berechnetem Wirkungsquerschnitt als Funktion der Energie der erzeugten Elektron-Positron-Paare. Nach dem von S. Drell auf der XIII. Rochester-Konferenz gezeigten Diapositiv in [Ber67].

Glaubwürdigkeit, den die Messungen der Pipkin-Gruppe erlitten hatten.[131]

DESY hatte bislang immer ein freundschaftliches Verhältnis zu C.E.A. gehabt. Nach der Explosion der Blasenkammer hatte Teucher ungefragt angeboten, den Auswertegruppen Film von der DESY-Blasenkammer zur Verfügung zu stellen. Jetzt, wo DESY seinen ersten internationalen Erfolg verbuchte, lag vor allem Jentschke viel daran, dieses Verhältnis nicht abkühlen zu lassen. Im Anschluß an die Konferenz in Berkeley reiste er nach Cambridge, in erster Linie wegen der gemeinsamen Speicherringpläne, aber auch im Gesamtinteresse der Beziehungen zwischen den beiden Laboratorien. Er lud Pipkin herzlich nach Hamburg ein und versprach, ihm sofort nach seiner Rückkehr alle Unterlagen über das WAPP-Experiment zuzuschicken. Auch Ting war wenige Tage nach der Konferenz in Cambridge. Noch bevor er zu DESY weiterreiste, teilte er Jentschke mit,

[131] E. Eisenhandler et al., Comparison of Wide-Angle Electron Pair Production with the Predictions of Quantum Electrodynamics. Paper Presented at the New York Meeting of the American Physical Society, January 1966, v.M., o.D., Pj; J. Asbury et al. Progress Report ... , a.a.O.; Ting an Talman, 26.9.66, DAs; [Ber67, S. 90-93, 98, 312]; [Rio87, S. 262f.].

daß er alle Zweifler von der Gültigkeit seiner Resultate überzeugt und zugleich vielleicht bestehende Animositäten ausgeräumt habe.[132]

Der Erfolg auf der 13. Rochester-Konferenz war auch auf einem ganz anderen Gebiet von nicht zu unterschätzendem Wert: Die Genehmigung der Betriebshaushalte des DESY stellte 1966 und 1967 eine Hängepartie dar, die sich beide Male bis in das betreffende Haushaltsjahr hinzog. Ende 1965 war die Situation besonders kritisch gewesen, da die Ministerpräsidentenkonferenz für den Haushalt eine vollkommen willkürliche Obergrenze von 30 Millionen DM gezogen hatte. Im Dezember 1965 hatte Stähelin deshalb, allen Gepflogenheiten widersprechend, neueste Meßergebnisse ohne den Umweg der Publikation in einer wissenschaftlichen Zeitschrift direkt an eine Presseagentur gegeben: Bei DESY sei die Erzeugung von Antiprotonen (Antimaterie) mittels γ-Quanten (Licht) gelungen. Entgegen aller Erwartungen sprangen auch Boulevardblätter auf dieses Thema an und brachten DESY prompt auf ihre an jedem Kiosk zur Schau gestellten Titelseiten. Diese publicity hatte dann zwar ihren Anteil an der Besserung der Haushaltslage gehabt; dafür mußte das Direktorium sich jedoch vom Wissenschaftlichen Rat bitten lassen, es bei dieser einen Ausnahme von der Gepflogenheit, Ergebnisse zuerst Fachzeitschriften zu veröffentlichen, Denn immerhin war die Mitteilung, daß eine Gruppe bei C.E.A. ein ähnliches Experiment durchführte, allerdings noch ohne endgültige Resultate, in der Tagespresse leider untergegangen. Damit die guten Beziehungen nach Cambridge dadurch nicht belastet wurden, schilderte Jentschke in einem Brief an Weinstein, den Gruppenleiter, noch im Dezember 1965 die Ausnahmesituation, in der DESY sich zu diesem Zeitpunkt befand.[133]

Nach der Rochesterkonferenz im September 1966 traf diese Charakterisierung sicher nur noch auf die Finanzlage zu. Bezüglich der Experimente war Jentschke gerade geschrieben worden:

> *... es ist klar, daß DESY viel bessere Physik macht und viel mehr zur Physik beiträgt als C.E.A.*[134]

Wenn auch die Geldgeber diese Meinung teilten – DESY wäre viel geholfen.

---

[132]Feld an Teucher, 3.12.65, Jentschke an Livingston, 13.10.66 und 2.11.66, Jentschke an Pipkin, 13.10.66, Ting an Jentschke, o.D. (vor 13.10.66, d.Verf.), DAs.

[133]Hamburger Morgenpost, 10.12.65, Süddeutsche Zeitung, 13.12.65, Die Zeit, 17.12.65, Protokoll WR, 10.12.65, DA11; Jentschke an Weinstein, 16.12.65, DAs.

[134]Zitat: Ting an Jentschke, o.D. (Herbst 1966, d.Verf.), DAs.

Auf Fels oder auf Sand?

Die Finanzierung von DESY ist bereits bis zur Sicherung des erweiterten Investitionsvolumens von DM 110 Millionen DM sowie dem Zugeständnis der Bundesländer, sich an maximal 10 Millionen DM laufenden Kosten zur Hälfte zu beteiligen, geschildert worden. Die dabei immer wieder auftauchenden Schwierigkeiten waren vor allem durch zwei sich widersprechende politische Positionen verursacht worden: 1.) die Auffassung des Bundesministers der Finanzen, gestützt durch Beschlüsse des Haushaltsausschusses des Bundestags, daß die Förderung der Forschung primär eine föderale Aufgabe darstelle und die Länder sich daher angemessen an der Finanzierung des DESY zu beteiligen hätten; 2.) die Meinung mehrerer Länderregierungen, daß DESY trotz des Grundlagencharakters der Hochenergiephysik in die Zuständigkeit des Bundes falle, der daher auch den Löwenanteil der Kosten übernehmen solle.[1]

DESY stand mit diesem Problem nicht alleine da: Es war seit der Einrichtung des Atomministeriums dessen erklärte Politik gewesen, die friedliche Nutzung der Atomenergie indirekt durch die Förderung von Forschung und qualifizierter technischer Ausbildung voranzutreiben. In den von 1955 bis 1960 gegründeten Laboratorien, die sich Kern-, Reaktor-, Teilchen- und Plasmaphysik widmeten, nahm die Forschung deshalb breiten Raum ein, auch wenn es vordergründig um die anwendungsnahe friedliche Nutzung der Kernenergie ging. Die Karlsruher Reaktorstation, später Kernforschungszentrum Karlsruhe genannt, hatte z.B. am Anfang den Bau eines Schwerwasserreaktors auf ihre Fahnen geschrieben – ihren Aufgabenbereich aber binnen kurzem auch in Richtung Grundlagenforschung erweitert und über ihr Institut für experimentelle Kernphysik auch an Experimenten bei DESY mitgearbeitet. In der Kernforschunganlage Jülich zählten Plasma- und Kernphysik zu den Schwerpunkten; selbst die Hochenergiephysik war vertreten, weil die bei DESY und CERN tätigen Mitarbeiter des Bonner Physikalischen Instituts, um ihnen verwaltungsmäßig größere Freiräume zu schaffen, in der KFA Jülich angesiedelt worden waren. Und die Gesellschaft für Kernenergieverwertung in Schiffbau und Schiffahrt in Geesthacht verfügte schon vor der Ausarbeitung auch nur des ersten Plans für einen atomgetriebenen Frachter über einen kleinen Forschungsreaktor, der als Neutronenquelle für kernphysikalische Untersuchungen diente. In dieser zentralen Stellung der Forschung in maßgeblich von der Bundesregierung geförderten Institutionen lag denn auch der tiefere Grund für

[1] Vgl. S. 57-68 und E.J. Meusel, in: [Flu82, S. 1255-1280].

das jahrelange Tauziehen um die Finanzierung des DESY und anderer ähnlicher Einrichtungen.[2]

Ursprünglich waren an einigen Kernforschungszentren auch industrielle Partner beteiligt gewesen; Anfang der sechziger Jahre gaben sie jedoch entweder ihre Gesellschaftsanteile zurück oder zogen sich aus der weiteren Finanzierung der stark steigenden Kosten für neue Vorhaben zurück.[3]

Trotz unterschiedlicher Rechtsformen, Finanzierungsmodi, Forschungsprogramme und administrativer Strukturen befanden sich alle Kernforschungszentren ab etwa 1963 vollständig in öffentlicher Obhut. In den acht Jahren seit der Wiedergewinnung der staatlichen Souveränität war ein Komplex von beeindruckender Größe entstanden: 1963 gaben staatliche Stellen für die friedliche Nutzung der Kernenergie, und unter diesen Oberbegriff fiel für statistische Zwecke auch DESY, 665 Millionen DM aus, für die selbstverwaltete Forschungsförderung in der DFG dagegen nur 96 Millionen DM. Das im selben Jahr aufgelegte 2. Atomprogramm umfaßte ein Finanzvolumen von 2,5 Milliarden DM über einen Zeitraum von fünf Jahren, von dem die Großforschungszentren nicht unerheblich profitieren sollten. Zusammen beschäftigten sie mehr als 6000 Mitarbeiter, darunter 1600 Wissenschaftler und Ingenieure – ein bedeutender Faktor in einer Forschungslandschaft, die bislang von Universitäten und Max-Planck-Instituten geprägt worden war.[4]

Allerdings waren die Bundesländer mit der Finanzierung der stetig ansteigenden Kosten für die Kernforschungseinrichtungen überfordert. Die Kultusetats wurden ab Anfang der sechziger Jahre vom Hochschulaus- und Neubau derartig belastet, daß die Bundesregierung den Ländern bei der Erfüllung dieser Aufgabe mit einem gemeinsamen 500 Millionen-DM-Programm unter die Arme griff. DESY und das Institut für Plasmaphysik (IPP) in Garching bei München waren als teilweise von der Ländergemeinschaft unterhaltene Einrichtungen besonders anfällig für Versuche, als ausufernd angesehenen Belastungen Einhalt zu gebieten – schließlich betrafen Weigerungen der Länderminister, sich an Investitionen oder laufenden Kosten zu beteiligen, in diesen Fällen nicht ihr eigenes Haus. Seit Anfang der sechziger Jahre wurde von Politikern und einigen exponierten Forschern aber immer wieder betont, daß ein moderner Staat sich der Großforschung nicht einfach nach dem St.-Florians-Prinzip entziehen könne: Die neue Art zu forschen und zu entwickeln sprenge manches Mal sogar nationale Grenzen – und die Verantwortung dafür sei in Deutschland immer noch auf regionaler Ebene angesiedelt. Das Grundgesetz ließ in dieser Frage jedoch wenig Spielraum für Interpretationen – bis zu einer entsprechenden Änderung blieb den Vertretern des

---

[2]H. Schopper, Bericht über das Forschungsprogramm des Instituts für Experimentelle Kernphysik des Kernforschungszentrum Karlsruhe, Anlage Protokoll AK Kernphysik DAtK, v.M., 26.2.62, DAs; [Bra62, S. 592-608]; [CHWH64, S. 1-9, 167-173]; Vorstand KFA Jülich an Paul, 27.9.67, He; GKSS (Hg.), 25 Jahre GKSS, Geesthacht 1981; [Rad83, S. 138, 141, 218ff.].

[3]Cartellieri an Heisenberg, 27.5.63, He; GKSS (Hg.), 25 Jahre GKSS, Geesthacht 1981; [Rad83, S. 242].

[4]J.W. Shortall (Hrsg.), Atomic Handbook, Vol. I, London 1965, S. 239f.; [NS70, S. 128].

Großforschungsgedankens nur das ständige Plädoyer, die Verantwortung für die Großforschung wie auch deren Finanzierung stärker zu zentralisieren.[5]

Das Problem wurde von den Beteiligten also schon früh erkannt. Ihre Interessen waren jedoch nicht immer gleich gelagert, so daß der Weg zu einer Lösung – der 90:10-Finanzierung der Großforschung durch BMwF und Sitzland – mühsam und oft genug verschlungen war.

Betriebskosten: Obergrenze 30 Millionen DM

Noch bevor DESY seinen Betrieb aufgenommen hatte, gaben einige Entwicklungen und Ereignisse Anlaß, zumindest intern von deutlich höheren laufenden Kosten als 10 Millionen DM pro Jahr auszugehen. In den vorangegangenen Kapiteln ist ausführlich beschrieben worden, wie DESY sich peu à peu ursprünglich den Universitäten zugedachter Aufgaben annehmen mußte. Eine Zeitlang konnten die höheren Kosten noch aus dem auf 110 Millionen DM aufgestockten Stiftungskapital bestritten werden – spätestens 1964 würden die im Vergleich zu den ursprünglichen Ansätzen höheren Personal- und Sachkosten aber in den Betriebshaushalt eingestellt werden müssen. Aber auch ein wichtiger und unzweideutig DESY zuzurechnender Posten stellte sich als Ende der fünfziger Jahre zu niedrig veranschlagt heraus: Der Strompreis war in Hamburg mit 11,6 Pfennigen pro kWh zwar nicht so teuer wie in München, Bonn oder Marburg; das CERN bezog seine elektrische Energie jedoch deutlich billiger – und dieser Strompreis war es gewesen, der in die erste Betriebskostenschätzung eingesetzt worden war. Überlegungen, ein eigenes kleines Kraftwerk zu errichten, waren wegen der hohen Anlagekosten bald aufgegeben worden. Anfang 1962 wurde daher ein Liefervertrag mit den Hamburgischen Elektrizitätswerken abgeschlossen. Zu diesem Zeitpunkt stand bereits fest, daß mit der Blasenkammer ein zweiter Großverbraucher neben das Synchrotron treten und den Haushaltstitel „elektrische Energie" bei vollem Betrieb auf 2,6 Millionen DM jährlich treiben würde.[6]

Der Abschluß des Vertrags mit den Hamburgischen Elektrizitätswerken war für das Direktorium offenbar der Anlaß, die laufenden Kosten noch einmal vollkommen neu durchzurechnen. Stähelin sollte im Frühjahr 1962 ein Memorandum mit genauen und stichhaltig belegten Zahlen ausarbeiten. Darüber hinaus konnte DESY selbst wenig unternehmen, weil eine neue Obergrenze für den Betriebse-

[5] Protokoll 12. Sitzung Ausschuß Atomkernenergie und Wasserwirtschaft, 17.1.63, Bt; [Haf63]; [Car63]; V. Weisskopf, Rede gehalten von Professor Victor F. Weisskopf, Generaldirektor von CERN, im Physikalischen Institut der Universität Bonn am 25. Juni 1963, v.M., o.D., DA8; GB69, S.2; [Dre82, S. II.2]; E.J. Meusel, in [Flu82, S. 1261-1268].

[6] W. Bothe, Möglichkeiten der Leistungsversorgung von DESY, DESY A3.2, v.M., 17.11.58, W. Bothe, Leistungsversorgung von DESY, DESY A3.3, v.M., 17.12.58, Protokoll Dir, 2.3.63, DA7; Protokoll VR, 24.7.61 und 2.2.62, DA8; Vermerk Stähelin, Versuch einer überschlagsmäßigen Abschätzung der laufenden Kosten von DESY für die Jahre 1964, 1965 und 1967, 3.9.62, HH6040-5.

tat nur von der Konferenz der Ministerpräsidenten festgelegt werden konnte. Es würde daher vor allem von der fortune der Hamburger Schulbehörde und dem politischen Flankenschutz des BMwF abhängen, ob DESY seinen Betrieb ohne Einschränkungen aufnehmen können würde.[7]

Während des ganzen Jahres 1962 genoß die Finanzierung des 110 Millionen-DM-Programms noch erste Priorität. Deshalb, und da über die voraussichtliche Entwicklung der laufenden Kosten nur allmählich Klarheit geschaffen werden konnte, zog sich die Formulierung des Memorandums fast ein ganzes Jahr lang hin. Berghaus hatte im Oktober 1961 sogar noch für die Beibehaltung der 10 Millionen-DM-Grenze bei den Betriebkosten plädiert – zumindest nach außen; seine Zweifel an der Notwendigkeit eines höheren Etats hatten ihren Ursprung wohl in den nicht abgerufenen Haushaltsmitteln für auswärtige Arbeitsgruppen: Zwischen Dezember 1960 und Juli 1963 traf bei DESY kein einziger Antrag einer Hochschule auf Unterstützung beim Aufbau von Experimenten ein. Daß dies eher ein Hinweis dafür war, daß auf DESY größere Kosten als bisher angenommen zukommen würden, weil die Last des Aufbaus der Experimente allein getragen werden mußte, wurde von Stähelin und Jentschke aber schon sehr früh erkannt.[8]

Bei der Abschätzung der laufenden Kosten mußte andererseits berücksichtigt werden, daß DESY am Anfang noch nicht voll ausgenutzt werden würde: Dies hätte einen Dreischichtbetrieb des Beschleunigers bedeutet, mit entsprechenden Anforderungen an dessen Betriebssicherheit und die Verfügbarkeit geschulten Bedienungspersonals. Auch von der Zahl der vorbereiteten Experimente und der daran beteiligten Physiker würde 1964 noch kein volles Betriebsjahr darstellen.[9]

Die Argumentationsbasis, die sich anbot, nämlich von einer relativ bescheidenen Basis für 1964 ausgehend hohe jährliche Steigerungsraten der laufenden Kosten anzunehmen, wurde zur gleichen Zeit noch von anderer Seite aus unterstützt. Im 2. Deutschen Atomprogramm für die Jahre 1963 bis 1967 sollte ein Kapitel über die Grundlagenforschung enthalten sein. Der Entwurf dafür stammte aus der Feder dreier gut mit Jentschke bekannter Wissenschaftler: Gentner, Haxel und Maier-Leibnitz. Sie argumentierten, daß die deutsche Kernforschung den immer noch zu konstatierenden Vorsprung des Auslands nur mit einem jährlich um 20 % steigenden Budget aufholen könne. Angewandt auf den Haushalt des DESY bedeutete dies folgendes: Die Betriebskosten für ein volles Betriebsjahr wurden im Herbst 1962 – als der erste Entwurf des 2. Atomprogramms zirkulierte und auch mit der Aufstellung des Haushalts für 1964 begonnen werden mußte – auf 25,7 Millionen DM veranschlagt. Da 1964 noch kein volles Betriebsjahr sein würde und einige Posten auf Kapitel I übertragen werden konnten, sollten beim Königsteiner Staatsabkommen 18,4 Millionen DM zur Bund/Länder-

[7]Protokoll Dir, 9.4.62, DA7.

[8]Protokoll Dir, 9.4.62 und 11.9.62, DA7; Vermerk Stähelin, 14.5.62, HH6043-5; Vermerk Stähelin, Versuch ... , a.a.O., Vermerk HA, 31.1.63, HH6040-5.

[9]Protokoll Dir, 14.6.62, DA7.

Finanzierung angemeldet werden. Anschließend 25 Millionen DM für das erste reguläre Betriebsjahr (1965), so daß – 20 % Steigerungsrate pro Jahr vorausgesetzt – 1968, wenn das 2. Atomprogramm ausgelaufen sein und DESY voll genutzt würde, etwas über 40 Millionen DM erreicht wären. Jentschke setzte sich bei Maier-Leibnitz und Heisenberg dafür ein, daß in der Endfassung des Atomprogramms die im Entwurf noch etwas vage Formulierung über die Zukunft des DESY konkreter gefaßt wurde: Danach waren *„auch weiter erhebliche Mittel für die Ausnutzung des DESY“* aufzubringen. Zumindest programmatisch hatte sich das BMwF die Argumentation des Direktoriums damit zu eigen gemacht.[10]

Im „Memorandum des Direktoriums über die zukünftigen Betriebskosten“ wurde allerdings nicht auf das 2. Atomprogramm eingegangen, weil es sich dabei um eine Arbeitsgrundlage der Bundesregierung handelte und der Hauptadressat der Bitte um höhere Betriebskosten die Länder waren. Ihnen gegenüber kam es vor allem darauf an, die Unvermeidbarkeit der Ausgaben zu belegen. Dazu konnten Zahlen anderer Laboratorien herangezogen werden. Vom Personalbestand und von den Sachkosten her stimmten die DESY-Schätzungen mit Zahlen vom CERN und von C.E.A. überein: In den letzten Jahren habe es, so das Direktorium, enorme Fortschritte in der Experimentiertechnik gegeben, was sich in den Sachmittelbudgets aller Laboratorien niedergeschlagen habe. Auch die Annahme, daß der Personalbestand eines Beschleunigers nach seiner Fertigstellung konstant bleibe, sei realitätsfremd gewesen. Die immer größeren und komplizierteren Experimente würden nur von gemischten Gruppen gemeistert, so daß DESY nach dem Vorbild des CERN selber Teilchenphysiker anstellen müsse.[11]

Nachdem die ersten Entwürfe für den 1964er Haushaltsplan, die die Überschreitung des 10 Millionen-DM-Limits offiziell machten, in BMAt und BMF gelesen worden waren, forderten die beiden Ministerien den Hamburger Senat auf, sich um die Finanzierung des Länderanteils daran zu kümmern. Nur wenige Wochen zuvor hatte das BMF entschieden, daß der Bundesanteil am 110 Millionen-Programm wegen der Zusage der VW-Stiftung, dazu 10 Millionen DM beizusteuern, gekürzt werde: Die Bundesregierung wollte sich ihrer Verpflichtung DESY gegenüber also nicht entziehen; ein Entgegenkommen über das vom Parlament gesetzte und standhaft verteidigte 50 %-Limit war allerdings nicht zu erwarten.[12]

---

[10] Vermerk, Vorläufige, überschlägige Abschätzung der laufenden Kosten des Betriebes des Deutschen Elektronen-Synchrotrons DESY im Jahre 1964, v.M., 1.10.62, DA7; W. Genter, O. Haxel und H. Maier-Leibnitz, Merkpunkte für eine gezielte Grundlagenforschung auf dem Gebiet der Physik in einem deutschen Atomprogramm, v.M., 20.10.62, Ci; Zitat: Jentschke an Maier-Leibnitz, 19.11.62 und Jentschke an Heisenberg, 22.11.62, He; Protokoll AK Kernphysik DAtK, 4.2.63, DAs; [CHWH64, S. 199].

[11] Vermerk, Vorläufige ... , a.a.O.; Memorandum des Direktoriums über die künftige Entwicklung der laufenden Kosten am DESY, v.M., o.D. (April 1963, d.Verf.), DA16.

[12] Schneider-Muntau an Kriele, 19.12.62, Kriele an HA und FB, 19.12.62, HH6040-5; vgl. S. 65.

Dem BMwF schwebte der Abschluß eines Staatsvertrags zwischen Bund und Ländern vor, ähnlich dem, der gerade für die Finanzierung von MPG und DFG ausgehandelt wurde. Dafür war die Zeit jedoch viel zu knapp: Als Meins im Oktober 1962 bei der Beratung des 1963er Haushalts im Verwaltungsausschuß des Königsteiner Staatsabkommens ankündigte, daß Hamburg das nächste Mal bis zu 20 Millionen DM für DESY zur Bund/Länder-Finanzierung anmelden werde, wurde im Protokoll ausdrücklich festgehalten, daß es dafür keine Beratungsbasis gebe. Der einzig gangbare Weg war die Aufhebung des MPK-Beschlusses vom 19. Juni 1959, der die Betriebskosten auf 10 Millionen DM begrenzte. Der Hamburger Schulsenator Drexelius ließ das Thema auf die Tagesordnung der nächsten Zusammenkunft der Ministerpräsidenten setzen, die im Juni 1963 stattfinden sollte. Die Regierungschefs sollten von der Entwicklung der Betriebskosten Kenntnis nehmen und die gemeinsame Konferenz der Kultus- und Finanzminister mit der Aufnahme von Verhandlungen über ihre Finanzierung beauftragen.[13]

Die Vorlage für die MPK stützte sich in erster Linie auf das Memorandum des Direktoriums, das auf Meins Bitten hin innerhalb weniger Tage ins Reine geschrieben wurde. Allerdings strich Drexelius alle Hinweise auf die besonders großzügige Ausstattung amerikanischer Laboratorien aus dem Entwurf heraus – ebenso wie eine Bemerkung, die „reinen Betriebskosten" des DESY betrügen nur 10 Millionen DM: den Ländern sollte kein Ansatzpunkt dafür gegeben werden, bei DESY preußische Sparsamkeit vorzuexerzieren.[14]

Noch bevor die Ministerpräsidenten zusammentraten, unterstützten die Kultusminister das Anliegen Hamburgs, die Obergrenze für den Bund/Länder-finanzierten Betriebshaushalt aufzuheben; die Regierungschefs konnten sich dem Antrag, darüber Verhandlungen einzuleiten, daher kaum entziehen. Allerdings behielten sie sich ihre Zustimmung zu dem noch auszuhandelnden Finanzierungsmodus ausdrücklich vor und brachten dadurch zunächst einmal den Zeitplan für die Verabschiedung des Haushalts für 1964 durcheinander. Die gemeinsame Konferenz der Kultus- und Finanzminister tagte nämlich erst wieder Ende 1963, so daß der 1964er Betriebshaushalt des DESY frühestens auf der ersten Sitzung der MPK in 1964 verabschiedet werden konnte.[15]

Die Chancen dafür, daß die Obergrenze für den DESY-Haushalt deutlich nach oben geschoben wurde, waren so schlecht nicht. Alle großen Bundesländer engagierten sich in der Kernforschung, und das vom Hamburger Senat vorgebrachte Argument, daß vor fünf Jahren die Erfahrungen für langfristige Prognosen der Kostenentwicklung nicht ausgereicht hätten, war den Kultus- und Finanzministerien nicht unbekannt. Der Verwaltungsausschuß des Königsteiner Staats-

[13]Protokoll VerwA KSt, 4.10.62, HH6005-62; Protokoll VR, 8.2.63, DA8; Drexelius an FB, 10.4.63, HH6040-5.

[14]Protokoll Dir, 8.4.63, DA7; Memorandum des Direktoriums ... , a.a.O.; Meins an Senatskanzlei, 25.3.63, Drexelius an FB, 10.4.63, HH6040-5.

[15]Protokoll KMK, 9./10.5.63, Protokoll MPK 10.-12.6.63, Vermerk Meins, 25.6.63 und 8.8.63, HH6040-5.

abkommens beschloß auf seiner Sitzung vom 2.–4. Oktober 1963 tatsächlich, der MPK als neue Obergrenze 40 Millionen DM, den von DESY für 1968 veranschlagten Betrag, vorzuschlagen und für die Beratung des Haushalts in Anlehnung an die Praxis bei der MPG zukünftig einen ständigen Unterausschuß zu bilden. Widerstand gegen diesen Beschluß kam vor allem aus den süddeutschen Finanzministerien. Wenige Wochen später war es denn auch der Baden-Württembergische Finanzminister Müller, der unter Hinweis auf die Belastung seines Landes durch die Universitäten – Baden-Württemberg stellte traditionell mehr Studienplätze zur Verfügung als Landeskinder an seinen Universitäten studierten – die FMK dazu bewegte, die Obergrenze von 40 auf 30 Millionen DM abzusenken. In einigen Jahren könne ein neuer Plafond verhandelt werden.[16]

Weder auf der gemeinsamen Sitzung der Kultus- und Finanzminister am 12. Dezember 1963 noch auf der MPK am 6. Februar 1964 gelang es, diese Kürzung rückgängig zu machen, obwohl es an Unterstützung dafür nicht fehlte: Heisenberg wandte sich brieflich an den Präsidenten der KMK; Schoch schloß sich in einem Gutachten für das BMwF dem Memorandum des Direktoriums über die Entwicklung der laufenden Kosten an; der Generaldirektor des CERN, Weisskopf, gab ebenfalls eine positive Stellungnahme ab und hielt in der Bonner Universität eine flammende Rede für mehr Geld für die Hochenergiephysik – aber Müller war es gar nicht darum gegangen, die Hochenergiephysik klein zu halten. Der Minister hatte den Betriebshaushalt des DESY einen Testfall für die überregionale Finanzierung derartiger Forschungseinrichtungen genannt. Mit 30 Millionen DM war DESY für ein oder zwei Jahre geholfen, kurz genug, um das Thema auf der Tagesordnung der forschungspolitischen Diskussionen zu halten.[17]

Ansätze für eine allgemeine Regelung deuteten sich um die Jahreswende 1963/64 auch bereits an. DESY, für dessen Betriebskosten 30 Millionen DM laut Bügermeister Nevermann als endgültige Zahl galten, half das allerdings wenig. Wer wollte es dem Direktorium verdenken, wenn es sich deshalb um einen Schutzschild gegen die Unwägbarkeiten der föderalen Meinungsbildung bemühte?[18]

Max-Planck-Institut für Hochenergiephysik

Die wissenschaftspolitischen Richtlinien der Max-Planck-Gesellschaft bestimmt ihr Präsident, der die Gesellschaft auch nach außen repräsentiert. Mit dem Wechsel in diesem Amt von Otto Hahn zu Adolf Butenandt verband sich daher auch ein forschungspolitischer Positionswechsel: Bis dato waren neue Max-Planck-

[16]Vermerk Meins, 7.10.63, Protokoll FMK, 14.-16.11.63, HH6040-5; vgl. J.W. Shortall (Hg.), Atomic Handbook, Vol. I, London 1965, 238f., S. 248-258; [Pru74, S. 336-342].

[17]Rhein-Neckar-Zeitung, 8.10.62; V. Weisskopf, Rede ... , a.a.O.; Protokoll FMK, 14.-16.11.63, Heisenberg an Präsident KMK, 3.12.63, He; Schoch an BMwF, 2.10.63, DA8; Senatskanzlei an FB, HA, 7.2.64, HH6040-5.

[18]Meins an Jentschke, 13.2.64, HH6040-5.

Institute vor allem für herausragende Forscherpersönlichkeiten errichtet worden. Der Idee, auch Großinstitute mit kollegialer Leitung in die MPG aufzunehmen, hatte Heisenberg schon seit längerem positiv gegenübergestanden – der Direktor des MPI für Physik besaß aber erst ab 1960 mit Butenandt einen Verbündeten an der Spitze der MPG. Diese neue Politik ließ sich nicht von heute auf morgen durchsetzen; vorher gab es zahlreiche praktische Details – die Finanzierung großer Institute, die Eingliederung ihrer kollegialen Leitungen in Sektionen und Wissenschaftlichen Rat[19] der MPG, und vor allem die rechtliche Stellung von Großinstituten gegenüber der Generalverwaltung der MPG – zu regeln. Das Institut für Plasmaphysik (IPP) sollte bei der Suche nach praktikablen Lösungen eine Pionierfunktion einnehmen, nachdem der Senat und der Wissenschaftliche Rat der MPG Butenandts Vorschlägen gefolgt waren und sich grundsätzlich für die Betreuung von Großinstituten durch die MPG ausgesprochen hatten. Damit das IPP so schnell wie möglich die Forschung aufnehmen konnte, errichteten Heisenberg und die MPG 1960 gemeinsam eine GmbH als Trägergesellschaft und Zuwendungsempfänger. Dieses Rechtsverhältnis sicherte der Generalverwaltung der MPG einen bestimmmenden Einfluß auf das neue Institut, dessen Wissenschaftler umgekehrt die MPG nicht majorisieren konnten – worauf sowohl von Heisenberg als auch den meisten anderen MPI-Direktoren Wert gelegt wurde.[20]

Butenandt hatte für sein und Heisenbergs Anliegen, das Institut für Plasmaphysik und später weitere Großinstitute unter das Dach der MPG zu führen, auch außerhalb der Organe der Gesellschaft Unterstützung gesucht und gefunden: In einem von ihm initiierten Gesprächskreis Wissenschaftspolitik, mit Balke als prominentem Gast, wurde Übereinstimmung darüber erzielt, daß die MPG für außerhalb der Universitäten betriebene Grundlagenforschung ohne Einschränkungen offen sein müsse und sie sich der in Großinstituten betriebenen Form moderner Forschung auf Dauer nicht entziehen könne.[21]

[19]Die Max-Planck-Gesellschaft ist ein gemeinnütziger rechtsfähiger eingetragener Verein. Die Mitglieder (fördernde, Wissenschaftliche, Ehrenmitglieder und Mitglieder von Amts wegen) treten als Hauptversammlung zusammen und wählen den Senat. Dieses Gremium von bis zu 32 Personen, von denen ein Drittel Wissenschaftler sein soll, beschließt über die Gründung und Schließung von Instituten, die Berufung von Direktoren und Abteilungsleitern, den Haushalt, und wählt den Präsidenten. Der Präsident vertritt die Gesellschaft nach außen und hat seit 1964 Richtlinienkompetenz in wissenschaftspolitischen Fragen. Wissenschaftliche Angelegenheiten werden dagegen im Wissenschaftlichen Rat behandelt, der aus den Institutsdirektoren und Wissenschaftlichen Mitgliedern besteht, und sich in drei nach Fächern ausgerichtete Sektionen gliedert. Die Institute (in der Regel nicht rechtsfähig) werden von einem Direktor geleitet. Vgl. MPG, Satzung vom 26. Februar 1948 in der ab 18.5.1960 gültigen Fassung, München 1960.

[20]Protokoll des Wissenschaftlichen Rats der MPG, 17.-18.5.60, Heisenberg an Butenandt, 11.7.60, Protokoll Gesprächskreis Wissenschaftpolitik der MPG, 30.9.60, Institut für Plasmaphysik, Sitzungsunterlage für die Sitzung des Senats der MPG am 13.3.64, He; MPG (Hg.), Die Max-Planck-Gesellschaft und ihre Institute, 3. Auflage, München 1983; vgl. S. 69.

[21]Butenandt an Mitglieder Gesprächskreis Wissenschaftspolitik der MPG (u.a. Protokolle der Sitzungen), 1.7.60 und 4.1.61, He.

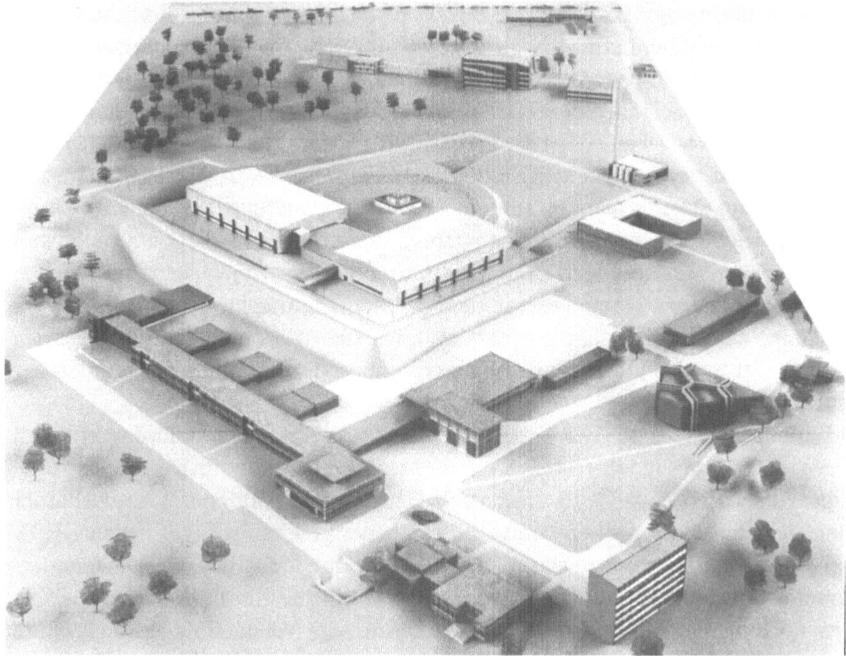

Abb. 33. Feierliche Übergabe des DESY an die Wissenschaft. In der ersten Reihe (von links) Jentschke, Balke und Schmelzer (12.11.1964, Bildnachweis: DESY/1929/20).

Abb. 34. Modell der DESY-Bauten, Planungsstand 1962, entsprechend einem Investitionsvolumen von 110 Millionen DM. Im Zentrum der Ringtunnel und die beiden Experimentierhallen, davor das L-förmige Labor- und Werkstattgebäude, das von der VW-Stiftung finanziert wurde. Unten das sechsstöckige Gästehaus, Hörsaal und Kantine. Hinten das Heizwerk (Kamin) sowie die Bauten des II. Instituts für Experimentalphysik der Universität (Bildnachweis: W. Knaut).

Der eingeschlagene Weg stieß aber schon bald auf Hindernisse: Der Betriebshaushalt des IPP wurde, wegen seiner Größe und seiner gemeinsamen Finanzierung durch BMAt bzw. BMwF, Euratom und Königsteiner Abkommen, außerhalb des MPG-Haushalts geführt. Wie bei DESY waren die Länder an den Investitionen für das IPP finanziell nicht beteiligt; sie wurden zu zwei Dritteln vom Bund und zu einem Drittel von Euratom à fonds perdu getragen. Dieses Verfahren wurde 1962 vom Haushaltsausschuß des Bundestags moniert. Nur mit dem Eintritt der Bundesregierung in die GmbH seien die überwiesenen Fördermittel als Bundesvermögen gesichert. Ein Jahr später – 1963 – zeichnete sich ab, daß die Aufnahme des IPP in die MPG, eventuell als rechtlich selbständiges Institut, die Bedenken der Haushaltspolitiker gegen Bundeszuschüsse an eine privatrechtliche Gesellschaft ausräumen könnte. Während die genauen Modalitäten noch verhandelt wurden, leitete die Generalverwaltung der MPG nolens volens ein förmliches Aufnahmeverfahren ein.[22]

Was zunächst nur wie ein Eingehen auf Forderungen des Parlaments aussah, kulminierte im Winter 1963/64 zu einem Ringen zwischen BMwF und MPG um die Großforschung.

Im Dezember 1963 erschien eine Broschüre mit Aufsätzen des BMwF-Staatssekretärs Cartellieri und des Karlsruher Physikers Wolf Häfele. Cartellieri setzte sich darin mit den bestehenden Rechtsformen für große Forschungseinrichtungen auseinander. Er kam zu dem Schluß, daß für die Großforschung, in Anlehnung an ausländische Vorbilder, eine neue Rechtsform geschaffen werden müsse, über deren Träger der Titel seines Aufsatzes „Die Großforschung und der Staat" keinen Zweifel ließ – und womit er der Max-Planck-Gesellschaft, die weitgehend von staatlichen Einflüssen abgeschirmt war, die Betreuung der Großforschung streitig machte. In deren Geschäftsstelle entstand daher noch im Dezember 1963 ein Entwurf für einen gemeinsam von Heisenberg und Butenandt zu zeichnenden Artikel, mit dem Cartellieri entgegengetreten werden sollte; er wurde jedoch nie ins Reine geschrieben – stattdessen machte Butenandt mit der Betreuung von Großforschungsinstituten durch die MPG ernst und setzte einen Aufnahmeantrag des DESY auf die Tagesordnung der zuständigen Gremien der Gesellschaft.[23]

Ein anderer Vorstoß, der Großforschung einen Platz innerhalb der MPG zu sichern, scheiterte jedoch fast gleichzeitig dazu – ebenfalls im Dezember 1963. Einige vom CERN auf Ordinariate nach Deutschland berufene Wissenschaftler hatten sich für einen zweiten deutschen Hochenergiebeschleuniger neben DESY ausgesprochen, für Protonen statt Elektronen, um ihre am CERN begonnenen Experimente dort weiterführen zu können. Gentner brachte für diese Ideen, über die später noch ausführlicher berichtet werden wird, viel Verständnis auf und wollte den neuen Beschleuniger auf jeden Fall unter dem Dach der MPG sehen. Er bean-

[22]Cartellieri an Gesellschafter IPP, 18.4.63, Cartellieri an BMF, 26.8.63, MPG-Generalverwaltung an Heisenberg, 4.11.63, Butenandt an Cartellieri, 25.2.64, Protokoll Senat der MPG, 13.3.64, He.

[23]Handelsblatt, 4./5.10.63; Die Welt, 27.12.63; [Car63]; [Haf63]; Ballreich an Heisenberg, 18.12.63, Heisenberg an Ballreich, 7.1.64, Protokoll Senat der MPG, 13.3.64, He.

tragte eine Abteilungsleiterstelle des MPI für Kernphysik, dessen Direktor er seit 1958 war, mit einem dieser Physiker von CERN zu besetzen. Wenn die Vorstudien für den Beschleuniger im MPI für Kernphysik durchgeführt würden, käme später wohl auch der Beschleuniger dorthin. Heisenberg lehnte diese Pläne ab. Der wissenschaftliche Wert kleinerer Protonenbeschleuniger sei zweifelhaft und die Zersplitterung der Kräfte verhindere später die volle Ausnutzung von DESY. Nach einer lebhaften Debatte in der zuständigen Sektion der MPG mußte Gentner zurückstecken; zunächst würde die Aufnahme von DESY und IPP ausdiskutiert, und anschließend, in ein bis zwei Jahren, über sein Anliegen entschieden. Gentner kündigte daraufhin an, seinem Kandidaten für die Abteilungsleiterstelle zu empfehlen, einen anderen Ruf anzunehmen, wo die Chancen für die Verwirklichung seiner Pläne größer seien.[24]

Cartellieri ließ es bei seiner Initiative, der Großforschung einen eigenständigen Platz in der Forschungslandschaft zu sichern, ebenfalls nicht mit Aufsätzen und Reden bewenden. In seiner Funktion als Staatsekretär des Wissenschaftsministeriums gehörte er dem Wissenschaftsrat (wie auch dem Senat der MPG) an, der von Bund und Ländern als unabhängiges Sachverständigengremium beauftragt worden war, einen Gesamtplan für die Förderung der Wissenschaften zu erarbeiten. Dazu gehörten auch Empfehlungen für die Forschungseinrichtungen außerhalb der Hochschulen. Als die Formulierung einer Bestandsaufnahme begonnen wurde, setzte sich Cartellieri dafür ein, die Großforschung als eigene Gruppe und separat von der MPG zu behandeln. Ein erster Textentwurf über „Anlagen der Großforschung" entstand Ende 1963 im BMwF und wurde im folgenden Monat an mehrere Wissenschaftler in den betroffenen Forschungseinrichtungen, darunter auch Jentschke, verteilt, um sie an der Meinungsbildung im Wissenschaftsrat zu beteiligen.[25]

Daß sich hinter den Kulissen um die Jahreswende 1963/64 etwas bewegte, war auch Heisenberg nicht entgangen. Ihm, dem Wissenschaftler mit politischem Einfluß, lag besonders am Herzen, daß das Ergebnis nicht nur administrativ, sondern auch wissenschaftlich in die Zukunft wies. Nachdem er Gentners Pläne für eine Hochenergieabteilung am Heidelberger MPI für Kernphysik faktisch durchkreuzt hatte, war er von Carl Wagner, dem Vorsitzenden der Chemisch-Physikalisch-Technischen Sektion der MPG, gebeten worden, seine Gründe dafür noch einmal schriftlich niederzulegen. Immerhin hatte Heisenberg das von ihm geleitete MPI für Physik innerhalb weniger Jahre um zwei eigenständige Institute (für Astrophysik unter der Leitung von Ludwig Biermann, und für extraterrestrische Physik, geleitet von Reimar Lüst) erweitert. Der Nobelpreisträger fertigte daher Mitte Dezember 1963 ein Memorandum an, das sich mit der Hochener-

[24]Gentner an Heisenberg, 5.4.63 und 7.10.63, Entwurf eines Briefs Heisenberg an Gentner, 8.10.63, Protokoll Chemisch-Physikalisch-Technische Sektion der MPG, 4.12.63, Wagner an Heisenberg, 9.12.63, He; Protokoll HEA, 30.11.63, Ci; Protokoll AK Kernphysik DAtK, 3.12.63, DAs.

[25]Vermerk Stähelin, 24.1.64, Entwurf des BMwF für Empfehlungen des WR, v.M., o.D., Berghaus an Stähelin, 28.1.64, DA27; Protokoll VR, 27.1.64, DA8; [WR65, S. 11].

giephysik in Deutschland auseinandersetzte und außer an Wagner noch an weitere Persönlichkeiten verschickt wurde: Cartellieri, Schmelzer, Gentner, MPG-Generalsekretär Ballreich sowie den Abgeordneten Gerhard Stoltenberg, der im Haushaltsausschuß des Bundestags den Einzelplan des BMwF betreute. Heisenberg wies die höchste Priorität der vollen Ausnutzung von CERN und DESY zu; der Bau eines zweiten Hochenergiebeschleunigers, wie ihn Gentner befürwortete, sollte demgegenüber zurücktreten und ohne Präjudiz von einer Studiengruppe untersucht werden. Im Übrigen sei die Max-Planck-Gesellschaft für die Hochenergiephysik der geeignete organisatorische Rahmen – auch für DESY. Universitäten sollten dagegen keine eigenen Beschleuniger für Hochenergiephysik betreiben – Heisenberg stand Pauls Plänen für ein 2 GeV Elektronensynchrotron in Bonn sehr kritisch gegenüber – sondern sich auf die Auswertung von Blasenkammerfilmen und die Beteiligung an „truck-Experimenten" beschränken.[26]

Dies mochte alles von Bedeutung sein – aber was hatte DESY damit zu tun? Und weshalb konnte der Präsident der MPG einen Aufnahmeantrag des DESY auf die Tagesordnung des Senats der Gesellschaft setzen? Heisenberg hatte schon seit 1957 immer wieder darauf gedrängt, DESY in die MPG zu überführen. Er hatte die Stifter jedoch nie für diese Idee gewinnen können; vor allem in der Hamburger Hochschulabteilung war das Schreiben der MPG aus dem Jahr 1954, in dem eine Beteiligung an Jentschke's Berufungsmitteln abgelehnt worden war, noch in lebhafter Erinnerung. Als der Abschluß der Verträge mit den ersten leitenden Wissenschaftlern jedoch in immer weitere Ferne rückte, hatte Heisenberg einen weiteren Vorstoß unternommen, und eine Diskussion über die Aufnahme des DESY im Verwaltungsrat der MPG angeregt. Jentschke fühlte parallel dazu bei Meins vor, und konnte Heisenberg im April 1963 mitteilen, daß die Hamburger Verwaltung einem Gespräch über die Aufnahme DESYs in die MPG nunmehr aufgeschlossen gegenüberstehe. Dafür erwuchsen dem Antrag innerhalb der MPG – im Verwaltungsrat und im Senat – unerwartet Schwierigkeiten, wo im Sommer 1963 auf die aktuellen Probleme mit dem IPP verwiesen wurde, die vorrangig gelöst werden müßten. Gentner und Heisenberg gelang es nicht, obwohl sie in dieser Frage mit Butenandt an einem Strang zogen, einen positiven Beschluß herbeizuführen.[27]

Als aber Cartellieri, vielleicht sogar mit Unterstützung durch seinen Minister Lenz, begonnen hatte, die Großforschung als neuen Typ einer Forschungsinstitution zu etablieren, entschloß sich Butenandt zu handeln: Die Organe der MPG sollten prüfen, so der Präsident auf der Sitzung des Senats am 13. März 1964, ob DESY die Voraussetzungen für die Aufnahme als vollberechtigtes Institut erfülle.

---

[26]Wagner an Heisenberg, 9.12.63, Heisenberg an Wagner, 17.12.63, Heisenberg an Walcher, 20.12.63, Heisenberg an Ballreich, 10.1.64, Heisenberg an Schmelzer, 10.1.64, Heisenberg an Cartellieri, 10.1.64, Heisenberg an Gentner, 17.1.64, He; MPG (Hg.), Die Max-Planck-Gesellschaft und ihre Institute, 3. Auflage, München 1983.

[27]Heisenberg an Butenandt, 27.2.63, Ballreich an Heisenberg, 8.3.63, Gentner an Heisenberg, 7.10.63, He; Jentschke an Heisenberg, 22.4.63, DAs; Protokoll Dir, 30.5.63, DA7; vgl. S. 6, S. 69 und S. 93.

Da *„die Dinge (sich) anders als erwartet entwickelt"* hätten, sei der im vergangenen Jahr von Senat und Verwaltungsrat vertagte Aufnahmeantrag wieder aktuell geworden. Butenandt schlug vor, in drei Schritten vorzugehen: Zunächst solle die zuständige Sektion eine Stellungnahme abgeben, dann die Stifter des DESY und schließlich versucht werden, auch unter Einschluß der Bundesländer einen Finanzierungsmodus für ein DESY-MPI zu finden.[28]

Lenz und Cartellieri, beide auf der Sitzung anwesend, wurden von diesem Vorstoß überrascht; sie lehnten eine Stellungnahme dazu ab. Immerhin war im letzten Sommer beschlossen worden, daß die zukünftige Stellung der Kernphysik in der MPG von einer Senatskommission begutachtet werden sollte, der unter dem Vorsitz von Wagner zwei Bonner Staatsekretäre, darunter Cartellieri, sowie Ballreich, Gentner, Heisenberg, Jentschke, Paul und Schmelzer angehören sollten. Diese Kommission hatte jedoch nie getagt, obwohl über die Aufnahme des DESY auf Grundlage ihrer Empfehlungen beraten werden sollte. Heisenberg wandte demgegenüber ein, die MPG habe sich in 50 Jahren als Dachorganisation der Wissenschaft bewährt und könne DESY jetzt aus aktuellen Schwierigkeiten bei der Berufung seiner leitenden Wissenschaftler helfen. Er wurde darin vom ehemaligen Atomminister Balke unterstützt, der den geringen Einfluß des BMwF in den Gremien des IPP als der Wissenschaft förderlich bezeichnete.[29]

Über ein Jahr lang sah es so aus, als ob DESY in naher Zukunft ein Max-Planck-Institut würde: Zunächst hatte die Chemisch-Physikalisch-Technische Sektion, wie schon erwähnt, die Frage zu prüfen, ob DESY von Zielsetzung und Leistungen her den Maßstäben, die an ein MPI angelegt wurden, Genüge tat. Einige ihrer Mitglieder informierten sich im Frühjahr 1964 anhand schriftlicher Unterlagen und bei einer Besichtigung über den Beschleuniger und die Experimente. Ihre einstimmige Empfehlung an die Sektion lautete, sich für die Aufnahme von DESY auszusprechen. Am 9. Juni 1964 schloß die Sektion sich dieser Empfehlung an. Schon einen Tag später erhielt der Antrag weiter Oberwasser. Auf einer Senatssitzung gaben Lenz und Cartellieri zu, daß die MPG von der Großforschung nicht ausgeschlossen werden dürfe und in jedem Einzelfall ein Kompromiß gefunden werden müsse. Auch ihrer Meinung nach sei DESY wohl eine Aufgabe der MPG.[30]

Einen Monat später wurde in der Hamburger Hochschulabteilung ausgerechnet, daß die Hansestadt im laufenden Jahr 1,17 Millionen DM gespart hätte, wäre DESY ein Max-Planck-Institut – die Sitzlandqoute betrüge statt 25 % nur 12,5 %.[31]

---

[28] Protokoll Senat der MPG, 13.3.64, He.

[29] Butenandt an Heisenberg, 21.1.64, Protokoll Senat MPG, 13.3.64, He.

[30] Wagner an Jentschke 14.4.64 und 24.4.64, Cartellieri an Jentschke, 19.10.64, DA27; Wagner an Mitglieder der Kommission zur Eingliederung des DESY in die MPG, 11.5.64, Protokoll Sitzung der Kommission zur Eingliederung DESY in MPG, 8.6.64, Protokoll Chemisch-Physikalisch-Technische Sektion der MPG, 9.6.64, Protokoll Senat der MPG, 10.6.64, He.

[31] Vermerk HA, 10.7.64, DA27.

Im September 1964 empfingen der Hamburger Senat und das BMwF dann die offizielle Anfrage des MPG-Präsidenten, ob sie der Übernahme von DESY in die MPG zustimmten. Ministerien und Behörden vereinbarten, sich in den Organen des DESY, also dessen Verwaltungsrat, gegenseitig abzustimmen; zunächst sollten Direktorium und Wissenschaftlicher Rat befragt werden. Schon bevor Drexelius und Cartellieri Jentschke baten, diese beiden Stellungnahmen einzuholen, war im Direktorium über das Für und Wider des Angebots der MPG gesprochen worden. Mit der Inbetriebnahme des Beschleunigers und dem Beginn der Experimente hatte sich die Situation des Forschungszentrums bereits erheblich entspannt; bei den Verträgen für die leitenden Wissenschaftler war zudem ein Kompromiß gefunden worden; und die 30 Millionen-DM-Grenze für die laufenden Kosten wurde in diesem und dem nächsten Jahr noch nicht ausgeschöpft. Das Angebot der MPG war also nicht mehr, wie noch vor einem Jahr, im Hinblick auf die Behebung aktueller Schwierigkeiten von Interesse, sondern eher zur Erzielung langfristiger Vorteile. Ansatzpunkte dafür wurden vor allem in der Attraktivität der MPG für Wissenschaftler und der Übernahme von Investitionen durch die Ländergemeinschaft (im Gegensatz zu den Instituten im Königsteiner Abkommen) gesehen.[32]

Das „Hamburger Direktorium" – Jentschke, Teucher, Stähelin und Berghaus – arbeitete daher in den folgenden Wochen eine Wunschliste, genannt „Voraussetzungen für eine optimale Wirkungsweise eines Forschungszentrums wie DESY" aus, auf die Beizubehaltendes – die enge Verbindung zur Hamburger Universität, der konkurrenzfähige Gehaltsrahmen, die kollegiale Leitung, die internationale Ausrichtung und die Beteiligung der Hochschulen in den Organen – und Erstrebenswertes – einen ansteigenden Haushalt, die Sicherung der Investitionen, gegenseitige Deckungsfähigkeit der Titel im Haushalt, Handlungsvollmachten für die Mitglieder des Verwaltungsrats und Besetzung der Verwaltung mit Fachkräften – gesetzt wurde. Auf dem kleinen Dienstweg wurde der Entwurf mit der MPG abgestimmt: Am 25. November trafen sich Heisenberg und Jentschke im MPI für Physik sowie, eher die Verwaltungsfragen diskutierend, Berghaus und Preiß von der MPG-Generalverwaltung. Die Endfassung der auch „Leitsätze" genannten Verhandlungsplattform für die Übernahme in die MPG entstand vier Tage später auf einer Direktoriumssitzung im Paul'schen Institut in Bonn. Von Heisenberg stammte eine Präambel, daß DESY auf einige Jahre hinaus das einzige große Zentrum für Hochenergiephysik in Deutschland sein würde – was sich auch gegen die Wünsche, ein zweites Zentrum zu errichten, richtete – und von der abgeleitet wurde, daß DESY sich internationalen Standards anzupassen habe. Unter dieser Prämisse ergaben sich viele Punkte in den nachfolgenden sieben Leitsätzen durch einen Vergleich mit dem Ausland fast von selbst. Die Überlegungen zur Organisation von DESY entstanden nämlich noch vor einem anderen Hintergrund: Im Frühjahr 1964 hatte der Bundesrechnungshof Verwaltung und Leitung des DESY als ineffektiv bezeichnet und Vorschläge für

[32] Protokoll Dir, 23.9.64, DA7; Butenandt an Drexelius, 25.9.64, He; Vermerk Berghaus, 30.9.64, Drexelius an Jentschke, 9.10.64, Cartellieri an Jentschke, 19.10.64, DA27.

eine Straffung gemacht. Mit den „Leitsätzen " bot sich eine gute Gelegenheit, auch auf die Anregungen des Rechnungshofs einzugehen.[33]

Das Direktorium hoffte durch sein schnelles Handeln den Wissenschaftlichen Rat und den Verwaltungsrat zur Übernahme seiner Positionen zu bewegen. Da alle Punkte mit der MPG – wenn auch nicht auf höchster Ebene – vorab geklärt wurden, bestand für diesen Fall eine reelle Chance, daß auch der dritte und letzte Schritt des Aufnahmeverfahrens, die Verhandlungen über die Finanzierung eines DESY-MPI, eingeleitet würde; unabhängig vom Ausgang würde DESY davon nur profitieren können.

Der Wissenschaftliche Rat machte sich die Leitsätze am 11. Dezember 1964 – ohne Änderung oder Einschränkung – zu eigen und begrüßte, daß darüber mit der MPG verhandelt werde. Der Verwaltungsrat nahm von ihnen auf einer Sitzung am 15. Februar 1965 dann allerdings nur Kenntnis und befürwortete einzig ein Gespräch mit der MPG. Von seiten des DESY sollten daran die Vorsitzenden der drei Stiftungsorgane, Jentschke, Meins und Schmelzer, teilnehmen (die Gesprächsrunde wurde schließlich noch um die Mitglieder des Direktoriums erweitert). Gegen drei, öffentliches Haushalts- und Besoldungsrecht betreffende, Punkte in den Leitsätzen wurden von Schneider-Muntau und dem Vertreter der Hamburger Finanzbehörde im Verwaltungsrat Bedenken geäußert.[34]

Berghaus hatte in den vier Monaten, die zwischen der Sitzung des Verwaltungsrats und dem Spitzengespräch mit der MPG vergingen, zahlreiche Kontakte mit Preiß, bei denen die Realisierbarkeit der Wünsche des DESY bis in Details durchgesprochen wurde. Der Verwaltungsdirektor des DESY, 1959 in diese Position berufen, kümmerte sich weniger um Einzelfragen der Verwaltung, dafür arbeitete ihm seit kurzem ein Verwaltungsleiter zu, sondern mehr um die Schaffung eines effektiven Verwaltungsrahmens für die Belange der Forschung. In dem Angebot der MPG sah er eine große Chance, der hauptamtlichen Leitung des Forschungszentrums größeren Einfluß als bisher einzurämen, ein Anliegen, das ihm schon länger am Herzen lag. Berghaus störte die Richtlinienkompetenz des Wissenschaftlichen Rats des DESY, der nur selten tagte und für wirkliche Diskussionen zu groß war, ebenso wie die Praxis des Verwaltungsrats, Beschlüsse vorbehaltlich der Zustimmung der vier vertretenen Ministerien und Behörden zu fassen. Preiß gelang es, ihn davon zu überzeugen, daß die Struktur der MPG solchen Leerlauf zu vermeiden suche.[35]

---

[33]Bundesrechnungshof an BMwF, 22.5.64, Vermerk Berghaus, 30.9.64, 23.11.64 und 26.11.64, Vermerk Teucher, 16.10.64, Vermerk, Gesichtspunkte zur Reorganisation von DESY, 24.11.65, Heisenberg an Jentschke, 26.11.65, Berghaus an Paul, Schmelzer, Walcher, 30.11.65, DA27; Protokoll Dir und Anlage dazu, 29.11.64, DA7.

[34]Protokoll WR, 11.12.64, DA11; Protokoll VR, 15.2.65, DA8; Kurzprotokoll über das informative Gespräch zwischen den Vertretern der MPG und den Vertretern der Stiftungsorgane des DESY am Donnerstag, dem 10. Juni 1965 ... , v.M., o.D., DA27.

[35]Berghaus an Heisenberg, Preiß, 21.1.65, Jentschke an Butenandt, Heisenberg, 1.3.65, Voraussetzungen für eine optimale Wirkungsweise eines Forschungszentrums wie DESY, v.M., o.D.(vor 1.3.65, d.Verf.), Butenandt an Jentschke, 24.3.65, Vermerk Berghaus, 8.4.65 und 10.5.65, DA27; Kurzprotokoll, ... , a.a.O.; Protokoll Dir 22.1.65 und 31.5.65, DA7; Vermerk Preiß, 13.5.65, He; Schultz-Brach an Paul, 15.1.73, DAs.

Von der Max-Planck-Gesellschaft nahmen an dem Gespräch mit DESY am 10. Juni 1965 Butenandt, Vizepräsident Dölle, Gentner, Heisenberg und, für den schwer erkrankten Ballreich, Preiß teil. Daß DESY aus der Aufnahme in die Max-Planck-Gesellschaft Vorteile erwüchsen, wurde von deren Präsident und Vizepräsident noch einmal betont. Vor kurzem war zwischen Bund und Ländern ein neues Verwaltungsabkommen geschlossen worden, das die Finanzierung der Investitionen und laufenden Kosten der MPG auf eine solide Grundlage stellte, indem beides ohne Unterschied zu gleichen Teilen vom Bund und der Ländergemeinschaft aufgebracht wurde. Für DESY waren weitere Investitionen genauso wichtig wie ein ansteigender Betriebshaushalt: So wurde 1965 bereits an einen neuen Injektorlinac mit 300 MeV Energie und an eine Erweiterung durch einen Speicherring gedacht. Zusammen würden dafür etwa 100 Millionen DM benötigt, von denen der Bund nur 50 % tragen würde. Hamburg wäre mit der Aufbringung der zweiten Hälfte überfordert – würde die Sitzlandquote für ein DESY-MPI jedoch sicher übernehmen können.[36]

Als Sitzungsergebnis wurde daher festgehalten, daß Berghaus und Preiß einen Satzungsrohentwurf ausarbeiten sollten.[37]

Ausgehend vom Wunsch Butenandts, für ein DESY-MPI möglichst keine eigene Rechtsfähigkeit vorzusehen, erabeiteten die beiden Verwaltungsjuristen, später beraten vom Vizepräsidenten der MPG, während der Sommermonate 1965 die Satzung eines „Max-Planck-Institut für Hochenergiephysik“ aus. Da die MPG-Satzung seit Herbst 1964 kollegiale Institutsleitungen zuließ, wurde ein hauptamtlich am Sitz der Forschungsanlage tätiges Direktorium aus vier Wissenschaftlern und einem Verwaltungsdirektor vorgesehen – alle auf Zeit in ihre Ämter berufen. In der wissenschaftlichen Leitung sollte das Direktorium durch Wissenschaftliche Mitglieder (Leitende Wissenschaftler) unterstützt werden. An die Stelle des Wissenschaftlichen Rates würde ein Beirat und anstelle des Verwaltungsrats ein Kuratorium, in dem die ehemaligen Stifter sowie Persönlichkeiten des öffentlichen Lebens vertreten sein würden, treten. Beide Gremien sollten jedoch ausschließlich beratende Funktion haben und ihre Mitglieder wie in der MPG üblich vom Senat oder dem Präsidenten berufen werden.[38]

Nachdem Meins im Verwaltungsrat Kritik an der Aufgabe der Rechtsfähigkeit des DESY geübt hatte, arbeitete Berghaus einen zweiten Satzungentwurf für ein rechtsfähiges MPI für Hochenergiephysik aus. Beide Paragraphenwerke sollten bei einem weiteren Spitzengespräch mit der MPG als Unterlage dienen. Meins und Ministerialrat Slemeyer, der neue Vertreter des BMwF im Verwaltungsrat des

[36] Vermerk Preiß, 13.5.65, He; Kurzprotokoll, ... , a.a.O.

[37] Kurzprotokoll, ... , a.a.O.

[38] MPG, Satzung vom 26. Februar 1948 in der am 3.12.1964 beschlossenen Fassung, München 1965; Protokoll VR, 21.6.65, DA8; Berghaus, Satzungsentwürfe 12.8.65 und 16.8.65, Berghaus an Preiß, 19.8.65, 23.8.65, 2.9.65 und 16.9.65, Berghaus an Walcher, 26.8.65, 2.9.65 und 16.9.65, MPG-Generalverwaltung an Berghaus, 24.9.65, Satzung Max-Planck-Institut für Hochenergiephysik, 24.9.65, Vermerk Berghaus, 24.9.65, DA27; Protokoll Dir, 31.8.65, DA7.

DESY, hatten dafür votiert, vorläufig noch keine Entscheidung über das Angebot zu treffen, sondern die Verhandlungen behutsam fortzuführen.[39]

Zumindest aus der Sicht des Direktoriums stellte ein Max-Planck-Institut für Hochenergiephysik eine ernsthafte Alternative zu der von Hamburg und der Bundesregierung gemeinsam getragenen Stiftung des privaten Rechts dar, für die es in der forschungspolitischen Landschaft keinen rechten Platz zu geben schien. Als Berghaus die Satzungsentwürfe anfertigte, standen die Betriebskosten des DESY schon wieder auf den Tagesordnungen von KMK, FMK und MPK – der Betriebshaushalt für 1966 überschritt die Grenze von 30 Millionen DM. Berghaus beeilte sich die gesamten Unterlagen für die Übernahme in die MPG an Meins, den Vorsitzenden des Verwaltungsrats, zu schicken. Der versah den Vorgang jedoch mit dem Vermerk *„zu den Akten"*, ohne auch nur den Versuch gemacht zu haben, zu einem erneuten Gespräch mit der MPG einzuladen. Erinnerungsschreiben von DESY blieben ohne Antwort. Was war in der Zwischenzeit geschehen?[40]

Finanzreform

Zwischen der Sitzung des MPG-Senats, auf der das Aufnahmeverfahren für DESY eingeleitet wurde, und der Fertigstellung der zwei Satzungsentwürfe eines MPI für Hochenergiephysik vergingen mehr als 18 Monate. Die politische Diskussion über die Finanzierung großer Forschungsvorhaben stand während dieses Zeitraums nicht still – im Gegenteil. Gleichzeitig wurde die Haushaltslage des DESY kritischer. 1964 und 1965 war der Etat noch unter der 30 Millionen-DM-Grenze geblieben, wenn auch 1965 nur unter Inkaufnahme einiger Einschränkungen.[41]

Die meisten Landespolitiker konnten sich unter dem „Deutschen Elektronen-Synchrotron" nur wenig vorstellen. Im Mai 1964 war der Hamburger Senat Gastgeber der Konferenz der Ministerpräsidenten und somit auch für die Gestaltung des Rahmenprogramms verantwortlich. Während ihre Gattinnen in der Meisterschule für Mode zu einem Tee-Empfang geladen waren, ließen sich die Regierungschefs bei DESY den Beschleuniger und die ersten Experimente erläutern. Es vergingen keine zwölf Monate, bis DESY wieder auf der Tagesordnung der MPK auftauchte – diesmal allerdings nicht im Beiprogramm. Im Februar 1965 unterrichtete Drexelius den Hamburger Bürgermeister Nevermann, daß der Betriebshaushalt des DESY ab 1966 den 30 Millionen-DM-Plafond sprengen werde; er bat um eine Neufestsetzung durch die MPK. Bei dieser Gelegenheit sollten die

---

[39]Protokoll VR, 1.10.65, DA8; Berghaus an Preiß, 8.10.65, Berghaus an Meins, 5.11.65, Berghaus an Meins, 3.12.65, DA27.

[40]Berghaus an Meins, 3.12.65 und 6.1.66 sowie Vermerke auf dem Brief vom 6.1.66, DA27; Zitat: Vermerk Berghaus, 12.6.67, DA27; Protokoll WR, 10.12.65, DA11.

[41]JB65, Anhang 1; JB66, Anhang 1; Protokoll VerwA KSt, 4.-5.11.64, HH6005-62.

Länder auch über eine Beteiligung am weiteren Ausbau von DESY beschließen, von dessen Kosten das BMwF nur 50 % übernehmen wolle.[42]

Die Finanzierung des DESY-Haushalts für 1966 wurde auch im dafür eingerichteten Unterausschuß des Königsteiner Staatsabkommens diskutiert. Dabei wurde angeregt, die fehlenden 4,2 Millionen DM bei der DFG als Zuschuß zu beantragen – ein kaum gangbarer Weg, da deren Grundsätze jede institutionelle Förderung ausschlossen und nur die Unterstützung genau umschriebener wissenschaftlicher Projekte vorsahen. Bis der Hauptauschuß der DFG darüber beraten und ihr Präsident das Ergebnis dem Hamburger Bürgermeister mitgeteilt hatte, war allerdings wieder wertvolle Zeit vergangen. Erst jetzt nahm der Verwaltungsausschuß des Königsteiner Staatsabkommens die Überschreitung der Obergrenze für den Betriebshaushalt und die Notwendigkeit neuer Verhandlungen zur Kenntnis. In den folgenden Monaten wurden die ebenfalls zuständigen Gremien – Hochschulausschuß der KMK, das KMK-Plenum und die FMK – mit dem Thema befaßt; vom Arbeitskreis Kernphysik der DAtK kam ein unterstützender Beschluß; Paul wies den Kultusminister seines Landes, Paul Mikat, auf die Mitarbeit Aachener und Bonner Physiker beim DESY hin; das Direktorium führte in einem Memorandum die Folgen eines auf 30 Millionen DM gekürzten Haushalts vor Augen: Einschränkungen des Experimentierprogramms, Entlassungen und gefährdete Dissertationen – und dennoch schien die Abfolge der Ereignisse der vor zwei Jahren aufs Haar zu gleichen. Die Kultusministerkonferenz und ihr Hochschulausschuß befürworteten die Aufhebung der Obergrenze – zugleich wandten sie sich gegen die Übernahme von Investitionen – und die Finanzminister folgten diesem Vorschlag dann nur halbherzig: Mit 6 Ja-Stimmen bei 5 Enthaltungen beschloß die FMK am 21. Oktober 1965, die Obergrenze erst 1967 auf 40 Millionen DM zu erhöhen und für 1966 noch bei 30 Millionen DM zu belassen.[43]

Nur wenige Tage zuvor war vom Direktorium aber ein neuer Haushaltsplan über 39.9 Millionen DM vorgelegt worden, damit der volle Betrieb des Beschleunigers (in drei Schichten) schon 1966 aufgenommen werden konnte. Ein ehemaliger Kollege Jentschke's aus Urbana, P. Gerald Kruger, nannte in einem Brief die drei Hauptargumente dafür:

„DESY ist jetzt die einzige 6,5 GeV-Maschine in Betrieb und sollte deshalb so viele Ergebnisse wie möglich einfahren. ... C.E.A. ist und wird für weitere sechs Monate außer Betrieb sein. ... S.L.A.C. ist noch nicht fertiggestellt, wird aber in einem Jahr ein weiterer Wettbewerber sein. Schöpft soviel Rahm ab wie ihr könnt."[44]

---

[42]Vermerk, Konferenz der MPK in der FHH – Zeitfolge, 25.5.64, HH6041-9; Drexelius an Nevermann, 23.2.65, HH6040-5.

[43]Protokoll Dir, 15.3.65, DA7; Protokoll VR, 1.10.65, DA8; Protokoll Hauptausschuß DFG, 25.3.65, He; Meins an v. Heppe und Nevermann, 30.3.65, Meins an Speer, 9.4.65, Speer an Nevermann, 14.4.65, Vorsitzender MPK an Vorsitzende FMK und KMK, 6.5.65, Protokoll VerwA KSt, 13.5.65, Protokoll HschA KMK, 19.5.65, Protokoll KMK, 7.7.65, Vermerk Meins, 22.10.65, HH6040-5; Protokoll AK Kernphysik DAtK, 24.5.65, DAs; Paul an Mikat, 2.7.65, Pa.

[44]Kruger an Jentschke, 4.1.66, DAs.

Von den Strahlzeitanforderungen der Experimente her war es durchaus gerechtfertigt, ab 1966 die volle Nutzung des DESY einzuplanen. Die Perspektivpläne des Forschungskollegiums waren auf die XIII. Rochester-Konferenz im Herbst 1966 ausgerichtet, wo die ersten international konkurrenzfähigen Ergebnisse präsentiert werden sollten. Aber auch für neue Experimente mußte mehr Geld eingeplant werden als noch vor wenigen Monaten vorausgesehen werden konnte. Zum Beispiel sollte die Nachweiselektronik für das QED-Experiment, dem Vorschlag Tings folgend, als komplettes funktionsfähiges System zu einem Preis von mehr als 100.000 DM bei der Industrie bestellt werden.[45]

Das Hamburger Forschungszentrum stand mit seinen Budgetwünschen nicht alleine. Die von der Ländergemeinschaft aufzubringenden Anteile an den 1966er Haushalten von DFG, MPG, Königsteiner Abkommen und DESY sollten 23 % mehr als im Vorjahr, insgesamt 230 Millionen DM, betragen – von denen 19,95 Millionen DM auf DESY entfielen, dessen Gewicht neben den drei großen föderal finanzierten Institutionen also nicht mehr zu vernachlässigen war. In einem Vermerk der Hamburger Hochschulabteilung wurde denn auch festgehalten, daß DESY bei der Einwerbung seines Haushalts vor allem mit der MPG in Konkurrenz stehe – eine These, die durch den vertraulichen Vorschlag eines hohen bayerischen Ministerialbeamten an Ministerpräsident Alfons Goppel, den Haushalt der MPG zugunsten von DESY zu kürzen, kurz darauf bestätigt wurde. Die MPG besaß, entgegen den Behauptungen ihrer Generalverwaltung, bei der Finanzierung ihrer Ausgaben a priori keinesfalls bessere Karten als DESY. Ihr Haushaltsplan hatte sich im Juli 1965 in einem Unterausschuß des Königsteiner Staatsabkommens Abstriche gefallen lassen müssen, so daß es lange Zeit fraglich war, ob die beantragte Steigerungsrate von 19 % auch wirklich durchzusetzen sein würde. Erst kurz vor der Bundestagswahl am 19. September 1965 konnte Butenandt Kanzler Ludwig Erhard die Zusage abringen, daß das BMwF sich an dem bereits verringerten Stammhaushalt der MPG auf jeden Fall mit 50 % beteiligen werde. Ob die Länder die zweite Hälfte in voller Höhe übernehmen würden, blieb jedoch weiterhin unklar.[46]

Kurz vor der entscheidenden Sitzung der Ministerpräsidenten am 25. November 1965 erschien zur Unterstützung des DESY ein Artikel in der Wochenzeitung „Die Zeit". Auch diese Aktion konnte nicht verhindern, daß die MPK hinter dem Vorschlag der FMK zurückblieb: Bei DESY handle es sich um ein Musterobjekt für die Großforschung, für deren Finanzierung ausschließlich und allein der Bund zuständig sei. Der über 30 Millionen DM hinausgehende Zuschußbedarf sei daher, unabhängig davon, daß gegen den Haushalt des DESY sachlich nichts einzuwenden sei, vom BMwF zu decken. Solches zu beschließen, wurde jedoch nicht für politisch opportun gehalten. Stattdessen sollte der MPK-Vorsitzende Goppel mit dem BMwF zunächst einen höheren Anteil des Bonner

[45] Memorandum des Direktoriums über den Finanzbedarf 1966, DA16; vgl. S. 148 und S. 173.

[46] Beitrag der HA für MPK 25.11.65, o.D., v. Elmenau an Goppel, 12.11.65, HH6040-5; Butenandt an Heisenberg, 6.7.65 und 20.7.65, He.

Ministeriums am DESY-Haushalt aushandeln. Auf der nächsten Sitzung würde dann der bis dahin ausgehandelte Kompromiß abgestimmt werden. Ein weiterer Punkt auf der Tagesordnung waren die Zuschüsse der Ländergemeinschaft an DFG und MPG; sie wurden in der beantragten Höhe genehmigt.[47]

Dieser für die MPG so erfreuliche Beschluß sprach dennoch gegen die Aufnahme des DESY in den Kreis ihrer Institute. Warum? Der Schlüssel für die Antwort liegt in der Zuordnung von DESY zur Großforschung, für deren Finanzierung die Bundesregierung zuständig sei. Diese These, ursprünglich implizit in Cartellieris Überlegungen zu neuen Rechtsformen für Großforschungsinstitute enthalten, hatte in den zwei Jahren von Ende 1963 bis Ende 1965 auch gegen die Widerstände aus der Max-Planck-Gesellschaft deutlich an Boden gewonnen. Schon im Oktober 1964, als der Institutionenausschuß des Wissenschaftsrats das Gutachten über die Forschungseinrichtungen außerhalb der Hochschulen beriet, hatte Ludwig Raiser, der Vorsitzende des Wissenschaftsrats, den Hamburger Sentssyndicus v. Heppe beiseitegenommen und vor der Eingliederung des DESY in die MPG gewarnt. Er halte das für wissenschaftspolitisch bedenklich. Angesichts der Übernahme der Vorschläge Cartellieris zur Großforschung durch den Wissenschaftsrat war dieser Hinweis nur zu verständlich: Danach war ein Merkmal von „Aufgaben der Großforschung“, daß die Voraussetzungen für ihre erfolgreiche Bearbeitung von den herkömmlichen Institutionen der Wissenschaft (oder der Wirtschaft) nicht geboten wurden. Eines von zwei näher ausgeführten Beispielen war, ohne daß DESY explizit genannt wurde, ein Großbeschleuniger als gemeinsam von Gastgruppen genutztes Instrument. Das Gutachten des Wissenschaftsrats forderte zwar auch die MPG auf, in der Größe ihrer Institute den eingeschrittenen Weg hin zu größeren Einheiten zu gehen, bezog dies aber auf einen allgemeinen Trend jeder modernen Forschung, der sogar für die Hochschulen Gültigkeit besitze. Großforschung als „Aufgabe“, der der Staat sich nicht entziehen könne, implizierte dagegen auch Einflußnahme auf Inhalte, was mit der vollkommenen Freiheit der Wissenschaftler an Hochschulen und in Max-Planck-Instituten nur schwer zu vereinen war.[48]

Das Institutionengutachten wurde im April 1965 veröffentlicht. Nicht nur, daß die Großforschung darin als neue Institution behandelt wurde; der Wissenschaftsrat schlug zugleich vor, sie in die finanzielle Verantwortung der Bundesregierung zu überführen, evtl. verbunden mit einer Interessenquote des Sitzlandes der jeweiligen Großforschungseinrichtung.[49]

Allerdings war dieser Vorschlag kaum mit dem Grundgesetz in Einklang zu bringen, in dem den Ländern die alleinige Zuständigkeit für kulturelle Angelegenheiten verbrieft worden war. In vielen Bereichen der Politik verhielt es sich mit drängenden Problemen Mitte der sechziger Jahre genauso – die erst 16 Jahre alte

---

[47]Die Zeit, 19.11.65; Fernschreiben Vertretung FHH bei Bundesregierung an Senatskanzlei, 25.11.65, HH6040-5.

[48]v. Heppe an Meins, 12.10.64, DA27; [WR65, S. 42f.].

[49][WR65, S. 82].

Verfassung bedurfte einer Überarbeitung, um die Aufgabenverteilung zwischen Bund und Ländern den gewandelten Anforderungen anzupassen. Meistens waren damit auch finanzielle Implikationen verbunden, wenn es sich nicht, wie bei der Verteilung des Steueraufkommens zwischen Bund, Ländern und Kommunen, sogar um rein finanzpolitische Fragen handelte. Vorschläge für eine umfassende Lösung waren der „Troeger-Kommission" aufgegeben worden, einem Gremium aus Sachverständigen ähnlich dem Wissenschaftsrat, jedoch mit zeitlich begrenztem Auftrag. Ihr Gutachten wurde für Anfang 1966 erwartet, aber schon einige Wochen vorher drangen erste Informationen darüber in die Ministerien, an die Öffentlichkeit und natürlich auch an das Ohr der Ministerpräsidenten, die über die Aufhebung der 30 Millionen-DM-Grenze für DESY zu beschließen hatten. Daraus erklärt sich die Zuordnung des DESY zur Großforschung; daß es vor der Veröffentlichung des Gutachtens politisch nicht opportun war, dessen Ergebnissen durch Beschlüsse vorzugreifen, wurde auf derselben Sitzung, auf der auch über DESY entschieden wurde, von den Regierungschefs noch einmal betont.[50]

Seit dem 25. Oktober 1965 befand sich auch, im Rahmen der Kabinettsneubildung nach den Wahlen vom 19. September 1965, ein neuer Minister an der Spitze des BMwF: Gerhard Stoltenberg war in der Vergangenheit die treibende Kraft hinter den Beschlüssen des Haushaltsausschusses gewesen, den Einfluß des Bundes in von ihm bezuschußten Forschungseinrichtungen zu sichern. Es war kein Zufall, daß am Vorabend der Finanzreform ein Finanzpolitiker zum Forschungsminister berufen wurde.[51]

Stoltenberg führte gleich zu Beginn seiner Amtszeit eine wichtige Neuerung ein. Er lud die Präsidenten der vier großen Organisationen der Wissenschaft – Westdeutsche Rektorenkonferenz, Wissenschaftsrat, Max-Planck-Gesellschaft und Deutsche Forschungsgemeinschaft – zu regelmäßigen Beratungen zu sich. Die bevorstehenden Umstrukturierungen an den Hochschulen und in den Institutionen der Forschung waren mit Sicherheit nicht gegen die Betroffenen durchzusetzen. So wollte die Troeger-Kommission vorschlagen, auch die Max-Planck-Institute vom Bund und dem Sitzland finanzieren zu lassen. Die MPG konnte dem niemals zustimmen, weil dann in der Praxis der Haushalt jedes einzelnen Instituts separat mit den jeweiligen Geldgebern ausgehandelt werden würde – was dem Prinzip, einen Globalzuschuß an die Gesellschaft zu geben und ihr im Vertrauen auf ihren wissenschaftlichen Ruf bei der Verteilung auf die Institute weitgehende Freiheiten zu lassen, diametral entgegengelaufen wäre. Stoltenberg unterrichtete Butenandt vorweg von diesen Bestrebungen, die sich in der veröffentlichten Fassung des Gutachtens denn auch nicht wiederfanden. In diese Zeit großer forschungspolitischer Bewegungen platzte das Drängen des Di-

[50] Fernschreiben Vertretung ... , a.a.O.; Protokoll WR, 24.3.66, DA11; vgl. E.J. Meusel, in: [Flu82, S. 1264f.].

[51] Vgl. Heisenberg an Stoltenberg, 27.1.64, Stoltenberg an Heisenberg, 9.3.64, He; [Rad83, S. 210].

rektoriums von DESY, eine Stellungnahme zum Übernahmeangebot der MPG abzugeben.[52]

Nichts wäre zu diesem Zeitpunkt, zumal nachdem die Ministerpräsidenten DESY der Großforschung zugeschlagen hatten, so unklug gewesen wie eine Festlegung zugunsten der Max-Planck-Gesellschaft.

Anfang 1966 tauchten Gerüchte auf, daß das BMwF sich am Haushalt des DESY zukünftig mit 75 % beteiligen oder das Forschungszentrum ganz übernehmen wolle. Stoltenberg verwies vor dem Plenum des Bundestags auf die bevorstehende Veröffentlichung des Gutachtens der Troeger-Kommission, der er nicht mit einer Stellungnahme vorgreifen wolle. Als das Gutachten dann am 9. Februar 1966 veröffentlicht wurde und empfahl, in einem Verwaltungsabkommen zwischen Bund und Ländern die Finanzierung der Großforschung durch den Bund und das Sitzland zu verankern, konnte der Minister in der Öffentlichkeit nur konstatieren, daß bis zur Umsetzung dieses Vorschlags wegen der dazu notwendigen Grundgesetzänderung noch zwei bis drei Jahre vergehen würden. Bis dahin müsse der Haushalt des DESY in jedem Jahr von allen Beteiligten so einvernehmlich wie möglich ausgehandelt werden. Hinter verschlossenen Türen – vor dem zuständigen Ausschuß des Bundestags – kündigte der Minister dagegen schon eine Woche nach der Vorlage des Gutachtens eine stärkere Beteiligung des BMwF an der Großforschung an.[53]

DESY wurde von der Amtsspitze des BMwF folglich der Großforschung zugeschlagen. Damit hatte sich das Angebot der MPG erledigt. Stoltenberg und Butenandt kamen am 4. April 1966 in einem Spitzengespräch überein, bei IPP und DESY den status quo zu belassen und die weitere Entwicklung abzuwarten. Auch aus der Sicht des Hamburger Senats bot ein Max-Planck-Institut für Hochenergiephysik kaum noch Vorteile: Der derzeit möglichen Mitwirkung an allen wichtigen Entscheidungen bei DESY stand dort die unverbindliche Beratung der Institutsleitung durch einen Vertreter im zukünftigen Kuratorium gegenüber.[54]

Für das Direktorium wurden die folgenden zwei Jahre jedoch nicht leicht: Die Betriebshaushalte für 1966 und 1967 wurden immer erst einige Wochen nach Beginn des jeweiligen Haushaltsjahres verabschiedet. Bis zu diesem Zeitpunkt herrschte jedesmal Unsicherheit darüber, in welchem Umfang dem beantragten Finanzvolumen entsprochen werden würde:

Die Lücke im Haushalt von 1966 sollte in Verhandlungen Goppels mit der Bundesregierung geschlossen werden. Kurz vor dem Gespräch mit Stoltenberg und Finanzminister Dahlgrün gab DESY erstmals Meldungen über wissenschaftliche Ergebnisse direkt an die Tagespresse. Die Gruppe F 35, aus Wissenschaftlern von der Universität Hamburg und DESY, hatte im Herbst 1965 ein „sloped-window"-Spektrometer in Betrieb genommen, mit dem photoproduzierte Meso-

[52]Protokoll Senat der MPG, 11.3.66 und 22.6.66, He.

[53]Die Welt, 4.1.66; Stenografische Mitschrift Bundestag, 5.Wahlperiode, S. 601ff., 14.1.66, Stenografisches Protokoll 6. Sitzung Ausschuß für Wissenschaft, Kultur und Publizistik, 16.2.66, Bt; Deutsches Allgemeines Sonntagsblatt, 20.3.66; E.J. Meusel, in [Flu82, S. 1264f.].

[54]Berghaus an Meins, 5.11.65, Vermerk Berghaus, 12.6.67, DA27.

nen aus den beiden Prozessen $\gamma + p \rightarrow \pi^+ + n$ und $\gamma + p \rightarrow K^+ + \Lambda$ detektiert werden sollten. Mit diesem Aufbau konnte aber auch ohne den geringsten Umbau die Photoproduktion von Antiprotonen nachgewiesen werden, was Anfang Dezember 1965 innnerhalb weniger Schichten Strahlzeit gelang. Die Pressemitteilung darüber machte dann, wie schon geschildert, kurz vor dem Gespräch Goppels in Bonn Schlagzeilen in der Presse.[55]

Der bayerische Ministerpräsident war, nicht unbeeinflußt von Heisenberg und einem Abteilungsleiter im Kultusministerium, schon länger auf der Seite von DESY[56]. Die Bundesregierung war im Dezember 1965 aber leider der denkbar schlechteste Adressat für über ihre Verpflichtungen hinausgehende Wünsche. Am 29. Oktober 1965 hatte das Kabinett ein drastisches Sparprogramm beschlossen, zwölf Tage später dann Bundeskanzler Erhard die Bevölkerung zum „Maß halten" aufgefordert und zugleich eine Ausweitung staatlicher Sozialleistungen abgelehnt. Goppels Kompromißvorschlag sah denn auch trotz Presseunterstützung keine höhere Beteiligung des BMwF am Haushalt als die bereits zugesagten 50 % von 39,9 Millionen DM vor. Von der Hälfte für die Länder sollten 1,3 Millionen DM gestrichen und der Rest nach Abzug einer 25 %igen Interessenquote Hamburgs nach dem Königsteiner Schlüssel verteilt werden. Damit trug das BMwF erstmals mehr als 50 % des Betriebshaushalts des DESY, zumal Nordrhein-Westfalen sich später weigerte, seinen Anteil an den über 30 Millionen DM hinausgehenden Betriebskosten zu leisten, was den Länderanteil weiter verringerte.[57]

Im folgenden Jahr schien die Lage sich etwas zu entspannen, da der Betriebshaushalt für 1967 nur noch eine Steigerungsrate von 10 % vorsah, verursacht durch weiteren Personalzuwachs und die Anmietung einer neuen Großrechenanlage. Zudem hatte die MPK Goppel schon im März 1966 weitere Verhandlungen mit der Bundesregierung aufgegeben, bei denen eine dauerhafte Regelung für die Finanzierung des Haushalts gefunden werden sollte – eine Länderquote von weniger als 50 % eingeschlossen. Finanzminister Dahlgrün und Vizekanzler Seebohm stellten aber nur in Aussicht, daß die Probleme mit dem

[55]Goppel an Heisenberg, 3.12.65, He; Senatskanzlei an HA, 21.12.65, HH6040-5; JB65, S. 3.24-3.27; vgl. S. 177.

[56]Ein Jahr zuvor hatte der Ministerpräsident ein Waldgebiet nördlich Münchens als Standort für einen europäischen 300 GeV-Beschleuniger vorgeschlagen. Aufgebrachte Bauern hatten ihm daraufhin Mistkübel vor dem Amtssitz ausgeleert und anonyme Morddrohungen geschickt. Die „bairische" Affäre eskalierte, als Goppel den Gegnern des Projekts vorhielt, Bayern könne *„vom Schuhplatteln allein"* nicht leben. Der Fraktionsvorsitzende der Bayern-Partei erschien daraufhin im Trachtenanzug auf einer Sitzung des Landtags, die in Tumulten endete. Das für die Standortauswahl zuständige ECFA konzentrierte sich dann auf andere Vorschläge. Vgl. Süddeutsche Zeitung, 14.1.65 und 16.1.65; Die Welt, 26.1.65; Zitat: Frankfurter Allgemeine Zeitung, 4.2.65.

[57]Goppel an Heisenberg, 3.12.65, He; vgl. S. 177; Senatskanzlei an HA, 21.12.65, Drexelius an Weichmann, 17.1.66, Weichmann an Erhard, 27.1.66, Weichmann an Ministerpräsidenten der Länder, 27.1.66, HA an Stoltenberg, 3.3.66, HH6040-5; Protokoll VerwA KSt, 17.-18.11.66, HH6005-62.

Betriebshaushalt des DESY im Rahmen der Finanzreform – also in einigen Jahren – gelöst würden.[58]

Immerhin bot das BMwF an, auch weiterhin 50 % des von DESY angemeldeten Bedarfs zu tragen, für 1967 also 21,7 Millionen DM. Die Ministerpräsidenten bekräftigten Ende September 1966 noch einmal, daß die Ländergemeinschaft nicht über den 1966 bewilligten Betrag hinausgehen werde. Da Nordrhein-Westfalen immer noch von der Gültigkeit des 30 Millionen-DM-Plafonds ausging, waren dies nur 16,4 Millionen DM, fünf Millionen DM weniger als von DESY angemeldet. Dies wäre allein schon bedrohlich genug gewesen – vier Monate später hatte sich der Fehlbetrag dann aber sogar verdoppelt.[59]

Am Tag nach der Sitzung der MPK trat in Bonn nämlich das Bundeskabinett zusammen, um über den Bundeshaushalt für 1967 zu beraten. Darüber, wie dieser Haushalt ausgeglichen werden solle, kam es zu einem Streit zwischen den Regierungsparteien CDU/CSU und FDP (heute F.D.P.), der innerhalb weniger Wochen in eine Regierungskrise mündete: Am 27. Oktober 1966 traten die vier FDP-Minister aus der Regierung aus, eilig einberufene Koalititionsverhandlungen scheiterten – und am 27. November 1966 gaben CDU/CSU und SPD die Bildung der „Großen Koalition" bekannt. Deren erste Sorge war der Ausgleich des Haushalts – dem dann die Zusage zum Opfer fiel, 50 % des von DESY angemeldeten Bedarfs zu übernehmen. Das BMwF teilte in seinem Bewilligungsbescheid Anfang 1967 mit, der Haushalt des DESY werde nur in Höhe des von den Ländern beigesteuerten Betrags bezuschußt.[60]

Die 13. Rochester-Konferenz Anfang September 1966 und die Beiträge des DESY dort fanden in den letzten Monaten des Jahres 1966 ein lebhaftes Echo in der Presse. Im Gegensatz zu der etwas außer Kontrolle geratenen Aktion von Ende 1965 blieben die Artikel über die Erfolge bei DESY diesesmal ausnahmslos auf der rein sachlichen Ebene. In den meisten Fällen waren die entsprechenden Informationen von DESY gekommen, so auch bei einem ganzseitigen Artikel in der Wochenzeitung „Die Zeit". Bei zwei ausländischen Monatszeitschriften verhielt es sich jedoch anders: Der Bericht des „CERN-courier" über die Rochester-Konferenz widmete sich separat vom laufenden Text zwei in Berkeley/ixBerkeley vorgestellten herausragenden Experimenten, von denen eines das der DESY-Columbia Kollaboration über die Gültigkeit der QED war. Und in der amerikanischen Zeitschrift „scientific research" wurde DESY in Verbindung mit diesem Experiment eine *„first-rank-institution"* genannt – eine Beurteilung, die vom Direktorium gerne aufgegriffen und über die Hochschulabteilung an andere Kultusverwaltungen kolportiert wurde. In allen Äußerungen von DESY, und besonders in einem Memorandum zu den Betriebskosten 1967, war außerdem davon die Rede, daß das Hamburger Forschungszentrum nur noch kurze Zeit über

[58]Protokoll Dir, 22.4.66 und 22.8.66, DA7.

[59]Protokoll Dir, 24.10.66 und 20.1.67, DA7; Protokoll VR, 25.10.66, DA8; Protokoll VerwA KSt, 17.-18.11.66, HH6005-62; Protokoll WR, 9.12.66, DA11.

[60]Weichmann an Ministerpäsidenten der Länder, 24.1.67, HH6040-5.

den größten Elektronenbeschleuniger der Welt verfügen würde. Ein Kürzung des Haushalts würde deshalb gerade jetzt katastrophale Folgen haben.[61]

Hamburgs Bürgermeister Weichmann appellierte am 24. Januar 1967 noch einmal an seine Ministerpräsidentenkollegen, DESY vor Schaden zu bewahren. Er konnte sich dabei auf einstimmige Beschlüsse des Verwaltungsausschusses des Königsteiner Staatsabkommens und der gemeinsamen Konferenz der Kultus- und Finanzminister berufen, die beide den Haushalt für 1967 in Höhe von 43,7 Millionen DM sachlich befürwortet hatten.[62]

Zu Jahresbeginn 1967 hatte sich das kurz zuvor noch angespannte Verhältnis zwischen Bund und Ländern wieder beruhigt: Über die Aufteilung der Einkommen- und Körperschaftssteuer, um die es vergangenen Sommer noch heftige Debatten gegeben hatte, war ein Kompromiß gefunden worden; die neue Bundesregierung stand zudem steigenden Ausgaben des Staates als Mittel zur Belebung der Konjunktur nicht mehr ablehnend gegenüber. Schließlich hatte in Nordrhein-Westfalen, das sich einer höheren Beteiligung an den Betriebskosten des DESY immer am heftigsten entgegengestellt hatte, ebenfalls ein Regierungswechsel stattgefunden. Die neue Regierung konnte ihre Belastung durch die KFA Jülich nicht mehr ins Feld führen, weil das BMwF sich dort seit kurzem mit 25 % an den laufenden Kosten beteiligte. Eigentlich gab es für die Ministerpräsidenten keinen vernünftigen Grund mehr, sich den Argumenten Hamburgs und des BMwF zu entziehen – und am 9. Februar stimmten sie dem Hamburger Antrag tatsächlich ohne Einschränkung zu.[63]

Damit war das Eis endgültig gebrochen. Der Verwaltungsausschuß des Königsteiner Staatsabkommens konnte nunmehr davon ausgehen, daß die 30 Millionen-DM-Grenze für die Betriebskosten des DESY aufgehoben sei. Aber würde er sich auch weiterhin für einen ansteigenden Haushalt einsetzen?[64]

Bis Ende 1966 war es üblich gewesen, den Bundeshaushalt jedes Jahr vollkommen neu aufzustellen. Nach dem Eintritt der SPD in die Regierung gab es in dieser Hinsicht jedoch einige Änderungen. Noch vor Weihnachten 1966 trat das Finanzplanungsgesetz in Kraft, das die Bundesregierung verpflichtete, mittelfristige (fünfjährige) Finanzpläne aufzustellen. Diese auf längere Zeiträume ausgerichtete Politik kam den Wünschen einiger großer Forschungszentren sehr entgegen. Schon im Frühjahr 1967 wurden die Institute des Königsteiner Abkommens um eine Vorausschau über die Entwicklung ihrer Betriebskosten gebeten. DESY kündigte eine jährliche Steigerungsrate von 10 % bis zum Jahr 1973 an. Danach würde sich dann der Ausbau des Forschungszentrums, der derzeit geplant werde, auf die laufenden Kosten auswirken. Durch die Erfahrungen der

[61] Memorandum des Direktoriums über die Betriebskosten des DESY 1967, 19.9.66, DA27; Die Welt, 8.10.66; Zitat: Vgl. Presseausschnitte in den Akten der HA, Oktober 1966, HH6043-5; Berghaus an Meins, 12.10.66, HH6043-5; Die Zeit, 14.10.66; scientific research, october 1966.

[62] Protokoll Dir, 20.1.67, DA7; Weichmann an Ministerpräsidenten, 24.1.67, HH6040-5.

[63] Protokoll Dir, 20.2.67, DA7; [Rad83, S. 250].

[64] Protokoll VerwA KSt, 20.9.67 und 8.10.68, HH6005-62.

Vergangenheit klug geworden, ließ das Direktorium sich keine Stellungnnahme über das dann zu erwartende Haushaltsvolumen entlocken.[65]

Der Unterauschuß DESY des Königsteiner Staatsabkommens und der Haushaltsausschuß des Verwaltungsrats, dem neben dessen ordentlichen Mitgliedern auch Experten aus Hamburger und Bonner Behörden und Ministerien angehörten, berieten den Betriebshaushalt des DESY fortan gemeinsam. Aus diesem Kreis kam im Herbst 1967 die Äußerung, daß die vom Direktorium angemeldete Steigerungsrate angemessen sei. Damit hatte eines der beiden Finanzprobleme des DESY, die Beteiligung der Länder an den laufenden Kosten, eine von allen Seiten akzeptierte Lösung gefunden.[66]

Dennoch konnte DESY nicht auf Dauer nach zwei unterschiedlichen Verteilungsschlüsseln, einem für die Investitionen und einem für die laufenden Kosten, finanziert werden. Trotz der Einigung über die Betriebskosten weigerten sich die Länder auch weiterhin, einen Beitrag zu den Investitionen zu leisten.

Für die Jahre 1966 und 1967 hatte das BMwF zu deren Finanzierung eine elegante Zwischenlösung gefunden, auf die im nächsten Kapitel noch näher eingegangen werden wird. Im 3. Atomprogramm für die Jahre 1968 bis 1973, das im November 1967 verabschiedet wurde, fanden sich jedoch zahlreiche neue Vorhaben auf dem Gebiet der Kern- und Hochenergiephysik, deren Umsetzung ohne einen grundsätzlich neuen Finanzierungsmodus, wie ihn der Wissenschaftsrat und die Troeger-Kommission vorgeschlagen hatten, kaum denkbar war. Die Vorstellungen des BMwF liefen darauf hinaus, Großforschungseinrichtungen zukünftig einheitlich zu 90 % von der Bundesregierung und zu 10 % vom Sitzland finanzieren zu lassen. Für die Ausbauinvestitionen des DESY wurde dies dem Hamburger Senat in einem Gespräch auf Staatssekretärsebene am 20. Februar 1968 angeboten. Auch das vergleichbare Angebot des BMwF vom März 1968 an das Land Baden-Württemberg, gemeinsam einen Schwerionen-Linearbeschleunigers zu bauen, beinhaltete keine Festlegung auf die 50 %ige Bundesbeteiligung mehr. Der Hamburger Senat wollte die Sitzlandquote jedoch auf nur 7,5 % drücken und verwies zur Begründung auf die eigene angespannte Haushaltslage.[67]

Im September 1968 setzte sich dann doch die 90:10-Lösung durch. Bundeskanzler Kiesinger hatte zuvor eine hochrangig besetzte (Achter-)Kommission eingesetzt, die nach finanziellen Entlastungsmöglichkeiten für die Bundesländer Ausschau halten sollte, weil diese sich stärker im Hochschulbau engagieren sollten. Einer der Vorschläge, die der Bundesregierung unterbreitet wurden, war DESY und das IPP aus der Königsteiner Finanzierung herauszunehmen und deren laufende Kosten wie schon ihre Investitionen 90:10 durch BMwF und Sitzland finanzieren zu lassen. Für Hamburg bedeutete dies eine Verringerung seines Anteils am Betriebshaushalt, weil die Hansestadt bis dato eine Interessenquote

[65]Protokoll Dir, 28.8.67, DA7; Kostenschätzung des Direktoriums für die Betriebskosten in den kommenden Jahren, v.M., o.D. (Herbst 1967, d.Verf.), DA16.

[66]Kostenschätzung ... a.a.O.; Berghaus an Jentschke, 24.10.67, DA16.

[67]Vermerk Berghaus, 21.2.68, DA16; Protokoll VR, 23.2.68; [Pru74, , S. 89-93, S. 204]; vgl. S. 226.

von 12,5 % tragen mußte. Da das neue Angebot, die Sitzlandquote für Investitionen und Betriebsausgaben einheitlich auf 10 % festzulegen, Hamburg netto eine Entlastung bringen würde, fiel die Zustimmung dem Senat nun nicht mehr schwer.[68]

DESY wurde zum 1. Januar 1970 auf den einheitlichen Finanzierungsmodus der „Großforschungseinrichtungen" umgestellt. Das Forschungsministerium machte allerdings schon ein Jahr zuvor deutlich, daß es als Resultat der gestiegenen finanziellen Verantwortung auch eine stärkere Mitsprache in den Organen der Stiftung wünschte, weil die von ihm finanzierten Einrichtungen künftig in übergreifende Planungen einbezogen würden.[69]

Strukturreform

Neben den „Leitsätzen", die das Direktorium 1964 für die Übernahmeverhandlungen mit der MPG ausarbeitete, fehlte es nicht an weiteren Positionspapieren, in denen die Kritik des Bundesrechungshofs an der Struktur von DESY aufgriffen wurde. Die Vorschläge zielten je nach ihrer Herkunft in sehr unterschiedliche Richtungen.

Der Rechnunghof hatte angeregt, den Wissenschaftlichen Rat zu verkleinern und ihm ausschließlich beratende Funktion zu geben. Diese Position wurde nicht nur von der Generalverwaltung der Max-Planck-Gesellschaft unterstützt; auch Berghaus und ein Abteilungsleiter aus dem BMwF schlossen sich diesem Standpunkt an. Aus den Reihen des Direktoriums kamen naturgemäß aber eher Vorschläge zur Stellung dieses Gremiums innerhalb der Stiftungsorgane. Ein Direktor regte beispielsweise an, die Struktur des CERN, wo die Leitung auf ein Direktorium und Departmentchefs aufgeteilt war, auf DESY zu übertragen. Diese Aufspaltung der Verantwortlichkeiten fand jedoch keine einhellige Zustimmung. Im Gegenteil müsse jeder Direktor bei DESY auch für einen der vier oder fünf Bereiche verantwortlich sein – was mit dem in der Satzung verankerten Prinzip der Ehrenamtlichkeit aller Funktionen jedoch kaum verträglich war. Daher sollten Direktoren grundsätzlich aus dem Kreis der Leitenden Wissenschaftler berufen werden, turnusmäßig wechselnd, um ihnen Zeit für Forschungstätigkeit zu lassen. Nur der Generaldirektor sollte ein auch fachlich herausgehobener von außen berufener Ordinarius sein. Bis Ende 1966 hatten all diese Überlegungen, abgesehen vom Satzungsentwurf für ein Max-Planck-Institut für Hochenergiephysik, keine nach außen sichtbaren Konsequenzen.[70]

---

[68]Vermerk Berghaus, 23.9.68 und 24.9.68, DA27; BMwF an FB und HA, 3.4.69, HH604-1.

[69]Protokoll Dir, 24.3.69, DA7; Protokoll VR, 8.4.69, DA8; GB69, S.2.

[70]Bundesrechnungshof an BMwF, 22.5.64, Gedanken zur augenblicklichen Lage von DESY, o.D. (vor 17.3.66, d.Verf.), Vermerk Berghaus, 17.3.66, Gedanken zur Diskussion des Verhältnisses DESY-Universität, 13.6.66, Zur Organisation von DESY, 23.11.66, DA27; Protokoll VR, 13.11.64, DA8; Vermerk Preiss, 13.5.65, He; Protokoll Dir, 14.11.66, DA7.

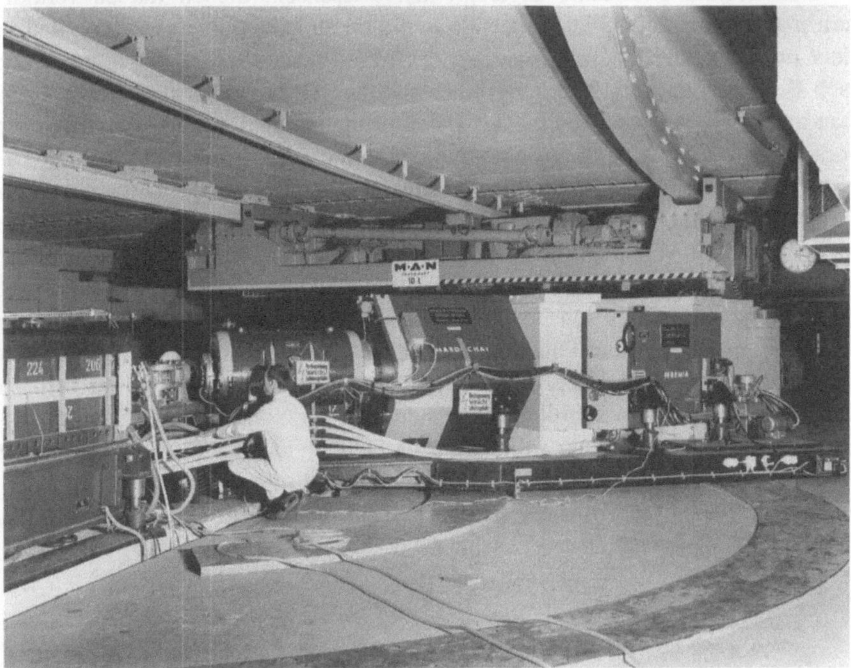

Abb. 35. Jentschke und Teucher feiern den erfolgreichen Probelauf des Synchrotrons (26.2.1964, Bildnachweis: DESY/1493/3).

Abb. 36. Das Magnetspektrometer der Gruppe F 21, zweite Generation. Vgl. dazu auch Abb. 21 (1966, Bildnachweis: DESY 3146).

Am 9. Dezember 1966 richtete der Wissenschaftliche Rat einen „Konzeptionsausschuß" ein, der sich mit der Struktur des DESY befassen sollte. Äußerer Anlaß dafür waren die schon erwähnten Bestrebungen, in Deutschland ein zweites Zentrum für Hochenergiephysik zu errichten. Diese ursprünglich von Gentner geförderte Initiative hatte sich, wie von ihm richtig vorausgesehen worden war, außerhalb der MPG weiterentwickelt und wurde seit 1965 vor allem von den drei Direktoren des Instituts für Experimentelle Kernphysik des Kernforschungszentrums Karlsruhe vorangetrieben. Ende 1966 hatten sie zwei Beschleunigertypen ausgewählt, die bis zur Baureife weitergeplant werden sollten. Der Konzeptionsausschuß sollte die Folgerungen für die Satzung des DESY, gesetzt den Fall, der nationale Protonenbeschleuniger ginge in Bau, untersuchen.[71]

Wie ernst es der Mehrheit des Wissenschaftlichen Rats damit war, die Strukturen der beiden Forschungszentren aufeinander abzustimmen, wurde nur wenige Stunden später deutlich, als die Neuwahl des Direktoriums auf der Tagesordnung stand. Dessen Amtszeit wurde, Jentschke ausgenommen, einheitlich auf ein Jahr festgelegt, damit eventuellen Änderungen bei DESY keine langfristigen personellen Festlegungen entgegenstanden.[72]

Der Konzeptionsausschuß[73] traf sich am 13. April 1967 in Bad Pyrmont zu einer Sitzung. Schopper verteilte dort „Einige Gedanken zum organisatorischen Aufbau eines zweiten deutschen Zentrums für Hochenergiephysik", die zum Teil in die Empfehlungen des Konzeptionsausschusses übernommen wurden: DESY und das neue Laboratorium sollten einen gemeinsamen wissenschaftlichen Rat erhalten, aus dessen Mitte für jedes Zentrum ein Exekutivausschuß zu bilden sei, dem auch die Direktorenwahl obliegen würde. Der Wissenschaftliche Rat lehnte es auf seiner nächsten Sitzung jedoch mehrheitlich ab, seine Befugnisse teilweise einem Exekutivausschuß zu übertragen. Er schloß sich nur der zweiten Empfehlung des Konzeptionsausschusses an, wonach für das Direktorium grundsätzlich dreijährige Amtszeiten gelten sollten, an die sich vor einer Wiederwahl eine mindestens einjährige Wartezeit anschließen müsse. Von dieser Regelung sollten nur der Geschäftsführende Direktor und das für den technischen Bereich zuständige Direktoriumsmitglied ausgenommen sein.[74]

Hans Joos hatte namens der Leitenden Wissenschaftler ebenfalls für die Bildung eines Exekutivausschusses plädiert. In der Hamburger Verwaltung wurden diese Aktivitäten mißtrauisch beäugt. Nach Ansicht von zwei Behörden verstießen die Vorschläge gegen die Satzung oder nutzten Lücken darin unzulässig aus. Brix, Vorsitzender des Wissenschaftlichen Rats, gab auf einer Sitzung des Verwaltungsrats zu, daß die Richtlinien für die Wahl des Direktoriums nur für

---

[71] Protokoll WR, 9.12.66, DA11.

[72] Protokoll WR, 9.12.66, DA11.

[73] Mitglieder des Konzeptionsausschusses waren der Vorsitzende des WR, Peter Brix, sowie H. Ehrenberg, J. Heintze, W. Jentschke, H. Joos, G. Knop, U. Meyer-Berkhout, W. Paul, C. Schmelzer und H. Schopper.

[74] H. Schopper, Einige Gedanken zum organisatorischen Aufbau eines zweiten deutschen Zentrums für Hochenergiephysik, v.M., 8.5.67, Brix an Mitglieder WR, 24.4.67, Protokoll WR, 19.5.67, DA11.

das von ihm präsidierte Stiftungsorgan gälten. Slemeyer, Vertreter des BMwF im Verwaltungsrat, regte daraufhin an, gemeinsame Richtlinien zu erarbeiten; als sich einige Monate später aber herausschälte, daß es gegen das zweite Zentrum für Hochenergiephysik erhebliche Widerstände innerhalb wie außerhalb des BMwF gab, schloß er sich der Auffassung von Meins an, die Richtlinien für die Wahl des Direktoriums als innere Angelegenheit des Wissenschaftlichen Rats zu betrachten.[75]

Warum diese Bestrebungen, einen „nationalen" Wissenschaftlichen Rat für die Hochenergiephysik zu schaffen? Wahrscheinlich gab es dafür zwei Gründe: In den vergangenen zehn Jahren hatten das Atom- und später auch das Forschungsministerium ohne Ausnahme auf den Rat der Wissenschaftler, vor allem des Arbeitskreises Kernphysik der Atomkommission, vertraut (außerhalb der Grundlagenforschung war das Verhältnis zwischen Wissenschaft und Politik allerdings spannungsreicher gewesen). Ein gemeinsamer Wissenschaftlicher Rat für die beiden deutschen Laboratorien der Hochenergiephysik würde an diese Tradition anschließen. Zweitens hatte Heisenberg in den vergangenen drei Jahren nicht vom Nutzen eines nationalen Protonenbeschleunigers überzeugt werden können. Wo es ihm nur möglich war, setzte er sich für den Ausbau des DESY ein, auch zu Lasten anderer Projekte und besonders der Karlsruher Pläne. Indem die Organe des DESY sich einem zweiten Hochenergielaboratorium öffneten, wurde Heisenbergs Attacken einiges von ihrer Schlagkraft genommen.[76]

Im Laufe der beiden Jahre 1966 und 1967 neigte sich dann aber die Phase, in der Wissenschaftler die Politik in der Hochenergiephysik allein bestimmen konnten, allmählich ihrem Ende zu. Zehn Jahre lang war das Ministerium den Bundesländern gegenüber als Verbündeter der Wissenschaft und ihrer Geldwünsche aufgetreten. Die Finanzreform verschob die Fronten – und das Forschungsministerium begann den ihm zuwachsenden Einfluß zur Formulierung einer eigenständigen Politik zu nutzen, wie es einige Wissenschaftler in der Kommission Atomphysik der DFG zehn Jahre zuvor befürchtet hatten. Da dem BMwF seit Beginn der sechziger Jahre aber ständig neue Aufgaben – Weltraumwissenschaften, Datenverarbeitung, Ozeanographie – zuwuchsen, konnte es fachübergreifender Koordination überhaupt nicht ausweichen, zumal ihm nun auch die finanzpolitischen Instrumente zu ihrer Durchsetzung in die Hand gegeben worden waren. Die Abstimmung erfolgte zunächst in regelmäßigen Gesprächen Stoltenbergs mit den Präsidenten der großen Wissenschaftsorganisationen; dort, wo diese nicht betroffen waren, wie bei der Aufgabenteilung zwischen den Kernforschungszentren

[75]H. Joos, Beitrag zur Diskussion über: Die zukünftige Organisation der Hochenergiephysik in Deutschland und die daraus u.A. für die DESY-Satzung zu ziehenden Folderungen, v.M., 2.5.67, Protokoll WR, 19.5.67, DA11; Berghaus an HA, 29.3.67, Vermerk FB, 3.5.67, Berghaus an Meins, 5.5.67, FB an Mitglieder VR, 8.5.67, HH6040-1; Protokoll VR, 2.6.67 und 20.11.67, DA8; vgl. S. 251.

[76][Pru74, S. 42]; [Rad83, S. 144-148]; Heisenberg an Lenz, 21.5.65, vgl. Protokolle und Gutachten der Sachverständigenkommission zur verstärkten Koordinierung der Forschungsarbeiten in den Kernforschungszentren Jülich und Karlsruhe, Juli-Dezember 1966, He.

Jülich und Karlsruhe, durch hochrangig besetzte ad-hoc-Kommissionen; und ab September 1967 in einem „Beratenden Ausschuß für Forschungspolitik", dem neben den Präsidenten und Vorsitzenden von MPG, DFG, Westdeutscher Rektorenkonferenz, Wissenschaftsrat und Bildungsrat acht weitere hochangesehene Persönlichkeiten, darunter Balke und Heisenberg, angehörten.[77]

Die 90:10-Finanzierung der Großforschungseinrichtungen setzte sich dann im Laufe des Jahres 1968 durch. Wer wollte es im Anschluß daran dem BMwF verwehren, wenn es sich in den praktisch von ihm getragenen Institutionen Mittel zur Durchsetzung seiner Politik schaffte? Für den 11. Februar 1969 wurden die Hamburger Behörden nach Bonn eingeladen, um gemeinsam zu beraten, wie im Falle des DESY zu verfahren sei. Die Vertreter der Hansestadt hatten nichts dagegen einzuwenden, daß dort in Zukunft Forschung auch explizit im Auftrag des BMwF betrieben werde. Dazu mußte aber die Stiftungssatzung geändert werden; und daß der Wissenschaftliche Rat diesem Ansinnen seine Zustimmung erteilen würde, war wenig wahrscheinlich. Die Hochschulabteilung übernahm es, mit der für die Stiftungsaufsicht zuständigen Senatskanzlei nach Auswegen zu suchen: In Frage kamen eine Satzungsänderung auf dem Amtswege oder die Auflösung und anschließende Neugründung der Stiftung.[78]

Da das BMwF die Organe der Stiftung in ein völlig neues Verhältnis zueinander setzen wollte, wurde Anfang 1969 eine rundum neue Satzung ausgearbeitet. Geschäftsführung und Richtlinienkompetenz sollten danach nur noch dem Direktorium und dem Verwaltungsrat zufallen. Alle anderen Stiftungsorgane – der erheblich verkleinerte Wissenschaftliche Rat und das Forschungskollegium – würden nur noch beratende Funktion haben. Vom hauptamtlich in Hamburg tätigen Direktorium würden die Richtlinien der Forschung bestimmt und die laufenden Geschäfte geführt; der Verwaltungsrat erhielte ein sehr allgemeines Aufsichtsrecht, träfe alle Personalentscheidungen und sollte sogar Weisungen erteilen können. Hinter dem Entwurf stand der Gedanke, daß DESY mittlerweile so viel eigenes Gewicht erlangt habe, daß viele Funktionen des Wissenschaftlichen Rats auf das Direktorium übertragen werden konnten. Die erweiterten Kompetenzen des Verwaltungsrats würden für die der neuen politischen Situation angemessene direktere Anbindung des Forschungszentrums an das BMwF und Hamburg sorgen.[79]

Das Direktorium hatte gegen die neue Satzung nur wenig einzuwenden. In einem Positionspapier, wahrscheinlich von Teucher, war schon vor ihrem Bekanntwerden festgehalten worden, daß im Wissenschaftlichen Rat oft *„der dialektisch begabteste Redner ein für alle Anwesenden unerwartetes Abstimmungsergebnis erzielen"* konnte. Manchen Mitgliedern fehlten Sachkenntnis und Vorstellungen

[77]Protokoll Senat MPG, 11.3.66, Stoltenberg an Heisenberg und Anlage dazu, 7.9.67, He; [Rad83, S. 210]; vgl. S. 8.

[78]Vermerk HA, 14.3.69, BMwF an HA, FB und DESY, 3.4.69, HH6040-1; Protokoll VR, 18.4.69, DA8.

[79]BMwF an FB, HA und DESY, 3.4.69, HH6040-1.

über eine Großforschungsanlage mit 50 Millionen DM Finanzvolumen. Teucher war im Direktorium für den technischen Bereich und den Bau der Speicherringe verantwortlich. Er hatte während des ganzen vergangenen Jahres zusehen müssen, wie bei deren Projektierung viel Zeit verloren ging, weil die Gruppe Beschleunigerforschung ziemlich realitätsferne Vorschläge aus den Reihen des Wissenschaftlichen Rats durchrechnen mußte und sich nicht um die Spezifikationen für die großen Komponenten des Speicherrings kümmern konnte.[80]

Der Entwurf der neuen Satzung wurde zwischen der Hansestadt und dem Ministerium einen Tag vor einer Verwaltungsratssitzung am 18. April 1969 vordiskutiert. Auf der Sitzung selbst teilte Slemeyer dann den Anwesenden, darunter Heinz Ehrenberg, Direktor des Mainzer Instituts für Kernphysik und neuer Vorsitzender des Wissenschaftlichen Rats, die Pläne des BMwF mit. Ehrenberg zeigte sich überrascht und verlangte, ihm den Referentenentwurf zugänglich zu machen.[81]

Slemeyer vertröstete den Wissenschaftler aus dem Rheinland: Nach den Gesprächen vom Vortage sei eine neue Fassung in Arbeit, an deren Beratung dann auch der Wissenschaftliche Rat beteiligt werde.[82]

Darin fanden sich dann zwar viele Änderungen im Detail, von den vorher vom BMwF vertretenenen Grundsätzen wurde jedoch nicht abgerückt. Die wichtigste Modifikation betraf den Einbezug der Wissenschaftler bei DESY in die Entscheidungsfindung im Direktorium. Ursprünglich war vorgesehen worden, dies durch eine Vergrößerung und umfassendere Aufgabenbestimmung des Forschungskollegiums zu erzielen; jetzt wurde dazu ein eigenes Gremium, der Wissenschaftliche Ausschuß, eingerichtet, dem alle Leitenden Wissenschaftler und Vertreter der DESY-Gruppen angehören sollten.[83]

Der Wissenschaftliche Rat machte sofort nach dem Versand des Satzungsentwurfs gegen die Beschneidung seiner Kompetenzen mobil. Eine Kommission wurde eingesetzt, um Alternativvorschläge auszuarbeiten, und am 10. Juli 1969 sogar ein einstimmiger Beschluß des Arbeitskreises Kernphysik herbeigeführt, der sich gegen die Schwächung des Wissenschaftlichen Rats wandte. Am Beispiel der deutschen Haltung zum Bau des europäischen 300 GeV-Beschleunigers führte das BMwF jedoch schon seit 18 Monaten vor, daß es den Empfehlungen des Arbeitskreises Kernphysik nur noch dann folgte, wenn dem nicht andere Gründe entgegenstanden – beim 300 GeV-Projekt war dieser Grund z.B. das Nichteinverständnis des Beratenden Ausschusses für Forschungspolitik mit den Modalitäten der Standortsuche.[84]

---

[80]Zitat: Vermerk, Durch eine geeignete Zusammensetzung sollte der Wissenschaftliche Rat folgende Bedingungen erfüllen können, o.D., DA11; Teucher an Steffen, 2.1.69, DAs.

[81]Vermerk FB, 14.4.69, HH6040-1; Protokoll VR, 18.4.69, DA8.

[82]Protokoll VR, 18.4.69, DA8.

[83]BMwF an HA, 8.5.69, HH6040-1. Später wurde der WA noch um einen Vertreter der auswärtigen Gruppen erweitert. Vgl. Protokoll WA, 19.2.70, DAx.

[84]Ehrenberg an Mitglieder WR, 21.5.69, Protokoll WR, 30.5.69, DA11; Protokoll AK Kernphysik DAtK, 10.7.69, DAs.

Das Wissenschaftsministerium war mit seinen Plänen so weit vorgestoßen, daß der Wissenschaftliche Rat ihm in seinem alternativen Satzungsentwurf viel Terrain kampflos überlassen mußte. Es kam den Vertretern der Hochschulen nur noch darauf an, einen Grundstock an Mitspracherechten in die neue Satzung herüberzuretten – viele ihrer Pflichten waren in der Praxis bereits auf das Direktorium und das Forschungskollegium übergegangen, so daß niemand etwas dagegen einwenden konnte, wenn dies nun durch eine neue Satzung sanktioniert wurde. Paul, Brix und Ehrenberg verhandelten am 18. August im Wissenschaftsministerium. Als sie in den meisten Punkten Einigkeit erzielten, zeichnete sich ab, daß vielleicht sogar die Zustimmung des gesamten Wissenschaftlichen Rats zu einer neuen Satzung erreicht werden könnte, wenn nur das Ministerium in einigen Punkten nachgab. Angesichts der Schlagzeilen, die Auseinandersetzungen zwischen Wissenschaftlern und Geschäftsführung des Kernforschungszentrum Karlsruhe gerade in der Presse machten, war dieser Weg der Satzungsänderung auf dem Amtsweg sicher vorzuziehen.[85]

Auf einer gemeinsamen Sitzung des Wissenschaftlichen Rats und des Verwaltungsrats kam es dann wirklich zur Einigung: Neue Forschungsgebiete (Auftragsforschung) würde es demnach nur mit Zustimmung des Wissenschaftlichen Rats geben; auch bei der Wahl des Direktoriums sollte dieser das Vorschlagsrecht behalten; und seine Selbstergänzung, die vollkommen abgeschafft werden sollte, wurde wenigstens zum Teil wieder eingeführt, weil Vorschläge für neue Mitglieder vom Wissenschaftlichen Rat gemacht werden durften.[86]

Auch in anderen, weniger wichtigen Punkten wurden Ministerium, Behörden und Wissenschaftler sich einig. Der Satzungsentwurf ging daher als nächstes mit der Bitte um Stellungnahme an die beteiligten Ministerien und Behörden – Bundesfinanzministerium, Finanzbehörde, Finanzamt und Stiftungsaufsicht. Als von dort Zustimmung signalisiert wurde, bat die Hochschulabteilung Ehrenberg am 28. Oktober 1969, über die drei Paragraphen, deren Änderung der Wissenschaftliche Rat zustimmen mußte, schriftlich abstimmen zu lassen.[87]

Ein weiteres Mal schien jedoch der Satzung des DESY das Schicksal bevorzustehen, kurz vor ihrer Verabschiedung zu Makulatur zu werden: Am 28. September 1969 hatten Bundestagswahlen stattgefunden, und wenige Tage später nahmen SPD und FDP Verhandlungen über die Bildung einer gemeinsamen Regierung auf. Das sozialliberale Kabinett, dem der CDU-Abgeordnete Stoltenberg nicht mehr angehörte, wurde der Öffentlichkeit dann am 22. Oktober 1969 vorgestellt: Neuer Minister für Bildung und Wissenschaft wurde Hans Leussink, bis dahin Vorsitzender des Wissenschaftsrats und im Gegensatz zum Berufspolitiker Stoltenberg ein hochangesehener Ordinarius. Heisenberg rief den ihm gut bekann-

[85]Vgl. Rechenschaftsberichte des Forschungsausschusses für 1964ff., DA11; Vermerk Meins, 3.5.69, Ehrenberg an Meins, Slemeyer, 25.7.69, Vermerk HA, 18.8.69, HH6040-1; Capital, Mai 1969; Südwest-Kurier, 9.5.69; Frankfurter Allgemeine Zeitung, 14.5.69; Der Spiegel 23/69.

[86]Protokoll WR, 20.8.69, DA11; BMwF an Ehrenberg, o.D. (Sommer 1969, d. Verf., HH6040-1.

[87]HA an Senatskanzlei und Finanzamt, 23.10.69, Vermerk HA, 28.10.69, HH6040-1.

ten Minister gleich nach seiner Ernennung an, um mit ihm die neuen Satzungen für DESY und IPP, wo das BMwF ähnliche Pläne wie bei DESY verfolgte, zu besprechen. Offensichtlich wollte Leussink den Großforschungseinrichtungen größere Freiheiten gewähren als sein Vorgänger. Heisenberg versuchte telefonisch Jentschke und Ehrenberg zu überreden, alle Abstimmungen über die neue Satzung abzublasen. Am 10. November 1969 zog der Beratende Ausschuß für Forschungspolitik dann den Komplex „Struktur der Kernforschungseinrichtungen" an sich.[88]

Die Vertreter des Bundes bekamen am Vortag ihrer Abreise zur Sitzung des Verwaltungsrats, auf der über die Satzung abgestimmt werden sollte, daher die Weisung mit auf den Weg, ihre Stimme nur unter Vorbehalt abzugeben. Jentschke und Ehrenberg beschlossen dagegen, keine Kehrtwende mehr zu machen und für das Inkrafttreten der neuen Satzung zu plädieren. In einem gemeinsamen Brief an Leussink baten sie den Minister, unterstützt durch einen Beschluß des Wissenschaftlichen Rats, um seine Zustimmung. Zugleich beschloß das Direktorium, die neue Satzung wo möglich schon zu praktizieren und organisierte noch vor Weinachten 1969 Wahlen zum Wissenschaftlichen Ausschuß.[89]

Wie vor zehn Jahren löste sich der Einspruch gegen den Satzungsentwurf auch dieses Mal in Wohlgefallen auf. Leussink entschied sich dafür, vor seiner Entscheidung Vertreter aller Organe des DESY zu einer Anhörung ins Ministerium einzuladen. Da sich bei diesem Gespräch niemand gegen die neue Satzung aussprach, konnte eine nochmals leicht überarbeitete Fassung dann am 11. September 1970 von der Hamburger Senatskanzlei in Kraft gesetzt werden.[90]

Hinter der Intervention Heisenbergs hatte die Befürchtung gestanden, das Ministerium könne in die wissenschaftliche Planung und personelle Struktur nicht nur des DESY, sondern auch der anderen Großforschungseinrichtungen eingreifen. Da Stoltenberg Ende Oktober 1969 aus dem Ministerium ausschied, bleibt offen, ob der Minister diese Absicht wirklich verfolgte. Die sozialliberale Regierung nutzte das ihr zugefallene Weisungsrecht gegenüber den Großforschungseinrichtungen, das im übrigen auf Verwaltungsangelegenheiten beschränkt war, schließlich in ganz anderer Weise.

Reformpolitik

Im April 1968 wurde das Direktorium des DESY unter Bezug auf das neue Stabilitätsgesetz aufgefordert, dem BMwF die in den nächsten fünf Jahren geplanten Investitionen sowie die voraussichtliche Entwicklung der laufenden Kosten mitzuteilen. Ähnliche Schreiben gingen an alle Forschungseinrichtungen, an deren

[88]Protokoll der 11. Sitzung des Ständigen Ausschusses am 29. Okt. 1969 im Max-Planck-Institut für Physik und Astrophysik, He; Protokoll VR, 11.11.69, DA8; vgl. S. 74.

[89]Protokoll VR, 11.11.69, DA8; Protokoll Dir, 11.12.69, DA7; Ehrenberg und Jentschke an Leussink, 12.12.69, DA11; Jentschke an Wissenschaftliche Mitarbeiter bei DESY, 17.12.69, DAx.

[90]Protokoll Dir, 6.2.70 und 27.5.70, DA7; Protokoll VR, 10.3.70, DA8.

Finanzierung die Bundesregierung mehrheitlich beteiligt war. Ein mitversandter Fragebogen war so detailliert aufgeschlüsselt, daß er mancherorts nicht sehr ernst genommen wurde: Die Geschäftsführung des Kernforschungszentrum Karlsruhe schickte absichtlich nur einen Abteilungsleiter ins BMwF nach Bonn, als von dort zu seiner Erläuterung eingeladen wurde.[91]

Dennoch war diese Berücksichtigung der Forschung in der Konjunkturpolitik der Bundesregierung Vorbote eines Wandels, den die sozialliberale Regierung wenig später vollziehen würde. Zehn Jahre lang hatte sich die Politik des BMwF auf Forschungsprogramme gestützt, die beim Ministerium angesiedelte Expertenkommissionen erarbeitet hatten. In der Großen Koalition kam als neues Element die Wirtschaftspolitik hinzu, der sich alle Ressorts zu unterwerfen hatten. Da dies im besten Falle unbequem war, leisteten die Betroffenen vielfach hinhaltenden Widerstand – wie zum Beispiel bei der Beantwortung des Fragebogens zu den geplanten Investitionen. Die ab Ende 1969 regierende sozialliberale Koalition hatte sich dagegen weiterreichende Ziele auf ihre Fahnen geschrieben: Die Regierungserklärung kündigte grundlegende Reformen im gesamten Bildungswesen und der staatlichen Forschung an.

Der Reformwille der neuen Regierung spiegelte eine veränderte politische Landschaft wieder. Zwei Jahre zuvor, im November 1967, war Jentschke eingeladen worden, die Festrede bei der Rektoratsübergabe an der Hamburger Universität zu halten. Die Professoren erschienen wie jedes Jahr im Talar, Studenten im dunklen Anzug. Bei ihrem feierlichen Einzug gab es aber einen Zwischenfall, als ein Transparent mit der Parole *„Unter den Talaren, der Muff von tausend Jahren"* entrollt wurde. Die Studentenunruhen hatten ihren Weg auch nach Hamburg gefunden. Ein Jahr später mußte die Wahl des neuen Rektors im Hörsaal des DESY stattfinden, fünf Kilometer vom auditorium maximum der Universität entfernt, weil nur so ihr ordnungsgemäßer Ablauf gesichert werden konnte. Wenige Monate später räumte die Polizei das von Studenten besetzte Gebäude der ehemaligen Philosophischen Fakultät und der Rektor erklärte es bis zum Ende des Semesters für geschlossen. Die Aktionen der Studenten blieben nicht ohne Erfolg: Im Sommer 1969 wurde Professoren an der Hamburger Universität untersagt, Drittmittel entgegenzunehmen, wenn sie nicht zugleich die Verfügungsgewalt darüber an den (nicht mehr mehrheitlich von ihnen besetzten) Fachbereichsrat abtraten.[92]

„... es wird unumgänglich sein, daß ... Professoren und Politiker die Notwendigkeit einsehen, von überkommenen – und überholten – Denkmodellen Abschied (zu) nehmen und neue Gesellschaftskonzeptionen in Betracht ... (zu) ziehen."[93]

Wenn diese Äußerung zweier Hamburger Studenten den Tenor der Regie-

[91]BMwF an DESY, 11.4.68, Vermerk Berghaus, 19.4.68 und 24.4.68, DA16.

[92]Die Welt am Sonntag, 11.11.67; Protokoll Dir, 26.8.68, DA7; Protokoll HEA, 20.11.69, Ci; W. Ehrlicher, in: [Ham69, S. 12]; H. Bauer und G. Supplitt, in: [Ham69, S. 328].

[93]H. Bauer und G. Supplitt, in: [Ham69, S. 329].

rungserklärung von Bundeskanzler Brandt wiederzuspiegeln schien, waren dann nicht in den Großforschungseinrichtungen die gleichen Verhältnisse wie an der Hamburger Universität zu erwarten? Gleich nach der Berufung von Minister Leussink intensivierten die mittlerweile zehn, zu 90 % vom Bundesministerium für Bildung und Wissenschaft (BMBW) getragenen Laboratorien ihre Zusammenarbeit. Ihrem bisher lockeren Zusammenschluß wurde am 30. Januar 1970 in der Arbeitsgemeinschaft der Großforschungseinrichtungen (AGF) ein verbindlicher Rahmen gegeben. Noch am selben Tage trat die AGF mit „Leitlinien für das Verhältnis zwischen Staat und Großforschung" an die Öffentlichkeit. Darin wurde vor hoheitlichen Eingriffen in die aus gutem Grund privatwirtschaftlich organsierten Institutionen gewarnt und ein partnerschaftliches Verhältnis beschworen. Von seiten des Staates sollten nur die grundlegenden Aufgaben festgelegt, Umsetzung und Erfolgskontrolle dagegen den Zentren bzw. externen Fachleuten überlassen werden.[94]

Wenige Monate später veröffentlichte das BMBW eigene „Leitlinien zu Grundsatz- Struktur- und Organisationsfragen" der überwiegend vom Ministerium finanzierten Forschungseinrichtungen. Deren Freiräume schienen demnach von zwei Seiten aus eingeengt zu werden: 1.) würden ihre Aufgaben künftig durch den Staat, auch aus gesellschaftlichen oder volkswirtschaftlichen Forderungen heraus, definiert werden. 2.) sollte die Mitwirkung wissenschaftlicher und technischer Mitarbeiter bei deren Umsetzung auf allen Ebenen gesichert werden.[95]

In den folgenden Jahren waren diese Leitlinien Gegenstand häufiger und kontroverser Diskussionen. So konstatierte das Direktorium des DESY in einem Erfahrungsbericht, ihre Anwendung auf das Hamburger Forschungszentrum bedeute einen Gesunden heilen zu wollen. In der Tat waren es andere Zentren, bei denen die Presse willkürliche Entscheidungen und verpulverte öffentliche Mittel kritisierte; oft genug wurde DESY ihnen sogar als Musterbeispiel für ein funktionierendes Laboratorium gegenübergestellt. Bei der ersten Erörterung der Leitlinien im Ministerium gab das Direktorium zudem zu bedenken, daß erst vor wenigen Wochen die neue Satzung in Kraft getreten sei und vor erneuten Änderungen deren Bewährung abgewartet werden müsse. Viele Probleme, auf die das Ministerium eine Antwort suche, seien darüber hinaus bei DESY unbekannt, weil dessen administrative Struktur sie schon im Ansatz zu vermeiden suche: Im Gegensatz zu den meisten anderen Zentren gab es bei DESY keine Gliederung in Institute mit weisungsberechtigten und auf Lebenszeit berufenen Ordinarien an ihrer Spitze. Bei allen Entscheidungen hatte dagegen ein auf Zeit gewähltes Stiftungsorgan das letzte Wort. Im F-Bereich besaßen selbst Gruppenleiter keine Weisungsbefugnis, damit alle Entscheidungen innerhalb der Gruppe

---

[94] AGF, Leitlinien für das Verhältnis zwischen Staat und Großforschung, v.M. 30.1.70, DAx; F. Graf Stenbock-Fermor, in: [Flu82, S. 1165-1168].

[95] BMBW, Leitlinien des Bundesministers für Bildung und Wissenschaft zu Grundsatz-, Struktur-, und Organisationsfragen von rechtlich selbständigen Forschungseinrichtungen, an denen die Bundesrepublik Deutschland ... überwiegend beteiligt ist, Bonn 1970.

einvernehmlich getroffen würden. Über die Experimente befand schließlich das Forschungskollegium, notfalls ad hoc der Strahlzeitkoordinator, beide ebenfalls auf Zeit in ihr Amt berufen – kurz: Im Laufe der Jahre hatte sich bei DESY ein Stil herausgebildet, bei dem die Betroffenen einer Entscheidung auch an ihr beteiligt wurden. Daß es in Hamburg so wenig patriarchalisch zuging, hatte viel damit zu tun, welches Beispiel von den dort ansässigen Direktoriumsmitgliedern – zuvörderst von Jentschke, aber auch von Stähelin und Teucher – gegeben worden war. Der Arbeitsstil bei DESY hatte allerdings nichts mit der Studentenrevolte zu tun, sondern entsprang aus der Erkenntnis, daß ein Laboratorium der Hochenergiephysik weder wie ein klassisches Universitätsinstitut noch wie ein Industrielabor geführt werden konnte.[96]

Hohe Beamte des BMBW und die Vertreter des DESY kamen daher schon bei der ersten Erörterung der Leitlinien im Ministerium im Dezember 1970 überein, in Hamburg grundsätzlich alles so zu belassen wie es war. Einzige Änderungen: An der Wahl zum Wissenschaftlichen Ausschuß sollten zukünftig auch Ingenieure beteiligt werden und bei den Verwaltungsratssitzungen die Vorsitzenden von Wissenschaftlichem Rat und Ausschuß teilnehmen.[97]

Die „Leitlinien" des BMBW stellten aber nur ein Gerüst dar, das zahlreiche in den folgenden Jahren getroffene Maßnahmen abstützen sollte. Der staatliche Anspruch, die Inhalte der Forschung auch aus gesellschaftlichen und volkswirtschaftlichen Notwendigkeiten heraus zu definieren, sollte durch nach einheitlichen Richtlinien aufgestellte Forschungsprogramme eingelöst werden. Daneben mußten die Großforschungseinrichtungen Systeme der Erfolgskontrolle aufbauen, bestehend aus Erfolgsprognose, begleitender Kontrolle und Abschlußbewertung, die die Verwirklichung dieser Programme sicherten. Die Verbindung zwischen den Forschungsprogrammen und der Erfolgskontrolle stellten schließlich Programmbudgets her, die die Vorhaben, nach Projekten fein gegliedert, mit den verfügbaren Ressourcen verknüpften. Auch außerhalb großer Forschungszentren wurde dieses Prinzip in sogenannten Forschungsverbünden verwirklicht, zu denen die Aktivitäten aller Hochschulforschergruppen zu einem bestimmten Thema, z.B. der Auswertung von Blasenkammerphotos, zusammengefaßt wurden.[98]

Die Formulierung der Forschungsprogramme und die Aufstellung der Pro-

---

[96]Vgl. Südwest-Kurier, 9.5.69, Der Spiegel 23/69, Frankfurter Allgemeine Zeitung, 18.2.70; BMBW, Niederschrift Besprechung vom 18. Dezember 1970 über „Leitlinien ... " und den Gf-Mustervertrag, Az. IV B 1 - 0600 - 28/70, o.D.; Protokoll WA, 21.12.70, DAx; Protokoll Dir, 14.1.71, DA7; Bericht des Direktoriums über Erfahrungen mit den Leitlinien ... , v.M., 31.7.73, DAb.

[97]BMBW, Niederschrift ... , a.a.O.

[98]Die Förderung der Verbundforschung durch das BMBW, Anlage Protokoll AK Kernphysik DAtK, 25.9.70, Ci; BMBW an DESY, Az. IV B 4 - 5200, 2.2.72, DAb; Grundsätze des BMBW für die Erfolgskontrolle, v.M., Oktober 1972, BMBW an DESY, Az. IV B 1b - 6051-1 - 9/73, 24.8.73, BMBW an DESY, Az. 302 - 5230 - 31/73, 25.10.73, DAx; Beschluß Dir, 25.10.73; vgl. auch: H. Dembowski, Entstehung und Entwicklung der Förderung der Grundlagenkernforschung von Hochschul- und MPI-Gruppen durch den Bund (Verbundforschung), Praktikumsarbeit Universität Bielefeld 1987.

grammbudgets, an die sich die Beratung in den Stiftungsorganen anschloß, wurde bei DESY vom Direktorium bzw. dort eingerichteten Stabsstellen übernommen.[99]

Mit dem Forschungkollegium besaß DESY schon seit 1965, als dort erstmals Perspektivpläne aufgestellt wurden, ein bewährtes System interner Erfolgskontrolle. Auch die ausführliche Information des Wissenschaftlichen Rats über laufende und geplante Experimente auf jeder seiner Sitzungen, ebenso wie dessen Unterrichtung über große technische Entwicklungen, konnte durchaus als externe Erfolgskontrolle angesehen werden, weil in diesem Gremium keine Mitarbeiter des DESY vertreten sein durften. Der Wissenschaftliche Rat und das Forschungskollegium wurden 1976 bzw. 1974, einem allgemeinen Trend in den Laboratorien der Teilchenphysik folgend, zudem um einige ausländische Wissenschaftler erweitert, die ein- bis zweimal im Jahr zur Diskussion der Forschungsprogramme zugeladen wurden.[100]

Bei technischen Vorhaben wie zum Beispiel der Entwicklung einer neuen Extraktionsmethode für das Synchrotron oder dem Aufbau eines neuen Spektrometers, hatte es eine interne Erfolgskontrolle in Form der Berichterstattungen an das Forschungskollegium und das Direktorium ebenfalls schon seit längerem gegeben. Mitte 1971 wurde dieses Verfahren durch die „Vorhabendienstanweisung“ formalisiert und an die Wünsche des BMBW angepaßt. Für die Genehmigungspflicht eines Projekts durch Gruppenleiter, Bereichsleiter und Direktorium wurden feste Grenzen gesetzt: DM 3.000, DM 50.000 und DM 250.000. Jede Gruppe mußte über ihre abgeschlossenen Vorhaben in vierteljährlichem Abstand an das Direktorium berichten. Wenn in einem laufenden Projekt die ursprüngliche Planung nicht eingehalten wurde – Überschreitung der erwarteten Gesamtkosten von 20 % oder Zeitplanabweichung von mehr als drei Monaten – mußte im nächsten Bericht der Gruppe eine Stellungnahme dazu abgegeben werden. Damit ging DESY weit über einen Vorschlag der AGF hinaus, der nur jährliche Berichterstattung über F+E-Vorhaben vorsah.[101]

Für die Mitglieder des Direktoriums (die Bereichsleiter) bedeutete die Abwicklung der technischen Vorhaben allerdings eine Menge zusätzlicher Arbeit. Zudem fehlte ihnen in vielen Fragen auch das Wissen im Detail, um Anträge und Berichte fachkundig beurteilen zu können. Bei experimentellen Vorhaben wurde dagegen erfolgreich auch weiterhin das Forschungskollegium den Direktoriumsentscheidungen vorgeschaltet – so daß sich die Einrichtung eines verwand-

[99] Beschluß Dir, 8.2.72 und 11.7.74, DAx.

[100] Maßnahmen auf dem Gebiet der Erfolgskontrolle bei DESY, v.M., 25.10.73, Stellungnahme zu den „Verfahrensgrundsätzen für das Berichts- und Informationssystem für die Durchführung der Erfolgskontrolle“ bei DESY, v.M., 12.11.74, DAx; Listen der Mitglieder des Erweiterten Wissenschaftlichen Rats, DESY-Archiv, Bestand 10.

[101] Protokoll Dir, 17.11.70, DA7; H.O. Wüster, Gesichtspunkte für eine Dienstanweisung zur Planung, Genehmigung und Durchführung von experimentellen und technischen Vorhaben, v.M., Dezember 1970, Protokoll WA, 21.12.70, DAx; Beckurts (KFA Jülich) an Mitglieder Unterausschuß „Erfolgskontrolle“ der AGF, 19.2.71, Dienstanweisung zur Genehmigung, Durchführung und Abrechnung von experimentellen und technischen Vorhaben, v.M., 24.5.71, Beschluß Dir, 24.5.71, DAb.

ten, für technische Vorhaben zuständigen Gremiums geradezu anbot. Es würde aus Fachleuten aus den technischen Bereichen und der Verwaltung – Hallendienst, Rechenzentrum, Elektroniklabor, Betriebsbuchhaltung, technische Dienste (Werkstätten) und Vertretern der Bereiche Forschung, Maschine und Zentrale Dienste – bestehen. Seine Aufgabe wäre wie beim Forschungskollegium die Beratung der Antragsteller und des Direktoriums. Zwei Jahre nach Inkraftsetzen der Vorhabendienstanweisung stand ihre Überarbeitung aufgrund der bisher gewonnenen Erfahrungen an; bei dieser Gelegenheit schlug das Direktorium vor, probeweise eine Vorhabenkommission zu berufen. Im Forschungskollegium und im Wissenschaftlichen Ausschuß wurden allerdings Befürchtungen laut, daß ein weiteres Gremium die Entscheidungswege nur verlängern würde. Immerhin würden die meisten Experimente, da fast immer mit technischen Entwicklungen verbunden, zukünftig das Forschungskollegium und die Vorhabenkommission durchlaufen müssen. Der Kompromiß sah schließlich die Bestellung eines hauptamtlichen Vorhabensekretärs vor, dem zusammen mit dem Bereichsleiter die Prüfung von Vorhaben von DM 3.000 bis DM 100.000 Volumen aufgegeben werden sollte. Die Kommission selbst, wie auch das gesamte Direktorium, würde dann nur bei Überschreiten dieser Grenze tätig werden.[102]

Die in der RHO vorgeschriebene und für DESY bis 1970 verbindliche kameralistische Buchführung kannte keine gegenseitige Zuordnung von Kostenstelle und Kostenart. Sie war daher, aber auch wegen ihrer starren Einteilung in Haushaltsjahre, für die Abrechnung von Projekten ungeeignet. Neben der Finanzbuchhaltung war deshalb schon früh eine an den Abläufen des Forschungsbetriebs ausgerichtete Betriebsbuchhaltung entstanden, wie es das BMBW in einem Finanzstatut für alle Großforschungseinrichtungen gefordert hatte. Allerdings besaß sie anfangs einige Mängel; die Umstellung der gesamten Buchführung auf elektronische Datenverarbeitung wurde schließlich zum Anlaß genommen, bei DESY eine an industriellen Maßstäben orientierte Vollkostenrechnung einzuführen. Ab Januar 1975 konnten zur Projektbeurteilung monatlich Listen der tatsächlichen Kosten und des Bestellobligo angefordert werden. Auch Vergleiche zwischen einzelnen Gruppen, welchen Anteil dort bestimmte Kostenarten an den Aufwendungen hatten, lieferte die Rechenanlage nahezu auf Knopfdruck.[103]

Der Verwaltungsrat hielt Ende 1974 fest, daß das System der Erfolgskontrolle bei DESY Vorbildcharakter habe. Dennoch betraf es eigentlich nur den normalen Betrieb des Forschungszentrums, wo Fehlschläge und Fehlplanungen denn auch immer seltener wurden – trotz steigender Komplexität von Beschleuniger und Experimenten. Entscheidungen über große Investitionen, die weit in die Zukunft wiesen und mit viel größeren Risiken als laufende Experimente und

[102]Protokoll WA, 23.10.73, 25.6.74 und 3.9.74, DAx; Beschluß Dir, 22.6.73 und 6.7.73, Dienstanweisung für die Vorhabenkommission, 25.9.73, Dienstanweisung zur Genehmigung und Durchführung von Vorhaben, v.M., 25.9.73 und Neufassung 25.7.74, DAb; Protokoll FK, 15.10.73, Lohrmann an Schopper, 22.10.73, DAs.

[103]Dienstanweisung ... , 24.5.71, a.a.O; Protokoll VR, 19.6.74, DA8; Stellungnahme ... , 12.11.74, a.a.O; vgl. die Akte: Einführung der Vollkostenrechnung bei DESY gem. §16 des Finanzstatuts, DA16.

technische Entwicklungen verbunden waren, suchten sich dagegen auch weiterhin ihre eigenen Wege. Und daß DESY ein auf das Synchrotron aufbauendes neues Großprojekt benötigte, daran bestand kein Zweifel:[104]

„Ich kann nur sagen, daß mir die Vorschläge, die Sie vorlegen, sehr interessant erscheinen und ich auch in jeder Weise ihre Ausbautendenzen gerne unterstützen werde. Die bisherige Arbeit von DESY hat gezeigt, daß die Hamburger Initiative von ungeheurem Wert für die Weltgeltung der deutschen Hochenergiephysik geworden ist. Um dieses Niveau halten zu können glaube ich, daß man unbedingt an einen weiteren Ausbau denken muß, denn sonst wäre die Gefahr vorhanden, daß die ganzen Anfangserfolge von DESY nicht ausgenutzt werden könnten."[105]

Welchen Weg würde DESY gehen?

[104]Protokoll VR, 6.12.74, DA8.

[105]Gentner an Jentschke, 11.3.67, DAs.

Ausbau

Verbesserungen am Synchrotron

Angesichts der vielen kleinen Schwierigkeiten, die nach dem erfolgreichen Probelauf des Beschleunigers im Februar 1964 noch ihrer Beseitigung harrten, besassen Zukunftspläne nur geringe Priorität: Ein halbes Jahr lang war die Energie des Synchrotrons wegen des improvisierten Oberwellenfilters in der Magnetstromversorgung auf 5,5 GeV begrenzt; es gab häufig Ausfälle, vor allem im Vakuumsystem, weil die Kammern stark ausgasten und die Turbomolekularpumpen deshalb ununterbrochen eingeschaltet bleiben mußten, wofür sie nicht geeignet waren; den Beschleuniger „zu fahren", war schließlich eine Kunst, die außer von Wüster nur von zwei oder drei Personen beherrscht wurde. Dennoch überwogen die Lichtblicke – schon im Frühjahr 1964 wurden kurzzeitig 6 GeV Elektronenenergie erreicht, so daß Befürchtungen, in der Konstruktion verberge sich noch ein grundsätzlicher Fehler, gegenstandslos wurden. An erster Stelle kam es von nun an darauf an, das Synchrotron betriebssicher zu machen.[1]

Parallel zum Einbau des neuen Oberwellenfilters wurden im Herbst 1964 alle Magnete neu justiert. Offenbar hatte sich ihre Lage innerhalb des letzten Jahres leicht verändert; die Mühe der erneuten Einrichtung, zusätzlich erschwert durch die Tellerfedern zur Schwingungsdämpfung, wurde Ende Oktober 1964 mit einer Verdopplung der Intensität belohnt. Im Betrieb besserte sich auch das Vakuum allmählich, so daß die Maximalenergie von 6 GeV für immer längere Zeit aufrecht erhalten werden konnte: Bei seiner feierlichen Einweihung am 12. November 1964 erfüllte der Beschleuniger alle Spezifikationen, die Wüster 1958 in der Parameterliste zusammengestellt hatte.[2]

Schon vor der offiziellen Übergabe an die Wissenschaft hatte ein dreischichtiger Beschleunigerbetrieb begonnen. Damit gab es jedoch ein Jahr lang organisatorische Probleme. Mitarbeiter, die bislang in M-Gruppen Entwicklungsarbeiten geleistet hatten, wollten nur ungern in die neue Betriebsgruppe S 1 wechseln, weil ihnen die Arbeit dort weniger interessant erschien, von der Notwendigkeit des Schichtbetriebs ganz abgesehen. Aber selbst wenn von Anfang an ausrei-

[1]Protokoll Dir, 6.12.63 und 26.5.64, DA7; C.E.A., report on foreign travel, August 1, 1963 to February 29, 1964, o.D., H. Winick, Report on Foreign Travel, (zu DESY vom 21.-22.8.64, d. Verf.), 21.9.64, Hv; Vermerk, Erste Betriebserfahrungen beim Deutschen Elektronen-Synchrotron, 29.4.64, DA27.

[2]Protokoll FK, 2.11.64, Jo; JB64, S. 1.1.

chend Personal vorhanden gewesen wäre, war ein durchlaufender Betrieb des Beschleunigers illusorisch, weil den Mitarbeitern der Betriebsgruppe zugesichert worden war, daß auch die Weiterentwicklung des Synchrotrons in ihren Händen liegen würde. Neben dem Schichtbetrieb kümmerten sie sich daher auch um die Ausmerzung der zahlreichen kleinen Fehlerquellen, eine Tätigkeit, durch die ihre Arbeitsplätze bedeutend an Attraktivität gewannen.[3]

So blieb ein Jahr lang nichts anderes übrig, als den Experimenten montags bis freitags im Schnitt zwei Schichten Strahlzeit pro Tag zu liefern, eine weitere Schicht zur Weiterentwicklung des Beschleuniers vorzusehen und am Wochenende zu pausieren. Erst im Oktober 1965 waren die Voraussetzungen für den Übergang auf drei Schichten an zehn von vierzehn aufeinanderfolgenden Tagen erfüllt: Die Zahl der Schichtführer war auf das notwendige Maß gebracht und zugleich die Ausfallquote des Synchrotrons von 24 % im Jahr 1964 auf 16 %, gemittelt über die Monate Mai bis Oktober 1965, reduziert worden. Spezialisten mußten daher nachts und an Wochenenden immer seltener gerufen werden. Auch die meisten Experimente begannen Ende 1965 längere Strahlzeitblöcke zu beantragen, so daß der zusätzliche finanzielle Aufwand für vollen Betrieb sich auch in physikalischen Resultaten niederschlagen würde. Immerhin kosteten die angepeilten durchschnittlich 150 Stunden wöchentliche Strahlzeit (Wartungsperioden ausgenommen) 3,4 Millionen DM zusätzlich pro Jahr – für Elektrizität, Ersatzteile, technisches Personal, Schichtzulagen ... Der Haushaltsplan wurde deshalb im Oktober 1965 auf 39,9 Millionen DM aufgestockt, aber erst am 18. Februar 1966, um 1,3 Millionen DM gekürzt, von der Konferenz der Ministerpräsidenten verabschiedet. Die Reduktion war dann übrigens leicht zu verschmerzen; das ursprünglich angesetzte Haushaltsvolumen hätte in den verbleibenden 10 Monaten des Jahres 1966 gar nicht mehr ausgeschöpft werden können.[4]

Der immer regelmäßigere Betrieb des Synchrotrons änderte auch die Tätigkeit der Betriebsgruppe allmählich: Bislang hatte sie vor allem zum Ziel gehabt, die Zuverlässigkeit aller Komponenten zu erhöhen. Ab 1966 konnte mit wirklichen Verbesserungen begonnen werden – mehr Intensität; 7,5 GeV Energie; höhere Qualität der den Experimenten gelieferten Strahlen. Für substantielle Veränderungen, wie den Entwurf neuer Beschleuniger, war allerdings eine eigene Gruppe Beschleunigerforschung (H) unter der Leitung von Steffen gebildet worden. Die Mitarbeiter der Betriebsgruppe (S 1), die unter der Leitung von Hermann Kumpfert stand, entwickelten sich während der Jahre 1964–65 zu den besten Kennern des vorhandenen Beschleunigers. Die Philosophie, Betrieb und Entwicklung des Synchrotrons in dieselben Hände zu legen, minimierte in den

[3]Protokoll Dir, 26.5.64 und 29.6.64, DA7; JB64, S. 2.3.

[4]Vermerk, Zusammenstellung über die Maschinenzeit vom 11. Mai 64 bis 23. Dezember 64, o.D., Jo; Protokoll Dir, 21.6.65 und 4.2.66, DA7; Protokoll VR, 1.10.65, DA8; Protokoll WR, 10.12.65, DA11; Maschinenzeitstatistik 1965, DESY S1 - 11, 20.6.66, DB; vgl. S. 202 und S. 148.

folgenden Jahren die bei Weiterentwicklungen unvermeidlichen Reibungsflächen mit dem normalen Betrieb in eindrucksvoller Weise.[5]

Die Grundlage für alle Entwicklungen der Gruppe S 1 war ein besseres Verständnis des Beschleunigers und dessen, was von der Injektion bis zur Extraktion darin passierte. Da dieses Wissen nicht von heute auf morgen erworben werden konnte, bemerkten die Experimentatoren die Auswirkungen des 1966 gestarteten Verbesserungsprogramms erst im Laufe des Jahres 1968. Das theoretische Verständnis der Vorgänge in einem stark fokussierenden Synchrotron hatte seit 1958, dem Jahr der Parameterfestlegung für DESY, zwar Fortschritte gemacht; von der Wahrnehmung eines störenden Effekts bis zu seiner Eliminierung war es aber auch weiterhin in den meisten Fällen ein mühsamer Weg.

Erster Erfolg war die Verdopplung der Intensität auf maximal $5,6 \cdot 10^{12}$ Elektronen pro Sekunde. Die meisten injizierten Elektronen waren zuvor während ihrer ersten Umläufe im Synchrotron verloren gegangen[6], weil anstelle von sechs vom Linac eingeschossenen Teilchenpaketen – die Beschleunigungsfrequenz des Linac war sechsmal so hoch wie die des Synchrotrons – immer nur eines oder zwei „eingefangen“ wurden. Abhilfe schaffte ein prebuncher zwischen der Elektronenkanone und dem Injektorlinac, dessen Hochfrequenzspannung jeweils drei Teilchenpakete etwas verzögerte, drei weitere dagegen leicht beschleunigte, um diese sechs Pakete zu einem oder zweien zusammenzudrängen, die dann beide innerhalb der Akzeptanz des Beschleunigers lagen. Eine neue Elektronenkanone verringerte außerdem die Emittanz[7] des injizierten Strahls, was sich ebenfalls günstig auf die Effizienz der Injektion auswirkte.[8]

Gegen Ende des Beschleunigungszyklus machte sich dann ein zweiter Schwachpunkt bemerkbar, die geringe Ejektionseffizienz. Trotz vieler Bemühungen konnten mehrere Jahre lang nur 35 % des umlaufenden Strahls ausgelenkt werden, obwohl theoretisch das Doppelte möglich sein sollte. Die Beobachtung, daß die Emittanz der ejizierten Strahlen in vertikaler Richtung größer war als horizontal, lieferte bereits einen Hinweis auf die Ursache. Zur Ejektion wurde der Arbeitspunkt des Beschleunigers mittels eines gepulsten Magneten auf eine Drittelresonanz ($Q_h = 6\frac{1}{3}$) geschoben, um den Strahl horizontal aufzuweiten und am Septum aus dem Beschleuniger herauszuführen. Aber offenbar wurde der Strahl zugleich vertikal angeregt. Warum? Um die Teilchenbahnen

---

[5]JB 64, S. 3.2; Anhänge „Organisationsplan“ in JB 65 und JB66; H. Kumpfert, Betriebserfahrungen technischer Stand und geplante Verbesserungen am Synchrotron, DESY - S1 - 69/2, DB.

[6]Bei vorbereitenden Messungen wurde erkannt, daß die horizontalen und vertikalen Betatronzahlen Q_v und Q_h bei der Injektion nahe einer halbzahligen Resonanz lagen. Hätte die Energie des Injektorlinac statt 40 nur 30 MeV betragen, dann wäre diese Resonanz beim Beschleunigen durchfahren worden und der Inbetriebnahme des Synchrotrons ein sehr grundsätzliches Hindernis im Weg gestanden.

[7]Die Emittanz eines Strahls ist das Produkt aus dessen Durchmesser und Öffnungswinkel. Sie ist ein Maß für das von ihm eingenommene Phasenraumvolumen. Die maximale Emittanz, die ein in einen Beschleuniger injizierter Strahl besitzen darf, ohne daß Verluste auftreten, wird als Akzeptanz bezeichnet.

[8]JB68, S. 2.2; H. Kumpfert, Betriebserfahrungen ... , a.a.O.

einfacher berechnen zu können, waren 1958 horizontale und vertikale Betatronzahl des DESY gleich gewählt worden, $Q_v = Q_h = 6,25$ – so, wie bei allen anderen stark fokussierenden Synchrotronen auf der Welt. In einem Beschleuniger sind horizontaler und vertikaler Freiheitsgrad jedoch nicht vollkommen unabhängig voneinander, sondern werden durch Randfelder und das Raumladungspotential des Strahls miteinander verknüpft. Jede Anregung in horizontaler Richtung erhöht daher auch die vertikale Oszillationsamplitude, ganz besonders dann, wenn die Betatronzahl nahe einer Resonanz liegt. Radiales Versetzen der Magnetsektoren um 2 bzw. 4 mm brachte keine Besserung, obwohl die Betatronzahlen Q_v und Q_h dadurch leicht unterschiedlich gemacht wurden. Erst die viel aufwendigere Maßnahme, Q_v und Q_h während der Ejektion getrennt einzustellen, indem außer dem eigentlichen Ejektionsmagneten noch weitere, gepulste Quadrupol- und Sextupolmagnete eingeschaltet wurden, hob deren Effizienz auf die maximal möglichen 65–70 % an.[9]

Der prebuncher und die verbesserte Strahlauslenkung vervierfachten die Intensität der externen Elektronenstrahlen. Zugleich verbesserten sie deren Qualität, weil die „spills“, so wird ein während vieler Umläufe allmählich ausgelenkter Teilchenpuls genannt, gleichzeitig eine regelmäßigere Zeitstruktur erhielten. Der finanzielle Aufwand für die beiden Maßnahmen – ungefähr 1 Million DM verteilt auf drei Haushaltsjahre – war im Vergleich zum Betriebshaushalt des DESY nahezu vernachlässigbar.[10]

Bei der Erhöhung der Energie von 6 GeV auf 7,5 GeV war dies nicht mehr der Fall, weil die Leistung der Hochfrequenzsender dazu von 300 kW auf 1 MW erhöht werden mußte. Der Energieverlust der im Beschleuniger umlaufenden Elektronen durch Synchrotronstrahlung wächst mit der vierten Potenz der Energie an, so daß bei einem Elektronensynchrotron selbst bescheiden erscheinende Zuwächse der Energie wie der von 6 auf 7,5 GeV mit hohen Kosten für zusätzliche Hochfrequenzsender verbunden sind.[11]

Das Verbesserungsprogramm für den Beschleuniger blieb daher nicht ohne Einfluß auf den Betriebshaushalt. 1964 und 1965 wurde dieser noch vom Titel „Wissenschaftlicher Bedarf für Experimente“ (beide Male etwa 12 Millionen DM Volumen) angeführt. Ende 1965 war der Aufbau der ersten Experimente abgeschlossen, so daß der genannte Titel in den beiden Folgejahren auf etwa 10 Millionen DM zurückgenommen wurde. Dafür stiegen die „Kosten des technischen Betriebes“, worin auch die Verbesserungen am Synchrotron enthalten waren, nicht jedoch elektrische Energie, innerhalb eines Jahres von 2,24 Millionen DM (1965) auf 10,4 Millionen DM (1966) an! 1969 betrugen sie sogar 13 Millionen DM. Die Ausweitung des Betriebshaushalt auf über 40 Millionen

---

[9]JB65, S. 2.4; JB68, S. 2.3; H. Kumpfert, Betriebserfahrungen ... , a.a.O; H. Kumpfert, Jahresbericht 1969, DESY S1 -69/3, H. Walther, Möglichkeiten zur Verschiebung des Arbeitspunktes bei DESY, DESY S1 - 69/4, H. Kumpfert, Jahresbericht des Synchrotrons für 1970, DESY S1 - 71/4, DB; vgl. [LP69].

[10]Protokoll Dir, 22.4.66, 18.5.67 und 26.8.68, DA7; JB68, S. 2.2.

[11]JB68, S. 2.1; [Per82, S. 48].

DM, die von den Regierungen der Bundesländer erst nach zwei Jahre währenden Diskussionen akzeptiert wurde, hatte also letztlich zwei Ursachen: Den Dreischichtbetrieb und das Verbesserungsprogramm für das Synchrotron. Ein nur zu 50 % genutzter Beschleuniger, dessen technische Daten zudem nicht laufend verbessert worden wären, hätte wahrscheinlich mit wenig mehr als 30 Millionen DM pro Jahr betrieben werden können. Die Beharrlichkeit, mit der das Direktorium, aber auch Hamburg und das BMwF dennoch auf der Erfüllung ihrer Forderung nach voller Ausnutzung der Möglichkeiten bestanden, zahlte sich schon Ende 1966, auf der 13. Rochester-Konferenz in Berkeley, zum ersten Mal aus: Die überlegene Genauigkeit der Experimente bei DESY war zu einem guten Teil auf die größere Zahl registrierter Ereignisse zurückzuführen.[12]

Bei C.E.A. verlief die Entwicklung weitaus weniger glücklich: Das Synchrotron war wegen der Explosion der Blasenkammer im Juli 1965 mehr als ein halbes Jahr lang außer Betrieb gewesen. Ab 1967 mußte in Cambridge zudem die Zahl der wöchentlichen Schichten von 14 auf 10 (gegenüber mehr als 15 bei DESY) zurückgenommen werden, weil der Vietnam-Krieg und ein neuer 200 GeV-Beschleuniger bei Chicago auf die Budgets der AEC-Laboratorien drückten. Auch 1968 besserte sich die Situation nicht; DESY verfügte nunmehr neben der besseren Auslastung auch über eine deutlich höhere Energie, so daß das Synchrotron bei C.E.A. sich von seiner Leistungsfähigkeit her eindeutig auf den zweiten Platz gedrängt sah.[13]

Allen Fährnissen zum Trotz wurde auch auf der anderen Seite des Ozeans ein Verbesserungsprogramm in Angriff genommen, allerdings mit anderer Zielsetzung als bei DESY: Bei C.E.A. sollte das Synchrotron, nachdem drei Vorschläge für den Bau eines Speicherrings von der AEC abgelehnt worden waren, selbst zum Speicherring umgebaut werden. Dadurch würde das bisherige Forschungsprogramm zwar weiter eingeschränkt werden müssen; zugleich fiel C.E.A. aber während einiger Jahre auf einem vollkommen neuen Gebiet, der Physik mit Speicherringen, eine führende Rolle zu. Der Umbau des Synchrotrons hatte die Beschaffung zweier großer Komponenten zur Voraussetzung, eines Linac, mit dem eine hohe Zahl von Positronen erzeugt werden konnte, sowie einer Vakuumkammer mit um zwei Größenordnungen verbessertem Enddruck. Die bisher verwandten, mit Kunstharz gedichteten Kammern waren auf etwa 10^{-6} Torr begrenzt, was die Lebensdauer gespeicherter Strahlen stark herabgesetzt hätte. Einige Porzellanfabriken beherrschten mittlerweile die Technologie, Keramik mit dünnen Metallschichten zu bedampfen, so daß eine lange, auch gebogene Kammer aus vielen relativ kurzen Stücken zusammengelötet werden konnte. Drei in Auftrag gegebene Prototypen arbeiteten zufriedenstellend, alle von einer einzigen Firma geliefert; der Auftrag für die ganze Serie konnte daher 1966, wie auch

[12] JB64ff., Anhang Haushaltsrechnung; Protokoll Dir, 18.5.67, DA7; JB67, S. 2.3; JB68, S. 2.1.

[13] M.S. Livingston, Semi-Annual Report for the period January 1 through June 30, 1966, 6.12.66, CEAL-1033, K. Strauch, Operation of the Cambridge Elektron Accelerator for Fiscal Years 1968, 1969, and 1970, 1.5.68, CEAL 1041, DB; [Sei86, S. 168].

ein Auftrag für einen 80 MeV-Linac, bei der Industrie plaziert werden. „Project by-pass", wie der Umbau des Synchrotrons genannt wurde, hatte zwei wichtige Hürden genommen. Weitergehende Beschaffungen von vergleichbarem Volumen waren bei C.E.A. wegen der Budgetkürzungen allerdings nicht möglich.[14]

Auch bei DESY standen eine keramische Vakuumkammer und ein Injektorlinac höherer Energie auf der Beschaffungsliste. Hier war es der Umbau des Synchrotrons auf 7,5 GeV, der nicht ohne substantielle Verbesserungen am Vakuumsystem vonstatten gehen konnte. Die dreifach höhere Abstrahlung von Synchrotronlicht würde die Vakuumkammer entsprechend stärker erwärmen – von der Wirbelstromheizung durch das Führungsfeld ganz abgesehen – und das dadurch hervorgerufe starke Ausgasen der Kammerwände zu Hochspannungsüberschlägen und Strahlverlusten führen.[15]

Auf einer Direktoriumssitzung im November 1965 wurde eine erste Serie von Beschaffungen für die Weiterentwicklung des Beschleunigers beschlossen. Neben Aufträgen für neue Polflächenwindungen und zusätzliche Klystronsender vergab DESY auch einen Entwicklungsauftrag für drei Prototypvakuumkammern aus keramischem Material an eine Firma im Rheinland. Der Serienauftrag für die Vakuumkammer ging acht Monate später aber an eine englische Firma. Warum?[16]

Ein ganzes Jahr lang hatte der Hamburger Senat versucht, die Bundesländer zu einer Beteiligung an Investitionen für DESY zu überreden. Die beiden dringendsten Beschaffungen waren der größere Injektorlinac mit zuerst 100, dann 300 MeV Energie und eine neue Großrechenanlage der IBM/360-Serie. Beides sollte jeweils 15 Millionen DM kosten – und nur die Hälfte davon konnte vom BMwF getragen werden. Im Laufe des Jahres 1965 lehnten alle zuständigen föderalen Gremien die Beteiligung an diesen oder anderen Investitionen bei DESY ab.[17]

Paul hatte schon Ende 1963 einen Ausweg aus dieser vollkommen verfahrenen Situation gewiesen. Zur Beschleunigung polarisierter Elektronen im Bonner 500 MeV-Synchrotron und für die spätere Verwendung in dessen bereits geplantem Nachfolger sollte auch in Bonn ein neuer Injektorlinac, allerdings nur von 20 MeV Energie, angeschafft werden. Für diese Ausgabe war der Etat des Physikalischen Instituts nicht groß genug – so daß Paul das Forschungsministerium um Hilfe anging. Die Finanzierung aus Bundesmitteln war aber ebenfalls mit Schwierigkeiten verbunden, weil der Haushaltsausschuß des Bundestags die Beteiligung des Bundes an Forschungsvorhaben von Universitäten 1962 stark eingeschränkt hatte. Andererseits war die Bundesregierung gezwungen, für fast 100 Millionen DM pro Jahr Rüstungsgüter in Großbritannien zu erwerben. Offiziell schuf diese

---

[14]M.S. Livingston, Accelerator Development Program, 5.1.65, CEAL-TM-147, ders., Semi-Annual-Report for the period July 1, 1965 through December 31, 1965, 13.7.66, CEAL-1031, DB; G.A. Voss, Memorandum trip report – foreign travel, 26.10.66, Hv; K. Strauch, Operation ..., a.a.O.

[15]H. Kumpfert, Betriebserfahrungen ... , a.a.O.

[16]Protokoll Dir, 12.11.65 und 11.7.66, DA7.

[17]Protokoll Dir, 30.11.64, 31.5.65 und 12.11.65, DA7; Protokoll WR, 10.12.65, DA11.

Devisenhilfe einen Ausgleich für die Stationierungskosten der Rheinarmee, gedacht war sie jedoch zur Stützung des beständig sinkenden Kurses des englischen Pfund.[18]

Für Paul – und für DESY – war ein Passus im deutsch-britischen Devisenhilfeabkommen von Interesse, nach dem unter bestimmten Bedingungen auch zivile Beschaffungen der Bundesregierung auf die vereinbarte Summe angerechnet werden konnten. Am 1. April 1962 trat das erste Devisenhilfeabkommen in Kraft; am 1. April 1964 die erste Verlängerung. Es gelang dem BMwF, sich an den jährlichen Zahlungen einen gewissen Anteil zu sichern, der als Verfügungsfonds für schwierige Einzelfälle eingesetzt wurde – wofür DESY fast als Musterbeispiel gelten konnte. Nach einem Jahr erfolgloser Verhandlungen über die Länderbeteiligung an den anstehenden Investitionen bot das Forschungsministerium am 2. Dezember 1965 dem Direktorium 25 Millionen DM aus der Devisenhilfe an. Einzige Bedingung: Der Geldtransfer nach Großbritannien mußte bis zum Ende des englischen Haushaltsjahres 1966, also am 31. März 1967, abgeschlossen sein. Da in den vergangenen Monaten bereits Angebote verschiedener Firmen für einen 300 MeV-Linac eingeholt worden waren, und das nicht über die Devisenhilfe finanzierbare Gebäude von der VW-Stiftung getragen werden würde – ein weitergehender Antrag war allerdings abgelehnt worden – konnte die Auftragsvergabe schnell über die Bühne gehen. Das technisch beste Angebot hatte die Firma Varian aus Palo Alto in Kalifornien gemacht. Angesichts des Auftragsvolumens von fast 20 Millionen DM fiel es ihr nicht schwer, in Großbritannien eigens eine kleine Produktionsstätte aufzubauen, um dem Buchstaben des Abkommens Genüge zu tun, zumal das schnell wachsende Unternehmen damit zugleich den Grundstein für seine Europa-Aktivitäten legen konnte.[19]

Nach Abzug der Kosten für den 300 MeV-Linac blieben mehr als 5 Millionen DM für weitere Beschaffungen in Großbritannien übrig. Sie wurden für die keramische Vakuumkammer, Magnete für die Strahlführung zwischen Linac II und Synchrotron sowie zusätzliche Stromversorgungen für die Spektrometermagnete verwendet.[20]

Nach Steffens Planung sollte der Linac II im Herbst 1968 in Betrieb gehen. Aber schon bei der Anlieferung der Teile gab es Verzögerungen, und anschließend Differenzen darüber, wieviel DESY-Personal zur Endmontage beizustellen sei. Die Abnahme des neuen Injektors wurde daher mit einem Jahr Verzögerung begonnen und zog sich, bis zum Bestehen des Langzeittests unter voller Belastung, mehr ein Jahr hin. Insgesamt erfüllte der neue Injektor jedoch alle Erwartungen: Seine Energie von 400 MeV beseitigte alle Einschußprobleme; zugleich konnten

[18]Protokoll HEA, 30.11.63, Ci; vgl. auch Akte: Drittfinanzierungen, UK/Aufträge, DESY-Archiv, Bestand 17.

[19]Protokoll WR, 10.12.65, DA11; Protokoll Dir, 4.2.66, 24.3.66 und 22.4.66, DA7; vgl. auch Akte: Drittfinanzierungen, Stiftung Volkswagenwerk, DESY-Archiv, Bestand 17.

[20]Protokoll Dir, 4.2.66, DA7.

ab Juli 1971 wahlweise Positronen oder Elektronen von 7,5 GeV an die Experimente geliefert werden.[21]

Die Anhebung der Injektionsenergie von 40 auf 400 MeV erhöhte auch den Strom im Synchrotron um einen Faktor zehn. Der Gruppe F 41, die sich für ihre Experimente der Synchrotronstrahlung bediente, war diese Intensitätssteigerung hochwillkommen. Der Wunsch, das Synchrotron ständig mit maximaler Intensität zu betreiben, wurde ihr allerdings vorläufig abgeschlagen. Der Beschleuniger selbst wie auch manche Experimente konnten 10^{13} Elektronen pro Sekunde und mehr nicht ohne weitere Umbauten verkraften. In der Nähe der internen Targets für die Erzeugung von γ-Strahlen war die Strahlungsbelastung so hoch, daß die Isolation der Spulen darunter litt und es regelmäßig zu Durchschlägen kam. Und bei vielen Experimenten wuchsen die Einzelzählraten so stark an, daß Koinzidenzmessungen nicht mehr möglich waren. Seit der Inbetriebnahme des SLAC, wo Koinzidenzen der kurzen Pulslänge wegen ausgeschlossen waren, hatte DESY sich jedoch genau auf dieses Gebiet spezialisiert.[22]

Zwei Auswege boten sich an und wurden in den Jahren 1971/72 auch verwirklicht. Erstens die Verlängerung der ejizierten Pulse, flat-top genannt. Dazu wurde dem Magnetstrom gegen Ende des Beschleunigungszyklus eine 200 Hz-Komponente überlagert, so daß für etwa 3 msec, anstelle von 1,3 msec bei normalem Betrieb, ein „flaches Dach" entstand, während der das Magnetfeld um maximal 0,25 % variierte. Die Dauer der Ejektion konnte dadurch entsprechend verlängert werden. Zweitens das beam-sharing, bei dem zwei oder mehr Experimente gleichzeitig einen festen Bruchteil des umlaufenden Strahls erhielten. Beides kam den immer noch steigenden Anforderungen an Strahlzeit sehr entgegen. Die Experimente wurden ab Ende der sechziger Jahre, als die Übersichtsmessungen zu Formfaktoren und Photoproduktion abgeschlossen waren, komplizierter; die Aufbauten umfaßten in manchen Fällen drei Spektrometerarme. Gerade Koinzidenzmessungen benötigen jedoch viel Strahlzeit. Auch die Zahl der Experimente verringerte sich keineswegs. Ende 1972 erklärten zehn von zwölf Gruppen im F-Bereich, daß sie auch weiterhin am Synchrotron experimentieren wollten. Das beam-sharing und der flat-top-Betrieb trugen dieser ungebrochenen Attraktivität des Elektronenbeschleunigers Rechnung.[23]

Auch gegen die Strahlenschäden an den Magnetspulen gab es ein Mittel (neben dem wenig realistischen Vorschlag diese keramisch zu isolieren): Die Erzeugung der γ-Strahlen in ausgelenkten Elektronenstrahlen. Die Targets konnten dann abgeschirmt werden, und da sich bei der Strahlextraktion die Verluste

[21] Protokoll Dir, 22.4.66, 1.11.68 und 28.9.70; JB69, S. 2; Protokoll VR, 19.5.71, DA8; Protokoll FK, 22.7.71, DAs.

[22] Protokoll FK, 27.10.69, Jo; Protokoll FK 2.9.71 und 30.9.71, DAs; Fragen zur künftigen Entwicklung von DESY, Sitzungsunterlage WA, v.M., 9.2.71, H.J. Behrend, (über den Charakter des Experimentierprogramms, d.Verf.), Sitzungsunterlage WA, 19.2.72, DAx.

[23] Kumpfert, Betriebserfahrungen ..., a.a.O.; JB69, S.3; Protokoll WA, 8.6.71 und 24.10.72, DAx; JB71, S. 88; Protokoll FK, 29.6.72, DAr; Behrend, a.a.O.; JB72, S. 74f.

über das ganze Synchrotron verteilten, wurde die Lebensdauer der Magnetspulen wieder auf ein einheitliches Niveau gebracht.[24]

Kein Beschleuniger ist jemals „fertig“. Je nach Ressourcen und Schwerpunkten eines Laboratoriums steigt seine Leistungsfähigkeit in den Jahren nach der Inbetriebnahme an – oft genug weit über das ursprünglich festgelegte Maß hinaus. Antriebskräfte dafür sind der Verbesserungsdrang der den Beschleuniger betreibenden Physiker und beständig ansteigende Anforderungen der Experimentatoren an Energie, Intensität und Qualität der Teilchenstrahlen. Der Weg zu einem „Vielzweckbeschleuniger“ bestand bei DESY aus drei Schritten: der Sicherung der elementaren Betriebsfähigkeit 1964-66; der Verbesserung auf 7,5 GeV/5 · 10^{12} Elektronen pro Sekunde 1966–69; und der Meisterung der von Linac II gelieferten Intensität durch beam-sharing und flat-top-Betrieb 1970–72; An diese drei Schritte schloß sich ab 1973 ein vierter an: Die zweite Generation von Beschleunigern bei DESY näherte sich ihrer Vollendung, und innerhalb dieses Ausbauprojekts kam dem Synchrotron die Rolle des Injektors zu.[25]

Speicherring oder Synchrotron?

Die Maximalenergie der jeweils größten Teilchenbeschleuniger verzehnfachte sich seit dem Bau des ersten Cockroft-Walton-Generatoren um 1930 etwa alle sieben Jahre. Dieser beständige Anstieg wäre ohne substantielle Weiterentwicklungen – Übergang von linearer auf Kreisbeschleunigung; Entdeckung der Phasenstabilität; starke Fokussierung – unmöglich gewesen. Selbst grundsätzliche obere Grenzen wie die von Livingston Mitte der fünfziger Jahre angegebene Maximalenergie von Kreisbeschleunigern für Elektronen erwiesen sich als überwindlich. In diesem Fall mußte ein Weg gefunden werden, die bei hoher Energie durch Synchrotronstrahlung angeregten horizontalen Betatronschwingungen zu dämpfen. Hereward und Collins, zwei Beschleunigerphysiker von CERN und C.E.A., entdeckten um 1962 eine praktikable Möglichkeit: Bislang war das mittlere Magnetfeld in fokussierenden (F-) und defokussierenden (D-) Sektoren immer identisch gewesen; wenn es in geeigneter Weise unterschiedlich gewählt wurde, reduzierte dies die Anregung horizontaler Schwingungen bereits beträchtlich. Durch eine geeignete Kopplung zwischen horizontalen und vertikalen Oszillationen, zum Beispiel mittels eines Sextupolmagneten, konnte des weiteren ein Teil der vertikalen Dämpfung auf den horizontalen Freiheitsgrad übertragen und die Anregung endgültig in eine Dämpfung umgekehrt werden. Auch sehr große Elektronensynchrotrone gerieten damit in den Bereich des technisch Machbaren – Collins untersuchte bei C.E.A. eines von 70 GeV Energie, Wüster beschränkte sich bei DESY auf 19 GeV – der Anstieg der Baukosten mit der Energie blieb jedoch

---

[24] Protokoll FK, 2.9.71, 30.9.71, DAs; Protokoll FK, 30.11.72, DAr; Protokoll WA, 14.3.72, DAx; vgl. JB72, S.75.

[25] JB73, S. 75; vgl. H. Kumpfert, in [Pro77, S. 96-101].

bei beiden Projekten erhalten: Als Preis für das 70 GeV-Synchrotron wurden 40 Millionen $ geschätzt.[26]

Und selbst das war nicht die ganze Wahrheit. Bei CERN und in amerikanischen Laboratorien wurden zu dieser Zeit nämlich Pläne für große Protonensynchrotrone zwischen 150 und 1000 GeV Energie geschmiedet. Nachdem die größten Protonensynchrotrone der Welt, das CERN-PS und das AGS in Brookhaven, ausgezeichnet funktionierten, schienen auch hier einer Verzehnfachung der Energie keine grundsätzlichen Hindernisse mehr im Weg zu stehen. In den Ringtunneln solcher neuen Beschleuniger, zwei bis drei Kilometer im Durchmesser, würden anstelle eines einzigen auch zwei Synchrotrone, je eines für Elektronen und Protonen, untergebracht werden können. Nur wenn die sehr hohen Baukosten für diesen Ringtunnel dem Protonenbeschleuniger zugeschlagen wurden, reichten 40 Millionen $ zum Bau eines 70 GeV-Elektronensynchrotrons aus.[27]

Neben den Kosten sprachen zwei weitere Gründen, zumindest bei C.E.A. und DESY, gegen den Bau eines derartigen Beschleunigers: Erstens kamen die Pläne für die Protonensynchrotrone nur sehr langsam voran, weil ihre Finanzierung sich als äußerst schwierig erwies; zweitens handelte es sich dabei um Projekte, die in den USA gerade eben noch auf nationaler, in Europa aber nur auf multinationaler Ebene verwirklicht werden konnten, und daher kaum zugleich die Funktion des weiteren Ausbaus von Laboratorien regionaler Bedeutung übernehmen konnten.[28]

Aber gab es überhaupt eine Alternative zu immer größeren Beschleunigern? Das Forum zur Diskussion dieser und anderer Fragen, die European Accelerator Study Group, schien auf diese Frage eine eindeutige Antwort zu geben: Mindestens genau so interessant wie größere Beschleuniger waren Speicherringe.[29]

Erstmals in die breite Diskussion gebracht wurde diese Idee von Gerald K. O'Neill von der Princeton University auf derselben Genfer Konferenz, die auch zur Geburtsstundes des DESY wurde. O'Neill schlug vor, zwei Beschleuniger tangential so zueinanderzulegen, daß die umlaufenden Teilchen an der Schnittstelle frontal kollidierten. Der Zweck dieser Anordnung war, die für die Erzeugung instabiler Teilchen verfügbare Energie zu erhöhen. Ein auf ein stationäres Target auftreffendes Elektron oder Proton verwendet nämlich einen Teil seiner Energie dazu, das Targetteilchen fortzustoßen – so daß nur ein, zu hohen Energien hin schnell absinkender Bruchteil seiner Energie für die Erzeugung neuer Teilchen zur Verfügung steht. Anders bei frontal mit gleicher Energie aufeinander treffenden Teilchen: Hier steht die Summe der Energien beider Teilchen für eine Reaktion zur Verfügung. Allerdings sind Teilchenstrahlen weniger „dicht" als Materie, so daß die Ereignisrate in einem Speicherring klein im Vergleich zu der in einem stationären Target ist. Zudem nimmt diese Rate für Reaktionen

---

[26] [Liv69, S. 111]; Protokoll European Accelerator Study Group, 14.-15.5.62, CERN/EAG/3, Ce, Bestand DG20780; vgl. S. 18.

[27] [Hod83, S. 13-19]; [Pes87, S. 36-70]; Protokoll European ... , a.a.O.

[28] vgl. die Unterscheidung zwischen „le programme au sommet" und „la base de la pyramide" in: [ECF63, S. 6-10]; vgl. auch: [Hod83, S. 16-21]; [GS77, S. 43-62]; [Pes87, S. 71-94].

[29] Protokoll European ... , a.a.O.

zwischen punktförmigen Teilchen (z.B. Elektronen) mit dem Quadrat der Energie ab, so daß in einem Speicherring nur wenige Reaktionen pro Stunde beobachtet werden – im Gegensatz zu vielen Millionen im Target eines Synchrotrons. Außerdem werden die Teilchenstrahlen nicht mehr während kurzer Zeit von der Injektions- auf eine gewünschte Energie beschleunigt, und dann auf ein Target gelenkt, sondern für lange Zeit – Minuten oder Stunden – bei konstanter Energie „gespeichert". Störungen und Imperfektionen, die beim Beschleunigen kaum bemerkt werden, verringern die Lebensdauer gespeicherter Strahlen jedoch beträchtlich, und erzwingen häufiges Neufüllen der Speicherringe. Dadurch wird die geringe Zahl beobachtbarer Ereignisse noch weiter herabgesetzt. O'Neill hielt trotz voraussehbarer Schwierigkeiten an seiner Idee fest; zusammen mit Physikern aus Stanford, darunter Burton Richter, begann er ab 1958 Speicherringe für Elektronen von 150 MeV Energie zu bauen.[30]

Die Princeton/Stanford Speicherringe bestanden aus zwei nahezu identischen Kreisbeschleunigern, ein Aufwand, der schon aus Kostengründen als Nachteil angesehen werden mußte. Ende 1959 hatte Bruno Touschek einen eleganten Einfall, wie mit einem einzigen Ring auszukommen war: Die Speicherung von Teilchen und Antiteilchen (in der Praxis Elektronen und Positronen). Beide laufen in einem Kreisbeschleuniger auf gegensinnigen, sich mehrfach kreuzenden Bahnen um, so daß zur Erzeugung frontaler Kollisionen ein einziger Ring genügt. Zugleich – und dies war noch wichtiger als die finanzielle Einsparung – können Elektron und Positron bei der Kollision in ein virtuelles (zeitartiges) Photon annihilieren. Dieses zerfällt sofort wieder in ein Teilchen-Antiteilchen-Paar – aber nicht nur in Positron und Elektron, sondern auch beliebige andere Paare von Teilchen und Antiteilchen. Nur die bei der Kollision verfügbare Energie setzt eine obere Grenze: Ist sie hoch genug, entstehen Paare von Muonen, Pionen, Kaonen, selbst von Protonen und Antiprotonen.[31]

Die hohe verfügbare Energie war einer der Hauptvorteile des von O'Neill vorgeschlagenen Speicherringkonzepts. Aber erst in der von Touschek – und unabhängig von ihm auch von Gersh Budker – erdachten Form des e^+e^--Speicherrings konnte sie zur Produktion instabiler Teilchen genutzt werden. Und damit wurden Speicherringe für größere Laboratorien wie DESY und C.E.A. interessant: Sie hatten dieselben Ausmasse wie ihre bereits bestehenden Beschleuniger und eröffneten dennoch fast dieselben Möglichkeiten wie viel größere Synchrotrone. Allerdings mußte das Prinzip seine Funktionstüchtigkeit erst noch unter Beweis stellen.

Touschek, der wie Jentschke aus Wien stammte, hatte nach einer tragischen Odyssee durch halb Europa, zu der ihn die Nationalsozialisten seiner jüdischen Abstammung wegen gezwungen hatten, nach dem Krieg in Italien eine

[30]G.K. O'Neill, Phys. Rev. 102:1418(1956); G.K. O'Neill, in: [Reg56, S. 64f.]; W.C. Barber et al., in: [Gri66, S. 266-270]; vgl. [Hai69]; B. Richter, Review of Modern Physics 49:251(1977); [Rio87, S. 246f.].

[31][Ber78]; [Ama81, S. 27f.].

zweite Heimat gefunden. Seine Begeisterung für die in Speicherringen steckenden Perspektiven sprang 1959 schnell auf seine Kollegen an der Universität Rom und im benachbarten INFN Frascati über. Dort stand mit einem 1 GeV-Elektronensynchrotron ein Injektor für einen kleinen Speicherring zur Verfügung. Budker, der Ende der fünfziger Jahre seine Professur in Moskau für eine hohe Position bei der Sibirischen Akademie der Wissenschaften aufgab, hatte bei seinen neuen Kollegen in Novosibirsk denselben Erfolg: In Italien und der Sowjetunion entstanden die ersten e^+e^--Speicherringe der Welt.[32]

Im Mai 1962, als die European Accelerator Study Group über zukünftige Elektronenbeschleuniger diskutierte, war der Bau der Speicherringe in Stanford und Frascati beendet; die ersten Versuche, Elektronen über längere Zeit zu speichern, hatten begonnen. Die Hürden, die es dabei zu überwinden galt, stellten sich aber als weitaus höher heraus als 1956 bzw. 1959 angenommen. Prinzipiell sollte ein Beschleuniger solange mit Teilchen gefüllt werden können, bis das Raumladungspotential des umlaufenden Strahls den Arbeitspunkt auf eine Resonanz schiebt[33]. Bereits weit unterhalb dieser Raumladungsgrenze traten aber Strahlinstabilitäten auf, für die erst im Laufe der folgenden Jahre eine Erklärung – die gegenseitige Anregung der umlaufenden Teilchenpakete – gefunden wurde. Diese zunächst unverstandenen Effekte waren zugleich aber auch eine Herausforderung für viele Beschleunigerphysiker. Es war weitaus interessanter, diese seltsamen Instabilitäten zu untersuchen, als extrapolierte Versionen bereits existierender Synchrotrone zu entwerfen. Überall dort, wo bereits ein Elektronenbeschleuniger in Betrieb und daher Interesse an der Physik und der Technologie damit verwandter Beschleuniger vorhanden war, wurden 1962–63 Pläne für die zweite Generation von e^+e^--Speicherringen geschmiedet: In Europa in Orsay ($2 * 1,3\,\mathrm{GeV}$), das seit 1959 einen 1 GeV Linearbeschleuniger besaß, und in Frascati ($2 * 750\,\mathrm{MeV}$); in den USA in Stanford ($2 * 3\,\mathrm{GeV}$), bei gleichzeitiger Aufgabe des Zweiringkonzepts, und bei C.E.A. ($2 * 3\,\mathrm{GeV}$), wo ähnliche Pläne sogar bis 1956 zurückverfolgt werden können.[34]

Im Gegensatz zur ersten Speicherringgeneration handelte es sich bei diesen Projekten aber nicht mehr um Pionierexperimente von Beschleunigerphysikern, sondern um den geplanten Ausbau bestehender Laboratorien. Auch wenn Leitung und Mitarbeiter einstimmig hinter den Projekten standen, benötigten sie für ihre Finanzierung eine positive Entscheidung der – staatlichen – Geldgeber. In den USA reichten Stanford und C.E.A. die „proposals" für ihre von der Energie identischen Speicherringe 1964 bei der AEC ein. Die Entscheidung wurde zunächst ein Jahr vertagt. 1965 waren das Engagement der USA in Vietnam und

[32]C. Bernardini et al., Nouv. Cim. 18:1293(1960); G.I. Budker, in: [Gri66, S. 389-402]; V.L. Auslender et al., in: [ZC66, S. V.4.ff.]; [Ama81, S. 3-15].

[33]Die Synchrotronstrahlung stellt eines dissipative Kraft dar, so daß das Phasenraumvolumen des injizierten Strahls sich verkleinert, bis Raumladungs- oder kohärente Effekte sich mit der Strahlungsdämpfung im Gleichgewicht halten.

[34]Protokoll European ..., a.a.O.; C.E.A., Proposal for a Storage Ring at the Cambridge Electron Accelerator, v.M., 7.4.64, DB; vgl. Richter, in: [ZC66, S. I.1.ff.]; [Rio87, S. 246f.].

die Kosten des Apollo-Programms dann so stark angestiegen, daß der Vorschlag des C.E.A. abgelehnt und einzig das Stanford-Projekt grundsätzlich befürwortet wurde – ein Pyrrhus-Sieg, weil zugleich die Finanzierung auf unbestimmte Zeit verschoben wurde. Zwischen den beiden Laboratorien war es vor dieser Entscheidung zu offenen Rivalitäten gekommen, nachdem C.E.A. ein weiteres proposal für einen kleinen Speicherring zum „Kampfpreis" von 6 Millionen $ – weniger als den Baukosten der End Station A in Stanford – eingereicht hatte. In Europa standen die Laboratorien bezüglich ihrer Finanzierung untereinander weitaus weniger in Konkurrenz, so daß die Zusammenarbeit besser funktionierte. Der erste e^+e^- Speicherring in Frascati, nach einer Tante Touscheks AdA genannt, bewies 1962 grundsätzlich seine Funktionstüchtigkeit. Kollisionen zwischen Elektronen und Positronen konnten jedoch nicht beobachtet werden, weil die aus dem Synchrotron mit den vorhandenen bescheidenen Mitteln injizierbare Zahl von Teilchen zu niedrig war. Der komplette Speicherring, 8,5 Tonnen schwer, wurde daher nach Orsay transportiert und dort an den 1 GeV-Linac angeschlossen. Nachdem die gröbsten Probleme mit Instabilitäten überwunden worden waren, gelang 1964 tatsächlich der Nachweis von e^+e^--Kollisionen. Trotz dieses Erfolgs mußte das Forschungszentrum Orsay seine Pläne für den Speicherring ACO, wohl wegen eines konkurrierenden Vorhabens für einen großen nationalen Beschleuniger, erheblich reduzieren. ACO wurde zwar Ende 1965 fertiggestellt; seine Energie betrug aber lediglich $2*550$ MeV, weil das Projekt nur so aus finanziellen Turbulenzen herausgehalten werden konnte. In Italien wurde die Energie des AdA-Nachfolgers ADONE, auch um den Preis der Inbetriebnahme erst gegen Ende der sechziger Jahre, dagegen auf $2 * 1,5$ GeV angehoben. Während ACO innerhalb der vielfältigen Aktivitäten von Orsay keine zentrale Rolle spielte, war bei ADONE genau das Gegenteil der Fall. Auf diesen Speicherring konzentrierten sich im INFN Frascati alle Hoffnungen für die Zukunft – so wie auch DESY eines Tages ohne Wenn und Aber auf ein neues Projekt setzen mußte.[35]

An die Inbetriebnahme eines neuen Beschleunigers schließt sich immer eine Umstrukturierung des Laboratoriums an. Viele Mitarbeiter beenden ihre ursprünglichen Aufgaben, fürchten die auf sie zukommende Routine des täglichen Betriebs und sehen sich vielleicht sogar nach einer interessanteren Stelle um. Die Aussicht auf ein neues Großprojekt, an dessen Planung sie, wenn auch nur wenige Stunden die Woche und nebenamtlich, mitwirken können, hilft sie in den laufenden Betrieb des Laboratoriums einzubinden. Zugleich werden damit lange vor der öffentlichen Erörterung oder formellen Beantragung Perspektiven für den weiteren Ausbau entwickelt.

Jentschke hatte schon im November 1962, als er vom European Committee for Future Accelerators um Informationen über die Zukunftspläne der deutschen Hochenergiephysik gebeten wurde, eine Erweiterung des DESY in Aussicht gestellt und Speicherringe explizit als eine Möglichkeit dafür bezeichnet. Daß in

[35]P.C. Marin, in: [Gri66, S. 271-275]; F. Amman et al., in: [KKL63, S. 309-328]; [Ber78]; [Ama81, S. 32-43]; [Rio87, S. 247].

dieser Richtung aber noch keineswegs eine Festlegung erfolgt war, zeigte Wüsters Berechnung der Parameter eines 19 GeV-Synchrotrons. Zwei Jahre später klopfte Jentschke bei ihm, wie auch bei anderen Gruppenleitern, wegen der Übernahme der Verantwortung für die Weiterentwicklung des Beschleunigers an. Zunächst ginge es um die Spezifizierung von Linac II. Der ehemalige Leiter der Parametergruppe winkte jedoch ab. Er wollte sich auf den Synchrotronbetrieb und das Rechenzentrum konzentrieren. Das Direktorium beschloß daher Ende Juni 1964, die Verantwortung für den Ausbau in einen wissenschaftlichen und einen technischen Part zu teilen und bis auf weiteres als technischen Leiter G. Schaffer, der auch weiterhin für die Hochfrequenzgruppe verantwortlich sein sollte, zu benennen. Schaffer untersuchte zuerst den Umbau des Synchrotrons auf den Betrieb mit Protonen, der die experimentellen Möglichkeiten bei DESY mit geringem Aufwand erheblich verbreitert hätte. Leider war dieser Vorschlag Pauls aber nicht in die Realität umzusetzen, weil die für 50 Hz Wiederholrate benötigte Hochfrequenzspannung weit außerhalb der gegebenen technischen Möglichkeiten lag. Schaffer verließ DESY dann kurze Zeit später in Richtung eines anderen Forschungszentrums. Sein Nachfolger, allerdings mit wissenschaftlicher *und* technischer Verantwortung für den Ausbau des DESY, wurde Anfang 1965 Klaus Steffen.[36]

Während seiner Tätigkeit als Gruppenleiter „Strahlführung" hatte dieser erste wissenschaftliche Mitarbeiter des DESY sich in den vergangenen Jahren zum Fachmann für Teilchenoptik entwickelt, beim Entwurf vieler Spektrometer mitgewirkt und 1965 auch eine Monographie über dieses Thema publiziert. Ihm eine Gruppe „Beschleunigerforschung" und die Weiterentwicklung des DESY anzuvertrauen, stellte praktisch denn auch fast schon die Vorentscheidung für einen Speicherring dar – die Jentschke für sich schon 1962 getroffen hatte. Der Bau großer Synchrotrone barg kaum noch theoretische und teilchenoptische Probleme; Speicherringe waren dagegen in viel stärkerem Ausmaß selbst ein Forschungsobjekt, so daß sie für Steffen, eine eher auf wissenschaftliche Probleme denn organisatorische Fragen ausgerichtete Persönlichkeit, von viel größerem Interesse waren als Synchrotrone, wo es nur noch auf die Minimierung der Kosten ankam.[37]

Zunächst bestand die Tätigkeit der Gruppe Beschleunigerforschung, die im Organigramm das Kürzel H erhalten hatte, jedoch vor allem in Organisation und Minimierung von Kosten, weil 1965 und während der ersten Monate von 1966 noch die Planung des Linac II Priorität besaß. Nach der Auftragsvergabe an Varian und dem Abschluß der Bauplanung konnte sich der Schwerpunkt der noch recht kleinen Gruppe H aber allmählich auf den wirklichen Ausbau verlagern. Die umfangreichen „proposals" aus Stanford und von C.E.A. lagen in

---

[36]Jentschke an Prior (BMwF), 2.11.62, DAs; Protokoll Dir, 29.6.64 und 23.9.64, DA7; vgl. die internen Berichte der Gruppe H, DB; der erste dieser Berichte trägt als Datum den 6. April 1965, DB.

[37]Protokoll Dir, 29.6.64, DA7; Protokoll VR, 21.5.65, DA8; [Ste65]; JB65, Anlage Organisationsplan; vgl. S. 87.

schriftlicher Form vor. Der erste Schritt würde auch bei DESY in der Erarbeitung einer detaillierten Beschreibung eines Speicherrings bestehen, um sie anschließend den Organen der Stiftung und interessierten Wissenschaftlern zur Diskussion vorzulegen.[38]

Vom 26.–30. September 1966 fand im CRN Saclay, nur einen Steinwurf von ACO in Orsay entfernt, eine internationale Konferenz über Speicherringe und die ersten mit diesen neuen Instrumenten durchgeführten Experimente statt. Nicht nur von DESY wurde dieses Forum für die Vorstellung von Ausbauplänen benutzt: Auch aus Novosibirsk, Stanford und von C.E.A. lagen aktualisierte oder vollkommen neue Vorschläge für e^+e^--Speicherringe vor. Ihnen allen war gemeinsam, daß eine Erfindung von Gustav-Adolf Voss und Ken Robinson von C.E.A. eingearbeitet worden war: Die low-beta-insertion – eine Folge von Quadrupolmagneten, mit der die Strahlen im Kollisionspunkt auf extrem kleine Dimensionen zusammengedrückt und die Kollisionsrate um etwa zwei Größenordnungen erhöht werden konnte. Diese Entwicklung hatte ihren Ursprung im Umbau des Elektronensynchrotrons bei C.E.A. in einen Speicherring, der mit weniger Kosten als ein vollkommen neuer Speicherring verbunden war. Dafür verlangte diese Umgehung der Weigerung der AEC, einen richtigen Ausbau von C.E.A zu finanzieren, an vielen Stellen nach intelligenten neuen Lösungen wie zum Beispiel der low-beta-insertion. Von dem Erfindungsreichtum der Beschleunigerphysiker aus Cambridge profitierten dann alle anderen, finanziell besser ausgestatteten Laboratorien in gleicher Weise. Den Erfindern bei C.E.A. half dieser Erfolg allerdings am wenigsten.[39]

In Saclay wurden aber nicht nur Vorschläge für neue Speicherringe präsentiert. Die technischen Probleme, vor allem Instabilitäten und die Erzeugung des notwendigen Vakuums, waren an AdA, ACO, VEPP 2 in Novosibirsk und den Princeton/Stanford-Ringen in der Praxis studiert worden und galten nunmehr als beherrschbar; sogar erste experimentelle Ergebnisse lagen vor, so daß das zu erwartende Potential neuer Speicherringe präziser vorhergesagt werden konnte als noch zwei Jahre zuvor; und bei Verwendung einer low-beta-insertion stieg die Zahl der erzeugten Teilchen und damit auch denkbarer Experimente erheblich an.[40]

---

[38]Protokoll Dir, 22.4.66, DA7; vgl. auch die Referenzen in: Vorschlag zum Bau eines 3 GeV Elektron-Positron-Speicherringes für das Deutsche Elektronen-Synchrotron, v.M., Oktober 1966, S. 95, DB.

[39]K. Steffen, in: [ZC66, S. VIII.7.ff.]; K. Robinson und G.A. Voss, in: [ZC66, S. III.4.ff.]; J. Rees, in: [ZC66, S. III.5.ff.]; G. Budker, in: [ZC66, S. II.1.ff.]; G.A. Voss, Memorandum trip report, ... , a.a.O.; K. Robinson und G.A. Voss, Technischer Bericht CEAL-1029 (1966), zitiert nach: Vorschlag, ... , a.a.O.

[40]Vorschlag, ... , a.a.O., S. 5f. und S. 34-38; G.A. Voss, Memorandum trip report, ... , a.a.O.

Gewichtige Argumente

Große Elektronensynchrotrone waren um 1966 als mögliche Nachfolger existierender Elektronenbeschleuniger aber dennoch keineswegs aus dem Rennen. Allerdings wurden diese Pläne immer nur parallel zu solchen für einen Speicherring verfolgt: So in Großbritannien, wo in der Nähe von Liverpool seit 1966 ein 4 GeV-Elektronensynchrotron, NINA genannt, in Betrieb war, und im Anschluß an dessen Fertigstellung ein Speicherring und ein Elektronensynchrotron von 20 GeV bis in Details durchgeplant wurden. Auch in Frankreich beschäftigte sich im Auftrag der Délégation Générale pour la Recherche Scientifique et Technique eine Studiengruppe mit Berechnungen für ein Elektronensynchrotron von 12-15 GeV. Beide Male ging es jedoch nicht wirklich um den Ausbau bestehender Laboratorien: In Liverpool gaben die Beteiligten in vertrauten Gesprächen unverblümt zu, daß eine Genehmigung ihrer Vorschläge in absehbarer Zeit nicht erwartet werde; und in Frankreich wurde ein Vorschlag für einen „nationalen" Beschleuniger gesucht, der nicht a priori auf vorhandener Infrastruktur aufbauen sollte.[41]

Dagegen beinhalteten alle Vorschläge für die Erweiterung bestehender Elektronenbeschleuniger den Bau von Speicherringen – in Stanford, bei C.E.A., in Frascati und in Orsay. Auch in Cornell, wo Anfang 1967 das mit 12 GeV größte Elektronensynchrotron der Welt seiner Vollendung entgegenblickte, konzedierte der Direktor des Forschungszentrums, Robert Wilson, daß er mittlerweile ebenfalls für einen Speicherring optieren würde. Bei DESY wurden von der Gruppe H andere Pläne ernsthaft nicht verfolgt; dennoch schien es in Hamburg Bedenken gegen diesen Weg zu geben. Warum?[42]

Eine Besonderheit in der Struktur des Hamburger Forschungszentrums war die ausschließliche Besetzung des Wissenschaftlichen Rats mit auswärtigen Physikern. Dieses Gremium wurde dadurch zum Sprachrohr für weit über DESY hinausreichende Interessen (die manches Mal nur schwer auf einen gemeinsamen Nenner zu bringen waren). Zudem wurde DESY beim Vergleich mit CERN, Brookhaven oder Berkeley in mancher Hinsicht – auch vom Gewicht der Ergebnisse her – als zweitrangig angesehen, zumal von auswärtigen Physikern. Das hatte nichts mit der Qualität der Experimente zu tun, die im Gegenteil besonders vom Wissenschaftlichen Rat gelobt wurde, sondern mit der Randstellung der „electron-physicists" – und damit von DESY ebenso wie von C.E.A., Stanford und dem INFN Frascati – innerhalb der Teilchenphysik. Bei vielen Diskussionen im Wissenschaftlichen Rat spielte ein wenig die Einschätzung mit, daß die Experimente bei CERN, in Brookhaven und Berkeley mit hochenergetischen Protonen, Pionen oder Kaonen letztlich doch von größerem Interesse waren. Immerhin: Auch bei DESY wurden in den meisten Fällen Protonen oder Neutro-

[41]M.S. Livingston, Foreign Travel Report, 1.8.67, Hv; C.E.A., rapport annuel, S. 36, DB.

[42]vgl. die Referenzen auf S. 235; Protokoll VR, 21.5.65, DA8; Protokoll Dir, 20.1.67, DA7; Wilson an Jentschke, 1.6.67, Js; R. Littauer, in [Mac67].

nen als Targetteilchen verwandt, und oft genug widmeten sich die Experimente den Produktionsmechanismen stark wechselwirkender Teilchen – Pionen, Kaonen und den noch kurzlebigeren Resonanzen – so daß eine direkte Verbindung zu den Hauptlinien der Teilchenphysik, die an den großen Protonenbeschleunigern vorgezeichnet wurden, leicht herzustellen war. Bei e^+e^--Speicherringen war dies jedoch anders. Die dort untersuchten Fragestellungen wiesen in eine ihnen eigene Richtung, so daß der Bau eines Speicherrings, auch wenn das Synchrotron weiter in Betrieb blieb, DESY von der Mehrzahl der Teilchenphysiker ein Stück entfernen würde. Daran entzündete sich ab Ende 1966 lebhafte Kritik.[43]

Als Touschek 1959 die Idee des e^+e^--Speicherring erstmals der Öffentlichkeit präsentierte, waren die meisten der Teilchen und theoretischen Modelle, deren Untersuchung 1966 im Zentrum der Hochenergiephysik stand, noch gar nicht entdeckt bzw. formuliert worden. Die 72"-Blasenkammer in Berkeley nahm erst 1959 ihren Betrieb auf, so daß niemand vohersehen konnte, welches Ausmaß der Teilchenzoo innerhalb weniger Jahre annehmen würde. Die unzähligen neuen Resonanzen fielen ihren Entdeckern aber keineswegs einfach in den Schoß, sondern mußten mit ausgefeilten Methoden aus oft Zehntausenden aufgezeichneter Reaktionen mühsam herausgefiltert werden. Innerhalb weniger Jahre wurden dazu bei CERN, in Brookhaven und Berkeley Millionen von Blasenkammerphotos belichtet und ausgewertet. Nur bei sehr hohen Energien, die vom CERN-PS oder dem AGS in Brookhaven wegen der Verwendung stationärer Targets nicht erreicht werden konnten, gab es für Speicherringe daher überhaupt noch eine Chance, neue, bislang unbekannte Resonanzen zu entdecken. Immerhin sollte ihre Zahl nach dem 1962 von Gell-Mann vorgeschlagenen SU_3 Schema, in das bislang alle bekannten Resonanzen und Teilchen eingeordnet werden konnten, unendlich groß sein – da bei hohen Energien aber Hunderte unterschiedlicher Teilchen zugleich erzeugt wurden, stellte schon ihre Identifikation eine echte Herausforderung dar; bei allen Experimenten an Speicherringen kam als praktische Schwierigkeit dann noch hinzu, daß der Wirkungsquerschnitt für die Elektron-Positron-Annihilation mit q^2, dem Impulsübertrag auf das dabei entstehende virtuelle Photon, absinkt, so daß die Reaktionsrate mit steigender Masse der erzeugten Teilchen schnell abnimmt. Wenn im Zerfall des Photons dann räumlich ausgedehnte Teilchen produziert werden sollen, kompliziert sich die Situation zusätzlich: Der Wirkungsquerschnitt für diesen Zerfall sank nach allen theoretischen Vorhersagen ebenfalls mit q^2 ab – weil die erzeugten Teilchen eine ausgedehnte Ladungsverteilung besassen (die Verhältnisse waren denen bei der elastischen Elektronenstreuung sehr ähnlich, wo der Wirkungsquerschnitt wegen des endlichen Durchmessers des Protons mit q^4 abfiel) Bildlich gesprochen wird die Wellenlänge λ des virtuellen Photons mit zunehmenden q^2 kleiner, so daß ein Zerfall in Teilchen und Antiteilchen von vielfach größerer Ausdehnung als λ beliebig unwahrscheinlich wird. Der Wirkungsquerschnitt für die Erzeugung stark wechselwirkender Teilchen in

[43]Anlage zu BMwF an HA, FB und DESY, 3.4.69, HH6040-1; R.R. Wilson, in: [DPG65, S. 179-181]; [Pic84, S. 35f.]; [Rio87, S. 127f.].

der $e^+ - e^-$-Annihilation sollte daher umgekehrt proportional zur vierten Potenz ihrer Masse sein – kaum eine günstige Voraussetzung für neue Entdeckungen.[44]

Die Suche nach Resonanzen war nur eines der beherrschenden Themen der Hochenergiephysik der sechziger Jahre. Resonanzen werden in „harten" Kollisionen erzeugt, bei denen dem Targetkern viel Energie übertragen wird. Meistens werden jedoch nur „weiche" Stöße beobachtet, bei denen nur wenig Energie auf den Targetkern übertragen wird, und zu deren Beschreibung der italienische Physiker Tullio Regge Ende der fünfziger Jahre ein nach ihm benanntes Modell entwickelte, das trotz geringer Anschauungskraft rasch große Verbreitung fand. Bereits zuvor waren für die Beschreibung von „soft collisions" viele theoretische Anstrengungen gemacht worden, zumeist mit dem Ziel, die starke Wechselwirkung durch den Austausch virtueller Pionen, später auch weiterer Mesonen, zu erklären. Das Regge-Pol-Modell stellte in gewisser Hinsicht eine Verallgemeinerung dieser Versuche dar: Zwischen den Reaktionspartnern wurden beim Streuprozeß keine physikalisch vorstellbaren, mit reellen Teilchen identifizierbaren Objekte mehr ausgetauscht, sondern „Pole" beliebigen Spins. Das Regge-Pol-Modell fand, da es die experimentellen Daten gut beschreiben konnte, vor allem bei der Untersuchung hadronischer Prozesse schnell weite Verbreitung. Die ihm zugrundeliegende Theorie wurde im Laufe der sechziger Jahre vielfach verfeinert und modifiziert.[45]

Zu diesen beiden Themen – Suche nach hadronischen Resonanzen und Verfeinerung des Regge-Pol-Modells, auf die sich (holzschnittartig gesehen) Mitte der sechziger Jahre das Interesse der meisten experimentellen Teilchenphysiker konzentrierte, konnten Speicherringe nur wenig beitragen. Für ein großes Elektronensynchrotron galt im Prinzip jedoch dasselbe, weil dessen Energie die der bereits bestehenden Protonenbeschleuniger keinesfalls übertreffen würde. Die Ereignisrate würde zudem wegen der geringen Stärke der elektromagnetischen Wechselwirkung mehr als 100 mal kleiner als bei einem Protonenbeschleuniger sein. Ein Speicherring und ein Elektronensynchrotron würden daher immer nur zur Untersuchung von Spezialaspekten der Teilchenphysik geeignet sein.[46]

Worin lagen dann, außer in einem gewissen Interesse an grundsätzlich Neuem, die experimentellen Perspektiven der e^+e^--Speicherringe?

An erster Stelle wurde regelmäßig die Prüfung der QED genannt, wo alle Experimente an stationären Targets auf Impulsüberträge q^2 von einigen 100 MeV/c beschränkt waren. Der Bethe-Heitler-Prozeß der Paarerzeugung in einem Coulombfeld, der sich für derartige Experimente an einem Synchrotron anbietet, ist Experimenten an einem Speicherring zwar nicht zugänglich; in die Berechnung der elastischen Streuung von Elektronen an Positronen, des fundamentalsten aller

[44]Y. Ne'eman, Nuclear Physics 26:222(1961); M. Gell-Mann, Phys. Rev. 125:106(1962); R.D. Tripp, Annual Review on Nuclear Science, 15:325(1965); Vorschlag ... , a.a.O., S. 21f.; [HSW81, S. 90-97]; [Pic84, S. 56-60].

[45]T. Regge, Nuov. Cim. 14:951(1959); [Per82, S. 166-175]; [Pic84, S. 75-78].

[46][Per82, S. S. 17f. und S. 30f.]; [Pic84, S. 38 und S. 60].

e^+e^--Prozesse in einem Speicherring, gehen jedoch dieselben Voraussetzungen ein. Mit einem $2 * 3$ GeV-Speicherring würde die Gültigkeit der QED daher bis zu Impulsüberträgen von 6 GeV/c überprüft werden können – mindestens eine Grössenordnung mehr als in Experimenten an Synchrotronen. Bezüglich der $e - \mu$-Universalität galt dasselbe, weil die virtuellen Photonen aus der e^+e^--Annihilation mit genau berechenbarer Wahrscheinlichkeit in Myonpaare zerfallen mussten. Jede Abweichung davon würde darauf schließen lassen, daß Elektron und Myon sich in mehr als ihrer Masse unterschieden.[47]

Die Vorhersagen über die experimentellen Möglichkeiten eines e^+e^-Speicherrings auf dem Gebiet der starken Wechselwirkung waren weitaus weniger sicher. Vektormesonen (Teilchen mit dem Spin und der Parität des Photons) würden zwar oberhalb einer Schwellenenergie in relativ großer Zahl erzeugt werden: Im Vorschlag für einen Speicherring bei DESY wurden 30.000 Ereignisse pro Stunde genannt. Ihre Eigenschaften waren andererseits aber bereits gut bekannt, und die Existens weiterer Vektormesonen als der drei bislang entdeckten – ϱ, ω und ϕ – galt als höchst unwahrscheinlich, da dies dem SU_3-Schema widersprochen hätte. Wenn es sie dennoch gab, würden sie wahrscheinlich vor der Inbetriebnahme des DESY-Speicherrings bei ADONE oder im bypass des C.E.A. entdeckt werden. Und die noch offenen Fragen der Physik der bereits bekannten Vektormesonen würden bis zur Inbetriebnahme des Speicherrings ebenfalls weitgehend beantwortet sein – nicht zuletzt durch Wissenschaftler der Gruppe F 31 bei DESY: In einer im Herbst 1966 begonnenen Serie von Experimenten wurden Bremsstrahlungsphotonen auf ein stationäres Target gelenkt; die Lebensdauer der darin erzeugten Vektormesonen war so kurz, daß sie noch im Target zerfielen und deshalb ihre Zerfallsprodukte, mit großer Wahrscheinlichkeit Paare von Pionen, Elektronen oder Myoen, im ursprünglich für das QED-Experiment aufgebauten Zweiarmspektrometer nachgewiesen werden konnten:

$$e^+ + e^- + Z \quad (3.11)$$

$$\gamma + Z \rightarrow \varrho \quad \rightarrow \quad \pi^+ + \pi^- + Z \quad (3.12)$$

$$\mu^+ + \mu^- + Z \quad (3.13)$$

Zwischen der Photoproduktion von Vektormesonen und ihrer Erzeugung in einer e^+e^--Annihilation besteht allerdings ein gewichtiger Unterschied: Einmal werden reale (raumartige), das andere Mal dagegen virtuelle (zeitartige) Photonen verwendet. In beiden Fällen entstehen dennoch dieselben Teilchen – auf grundsätzlich unterschiedliche Weise erzeugt. Nach einem aus sehr allgemeinen Überlegungen abgeleiteten Theorem nähern sich nun die Wirkungsquerschnitte für die Erzeugung eines Teilchens mittels realer und mittels virtueller Photonen zu hohen Energien hin immer weiter an und werden schließlich identisch.[48]

---

[47]B. Touschek, in: [Gri66, S. 263-265]; C.E.A., Proposal ... , a.a.O., S. 9; Vorschlag ... , a.a.O., S. 10-17.

[48]Vorschlag ... , a.a.O., S. 21-26; JB67, S. 3.16-3.20.

Abb. 37. Ting mit (im Hintergrund von rechts) Jentschke, Paul und Bundesbildungsminister Leussink (um 1971, Bildnachweis: DESY/13957/17).

Abb. 38. Die Nachweisinstrumente werden größer: Aufbau des PLUTO-Detektors für den DESY-Speicherring (um 1973, Bildnachweis: DESY/27974/11).

Allein die Prüfung dieser Vorhersage war von großem Interesse – und zugleich exklusiv den e^+e^-Speicherringen vorbehalten. Aber auch über die Umwandlung virtueller Photonen in Teilchen-Antiteilchen-Paare war wenig bekannt; für reale Photonen war dieser Prozeß dagegen experimentell und theoretisch bereits ausführlich untersucht worden. Allerdings würden in einem e^+e^-Speicherring andere Teilchen als Vektormesonen und Myonen nur mit verschwindender Wahrscheinlichkeit erzeugt werden: Vorhergesagt wurde zum Beispiel weniger als ein Antiproton-Proton-Paar pro Stunde, und nur unwesentlich mehr Paare von Pionen oder Kaonen. Der Grund für diese Unterdrückung der Reaktionsrate gegenüber der von Vektormesonen waren Spin und Parität der virtuellen Photonen, die nicht mit Spin und Parität der Zerfallsprodukten übereinstimmten.[49]

Die Reaktionsrate hängt im übrigen auch von der Leistungsfähigkeit des Speicherrings ab. Die genannten Zahlen waren unter der Annahme einer Luminosität von $10^{31}\mathrm{cm}^{-2}\mathrm{sec}^{-1}$ berechnet worden – einem Wert, den die Gruppe H für den DESY-Speicherring zu garantieren können glaubte. Die Luminosität L ist der Proportionalitätsfaktor zwischen dem Wirkungsquerschnitt σ und der Reaktionsrate R,

$$R = \sigma L \tag{3.14}$$

und wird in einem Speicherring aus der Umlaufsfrequenz der Teilchenstrahlen f, der Zahl der umlaufenden Teilchen N_1 und N_2 und dem Querschnitt A der Strahlen im Wechselwirkungspunkt berechnet:

$$L = \frac{f N_1 N_2}{A} \tag{3.15}$$

Bei ACO wurden 1966 bis zu $3 \cdot 10^{28}\mathrm{cm}^{-2}\mathrm{sec}^{-1}$ erreicht; beim DESY-Speicherring sollten es also fast drei Größenordnungen mehr werden. Auch für Synchrotrone kann eine Luminosität angegeben werden. Bei DESY betrug sie im Jahr 1966 bis zu $10^{37}\mathrm{cm}^{-2}\mathrm{sec}^{-1}$ – eine Zahl, die besser als viele Vergleiche die geringe Zählrate in einem Speicherring verdeutlicht.[50]

Gegen den Speicherring sprachen also an erster Stelle die kleine Zählrate und die Beschränkung auf die Untersuchung nur weniger Fragestellungen. Die Befürworter konnten gegen diese Argumente vorbringen, daß ein Speicherring Vorstöße in vollkommen neue Gebiete der Physik gestatte, bei denen bislang Unvorstellbares ans Licht kommen könne. Schließlich gebe es für ein Laboratorium mit einem Elektronenbeschleuniger gar keine Alternative zum Ausbau mit einem e^+e^-Speicherring, da große Synchrotrone mit unvergleichbar höheren Kosten verbunden seien.

[49] Vorschlag … , a.a.O., S. 23-26.

[50] Vorschlag … , a.a.O., S. 27; [Hai69]; [Per82, S. 50].

Überzeugungsarbeit

Der Wissenschaftliche Rat hatte schon im Dezember 1964 einen Ausschuß zur Begutachtung des Erweiterungsprogramms[51] gebildet; das Direktorium legte jedoch lange Zeit keine über Linac II hinausgehenden Vorschläge vor, und von sich aus mochte der Ausschuß die Initiative nicht ergreifen. Unterdessen reiften die Pläne für das zweite deutsche Zentrum der Hochenergiephysik heran. Eine Studiengruppe im Kernforschungszentrum Karlsruhe untersuchte seit 1965 zwei Typen von Protonenbeschleunigern, ein 40 GeV-Synchrotron und einen supraleitenden Linac von 7 GeV Energie; für beide sollte 1967 ein offizielles „proposal" vorgelegt werden. Die interessierten Wissenschaftler im Raum Heidelberg/Karlsruhe versuchten 1965 mehrfach, den Arbeitskreis Kernphysik der DAtK für eine bejahende Stellungnahme zu gewinnen und ihren Plänen so zusätzlichen Auftrieb zu verschaffen.[52]

Das Direktorium des DESY beschränkte seine nach außen gerichteten Aktivitäten 1965 dagegen ausschließlich auf den Linac II. Daß sich in Hamburg aber darüber hinaus mehr als zehn Physiker und Ingenieure neben- oder hauptamtlich mit Berechnungen für einen Speicherring berschäftigten, konnte den Mitgliedern des Wissenschaftlichen Rats jedoch kaum verborgen bleiben. Im März 1966 beantragte Brix, Vorsitzender dieses Gremiums und zugleich Unterzeichner eines Memorandums für den Bau eines Protonenbeschleunigers in Karlsruhe, das Direktorium möge seine Ausbaupläne schnellstmöglich zur Diskussion stellen. Zunächst solle sie der Erweiterungsausschuß prüfen und dem Wissenschaftlichen Rat dann auf der nächsten Sitzung Bericht erstatten.[53]

Zu diesem Zeitpunkt stand die öffentliche Vorstellung der Vorschläge der Gruppe H allerdings ohnehin bevor. Als Forum wurde wie schon geschildert die Ende September 1966 in Saclay stattfindende Speicherringkonferenz gewählt.[54]

Zwei Beschleunigerphysiker von C.E.A. und Stanford, Gustav-Adolf Voss und John Rees, nutzten anschließend die Gelegenheit ihres Aufenthalts in Europa zu einem Abstecher zu DESY, wo sie sich über die laufenden Aktivitäten informieren wollten. Überraschend lud Jentschke sie am 13. Oktober 1966 in eine Direktoriumssitzung ein, auf der in größerem Kreis beraten wurde, welche Vorschläge das Direktorium dem in Kürze zusammentretenden Erweiterungsausschuß für den Ausbau des DESY zuleiten solle. Außer den beiden Gästen aus den

[51] Die Mitglieder dieses Ausschusses waren: H. Schopper (Vorsitz), P. Brix, J. Heintze und H. Ehrenberg. Protokoll WR, 10.12.65, DA11.

[52] Protokoll WR, 10.12.65, DA11; Protokoll HEA, 3.5.65 und 4.5.66, Citron, Schoch an Schmelzer, 15.3.66, Memorandum zur Frage eines Hochenergie-Protonenbeschleunigers im Raum Karlsruhe-Heidelberg, v.M. 27.4.65 und 14.6.65, Ci.

[53] Protokoll WR, 24.3.66, DA11; Memorandum zur Frage ... , a.a.O.; Vorschlag ... , a.a.O., S. 95.

[54] Vgl. S. 235.

USA waren noch Paul, der 1965 vom DESY- ins CERN-Direktorium gewechselt war, sowie Schoch und die Leitenden Wissenschaftler hinzugebeten worden.[55]

Jentschke, Teucher und Steffen waren die entschiedensten Befürworter des Speicherrings; sie wurden von Rees und Voss, beide Leiter von Speicherringgruppen in Stanford bzw. bei C.E.A., unterstützt. Ihnen gelang es jedoch nicht, alle Anwesenden zu überzeugen: zwei Direktoren, Weber und weniger prononciert Stähelin, sowie ein Leitender Wissenschaftler, Hans Joos, übten Kritik an dem mittlerweile gedruckt vorliegenden, fast 100 Seiten umfassenden „Vorschlag für den Bau eines 3 GeV Elektron-Positron-Speicherrings für das Deutsche Elektronen-Synchrotron". Die experimentellen Möglichkeiten eines Speicherrings schienen ihnen weniger breit angelegt zu sein als die beispielsweise eines großen Elektronensynchrotrons. Sogar ein Protonenbeschleuniger wurde als Alternative ins Feld geführt. Die Mehrheit der Teilnehmer, so Voss wenig später in einem Reisebericht an Livingston stand jedoch auf Seiten Jentschkes. Der Bau eines Speicherrings wurde daher eine Woche später, am 24. Oktober 1966, vom Direktorium sibyllinisch als ein Vorschlag zum Ausbau des DESY bezeichnet und die Ausarbeitung der Speicherringgruppe somit offiziell dem Erweiterungsausschuß zur Beratung überwiesen.[56]

Dort wurde ähnlich wie im Direktorium keine vollständige Übereinstimmung erzielt. Das wissenschaftliche Interesse an den Speicherringen sei zwar groß – das an anderen Beschleunigern, großen Synchrotronen für Protonen oder Elektronen, auch supraleitenden Linacs, aber nicht minder. Die Planung für die Speicherringe solle daher fortgeführt werden, die endgültige Entscheidung über ihren Bau aber aufs neue Jahr, bis nach der Aufstellung eines nationalen Hochenergieprogramms, vertagt werden. Bis dahin könnten dann auch die noch offenen technischen und physikalischen Fragen geklärt werden. Der Wissenschaftliche Rat schloß sich dieser Auffassung am 9. Dezember 1966 an.[57]

Steffens Gruppe hatte sich seit der Konferenz in Saclay bemüht, die Hauptkritikpunkte am Speicherring durch weitere Verbesserungen zu entschärfen. Zunächst wurde das Einzelringkonzept aufgegeben und – in Anlehnung an O'Neills Vorschlag von 1956 – ein Doppelspeicherring entworfen. Die beiden Ringe sollten jedoch nicht nebeneinander, sondern einer auf dem anderen angeordnet werden, so daß sie gemeinsame Magnete besitzen würden. Vertikale Ablenkmagnete würden die Strahlen aus den beiden Ringen in zwei Wechselwirkungspunkten zur Kreuzung bringen. Durch den gemeinsamen Magneten wurden die zusätzlichen Kosten des Doppel- gegenüber einem Einzelring erheblich verringert, ohne dessen Vorteile zu verlieren: Die low-beta-insertion erhöhte die Luminosität gegenüber ACO in Orsay und VEPP 2 in Novosibirsk bereits um einen Faktor 400; in einem Doppelring konnte die Wechselwirkung der umlaufenden Strahlen miteinander – Hauptgrund für die bei ACO und VEPP 2 beobachteten Instabilitäten – auf ein Minimum begrenzt und die Luminosität gegenüber einem Einzelring

[55] Protokoll Dir, 13.10.66, DA7; G.A. Voss, Memorandum trip report, ... , a.a.O.

[56] Protokoll Dir, 13.10.66 und 24.10.66, DA7; G.A. Voss, Memorandum trip report, ... , a.a.O.

[57] Protokoll Ausbaukommission WR, 26.11.66, Protokoll WR, 9.12.66, DA11.

nochmals um einen Faktor 100 auf bis zu $10^{34}cm^{-2}sec^{-1}$ angehoben werden – nur wenig unterhalb des Wertes, der für Synchrotronexperimente mit dünnen Targets typisch war. Das Argument, ein Speicherring sei wegen seiner geringen Zählrate nur von untergeordnetem Interesse, sollte gegen das neue Konzept nicht mehr vorgebracht werden können.[58]

Dennoch hatte die Diskussion über den Vorschlag bis dato einen etwas unglücklichen Verlauf genommen. Anfang 1967 teilte sie sich dann in zwei Ebenen auf, die in der Folgezeit nur noch sporadisch miteinander in Berührung kamen. Die erste war administrativ/ministeriell: Im Laufe des Jahres 1967 entstand der Entwurf des 3. Atomprogramms der Bundesregierung. Als der Wissenschaftliche Rat am 9. Dezember 1967 auf ein nationales Programm der Hochenergiephysik verwies, innerhalb dessen auch der Ausbau des DESY geregelt werden müsse, hatte er denjenigen Teil dieses Atomprogramms gemeint, der sich der Hochenergiephysik widmen würde. Wie schon beim 2. Atomprogramm würde ein Entwurf für dieses Kapitel vom Arbeitskreis Kernphysik der DAtK erstellt werden. Die zweite Diskussionsebene war innerhalb des DESY angesiedelt: Der Vorschlag für den Bau der Speicherringe hatte noch nicht die einmütige Unterstützung aller Stiftungsgremien erhalten. Der Wissenschaftliche Rat hatte seine Entscheidung zwar praktisch an den Arbeitskreis Kernphysik delegiert, von den Wissenschaftlern bei DESY wurde jedoch ein eigenes Urteil erwartet – sie waren von den Entscheidungen über den Ausbau direkt betroffen. Die Diskussion war bislang kaum über das Direktorium und den Wissenschaftlichen Rat hinausgedrungen – jedenfalls nicht offziell. Allerdings gab es bei DESY auch kein Forum, das sich für diese Diskussion anbot; es zu schaffen, und so die zukünftigen Benutzer der neuen Anlagen in die Entscheidungsfindung einzubeziehen, war in erster Linie eine Aufgabe des Direktoriums.[59]

Das Hamburger Forschungszentrum hatte gegenüber der Karlsruher Studiengruppe einen gewichtigen Vorteil: Erweiterungen bestehender Laboratorien sind wesentlich leichter durchzusetzen als die Gründung vollkommen neuer Institutionen. Daher war die Beharrlichkeit, mit der Schopper, Citron und Schoch, die drei Direktoren des Karlsruher Instituts für Experimentelle Kernphysik, auf befürwortende Beschlüsse zu einem nationalen Protonenbeschleuniger drängten, nur zu verständlich. Auch Schoppers Initiative, bei DESY vorbereitende Maßnahmen für die Gründung eines zweiten deutschen Hochenergiezentrums zu ergreifen, stand eindeutig vor diesem Hintergrund. Der Arbeitskreis Kernphysik hatte sich jedoch bislang nicht zu einer eindeutigen Stellungnahme entschließen können, weil – ähnlich wie im Fall DESY – dieser Beschluß nur im Zusammenhang mit einem Gesamtprogramm gefällt werden sollte.[60]

---

[58] Ergänzung zum Desy-Speicherringvorschlag (Januar 1967), v.M., o.D., DB.

[59] Stenografisches Protokoll 6. Sitzung Ausschuß Wissenschaft, Kultur und Publizistik, 16.2.66, Bt; Protokoll HEA, 4.11.66, Ci; Protokoll AK Kernphysik DAtK, 9.1.67, DAs.

[60] Protokoll HEA, 3.5.65, 14.10.65 und 16.5.66, Ci; Protokoll AK Kernphysik DAtK, 24.5.65, DAs.

Für dieses Gesamtprogramm gab es ab Mai 1967 eine aktuelle programmatische Plattform. In den Jahren 1966–67 hatte das European Committee for Future Accelerators (ECFA) eine weitere Sitzungsperiode abgehalten, während der eine Neuauflage der Empfehlungen von 1963 angefertigt wurde. Der Abschlußbericht bekräftigte nochmals das Prinzip der Zweiteilung der Hochenergiephysik in ein europäisches Spitzen- und nationale Basisprogramme, das bereits 1963 vorgeschlagen worden war. Anschließend wurde für das Spitzenprogramm ausgeführt, daß dazu bei CERN ein 2∗28 GeV-Doppelspeicherring für Protonen, ein 300 GeV-Protonensynchrotron und einige große Universaldetektoren neu entstehen müssten. Diese Großgeräte könnten aber nur sinnvoll genutzt werden, wenn in den Mitgliedsstaaten des CERN vergleichbare Anstrengungen unternommen würden. Nur dann sei die Ausbildung der Physiker, die das Spitzenprogramm durchführten, zu gewährleisten. Außerdem gebe es viele interessante Experimente, für die bei CERN kein Platz sei, und bei denen konkurrenzfähige kleinere Beschleuniger in die Bresche springen könnten. Im Gegensatz zu den Empfehlungen von 1963 wurde allerdings nur noch sehr vage auf die einzelnen in Planung befindlichen nationalen Projekte eingegangen.[61]

DESY war innerhalb dieser Argumentation Teil des (zweitrangigen) Basisprogramms – trotz eines Betriebshaushalts von mehr als 40 Millionen DM. Auch das zweite deutsche Zentrum der Hochenergiephysik sollte diese Funktion einnehmen; in einem Vorschlag für „ein(en) Hochenergieprotonenbeschleuniger im Kernforschungszentrum Karlsruhe“ wurde dies ausdrücklich betont. In Großbritannien und Frankreich werde drei- bis viermal mehr Geld für nationale Projekte der Hochenergiephysik ausgegeben als für CERN. In Deutschland hielt beides sich die Waage, unter anderem wegen der Konzentration auf ein großes Laboratorium – DESY – , dem in Großbritannien und Frankreich jeweils mehrere nationale Hochenergiebeschleuniger gegenüberstanden.[62]

Bei der Aufstellung des 3. Atomprogramms konnte die Logik daher keinesfalls in der Selektion einiger weniger Vorhaben bestehen. Der Arbeitskreis Kernphysik, der sich den von ECFA formulierten Grundsatz der Aufteilung in ein Spitzen- und ein Basisprogramm zu eigen machte, nahm folgerichtig alle von Hochenergiegruppen an Universitäten oder Forschungseinrichtungen angemeldeten Projekte in den Entwurf für das Kapitel „Hochenergiephysik“ des 3. Atomprogramms auf. Citron hatte bereits Ende 1966 einen detaillierten Fragebogen über Pläne und voraussichtliche Ausgaben für die Teilchenphysik in den Jahren 1967-1972 rundgeschickt, so daß die Kosten des Programms sehr genau beziffert werden konnten: Mit 1258 Millionen Mark (für die Jahre 1968-72) würden sie fast halb so hoch sein wie das Volumen des gesamten gerade auslaufenden 2. Atomprogramms. 487 Millionen DM waren für CERN bzw. das neue

[61] [ECF63, S. 9-12 und S. 43-51]; [ECF67, S. v-vii, S. 1-3 und S.8].

[62] Protokoll HEA, 3.5.65, Ci; Jentschke an HA, 13.7.65, HH6040-5; Ein Hochenergieprotonenbeschleuniger im Kernforschungszentrum Karlsruhe, v.M., o.D. (2. Halbjahr 1966-1. Halbjahr 1967, d. Verf.), Ci.

300 GeV-Laboratorium und 771 Millionen DM für nationale Projekte bestimmt, so daß die Forderung von ECFA nach einem ausgewogenen Verhältnis zwischen nationalen und internationalen Aufwendungen erfüllt werden würde. Schlüter, einer der Direktoren des IPP, äußerte allerdings Widerspruch gegen einen derartig hohen Anteil der Kernphysik am Atomprogramm. Auch Schmelzer bezweifelte in einem Brief an Heisenberg die Notwendigkeit dafür; seine Bemerkung, daß angesichts der Interessen der an der Aufstellung Beteiligten etwas anderes kaum zu erwarten gewesen war, verband er mit der Bitte an den Nobelpreisträger, sich vor allem für den 300 GeV-Beschleuniger einzusetzen. Aus dem BMwF war dagegen kein Widerspruch gegen das vorgelegte nationale Hochenergieprogramm zu vernehmen gewesen – im Gegenteil: Der zuständige Fachreferent, Leo Prior, redete den Wissenschaftlern zu, auf die Kosten des Programms zunächst einmal keine Rücksicht zu nehmen. Diese Position schien nicht ohne Berechtigung zu sein; dem Ministerialrat gelang es im Sommer 1967 die Zahlen des Arbeitskreises Kernphysik zum Bestandteil der mittelfristigen Finanzplanung des Ministeriums zu machen.[63]

Die vom Arbeitskreis Kernphysik entworfenen Teile des 3. Atomprogramms mußten allerdings noch den Beratenden Ausschuß für Forschungspolitik, die Atomkommission und das Bundeskabinett passieren.[64]

Das Direktorium des DESY hatte in seinen Anmeldungen für das 3. Atomprogramm nur allgemein von einem bevorstehenden Ausbauprogramm gesprochen und einen Doppelspeicherring als eine Möglichkeit genannt. In der Vorausschau der jährlichen Ausgaben wurde nicht zwischen Betriebsausgaben und Investitionen unterschieden, so daß die genannten Zahlen – 63 Millionen DM für 1967, 77 Millionen DM für 1970 und 84 Millionen DM für 1972 – sich auch auf ein größeres Projekt beziehen konnten, das erst nach 1972 fertiggestellt würde. Vom vorgeschlagenen Budget für die Hochenergiephysik in Höhe von 1258 Millionen DM forderte DESY 358 Millionen DM – das waren 28 %.[65]

Der allgemeine politische Rahmen für den Ausbau des DESY entwickelte sich also günstig. Wie bereits geschildert fand parallel dazu innerhalb des Forschungszentrums eine Diskussion über die möglichen Alternativen zum Bau der Speicherringe statt. Jentschke eröffnete sie im Januar 1967 mit einem Rundschreiben an alle Mitglieder des Wissenschaftlichen Rats und alle wissenschaftlichen Mitarbeiter des DESY, in denen er um persönliche Stellungnahmen über den Ausbau bat, die sich nicht nur auf die Speicherringe beziehen müssten. Zunächst trafen nur wenige Antworten ein; als er Anfang März in Erinnerungsschreiben

[63] Protokoll HEA, 4.11.66, Ci; A. Citron, Eine Zusammenstellung des finanziellen und personellen Bedarfs für die Hochenergiephysik in Deutschland in den Jahren 1967-1972, v.M., 22.3.67, Protokoll AK Kernphysik DAtK, 3.3.67, 1.6.67 und 4.10.67, DAs; Schmelzer an Heisenberg, 8.6.67, He; L. Prior, Die Förderung der Hochenergiephysik. Ein Programm für 1968 - 1981, Az. IIIA1, v.M., o.D. (2. Halbjahr 1967, d.V.), Ci.

[64] Protokoll AK Kernphysik DAtK, 4.10.67, DAs; Stoltenberg an Heisenberg, 7.9.67, He.

[65] A. Citron, Eine Zusammenstellung ... , a.a.O.

darauf hinwies, wie wichtig es ihm sei, die Meinung aller mit DESY verbundenen Wissenschaftler zu kennen, verstärkte sich das Echo allmählich.[66]

Eine scharfe Kritik an e^+e^-Speicherringen war allerdings schon am 6. März 1967 abgesandt worden. Unterzeichnet hatten sie zwei bekannte theoretische Physiker aus Hamburg, Hans Joos und Harry Lehmann. Ihrer Meinung nach standen die von Experimenten an einem Speicherring zu erwartenden Ergebnisse in keinem vernünftigen Verhältnis zum finanziellen Aufwand. Dieses Argument wurde in einem Anhang mit einer Liste zahlreicher interessanter Experimente belegt, die am Synchrotron mit relativ bescheidenem Einsatz durchgeführt werden könnten. Angesichts dieses Füllhorns noch offener Fragen sei die Entscheidung über den Ausbau des DESY keineswegs dringend, sondern könne durchaus auch zu einem späteren Zeitpunkt getroffen werden, wenn das Potential der einzelnen Alternativen besser abgeschätzt werden könne.[67]

Neben diesem Vorschlag, in erster Linie die Experimente am Synchrotron zu intensivieren, wurden in anderen Stellungnahmen auch zahlreiche Alternativen zu Speicherringen genannt: einen supraleitenden Linearbeschleuniger mit hohem Tastverhältnis; ein 20 GeV-Elektronensynchrotron zur Überprüfung der Ergebnisse von SLAC; und einen Neuentwurf der Speicherringe mit dem Ziel, die Luminosität bei 1 GeV Energie maximal zu machen. In nahezu allen Äußerungen wurde betont, daß das Synchrotron auch weiterhin den ersten Platz im Experimentierprogramm des DESY einnehmen müsse und die Speicherringe eher als größeres Experiment zu betrachten seien.[68]

Joos und Lehmann hatten ihre Stellungnahme im Gegensatz zu den meisten anderen Kritikern mit Zahlen versehen. Ihr Urteil ging davon aus, daß die Speicherringe eine Luminosität L von $10^{32}\mathrm{cm}^{-2}\mathrm{sec}^{-1}$ haben würden; daß den Experimenten eine untere Grenze für die Reaktionsrate R von 1 Ereignis pro Stunde gesetzt sei; und daß die Nachweisinstrumente im besten Fall einen Raumwinkel von 3π überdecken würden. Waren diese Annahmen realistisch? Einerseits sprach Steffen davon, eine Luminosität von bis zu $10^{34}\mathrm{cm}^{-2}\mathrm{sec}^{-1}$ erreichen zu wollen – andererseits benutzte Erich Lohrmann, einer der Befürworter des Speicherrings für DESY, zur Berechnung von Ereignisraten den Wert $10^{31}\mathrm{cm}^{-2}\mathrm{sec}^{-1}$. Jentschke wandte sich im April und Mai 1967 an die Direktoren anderer Laboratorien mit Elektronenbeschleunigern, um deren Meinung über die von Joos und Lehmann angegebenen Grenzen, und über die Speicherringpläne allgemein zu erfahren.[69]

Den Stellungnahmen der DESY-Mitarbeiter und der Mitglieder des Wissenschaftlichen Rats haftete häufig etwas Hausbackenes an, weil sie nach vielen

[66]Jentschke an Wissenschaftliche Mitarbeiter DESY, an Mitglieder WR, 19.1.67 und 13.3.67, Js; Protokoll Dir, 20.1.67, DA7.

[67]Joos, Lehmann an Jentschke, 6.3.67, Js.

[68]Schopper an Jentschke, 17.2.67, Citron, Schoch und Stech an Jentschke, 12.5.67, Brasse, Engler und Ganssauge an Jentschke, 17.5.67, vgl. Akte: Aktion Speicherringe, Js.

[69]Vorschlag ..., a.a.O., S. 26f.; Ergänzung ..., a.a.O., S. 11; Joos, Lehmann an Jentschke, 6.3.67, Jentschke an Panofski, 19.4.67, Jentschke an R. Wilson, A.W. Merrison, R.R. Wilson, 3.5.67, Js.

Wenns und Abers keine eindeutige Empfehlung abgeben mochten. Wo das nicht der Fall war, wie in einer sehr engagierten Äußerung Steffens zum Urteil von Joos und Lehmann, wurde dahinter ein persönlicher Angriff vermutet. Anders bei den Antworten, die Jentschke aus den USA erhielt: Sie sprühten vor Begeisterung, Optimismus – und Kampfgeist. Richard Wilson von der Harvard University drängte darauf, die für den Ausbau verfügbaren Mittel in jedem Fall für den Bau von Speicherringen zu verwenden und die Entscheidung über ihren Bau keinesfalls zu verschieben. Er brachte seine Position Joos und Lehmann gegenüber, denen er vorwarf, keine wirkliche Alternative zum Bau der Speicherringe genannt zu haben, auf die griffige Formel *„put up or shut up"*. Auch Panofski, Drell, Richter und Robert Wilson unterstützten den Bau der Speicherringe und sahen die von Steffen genannten Zahlen – die Luminosität von $10^{34}cm^{-2}sec^{-1}$ eingeschlossen – als realistisch an. Die neuesten Ergebnisse aus Novosibirsk über die Erzeugung von Vektormesonen zeigten zudem, daß die theoretischen Vorhersagen von Ereignisraten in einem Speicherring korrekt gewesen seien.[70]

Die Zahl der Argumente, die für den Bau der Speicherringe sprachen, mochte noch so groß sein – Helmut Faissner aus Aachen brachte das trotzdem vorhandene Unbehagen vieler DESY verbundener Physiker in seiner Stellungnahme auf den Punkt: er schloß sich den Argumenten der Befürworter ohne Einschränkung an, und beendete seinen Brief an Jentschke dann mit der Bemerkung, daß im übrigen ein Protonensynchrotron wie das für Karlsruhe vorgeschlagene für ihn von größerem Interesse sei.[71]

Heisenbergs letzte Aktion

Ende Mai 1967 teilte Jentschke dem Wissenschaftlichen Rat mit, daß die Auswertung der Stellungnahmen zum Ausbau des DESY in vollem Gange sei und ihr Ergebnis dem Erweiterungsausschuß schon bald mitgeteilt werden könne. Parallel dazu arbeiteten fast 20 Mitarbeiter des DESY an der Überarbeitung des Vorschlags für den Bau der Speicherringe, um den Anregungen und Fragen technischer und physikalischer Natur, die seit September 1966 an DESY herangetragen worden waren, Rechnung zu tragen.[72]

Die der Ausbaukommission im November 1966 vorgelegte Fassung des Vorschlags hatte sich schon alleine wegen des Wechsels vom Einzel- zum Doppelring überholt. In der Neuauflage würde außer auf physikalische Perspektiven und technische Einzelheiten des Doppelspeicherrings erstmals auch auf Bau- und

[70]Panofski, Richter und Drell an Jentschke, 8.5.67 R.R. Wilson an Jentschke, 1.6.67, vgl. auch Akte: Aktion Speicherringe, Js; Protokoll Dir, 9.11.67, DA7; Zitat: R. Wilson an Jentschke, 8.5.67, Js.

[71]Faissner an Jentschke, 12.5.67, Js.

[72]Protokoll WR, 19.5.67, DA11; Vorschlag zum Bau eines 3 GeV Elektron-Positron-Doppelspeicherrings für das Deutsche Elektronen-Synchrotron, v.M., September 1967, S. 1, DA16.

spätere Betriebskosten der neuen Anlage eingegangen werden müssen. Die reinen Baukosten konnten dank umfangreicher Erfahrungen mit sehr viel höherer Genauigkeit kalkuliert werden als beim Synchrotron zehn Jahre zuvor. Anders bei den Betriebskosten: Da Speicherringe vergleichbarer Größe nicht existierten, durften Zahlen anderer Laboratorien für Vergleiche nur begrenzt herangezogen werden. Eine Nachfrage in Frascati ergab, daß ADONE inklusive der Personalkosten 37 Millionen DM gekostet hatte, und für den 1968 beginnenden Betrieb 5,7 Millionen DM pro Jahr (ohne Personalkosten) angesetzt wurden. Allerdings waren in Frascati nur 15 Wissenschaftler am Speicherring tätig. Bei DESY würden es hoffentlich mehr werden.[73]

Dennoch waren den zukünftigen Betriebskosten des Speicherrings, und deshalb auch der Zahl der daran arbeitenden Wissenschaftler Schranken gesetzt. Berghaus hatte im Unterausschuß DESY des Königsteiner Staatsabkommens für die folgenden Jahre eine 10%ige jährliche Steigerung des Betriebshaushalts angemeldet: 1975 würden daher 85 bis 90 Millionen DM erreicht werden. Da die Länder dem grundsätzlich zugestimmt hatten, drängte er darauf, die laufenden Kosten für Synchrotron und Speicherringe auf jeden Fall in diesem Betrag unterzubringen. War dieser Vorschlag realistisch? Wenn die vorhandene Struktur der Ausgaben im Forschungsbereich auch auf die Experimente am Speicherring anwendbarsein würde, gestattete der ansteigende Etat, die Zahl der Wissenschaftler bei DESY von 100 auf 160 zu erhöhen – sicher ausreichend für die Nutzung der neuen Anlage. Ein anderes Mitglied des Direktoriums, wahrscheinlich Teucher, gestand den Speicherringen angesichts der Forderungen nach weiterem Ausbau des Synchrotrons jedoch nicht den gesamten Zuwachs des Haushalts zu. In einem Vermerk war von 30 Physikern die Rede, so daß für den Experimentierbetrieb je nach Beteiligung auswärtiger Universitäten zwischen 8 und 16 Millionen DM pro Jahr ausreichen würden.[74]

Diese sehr konkreten Überlegungen und Berechnungen wurden im Oktober 1967 angestellt. Die Neuauflage des „Vorschlag(s) zum Bau eines 3 GeV Elektron-Positron-Doppelspeicherrings für das Deutsche Elektronen-Synchrotron“ war zu diesem Zeitpunkt bereits fertiggestellt. Als reine Baukosten für die Speicherringe wurden darin 74 Millionen DM, Personalkosten und ein großer Universaldetektor inklusive, veranschlagt; ein Ende Oktober 1967 eingefügter Vorspann übernahm schließlich Berghaus' Devise, die laufenden Kosten in den regulären Steigerungsraten des Betriebshaushalts aufzufangen. Beim Vergleich mit dem vom Kernforschungszentrum Karlsruhe geplanten Synchrotron, für das Baukosten von 121 Millionen DM genannt wurden, stand DESY mit seinen Wünschen daher fast bescheiden dar.[75]

[73] Vermerk Steffen 20.10.67, Berghaus an Jentschke 24.10.67, DA16.

[74] Berghaus an Jentschke, 24.10.67, Vermerk, Zur Abschätzung der Kosten für Experimente am Speicherring bei DESY, o.D., (Herbst 1967, d.Verf.), DA16; JB67, S. 1.10.

[75] Vorschlag zum Bau eines ... -Doppelspeicherrings ... , v.M., September 1967, DA16; KfK, Vorschlag zum Bau eines 40 GeV-Protonensynchrotrons, v.M., Juli 1967, DB.

Dennoch konnte der Bau der Speicherringe nicht einfach in den nächsten Haushalt eingestellt werden. Vorher waren Grundsatzbeschlüsse zu treffen, bei denen den von Jentschke eingeholten Stellungnahmen großes Gewicht zukommen würde. Nun war eine vollkommen einheitliche Meinung angesichts der bereits eingegangenen Kritik nicht zu erwarten – im besten Falle eine Mehrheit. Der einfachste Weg wäre die Auszählung der Ja- und Nein-Stimmen gewesen – bei dem jedoch einem frisch promovierten Wissenschaftler bei DESY dasselbe Gewicht zugefallen wäre wie den erfahrenen und angesehenen Experten Panofski, Robert Wilson und Drell. Jentschke entschied sich dafür, die Antworten nach der Autorität ihrer Verfasser zu wichten, und in einem zweiten Schritt auch nach ihrem Tiefgang – einfache Stellungnahme, qualitative Argumentation, quantitativer Vergleich. Dieses Verfahren ergab ein klare Mehrheit für den Ausbau des DESY mit Speicherringen.[76]

Die gedruckten Fassungen des überarbeiteten Vorschlags für den Doppelspeicherring warteten nur noch auf ihren Versand. Jentschke beschloß im Laufe des Oktober 1967, nicht länger auf weitere Unterstützung durch Stiftungsorgane zu warten, sondern den Ausbau des DESY ab sofort mit der Autorität seiner Person und seines Amtes zu verknüpfen. Am 31. Oktober 1967 schickte er die „Speicherringfibel" an alle Mitglieder des Arbeitskreises Kernphysik und des Wissenschaftlichen Rats. Dies sei sein persönlicher Vorschlag für den Ausbau des DESY, zustandegekommen nach zahlreichen Diskussionen innerhalb des DESY und mit auswärtigen Experten.[77]

In der ersten, nicht abgesandten Fassung des Begleitschreibens hatte sich noch ein Passus gefunden, in dem der Bau eines größeren Synchrotrons für die Zeit nach 1973 angekündigt worden war. Berghaus hatte Jentschke jedoch davor gewarnt, das 7,5 GeV-Synchrotron durch eine derartige Ankündigung abzuwerten und stattdessen empfohlen, allgemein von einem in den siebziger Jahren notwendigen weiteren Ausbau auf höhere Energien zu sprechen, für den schon jetzt Entwicklungen eingeleitet werden müssten.[78]

Jentschke schloß sich dieser realistischen Sichtweise an; er versuchte zugleich, diese Hamburger Mentalität über die Landesgrenzen hinaus ausstrahlen zu lassen: In einem Brief an die Vorsitzenden des Arbeitskreises Kernphysik und des Ausschusses Hochenergiephysik der DAtK bat er am 17. Oktober 1967 darum, auf den nächsten Sitzungen dieser beiden Gremien das Problem der in Deutschland vorhandenen Führungskräfte für die Hochenergiephysik zu diskutieren. Offensichtlich seien alle vorgeschlagenen Projekte finanzierbar; jüngere Physiker stünden nach den Erhebungen von ECFA ausreichend zur Verfügung; ob es aber genug leitende Wissenschaftler für die Realisierung aller geplanten na-

[76]Vgl. Akte: Aktion Speicherringe, Js.

[77]Berghaus an Jentschke, 24.10.67, vgl. Akte: Speicherringprojekt DORIS, Verteiler der Speicherringfibel, 31.10.67, DA16.

[78]Berghaus an Jentschke, 20.10.67, DA16.

tionalen und internationalen Vorhaben gebe, bedürfe dringend der Überprüfung.[79]

Diese Skepsis gegenüber zu hochfliegenden Plänen fand ungewollt einen starken Verbündeten – Heisenberg. Der ehemals so aktiv in der Politik tätige Wissenschaftler hatte sich 1965 aus dem Arbeitskreis Kernphysik zurückgezogen und nur noch vereinzelt in das forschungspolitische Tagesgeschehen eingegriffen. Als Grund für diesen Schritt hatte er Minister Lenz seine fehlende Übereinstimmung mit den Absichten vieler jüngerer Physiker angeführt, vor allem deren Bestrebungen, einen nationalen Protonenbeschleuniger zu errichten: Er setze dem die Position entgegen, alle Anstrengungen auf ein einziges Zentrum zu konzentrieren – und in Deutschland könne dies nur DESY sein. Wo es ihm möglich war, hatte Heisenberg aber auch nach diesem Rückzug gegen den nationalen Protonenbeschleuniger (und für DESY) operiert. Zum Beispiel Ende 1966 als Vorsitzender einer Kommission des BMwF, die das wissenschaftliche Programm der Kernforschungszentren Karlsruhe und Jülich aufeinander abstimmen sollte: Im Abschlußgutachten war die Errichtung des Synchrotrons als Projekt des Kernforschungszentrum Karlsruhe ausdrücklich abgelehnt worden.[80]

Im November 1967 wurde der Nobelpreisträger ein weiteres Mal in dieser Richtung aktiv: Kurz hintereinander traf bei ihm Post von DESY – der Vorschlag zum Bau des Doppelspeicherrings – und von Minister Stoltenberg – der Gesamtentwurf für das 3. Atomprogramm – ein. Zu den zahlreichen weiteren Empfängern, die der Minister um eine persönliche Stellungnahme zum Arbeitsergebnis der Endredaktion bat, gehörten auch Jentschke und Walcher. Obwohl das vom Arbeitskreis Kernphysik vorgeschlagene Kapitel über die Hochenergiephysik deutlich gestrafft und die Befürwortung der Projekte abgeschwächt worden war, gingen die Formulierungen Heisenberg – vom Ausbau des DESY abgesehen – immer noch zu weit: Sie präjudizierten in den meisten Fällen sorgfältig zu prüfende Entscheidungen der Atomkommission. Im Gegensatz zu Jentschke sah Heisenberg vor allem finanzielle Schwierigkeiten voraus:

„Obgleich ich einsehe, daß wir zunächst für die Finanzierung der Projekte in den kommenden fünf Jahren sorgen müssen, so scheint es mir doch bedenklich, sehr kostspielige Projekte durch die in den nächsten Jahren vielleicht niedrigen Kosten zu charakterisieren und nicht zu berücksichtigen, daß diese ersten Ausgaben in der späteren Zeit sehr viel höhere Kosten erzwingen werden, sofern die Ausgaben der nächsten Zeit nicht sinnlos werden sollen."[81]

Dieses Urteil wurde explizit auf den europäischen 300 GeV-Beschleuniger und das Karlsruher Protonensynchrotron angewandt; aber auch der schnelle Brüter und der Hochtemperaturreaktor wurden von Heisenberg in diesem Zusam-

---

[79] Jentschke an Schmelzer, Walcher, 17.10.67, DA31.

[80] Heisenberg an Lenz, 21.5.65, Gutachten der Sachverständigen-Kommission zur verstärkten Koordinierung der Forschungsarbeiten in den Kernforschungszentren Jülich und Karlsruhe, 17.2.67, vgl. auch die Protokolle der Sitzungen und die dabei zwischen den Mitgliedern der Kommission ausgetauschten Notizen, He.

[81] Heisenberg an Geschäftsführer DAtK, 8.11.67, He.

menhang apostrophiert. Um seiner Intervention gegen den Gesamtentwurf des Atomprogramms Nachdruck zu verleihen, setzte er den offiziellen Zahlen über die Betriebskosten des Karlsruher Synchrotrons – 38-44 Millionen DM – eine persönliche Schätzung – 150–200 Millionen DM, den Etat des CERN – entgegen.[82]

Bei Jentschke und Walcher löste der Gesamtentwurf des 3. Atomprogramms dazu diametral entgegengesetzte Reaktionen aus: Die vom BMwF eingefügte Formel, daß über die deutsche Beteiligung am 300 GeV-Beschleuniger erst nach sorgfältiger Prüfung entschieden werde, müsse unbedingt wieder durch die Bejahung im Entwurf des Arbeitskreises Kernphysik ausgetauscht werden. Briefe der beiden an Stoltenberg und ein Vorstoß Walchers in der Atomkommission scheiterten jedoch an Heisenberg und denjenigen Vertretern der Industrie, die den Schwerpunkt des Atomprogramms auf die Kerntechnik setzen wollten. Heisenberg setzte sogar durch, daß die Bauzusage für das Karlsruher Protonensynchrotron aus der Endfassung des Programms verschwand; einzig ein wenig diplomatischer Satz, wonach bei CERN in der Vergangenheit mit den Haushaltsmitteln sehr großzügig umgegangen worden sei, wurde dem Drängen des Arbeitskreises Kernphysik nachgebend gestrichen.[83]

Diese Ereignisse lösten nur wenig später Spannungen zwischen einzelnen Mitgliedern des Arbeitskreises aus. Jentschke begann im Frühjahr 1968 für einen stärkeren Realismus in Bezug auf das Hochenergieprogramm zu plädieren. Nur so könne der 300 GeV-Beschleuniger gegen Heisenberg durchgesetzt werden. Ihm wurde daraufhin von Citron vorgeworfen, ohne sachliche Notwendigkeit den Rückzug anzutreten – was ihm angesichts des gesicherten Ausbaus von DESY leicht möglich sei, kaum aber denen, deren Projekte sich gerade in großer Bedrängnis befänden. Das Schicksal, zwischen dem Ausbau des CERN und dem bereits bestehender nationaler Laboratorien zerrieben zu werden, teilten die Karlsruher Pläne jedoch auch mit anderen, ähnlichen Vorhaben in Großbritannien und Frankreich. Allerorten verringerten sich die finanziellen Zuwachsraten für die Hochenergiephysik im Zuge der ersten Wirtschaftskrise der Nachkriegszeit und der ansteigenden Kosten für kerntechnische Entwicklungen. Vollständig durchgeplante nationale Großbeschleuniger verwandelten sich schlagartig in Konkurrenten für den europäischen 300 GeV-Beschleuniger. Die Entscheidung der Wissenschaftler, auch in Deutschland, lautete einstimmig und eindeutig für die Aufgabe ihrer nationalen zugunsten der internationalen Pläne – ein Entscheidung, die den Mitarbeitern des Instituts für Experimentelle Kernphysik in Karlsruhe angesichts des großzügigen Ausbaus des DESY nicht leicht fiel. Die begonnenen Arbeiten wurden ab 1968 allmählich auf die Entwicklung supraleitender Beschleunigungs-

[82] 3. Deutsches Atomprogramm 1968-1972 (Stand Oktober 1967), v.M., Anlage zu: Stoltenberg an Jentschke, 24.10.67, DA31; Akte: DORIS, Verteiler der Speicherringfibel, 31.10.67, DA16; Heisenberg an Geschäftsführer DAtK, 8.11.67, He.

[83] Walcher an Stoltenberg, 1.11.67, Jentschke an Stoltenberg, 6.11.67, DA31; Protokoll AK Kernphysik DAtK, 10.11.67, DAs; Protokoll AK Kernphysik DAtK, 4.4.68, Ci; BMwF (Hg.), 3. Atomprogramm der Bundesrepublik Deutschland, Bonn 1968, S. 18.

strukturen konzentriert, ein Gebiet, auf dem das Institut schnell eine bedeutende Pionierrolle einnahm.[84]

Der Schock, den Heisenbergs Intervention verursachte, und seine Nachwirkungen brachten den Ausbau des DESY aus der Schußlinie, vor allem von Teilchenphysikern, die eher der Physik an Protonenbeschleunigern zugewandt waren. So fand die letzte Grundsatzdiskussion über Jentschkes persönlichen Vorschlag im Direktorium des DESY statt. Am 9. November 1967 wurden noch einmal alle Alternativen aufgezählt; die Zahl der Zweifler innerhalb des Direktoriums hatte sich innerhalb des letzten Jahres nicht vergrößert, wohl aber das Selbstbewußtsein der Befürworter. Mit dem Votum der eingeholten Stellungnahmen im Rücken konnte das Leitungsgremium sich die Zustimmung zum Bau der Speicherringe auch bei einer Enthaltung leisten. In den anschließenden Diskussionen im Arbeitskreis Kernphysik, im Wissenschaftlichen- und Verwaltungsrat standen dann nur noch die technische und finanzielle Planung auf dem Prüfstand. Um hierüber schnell zu einem fundierten Urteil zu kommen, hatte Brix noch am 9. November 1967 angeregt, das „proposal" von einer unabhängigen Expertenkommission des Arbeitskreises Kernphysik, die zuvor auch schon die Karlsruher Pläne begutachtet hatte, durchleuchten zu lassen.[85]

Im Detail wurden von dieser sogenannten „Knop-Kommission"[86] zwar Verbesserungen angeregt, grundsätzlich passierte der Vorschlag zum Bau des Doppelspeicherrings das Sachverständigengremium jedoch ohne Probleme. Allerdings ergab die Überprüfung der Kosten eine Korrektur um mehr als 12 Millionen DM nach oben – nicht immer ohne Widerspruch von Seiten des DESY.[87]

Die Finanzierung des Ausbauprogramms war zu diesem Zeitpunkt praktisch über den Berg. Im 3. Atomprogramm wurde es ausdrücklich erwähnt, und Prior hatte bereits im Sommer 1967 die Einstelluung der von DESY genannten Zahlen in die mittelfristige Finanzplanung des BMwF erreicht. Der Hamburger Senat würde in der anstehenden Finanzreform jedoch große Opfer bringen müssen, und ließ im Verwaltungsrat am 20. November 1967 darauf hinweisen, daß er zukünftig bei DESY nicht mehr im selben Umfang wie bisher mitfinanzieren könne. Der Vertreter der Finanzbehörde betonte jedoch im gleichen Atemzug, daß die anstehende Regelung der Finanzierung der Großforschung der Hansestadt bei der Finanzierung des DESY in jedem Fall eine Entlastung bringen würde.[88]

Die von der Kommission des Arbeitskreises Kernphysik als Kosten des Aus-

[84] Jentschke an Brix, Walcher, 28.3.67, Citron an Jentschke, 5.4.68 und 8.4.68, Ci; [GS77, S. 43-47]; Le Monde, 27.3.68; vgl. [Rad83, S. 246f.]; [Pru74, S. 197].

[85] Protokoll Dir, 9.11.67, DA7.

[86] Die Mitglieder der Kommission waren: G. Knop(Vorsitzender), K.H. Althoff, H. Ehrenberg, K. Gottstein, J. Heintze, E. Lohrmann, G. Schaffer, H. Schopper, K. Steffen, G. Weber und H.O. Wüster. Bericht der Kommission des Arbeitskreises II/1 „Physik" der Deutschen Atomkommission und des Hochenergieausschusses über den „Vorschlag ... ", Anlage Protokoll AK Kernphysik DAtK, 19.12.67, Ci.

[87] Steffen an Berghaus, 25.11.67, Vermerk Steffen, Daßkowski, 8.12.67, DA16; Bericht der Kommission ... , a.a.O.

[88] Protokoll AK Kernphysik DAtK, 4.10.67, DAs; Protokoll VR, 20.11.67, DA8.

bauprogramms genannten 86,8 Millionen DM wurden vom Verwaltungsrat am 23. Februar 1968 auf 100 Millionen DM aufgerundet, damit auch ein neues Laborgebäude und der Umbau des Synchrotrons auf flat-top-Betrieb darin Platz fanden. Über die Finanzierung dieses Betrags war schon am 20. Februar 1968 im BMwF auf Staatssekretärsebene verhandelt worden; die Notwendigkeit der Investitionen und ihre Verwendung wurden von beiden Seiten uneingeschränkt anerkannt; die Höhe des Hamburger Anteils und dessen Vorfinanzierung durch das BMwF stellten allerdings auch weiterhin ein ernsthaftes Problem dar. Die Herausnahme des DESY aus dem Königsteiner Staatsabkommen regelte es schließlich zur beiderseitigen Zufriedenheit.[89]

Die Ereignisse waren also teilweise am Arbeitskreis Kernphysik und auch am Wissenschaftlichen Rat vorbeigelaufen, so daß deren Zustimmung zu Jentschkes Vorschlag, am 19. Dezember 1967 bzw. am 5. Januar 1968, kaum mehr als deklamatorischen Charakter hatte.[90]

Der Bau der Speicherringe konnte offiziell erst nach der Unterzeichnung einer Finanzierungsvereinbarung zwischen dem BMwF und der Hansestadt Hamburg beginnen. Bis zu diesem Zeitpunkt im Mai 1969, an den sich auch die Besitzeinweisung in das Erweiterungsgelände anschloß, verging mehr als ein Jahr. Der Verwaltungsrat gab aber bereits im 1968er Haushalt Planungsmittel frei, so daß die Baubehörde mit der Planung der Bauten beginnen und für einige Komponenten Spezifikationen ausgearbeitet werden konnten. Für geraume Zeit schienen diese Verzögerungen keine Folgen zu haben – der Ausbau des DESY war abgesehen vom bypass des C.E.A. das einzige genehmigte e^+e^-Speicherringprojekt mit mehr als $2*1{,}5$ GeV Energie. Einen Monat nach der Grundsteinlegung für das Speicherringgebäude im Juli 1970 begann jedoch plötzlich auch für SPEAR, den Speicherring in Stanford, Geld zu fließen. Eine trickreiche Idee eines Referenten der AEC in Washington ermöglichte nach sechs Jahren immer neuer Anträge und ungeduldigen Wartens doch noch mit dessen Bau zu beginnen: SPEAR wurde nicht als neue Anlage, sondern als Experiment am SLAC deklariert, dessen Kosten in Höhe von 6 Millionen $ aus dem Betriebshaushalt des Forschungszentrums finanziert wurden. In Stanford mußte der Gürtel daher für einige Zeit enger geschnallt werden – im Gegensatz zu Hamburg. Das Resumé eines Professors der Harvard University über einen Besuch bei DESY Ende 1969 bestätigt dies:[91]

„DESY ist ein gut arbeitendes, aktives Laboratorium, in dem in gründlicher Arbeit schöne Physik gemacht wird. Für den durchreisenden Besucher scheint es dabei am erstaunlichsten, daß hier ein Laboratorium existiert, das soviel Mittel hat, wie es ausgeben kann – und das ist noch untertrieben! Fast alle Gruppen

---

[89]Bericht der Kommission ... , a.a.O.; Vermerk Berghaus, 21.2.68, DA16; Protokoll VR, 23.2.68, DA8; vgl. S. 206.

[90]Protokoll AK Kernphysik DAtK, 19.12.67, Ci; Protokoll WR, 5.1.68, DA11.

[91]JB68, S. 1.10 und 3.9; GB69, S. 2; Protokoll Dir, 29.5.69 und 24.8.70, DA7; vgl. Akte: Speicherring DORIS/Allgemein, DA16; [Rio87, S. 248].

sind mit Personal und Geräten vollständig ausgerüstet – die Resultate werden nur durch die Natur selbst, die Vorstellungskraft und die Geschwindigkeit, mit der Experimente aufgebaut werden können, begrenzt."[92]

DESY hatte sich seinen Platz erobert: Großforschung mit kleinen Teilchen.

---

[92]K. Strauch, Foreign Travel Report ... August 19 - September 21, 7.11.69 (Übersetzung v. Verf.), Hv.

Anhang

Wenn nicht anders vermerkt, wurden die Angaben den Jahres- und Geschäftsberichten des Direktoriums entnommen. Alle Beträge sind in TDM angegeben.

I. Haushalte

Haushaltsabschlüsse 1957–1971

Jahr	Erstinvestitionen	Betriebsausgaben	Weiterentwicklung	Gesamt
1957	680			680
1958	2.613			2.613
1959	6.126			6.126
1960	9.793			9.793
1961	18.226	1.209		19.436
1962	19.358	2.612		21.970
1963	15.030	6.223		21.253
1964	7.458	21.281		28.739
1965	5.417	27.200		32.617
1966	3.247	37.456		40.703
1967	3.510	43.004		46.514
1968	2.403	46.100	371	48.874
1969	1.079	50.117	5.197	56.393
1970	576	54.710	12.165	67.450
1971	2.993	59.216	20.262	82.471

Vom 1.1.1970 an wurden die Betriebsausgaben in Kosten des Betriebes und laufende Investitionen aufgeschlüsselt. Diese Trennung ist hier nicht nachvollzogen worden. Am 1.1.1972 wurde von kameralistischer auf kaufmännische Buchführung umgestellt. Zahlen aus Bilanz sowie Gewinn- und Verlustrechnung sind mit Zahlen aus der Haushaltsrechung nur bedingt vergleichbar.

Jahresabschlüsse 1972–1975

Jahr	Sachanlagenzugang	Gesamtaufwand	Summe
1972	41.998	50.018	92.016
1973	44.234	57.040	101.274
1974	30.186	66.800	96.986
1975	35.557	74.500	110.057

Der Aktivposten "Zugang zu den Sachanlagen" in der Bilanz ist den Investitionen aus der Haushaltsrechung verwandt. Dasselbe gilt für die Kontengruppe "Gesamtaufwand" der Gewinn- und Verlustrechung, die hier zum Vergleich mit den Betriebsausgaben von 1957 bis 1971 aufgenommen wurden.

Nichtstaatliche Zuschüsse und außerplanmäßige Einnahmen

VW-Stiftung für	Erstinvestititonen	10.000
VW-Stiftung für	Betriebsausgaben	1.000
Devisenhilfe		28.659

Verteilung der Zuschüsse auf Bund und Länder 1957–1971

Kostenart	Bund	Länder	Hamburg	VW-Stiftung	Summe
Erstinvestitionen	79.638	-	15.879	10.000	105.517
Betriebskosten	168.141	116.311	5.471	1.000	290.913
Weiterentwicklung	46.392	-	-	-	46.392

Unter den Ländern wird hier die Ländergemeinschaft verstanden, so daß darin auch Zuschüsse der Hansestadt Hamburg enthalten sind. Die Finanzierungsvereinbarung zwischen dem Hamburger Senat und dem BMwF sah vor, daß Hamburg seinen Anteil an der Weiterentwicklung erst nach 1972 bezahlte.

II. Kostensteigerungen

Gegenüberstellung der Kostenschätzungen vom 31.1.1957 und 14.4.1958

Verwendungszweck	31.1.1957	14.4.1958
Personalausgaben	6.210	8.146
Allgemeine Ausgaben, Modellversuche und Vorbereitung der Experimente	4.900	8.940
Beschleuniger	12.003	25.330
Bauten und Anlagen	13.450	12.560
Einrichtung und Ausstattung der Labors und Büros	6.700	4.297
Vorbereitungsbauten		650
Dienstwagen		8
Summe	43.263	59.931

(Quelle: Hochschulabteilung an KMK, 31.1.57, HH6040-5; Brauer an Ministerpräsidenten der Länder, 14.4.58, DA16.)

Die Entwicklung der Kosten für die Komponenten des Synchrotrons 1958–1962

Verwendungszweck		17.4.1962	14.4.1958
Ringmagnet		8.640	8.300
Magneteisen	1.700		
Magnetblockfertigung	2.380		
Spulen	1.560		
Fundamentsektoren	340		
Sonstiges	2.660		
Energieversorgung		8.060	6.000
Klimatisierung und Kühlung		440	300
Linac und Injektion		3.370	3.160
Hochfrequenzsystem		4.000	4.000
Vakuumsystem		1.570	1.500
Pumpen	800		
Vakuumkammer	340		
Sonstiges	430		
Regelung und Steuerung		2.050	750
Sonstiges			1.320
Summe		28.130	25.330

(Quelle: Brauer an Ministerpräsidenten der Länder, 14.4.58, DA16; O. Beer, Kosten der DESY-Bauteile und ihres Aufbaus, DESY A2.86, 1962, DB.)

III. Mitglieder der Stiftungsorgane

Direktorium 1959–1975

Name	Amtszeiten	
H. Berghaus	1970–	
W. Jentschke	1959–1970 (GD)	
E. Lohrmann	1968–1972	
W. Paul	1959–1966	1970–1973 (GD)
H. Schopper	1973– (GD)	
P. Stähelin	1960–1967	
M.W. Teucher	1964–	
G.A. Voss	1973–	
W. Walcher	1959–1970	
G. Weber	1967	1973–
H.O. Wüster	1968–1971	

GD: Geschäftsführender Direktor, bzw. Vorsitzender des Direktoriums.

Wissenschaftlicher Rat 1959–1970

Name	Amtszeiten	
H. Althoff	1960–1970	
P. Beckmann	1965–1969	
F. Bopp	1959–1963	
P. Brix	1959–1970	1966–1967 (V)
A. Citron	1960–1970	
M. Deutschmann	1960–1970	
H. Ehrenberg	1960–1970	1968–1970 (V)
H. Faissner	1963–1969	
H. Filthuth	1960–1970	
R. Fleischmann	1959–1962	
S. Flügge	1959–1960	
W. Gentner	1959–1969	
K. Gottstein	1960–1970	
R. Haag	1966–1970	
J. Heintze	1962–1970	
W. Heinz	1969–1970	
W. Heisenberg	1959–1970	
G. Höhler	1960–1970	
H. Jensen	1959–1969	
W. Jentschke	1959	
W. Knop	1963–1970	

noch: Wissenschaftlicher Rat 1959–1970

Name	Amtszeiten	
G. Kramer	1962–1970	
H. Kulenkampff	1959–1963	
H. Lehmann	1959–1968	
G. Ludwig	1959–1962	
G. Lüders	1961–1965	1966–1969
H. Maier-Leibnitz	1959–1963	
U. Meyer-Berkhout	1960–1964	1968–1970
H. Neuert	1959–1963	
G. Nöldeke	1968–1969	
C. Passow	1969	
W. Paul	1959–1970	
H. Raether	1961–1963	
W. Riezler	1959–1961	
H. Rollnik	1962–1970	
F. Sauter	1959–1963	
C. Schlier	1960–1964	
C. Schmelzer	1959–1970	1960–1965 (V)
A. Schoch	1959–1967	
E. Schopper	1959–1961	
H. Schopper	1960–1970	
V. Soergel	1963–1968	
P. Stähelin	1968–1970	
B. Stech	1960–1970	
H. Steinwedel	1959–1962	
M.W. Teucher	1960–1968	
W. Walcher	1959–1970	
G. Weber	1968–1970	
C.F. v. Weizsäcker	1959–1960	
K. Winter	1965–1970	

V: Vorsitzender des Wissenschaftlichen Rats

Wissenschaftlicher Rat 1970–1975

Name	Amtszeiten
H. Althoff	1970–1972
P. Brix	1974–
G. Buschhorn	1974–
M. Cardona	1974–

A. Citron	1970–1973	
M. Deutschmann	1970–1973	
H. Ehrenberg	1970–1973 (V)	
D. Fries	1974–	
K. Gottstein	1970–1971	
R. Haag	1972–1974	
J. Heintze	1970–1971	
G. Höhler	1970–1972	
W. Jentschke	1971–1973	1974–
G. Knop	1973–	
W. Koch	1972–1973	
H. Lehmann	1970–1971	
1974–		
K. Lübelsmeyer	1974–	
O. Madelung	1972–1974	
W. Paul	1970	1973– (V)
B. Povh	1972–1974	
V. Soergel	1974–	
P. Stähelin	1972–1974	
B. Stech	1973–	
W. Walcher	1970–1973	
G. Weber	1970–1971	
K. Winter	1970–1972	1974–
H.O. Wüster	1973–	

V: Vorsitzender des Wissenschaftlichen Rats

Verwaltungsrat 1970–1975

Bei den vor 1975 ausgeschiedenen Mitgliedern des Verwaltungsrats ist der Titel zum Zeitpunkt ihres Ausscheidens angegeben.

Titel	Name	Amtszeit	Funktion	entsandt von
MinDirig	A. Hocker	1960–1961	M	BMAt
MinR	W. Hofbauer	1970–	M	BMF
MinDirig	A. Kriele	1961–1964	M	BMAt/BMwF
RegDir	P. Kreyenberg	1967–1970	M	FB
Ltd RegDir	R. Laude	1970–	M	FB
MinDir	G. Lehr	1971–	V	BMBW/BMFT
RegDir	Maschek	1962–1963	M	FB
SenDir	H. Meins	1960–1970	V	HA
		1970–	M	HA
Ltd RegDir	Rademacher	1963–1966	M	FB
MinDirig	G. Schneider-Muntau	1962–1970	M	BMF
MinDirig	G. Schuster	1970–1971	V	BMBW

MinR	E. Schlephorst	1969–1973	M	BMBW/BMFT
MinR	H. Slemeyer	1966–1969	M	BMwF
RegDir	Wagner	1969	M	BMBW
	K. Wolf	1964–1965	M	BMwF
MinR	Zurhorst	1974–	M	BMFT

V: Vorsitzender des Verwaltungsrats
M: Mitglied
HA: Hochschulabteilung der Hamburger Schulbehörde
FB: Finanzbehörde

IV. Personalstruktur

Bereiche

B: Bereich Betrieb und Ausbau (1968–1972)
D: Direktoriumsbereich (1967–)
E: Bereich Vorbereitung der Experimente (1960–1964)
F: Bereich Forschung (1962–)
M: Bereich Maschine (1957–1964 und 1968–)
T: Bereich technischer Betrieb (1965–1967)
V: Bereich Verwaltung (1957–)
Z: Bereich Zentrale Datenverarbeitung, Entwicklung und Betrieb (1973–)

In den nachfolgenden Aufstellungen werden für die mit wissenschaftlichen und technischen Fragen befaßten Bereiche jeweils die Gesamtzahl der Mitarbeiter und die Zahl der Physiker und Diplom-Ingenieure (einschließlich der Leitenden Wissenschaftler) angegeben.

1957–1961

Jahr	Bereich			Gesamt
	M und E	P + I	V	
1957	16	10	4	20
1958	32	15	19	53
1959	70	25	29	99
1960	116	34	38	154
1961	178	45	47	225

1962–1964

Jahr	Bereich					Gesamt
	M	P + I	E und F	P + I	V	
1962	186	24	52	19	35	273
1963	229	25	95	37	82	406
1964	273	35	141	60	80	494

1965–1967

Jahr	Bereich						Gesamt
	D	T	P + I	F	P + I	V	
1965		328	31	179	74	63	570
1966		366	39	191	79	79	658
1967	23	396	35	244	96	91	754

1968–1972

Jahr	Bereich								Gesamt
	D	M	P + I	B	P + I	F	P + I	V	
1968	28	221	38	288	26	180	80	91	808
1969	26	241	39	329	37	172	78	93	861
1970	27	246	40	354	39	185	90	97	909
1971	32	267	44	366	39	190	94	121	976
1972	37	267	43	380	41	206	102	128	1018

1973–1975

Jahr	Bereich								Gesamt
	D	M	P + I	Z	P + I	F	P + I	V	
1973	38	292	49	358	32	202	92	129	1019
1974	37	309	51	335	32	197	90	131	1009
1975	38	319	52	332	34	213	106	139	1041

V. Gruppen

(1957) Bau des Beschleunigers: M

Der Bau des Beschleunigers stand bis zur Errichtung der Stiftung unter der Leitung des Arbeitsausschusses, bzw. Jentschkes. Die technische Leitung war den Gruppen als Koordinierungsstelle gleichgestellt, nicht übergeordnet. Nach der Stiftungsgründung im Dezember 1959 trat an die Stelle des Arbeitsauschusses das Direktorium. 1962, nach dem Ausscheiden Beers, wurde eine den M-Gruppen übergeordnete technische Leitung eingerichtet, die dem 1964 in das Direktorium berufenen Teucher anvertraut wurde.

Kürzel	Bezeichnung	Errichtung/Auflösung
M	Technische Leitung	1957–1962
M0	Werkstätten	1958–1961
M0	Technische Dienste	1962–1964
M1	Theorie	1957–1962
M2	Magnet	1957–1964
M3	Hochfrequenz	1957–1964
M4	Linac	1958–1964
M5	Regelung und Steuerung	1957–1964
M6	Energieversorgung	1957–1964
M7	Bau und Vakuum	1957–1964
M9	Targets und Ejektion	1963

(1960) Vorbereitung der Experimente: E

Vor der Berufung Stähelins in das Direktorium (1960) wurde die Vorbereitung der Experimente von der Gruppe M8 wahrgenommen. Ab 1960 entstand unter seiner Leitung ein Experimente-Bereich, in dem die Gruppe M 8 mit der neuen Bezeichnung E 4 aufging.

Kürzel	Bezeichnung	Errichtung/Auflösung
M8	Vorbereitung der Experimente	1958–1960
E1	Allgemeine Forschungsaufgaben	1960–1963
	Bau von Cerenkovzählern	1963–1964
E2	Vorbereitung der Experimente	1960–1961
	Rechenzentrum + Bibliothek	1963
E3	Nachweisgeräte	1961
	Targets und Ejektion	1962–1963
E4	Strahlführung	1961–1964
E5	Strahlmessung	1962–1964
E6	Elektronik für Experimente	1961–1967
E7	Kältetechnik	1961–1964
E8	Digitalisierung Funkenkammerbilder	1964–1967

(1962) Forschung: F

Für den Aufbau der ersten Experimente wurde 1962, ebenfalls unter Stähelins Leitung, ein Bereich Forschung eingerichtet. 1968, nachdem Lohrmann in das Direktorium berufen worden war, wurden alle noch vorhandenen E- und A-Gruppen in diesen F-Bereich eingegliedert. 1972 kam die Bibliothek hinzu. Die beiden Großdetektoren am Speicherring, PLUTO und DASP, wurden ab 1974 von Kollaborationen aus F-Gruppen und auswärtigen Instituten betrieben. Viele dieser F-Gruppen waren nach 1974 auch noch am Synchrotron tätig. Zwei weitere Gruppen beteiligten sich an Experimenten bei CERN bzw. in Cornell.

Kürzel	Bezeichnung	Existenz
T	Theorie der Elementarteilchen	1963–
F1	Blasenkammer	1964
	Visuelle Methoden	1965–
F11	NaI-Experiment am Speicherring	1974–
F12	BONANZA-Experiment am Speicherring	1974–
F21	e-p-Streuung	1962–1969
	Inelastische Streuung	1970–
F22	Elektronenstrg. am äußeren Strahl	1964–1969
	Quasielast. Streuung, Formfaktoren	1970–1973
	Elektroproduktion von Hadronen	1974–
F23	Elektron-Deuteron-Streuung	1965–1969
	Elektronenstrg. mit Drahtfunkenkammern	1970–1973
	Elektroproduktion an Hadronen	1974–
F31	Photoerzeugung von Pionen	1962–1964
	Weitwinkelpaarerzeugung	1965–1966
	Symmetrische Paarerzeugung	1966–1973
F32	Paarerzeugung	1962–1963
	Funkenkammer	1964–1969
	Elektroproduktion von Mesonen	1970–
F33	Erzeugung kohärenter Bremsstrhlg.	1964–1966
	Photoproduktion von ϱ-Mesonen	1967–1969
	Comptoneffekt am Proton (mit F35)	1970–1973
	PLUTO-Experiment	1974–
F34	Photoerzeugung neutraler Mesonen	1964–
F35	Photoproduktion geladener Mesonen	1964 –1969
	Photoprod. mit polaris. γ-Strahlen	1970–
F36	Photoproduktion von strange Teilchen	1966–1968
	Photoproduktion von K- und p-Paaren	1970–
	Photoerzeugung von ϕ-Mesonen	1974
F37	Neue Teilchen	1966–1967
	Vorbereitung kleiner Experimente	1969
F38	Bau eines polarisierten Targets	1968–1969
	Experimente mit dem po. Target	1970–1971

Kürzel	Bezeichnung	Existenz
F39	Vorbereitung Speicherringexp.	1969–1973
F41	Untersuchung der Synchrotronstrahlung	1963–1966
	Experimente mit der Synchrotronstrahlung	1967–
F51-58	Experimentiermethoden	1968–
L	Bibliothek und Dokumentation	1972–
PLUTO	F1, F33, F39	1974–
DASP	F22, F34, F35 und 4 ausw. Institute	1974–
NaI	F11 und 1 ausw. Institut	1974 –
BONANZA	F12 und 1 ausw. Institut	1974–

(1964) Technischer Betrieb: T
(1968) Betrieb und Ausbau: B
(1973) Zentrale EDV, Betrieb und Entwicklung: Z

Im neugeschaffenen T-Bereich wurden im Oktober 1964 alle nicht zur Forschung oder Experimentevorbereitung gehörenden Gruppen, insbesondere der Beschleunigerbetrieb, die Werkstätten und der Betriebsdienst, zusammengefaßt. Er stand von 1964 bis nach 1975 unter Teuchers Leitung. Bei der Neubildung des M-Bereichs (1968) wurden jedoch die beiden S-Gruppen und die K-Gruppe abgegeben. Da im selben Jahr der Bau der Speicherringe begann, wurde der Bereich aus diesem Anlaß in Betrieb und Ausbau umbenannt. 1973, kurz vor ihrer Fertigstellung, wurde die Verantwortung für die Speicherringe an M übertragen, und gleichzeitig das Rechenzentrum an B abgegeben. Nach dieser Neuorganisation wurde das Kürzel des Bereichs in Z geändert.

Kürzel	Bezeichnung	Existenz
S1	Synchrotronbetrieb	1964–1967
S2	Hallendienst	1964–1967
K	Energieversorgung	1965–1967
W	Technische Dienste und Werkstätten	1965–
G	Gebäudeunterhalt und Notdienst	1965–
B	Blasenkammerbetrieb und Kältetechnik	1965–1973
	Technologie und Kältetechnik	1974 –
B3	Beschleunigerentw., Linac II	1969–1973
	Beschleunigertechnologie	1974–1975
H	Beschleunigerforschung	1965–1968
	Bau des Speicherrings	1969–1972
X	Spezieller Maschinenbau	1966–1968
R	Rechenzentrum	1973–

Instrumentelle Unterstützung der Experimente: A

Im Zuge der Fertigstellung des Synchrotrons wurden einige E-Gruppen, ohne Neuzuordnung zu einem bestimmten Bereich, in A-Gruppen umbenannt. Nach dem Eintritt von Wüster und Lohrmann in das Direktorium wurden sie, wie auch die noch verbliebenen E-Gruppen, in F 51 bis F 56 umbenannt und vollständig in den F-Bereich integriert. Das Rechenzentrum (R) und die Dokumentation (R3) wurden bei dieser Gelegenheit aus dem Verantwortungsbereich des Forschungsdirektors herausgenommen und in den neugebildeten M-Bereich eingegliedert.

Kürzel	Bezeichnung	Existenz
A	Entwickl. neuer Exp.-Methoden	1965–1967
A1	Technische Elektronik	1965–1967
A2	Strahlführung und -eichung	1965–1967
A3	Bau von Cerenkov-Zählern	1965–1966
	Sonderentwicklungen	1967
A4	Wartung Elektronik	1967
R	Datenverarbeitung	1964–1967

(1968) Maschinenbetrieb: M

Der M-Bereich wurde 1968 unter der Leitung von Wüster gebildet. 1972 wurde die Bibliothek aus R ausgegliedert und als neue Gruppe L in den F-Bereich überführt. 1973, nach Übernahme der Bereichsleitung durch Voss, wurde die Gruppe R an den B-Bereich abgegeben, von wo im Gegenzug die Verantwortung für die Gruppe H übernommen wurde.

Kürzel	Bezeichnung	Existenz
S1	Synchrotron	1968–
S2	Aufbau der Experimente	1968–
K	Energieversorgung	1968–
R	Rechenzentrum	1968–1972
H	Speicherring	1973–
MPY	Beschleunigerphysik	1974–

Zeittafel

1955

18.10. Jentschke nimmt den Ruf an die Hamburger Universität an

1956

11.–16.6. Entstehung des Genfer Memorandums über den Bau eines deutschen Hochenergiebeschleunigers. Die Gesamtkosten werden auf 20 Millionen DM geschätzt.

27.6. Konstituierende Sitzung des AK Kernphysik der DAtK. Das Genfer Memorandum und die Einrichtung einer Studiengruppe werden unterstützt.

21.7. Der Fachausschuß Kernphysik der DPG stellt einen ersten Arbeitsplan für die Studiengruppe auf.

31.7. Livingston bietet offiziell seine Unterstützung an.

Oktober Die KMK unterstützt das Projekt grundsätzlich.

Dezember Entsendung eines ersten Mitarbeiters (Steffen) zu C.E.A.

8.12. Festlegung des Namens „Deutsches Elektronen-Synchrotron DESY“

12.12. Koordinationsgespräch Jentschkes mit allen beteiligten Hamburger Behörden.

1957

19.1. Neue Schätzung der Gesamtkosten: 43 Millionen DM.

28.2.–1.3. Die MPK lehnt eine zustimmende Kenntnisnahme des Projekts ab.

Mai Besitzeinweisung in die ersten 3 Hektar Grund in Bahrenfeld.

2.5. In Hamburg beginnen die ersten Mitarbeiter der Studiengruppe ihre Tätigkeit.

5.–7.7. Parametertagung in Marburg. Letztes Treffen der interessierten physikalischen Institute.

September Die Hamburger Behörden stimmen einen Satzungsentwurf für einen Trägerverein ab.

20.9. Festlegung des mittleren Radius des Synchrotrons auf 48 m.

22.10. Walcher lädt zur konstituierenden Sitzung eines Trägervereins für DESY ein und verschickt eine Satzung.

12.12. Ein Unterausschuß von KMK und FMK findet keinen tragfähigen Kompromiß zur Finanzierung des DESY.

1958

6.2. Die gemeinsame Konferenz vom KMK und FMK lehnt eine Beteiligung an den Kosten der Errichtung von DESY ab.

18.2. Die Verhandlungen um die Satzung werden wegen der unsicheren Finanzierung unterbrochen.
Jan.–Feb. Diskussionen um die Alternative Linac/Synchrotron.
1.3. Festlegung auf ein Synchrotron.
15.3. Balke droht in einem Brief an die Ministerpräsidenten mit der Kürzung von Zuschüssen, wenn die Länder sich nicht an der Finanzierung von DESY beteiligen.
April Bezug der Vorbereitungsbauten.
8.4. Eine neue Schätzung der Gesamtkosten über 60 Millionen DM wird an die Länderregierungen versandt.
6.6. Die MPK vertagt ihre Entscheidung bis nach den Wahlen in Nordrhein-Westfalen.
11.7. Die FMK empfiehlt, daß die Länder sich ausschließlich an den Betriebskosten des DESY, begrenzt auf 5 Millionen DM jährlich, beteiligen.
16.7. Das BMAt und Hamburg beschliessen den Bau des DESY notfalls alleine zu finanzieren.
28.10. Der Arbeitsausschuß beschließt den Bau von zwei Experimentierhallen.
November Alle Parameter des Synchrotrons liegen endgültig fest. Auftragsvergabe für den Injektorlinac.

1959

13.2. Das BMAt erklärt gegenüber den Ländern seine Bereitschaft, die Baukosten des DESY, nach Abzug der Hamburger Beteiligung, alleine zu tragen.
April Das BMF erklärt seine Zustimmung zu einem Bundesanteil von 85 % an der Finanzierung der Baukosten des DESY.
21.4. Weichmann hält die Vorbereitungen zur Errichtung der Stiftung an, bis die Finanzierung der Bau- und Betriebskosten abschließend geklärt ist.
Mai Fertigstellung der Spezifikationen für die Beschleunigerbauten.
19.7. Die MPK stimmt einer Beteiligung der Länder an den Betriebskosten bis 5 Millionen DM jährlich zu.
24.9. Der Arbeitsausschuß beschließt, daß noch keine speziellen Experimente geplant, sondern vorläufig allgemeine Vorbereitungen getroffen werden sollen.
18.12. Unterzeichnung des Staatsvertrages und der Urkunde über die Errichtung der Stiftung durch BMAt und Hamburg. Festlegung des Investitionsvolumens auf 60 Millionen DM.

1960

17.2. Grundsätzliche Einigkeit bei Nachverhandlungen mit dem Bundesrechnungshof über die Stiftungssatzung.
Oktober Ausschreibung des Auftrags für die Magnetblöcke.
28.11. Der AK Kernphysik der DAtK stimmt der Anschaffung einer Blasenkammer zur Aufstellung bei DESY grundsätzlich zu.
Dezember Auftragsvergabe für die Magnetblöcke.

15.12. Beginn der Beratungen über die wissenschaftlichen Regeln.
9.12. Richtfest der Beschleunigerbauten.

1961

Januar Entscheidung in den Studiengruppen für Hochenergiephysik, daß bei DESY anstelle spezieller Magnetspektrometer Serien von Normalmagneten beschafft werden sollen.

Februar Die Kosten für den Aufbau der Experimente und der Strahlführung werden nicht von den Ländern getragen.

Mai Einstellung von sechs Stellen für leitende Wissenschaftler in den Experimentehaushalt.

3.5. Bei Gesprächen mit Fachleuten aus Saclay deutet sich an, daß die Blasenkammer für DESY vom französischen CEA gebaut werden kann.

14.7. Das Hochbauamt informiert die Hamburger Behörden und DESY, daß bei den begonnenen Bauten nicht mit Abweichungen von den Kostenvoranschlägen zu rechnen ist.

24.7. Der Verwaltungsrat befaßt sich mit den Kosten der Beschleunigerbauten.

9.–13.10 Mitarbeiter von DESY und der Universität Karlsruhe verabreden auf einer Tagung der Studiengruppen für Hochenergiephysik gemeinsam ein Experiment zur Elektronenstreuung aufzubauen.

Dezember Das Direktorium beschließt, die Stifter um eine Aufstockung des Investitionsvolumens um 50 Millionen DM zu bitten.

14.12. Die Baubehörde teilt als Baukosten der begonnenen und geplanten Bauten 35 Millionen DM mit.

1962

Januar Das BMF erteilt seine Zustimmung zum Bau der Blasenkammer in Saclay und die Finanzierung durch das BMAt.

2.2. Der Verwaltungsrat befaßt sich mit dem erweiterten Investitionsvolumen von 110 Millionen DM.

18.4. Die Satzung der Stiftung tritt nach Abschluß der Nachverhandlungen mit dem Bundesrechnungshof in Kraft.

10.5. Das Direktorium reicht bei der VW-Stiftung einen Antrag auf Übernahme von 30 Millionen DM Mehrkosten ein.

15.6. Verabschiedung der wissenschaftlichen Regeln durch den Wissenschaftlichen Rat nach Mitberatung durch die zukünftigen leitenden Wissenschaftler.

5.7. Die KMK lehnt eine Beteiligung der Länder an den Mehrkosten ab.

Oktober Die VW-Stiftung erklärt sich zur Übernahme von 10 Millionen DM Baukosten bereit.

November Jentschke bezeichnet gegenüber ECFA Speicherringe als eine Möglichkeit für den Ausbau des DESY.

28.11. Der Vertreter des BMF im VR weigert sich, den Verträgen mit den ersten drei leitenden Wissenschaftlern zuzustimmen.

13.12. Richtfest für den letzten Bauabschnitt der Beschleunigerbauten.

1963

2.2. Der Vertreter des BMF gibt im Verwaltungsrat die Zustimmung seines Ministeriums zur Finanzierung des erweiterten Investitionsvolumens bekannt.

April Vorlage eines Memorandums über die zukünftigen Betriebskosten von DESY (40 Millionen DM in 1968) durch das Direktorium.

Mai Auslieferung der beiden IBM-Großrechner für das Rechenzentrum.

2.5. Konstituierung des vorläufigen Forschungskollegiums.

April Jentschke schreibt an Heisenberg, daß die Hamburger Behörden einen Aufnahmeantrag von DESY in die MPG positiv beurteilten.

Oktober Die ersten leitenden Wissenschaftler unterzeichnen ihre Verträge, nachdem mit dem BMF Einigung über die Pensionszusagen erzielt wurde.

2.–4.10. Der Verwaltungsausschuß des Königsteiner Staatsabkommens befürwortet eine neue Obergrenze der Betriebskosten in Höhe von DM 40 Millionen DM.

29.11. Richtfest für das von der VW-Stiftung finanzierte Labor- und Werkstattgebäude.

Dezember Cartellieri's Aufsatz „Die Großforschung und der Staat" erscheint.

1964

6.2. Die MPK stimmt einer 50%igen Beteiligung der Länder an den Betriebskosten des DESY zu, wenn diese 30 Millionen DM pro Jahr nicht übersteigen.

25.2. Erster erfolgreicher Probelauf des Synchrotrons.

März Die VW-Stiftung bewilligt 1 Million DM für die Bezahlung von Gastwissenschaftlern auch über Tarif.

Mai Die Gruppe F21 beschließt ihr Experiment auf den Nachweis von Koinzidenzen auszurichten.

12.6. Konstituierung des Forschungskollegiums.

August Auslieferung der Blasenkammer und Aufstellung bei DESY.

September Erste reguläre Strahlzeiten für die Gruppe F21.

September Beim Forschungskollegium treffen fünf neue Vorschläge für Experimente zur Elektronenstreuung ein.

12.11. Feierliche Übergabe des Forschungszentrums an die Wissenschaft.

Dezember Die Gruppe F21 weist die ersten Elektron-Proton-Koinzidenzen nach.

7.12. Das Forschungskollegium genehmigt die Experimente zur Elektronenstreuung der Gruppen F22 und F23. Die Gruppe F22 erhält gegenüber F23 Priorität am externen Strahl.

ca. 27.12. Jentschke entscheidet über die Lage der externen Elektronenstrahlen.

1965

Januar Bekanntwerden der Messungen bei C.E.A. über eine mögliche Verletzung der QED.

Januar	Der erste ejezierte Elektronenstrahl ist verfügbar.
April	Der Wissenschaftsrat legt sein Institutionengutachten vor.
8.–12.6.	Das 2. Lepton-Photon Symposium findet in Hamburg statt.
10.6.	Spitzengespräch zwischen DESY und dem Präsidenten der MPG über den Aufnahmeantrag des DESY.
5.7.	Die große Blasenkammer bei C.E.A. explodiert. Experimentierhalle und Experimente darin werden schwer beschädigt.
8.7.	Die Gruppe F 31 reicht ein erstes Proposal für ein QED-Experiment beim Forschungskollegium ein.
August	Das Target aus flüssigem Wasserstoff besteht die Funktionstests.
9.9.	Verabschiedung des ersten Perspektivplans im Forschungskollegium.
Oktober	Der durchlaufende Dreischichtbetrieb für die Experimente beginnt.
21.10.	Die FMK befürwortet die Ausweitung des Betriebshaushalts auf 40 Millionen DM erst ab 1967.
29.10.	Ting bietet in einem Brief an Weber ein Experiment zur Überprüfung der QED an.
Dezember	Erstes Gespräch Ting's mit der Gruppe F 31 und dem Direktorium.
Dezember	Meins läßt den Vorgang „Aufnahme des DESY in die MPG" zu den Akten nehmen.
2.12.	Das BMwF bietet DESY 25 Millionen DM aus der Devisenhilfe an.

1966

6.1.	Die Gruppe F 21 reicht einen erneuten Antrag auf Strahlzeit für das Spektromter der zweiten Generation ein.
20.1.	Die Gruppe F 31 reicht ihr endgültiges Proposal für ein QED-Experiment ein.
18.2.	Die MPK stimmt dem von Goppel erarbeiteten Kompromiß zur Finanzierung des DESY-Haushalts für 1966 (38,6 Millionen DM) zu.
24.3.	Der Wissenschaftliche Rat bittet das Direktorium um baldige Vorlage der Ausbaupläne.
Apr.–Juni	Hauptstrahlzeit für das Elektronenstreuexperiment der Gruppe F 22.
Mai	Hauptstrahlzeit für das Elektronenstreuexperiment der zweiten Generation der Gruppe F 21.
Aug.–Sep.	Hauptstrahlzeit für das QED-Experiment der Gruppe F 31.
31.8.–7.9.	13. Rochester Konferenz in Berkeley.
26.–30.9.	Vorstellung des Speicherringvorschlags auf einer Tagung in Saclay.
Oktober	Der Verwaltungsausschuß des Königsteiner Staatsabkommens hält – außerhalb der Tagesordnung – einen pro Jahr um 10 % ansteigenden Haushalt des DESY für angemessen.
9.12.	Der Wissenschaftliche Rat richtet einen Konzeptionsausschuß ein, der gegebenenfalls die Koordination mit einem 2. Deutschen Zentrum für Hochenergiephysik einleiten soll.

1967

19.1.	Jentschke bittet alle Mitglieder des Wissenschaftlichen Rats und alle

wissenschaftlichen Mitarbeiter um eine persönliche Stellungnahme zum Ausbau.

9.2. Die MPK stimmt dem Haushalt des DESY für 1967 in Höhe von 43 Millionen DM zu und hebt damit ihren Beschluß über eine Obergrenze auf.

März Jentschke holt auswärtige Stellungnahmen zum Ausbau ein.

15.5. ECFA legt den zweiten Bericht über die Zukunft der Hochenergiephysik in Europa vor.

31.10. Jentschke unterbreitet allen zuständigen Gremien den Bau von Speicherringen als einen persönlichen Vorschlag für den Ausbau des DESY.

8.11. Heisenberg interveniert gegen den Entwurf des 3. Atomprogramms, vor allem den Bau des Karlsruher Protonensynchrotrons.

9.11. Das Direktorium entscheidet sich für den Bau von Speicherringen.

1968

5.1. Der Wissenschaftliche Rat unterstützt den Bau der Speicherringe.

20.2. Hamburg und das BMwF beraten auf Staatssekretärsebene über die Finanzierung des Ausbauprogramms.

1969

11.2. Hamburg und das BMwF beraten darüber, wie eine neue Satzung für DESY durchgesetzt werden kann.

Mai Das BMwF leitet den Stiftungsorganen den Entwurf einer neuen Satzung zu.

16.5. Die Bundesregierung und Hamburg schliessen eine Vereinbarung über den Ausbau des DESY, in erster Linie durch einen Doppelspeicherring.

1.6. Besitzeinweisung in das Erweiterungsgelände für DORIS.

20.8. Wissenschaftlicher Rat und Verwaltungsrat einigen sich in einer gemeinsamen Sitzung auf eine neue Satzung.

11.11. Die Vertreter der Bundesregierung im VR dürfen der neuen Satzung nicht zustimmen, da der Beratende Ausschuß für Forschungspolitik die Angelegenheit an sich gezogen hat.

11.12. Das Direktorium organisiert eine Wahl zum Wissenschaftlichen Ausschuß.

1970

1.1. DESY wird auf den Finanzierungsmodus für Großforschungseinrichtungen (90 % Bund/10 % Sitzland) umgestellt.

30.1. Gründung der Arbeitsgemeinschaft der Großforschungseinrichtungen.

Juli Grundsteinlegung für die DORIS-Bauten.

11.9. Die neue Stiftungssatzung tritt nach Zustimmung aller Stiftungsorgane und des BMBW in Kraft.

18.12. Das BMBW kündigt an, daß die „Leitlinien zu Grundsatz- und Strukturfragen ... " bei DESY keine grundsätzlichen Änderungen herbeiführen werden.

Literaturverzeichnis

[Ada65] J.B. Adams. CERN: the European Organization for Nuclear Research. In J. Cockroft, editor, *The Organization of Research Establishments*, pages 236–261, Cambridge University Press, Cambridge, 1965.

[Alv70] L.W. Alvarez. Recent developments in particle physics. In M. Conversi, editor, *Evolution of Particle Physics. A Volume Dedicated to Edoardo Amaldi in his Sixtieth Birthday*, pages 1–49, Academic Press, New York and London, 1970.

[Ama81] E. Amaldi. *The Bruno Touschek legacy.* Technical Report CERN 81-19, European Organization for Nuclear Research, Geneva, 1981.

[Bar77] E.J. Barboni. *Functional Differentiation and Technological Specialization in a Specialty in High Energy Physics: The Case of Weak Interactions of Elementary Particles.* PhD thesis, Cornell University, 1977.

[Ber67] *Proceedings of the XIIIth International Conference on High Energy Physics, August 31 – September 7, 1966.* University of California Press, Berkeley and Los Angeles, 1967.

[Ber78] C. Bernardini. Storia di ada. *Scientia*, 113:27–44, 1978.

[BH83] L.M. Brown and L. Hoddeson, editors. *The birth of particle physics.* Cambridge University Press, Cambridge, 1983.

[Ble69] M.H. Blewett. Ten years ago ... some personal reminiscences. *CERN courier*, 9:331–336, 1969.

[Bod78] E. Bodenstedt. *Experimente der Kernphysik und ihre Deutung.* Bibliographisches Institut, Mannheim, 1978.

[Bra62] L. Brandt. *Forschen und Gestalten. Reden und Aufsätze von Leo Brandt 1930-1962.* Westdeutscher Verlag, Köln und Opladen, 1962.

[Car63] W. Cartellieri. Die Großforschung und der Staat. In: *Die Projektwissenschaften. Schriftenreihe des Bundesministers für wissenschaftliche Forschung, Heft 4*, Gersbach und Sohn, München, 1963.

[CEA60] *The Cambridge Electron Accelerator.* Technical Report CEA-81, MIT - Harvard University. Cambridge Electron Accelerator, 1960.

[CHWH64] W. Cartellieri, A. Hocker, and A. Weber (Hg.). *Taschenbuch für Atomfragen 1964.* Festland Verlag, Bonn, 1964.

[DES64] Deutsches Elektronen-Synchrotron DESY. *die atomwirtschaft*, 9(7):293–340, Juli 1964.

[Deu58] M. Deutsch. Evidence and inference in nuclear research. *Deadalus*, 87(4):88–98, Fall 1958.

[DPG65] *Proceedings of the International Symposium on Electron and Photon Interactions at High Energies, June 8-12, 1965*, Deutsche Physikalische Gesellschaft e.V., 1965.

[Dre82] I. Drewitz. Schwerpunkte in der Geschichte von DESY 1956-1979. herausgegeben von DESY-PR, 1982.

[ECF63] ECFA. *Rapport du groupe de travail sur le programme européen d'accélerateurs de haute énergie.* Technical Report FA/WP/23/Rev. 3, Organisation Européenne pour la Recherche Nucléaire (CERN), Geneva, 1963.

[ECF67] ECFA. *European Committee for Future Accelerators Report 1967.* Technical Report CERN/700 and CERN/ECFA 67/13/Rev. 2, European Organization for Nuclear Reserch, Geneva, 1967.

[Eck80] H.W. Eckardt. *Privilegien und Parlament. Die Auseinandersetzungen um das allgemeine und gleiche Wahlrecht in Hamburg.* Hamburg, 1980.

[Els65] B. Elsner. Das experimentelle Programm von DESY. *Atompraxis*, 11(2):73–79, 1965.

[Fel63] B.T. Feld, editor. *Proceedings of the Conference on Photon Interactions in the BeV Energy Range. January 26-30, 1963*, Massachusetts Institute of Technology, Laboratory for Nuclear Science, 1963.

[Fel79] B.T. Feld. Early history of photomeson production. In W. Bertozzi, S. Costa, and C. Schaerf, editors, *Electron and Pion Interactions with Nuclei at Intermediate Energy*, pages 463–471, harwood academic publishers, Chur London New York, 1979.

[Flu82] Ch. Flämig et. al., editor. *Handbuch des Wissenschaftsrechts, Band 2.* Springer-Verlag, Berlin, 1982.

[Gal87] Peter Galison. *How Experiments End.* University of Chicago Press, Chicago (Ill.), 1987.

[Gia85] L. Giard. L'histoire des sciences, une histoire singulière. *Recherches de science religieuse*, 73:355–380, 1985.

[Gri66] M. Grilli, editor. *V International Conference on High Energy Accelerators.* Comitato Nazionale per l'Energia Nucleare, Roma, 1966.

[GS77] M. Goldsmith and E. Shaw. *Europe's Giant Accelerator. The Story of the CERN 400 GeV Proton Synchrotron.* Taylor and Francis, London, 1977.

[Haf63] W. Häfele. Neuartige Wege naturwissenschaftlich-technischer Entwicklung. In: *Die Projektwissenschaften. Schriftenreihe des Bundesministers für wissenschaftliche Forschung, Heft 4*, Gersbach und Sohn, München, 1963.

[Hai69] J. Haïssinsky. Physics with electron positron colliding beams. In *Proceedings of the 1969 CERN School of Physics*, pages 61–95, CERN 69-29, Geneva, 1969.

[Ham69] *Universität Hamburg 1919-1969.* Hamburg, 1969.

[Her76] A. Hermann. *Werner Heisenberg. rororo bild monographien*, Rowohlt, Hamburg, 1976.

[Her87] A. Hermann et al. *History of CERN.* Volume I, North Holland, Amsterdam, 1987.

[Hod83] L. Hoddeson. Establishing KEK in Japan and Fermilab in the US: internationalism, nationalism and high energy accelerators. *Social Studies of Science*, 13:1–48, 1983.

[Hof57] R. Hofstadter. Nuclear and nucleon scattering of high energy electrons. In *Annual Review of Nuclear Science 7*, pages 231–316, Annual Reviews, Inc., Palo Alto, 1957.

[HS64] R. Hofstadter and L.I. Schiff, editors. *Nucluon Structure. Proceedings of the International Conference at Stanford University, June 24-27, 1963.* Stanford University Press, Stanford (Ca.), 1964.

[HSW81] J.L. Heilbron, R.W. Seidel, and B.R. Wheaton. *Lawrence and his Laboratory: Nuclear Science at Berkeley.* Volume 6 of *LBL news magazine*, Lawrence Berkeley Laboratory, Berkeley (Ca.), Fall 1981.

[KKL63] A.A. Kolomensky, A.B. Kusnetsov, and A.N. Lebedev, editors. *Proceedings of the International Conference on High Energy Accelerators. Dubna August 21-27, 1963.* USAEC - TID4500 Conf-114, Oak Ridge, 1963.

[Kow59] L. Kowarski, editor. *International Conference on High-Energy Accelerators and Instrumentation - CERN 1959*. European Organization for Nuclear Research, Genève, 1959.

[KP86] J. Krige and D. Pestre. The choice of CERN's first large bubble chambers for the Proton Synchrotron (1957-1958). *Historical Studies in the Physical and Biological Sciences*, 16(2):255–279, 1986.

[Kri87] J. Krige. *The development of techniques for the analysis of track-chamber pictures at CERN*. Studies in CERN History CHS-20, april 1987.

[LB62] M.S. Livingston and J.P. Blewett. *Particle Accelerators*. McGraw-Hill Book Company, New York (N.Y.), 1962.

[Liv59] M.S. Livingston. *High-Energy Accelerators*. Interscience Publishers, New York, 1959.

[Liv69] M.S. Livingston. *Particle Accelerators: A Brief History*. Harvard University Press, Cambridge (Mass.), 1969.

[LP69] E.M. Laziev and M.L. Petrosian. *High-energy accelerators-1969*. Technical Report, APYC Yerevan, 1969.

[Mac67] R.A. Mack, editor. *Proceedings of the Sixth International Conference on High Energy Accelerators*. Cambridge Electron Accelerator, Cambridge (Mass.), 1967.

[Man58] A. Mann. *Denkschrift Physik*. Im Auftrag der DFG verfaßt. Franz Steiner Verlag, Wiebaden, 1958.

[Mar85] R.E. Marshak. *Scientific Impact of the First Decade of the "Rochester" Conferences (1950-1960)*. Technical Report VPI-HEP-85/8, Virginia Polytechnic Institute and State University, Blacksburg (Va.), 1985.

[Mor78] D.R.O. Morrison. The sociology of international scientific collaborations. In R. Armenteros et al., editor, *Physics from Friends. Papers Dedicated to Ch. Peyrou on His 60th Birthday*, pages 351–365, Multi Office, Geneva, 1978.

[NS70] T. Nipperdey and L. Schmugge. *50 Jahre Forschungsförderung in Deutschland. Ein Abriß der Geschichte der Deutschen Forschungsgemeinschaft 1920-1970*. Berlin, 1970.

[Pan59] W.K.H. Panofski. The future of high-energy accelerators in physics. In L. Kowarski, editor, *International Conference on High-Energy Accelerators and Instrumentation - CERN 1959*, pages 3–6, European Organization for Nuclear Research, Genève, 1959.

[Pan82] W.K.H. Panofsky. Particle substructure. a common theme of discovery in this century. *Cont. Phys.*, 23:23–44, 1982.

[Per82] D.H. Perkins. *Introduction to High Energy Physics*. Addison Wesley, Reading (Mass.), 1982.

[Pes87] D. Pestre. *La seconde génération d'accélérateurs pour le CERN, 1956-1965, Étude historique d'un processus de décision de gros équipment en science fondamentale*. Studies in CERN History CHS-19, Geneva, February 1987.

[Pey81] C. Peyrou. From the mesotron to the quark. In E. Ferrando, editor, *Proceedings of the 9th International Winter Meeting on Fundamental Physics. Sigüenza (Guadalajara), Spain. February 16-20, 1981*, pages 523–558, Instituto de Estudios Nucleares, Madrid, 1981.

[Pic84] A.R. Pickering. *Constructing Quarks. A Sociological History of Particle Physics*. Edinburgh University Press, 1984.

[Pro77] *Proceedings of the X International Conference on High Energy Accelerators Protvino 1977, Band 1*. Serphukov, 1977.

[Pru74] K. Prüß. *Kernforschungspolitik in der Bundesrepublik Deutschland.* Suhrkamp Verlag, Frankfurt(Main), 1974.

[Rad83] J. Radkau. *Aufstieg und Krise der deutschen Atomwirtschaft 1945-1975. Verdrängte Alternativen in der Kerntechnik und der Ursprung der nuklearen Kontroverse.* Rowohlt Taschenbuch Verlag, Hamburg, 1983.

[Reg56] E. Regenstreif, editor. *CERN Symposium 1956.* European Organization for Nuclear Research, Geneva, 1956.

[Rio87] M. Riordan. *The Hunting of the Quark.* Simon and Schuster, Inc., New York, 1987.

[Sal66] G. Salvini. Physics with photon and electron beams: requirements of experimenters in terms of energy, intensity and quality. In M. Grilli, editor, *V International Conference on High Energy Accelerators*, pages 197–210, Comitato Nazionale per l'Energia Nucleare, Roma, 1966.

[Se64] W.A. Shurcliff (ed.). *The Cambridge Electron Accelerator: A Comprehensive Account.* Technical Report CEA-100, Cambridge Electron Accelerator, 1964.

[Sei86] R.W. Seidel. A home for big science: the Atomic Energy Commission's laboratory system. *Historical Studies in the Physical and Biological Sciences*, 16:135–175, 1986.

[Ste65] K.G. Steffen. *High Energy Beam Optics.* Interscience Publ., New York, London, Sydney, 1965.

[Ste66] K.G. Steffen, editor. *DESY-Handbuch.* Deutsches Elektronen-Synchrotron, Hamburg, 1966.

[Ten80] L.C. Teng. The ZGS - conception to turn-on. In J.S. Day, L.G. Ratner, and A.D. Krisch, editors, *History of the ZGS. Proceedings Symposium Argonne(USA)*, pages 10–17, AIP Conference Proceedings 60, AIP, New York, 1980.

[Wei85] V.F. Weisskopf. The development of field theory in the last 50 years. In S.R. Weart and M. Phillips, editors, *History of Physics*, pages 358–373, AIP, New York, 1985.

[Wit85] K. Witte. Zur Geschichte des Physikalischen Staatsinstituts und der Physik in Hamburg. *uni-hh*, (XIX):9–27, 1985.

[WL64] R.R. Wilson and J.S. Levinger. Structure of the proton. In *Annual Review of Nuclear Science 14*, pages 135–174, Annual Reviews, Inc., Palo Alto, 1964.

[WR65] *Empfehlungen des Wissenschaftsrates zum Ausbau der wissenschaftlichen Eirichtungen. Teil III Forschungseinrichtungen, Band 1.* ohne Ort, 1965.

[ZC66] H. Zyngier and E. Cremieu-Alcan, editors. *Symposium international sur les anneaux de collisions à electrons et positrons.* 1966.

Die im Text in der üblichen Kurznotation zitierten Originalarbeiten in physikalischen Fachzeitschriften sowie Artikel in Tageszeitungen u.ä. sind nicht in die Bibliographie aufgenommen worden, um deren orientierenden Charakter zu wahren. Dies gilt auch für DESY-Berichte (Notation DESY Jahr-Nummer oder DESY A2.n), soweit sie einen preprint darstellen oder den Charakter einer Originalarbeit haben.

Verzeichnis der Abkürzungen

AEC	Atomic Energy Commission
AG	Alternating Gradient Focusing
AK	Arbeitskreis der Deutschen Atomkommission
BAT	Bundes-Angestellten-Tarifvertrag
BMAt	Bundesministerium für Atomfragen bzw. (ab 1957) Atomkernenergie und Wasserwirtschaft bzw. (ab 1961) Atomkernenergie
BMBW	Bundesministerium für Bildung und Wissenschaft
BMF	Bundesministerium der Finanzen
BMFT	Bundesministerium für Forschung und Technologie
BMwF	Bundesministerium für wissenschaftliche Forschung
BMI	Bundesministerium des Innern
CDU	Christlich-Demokratische Union
C.E.A.	Cambridge Electron Accelerator
CEA	Commissariat à l'Energie Atomique
CERN	Conseil Européen pour la Recherche Nucléaire
CEN	Centre d'Etudes Nucléaires
DAtK	Deutsche Atomkommission
DFG	Deutsche Forschungsgemeinschaft
DPG	Verband der Deutschen Physikalischen Gesellschaften bzw. (ab 1961) Deutsche Physikalische Gesellschaft
ECFA	European Committee for Future Accelerators
e.V.	eingetragener Verein
F.D.P.	Freie Demokratische Partei
FFAG	Fixed Field Alternating Gradient Focusing
FMK	Konferenz der Finanzminister der Länder
GeV	Giga-Elektronenvolt
GfK	Gesellschaft für Kernforschung
GmbH	Gesellschaft mit beschränkter Haftung
HEP	Hochenergiephysik
INFN	Istituto Nazionale di Fisica Nucleare
IPP	Institut für Plasmaphysik
KfK	Kernforschungszentrum Karlsruhe
KMK	Ständige Konferenz der Kultusminister der Länder
MeV	Mega-Elektronenvolt

MHz	Megahertz
MIT	Massachusetts Institute of Technology
MPK	Konferenz der Ministerpräsidenten der Länder
MPG	Max-Planck-Gesellschaft
MPI	Max-Planck-Institut
MURA	Midwestern Universities Research Association
QED	Quantenelektrodynamik
RHO	Reichshaushaltsordnung
SLAC	Stanford Linear Accelerator Center
SPD	Sozialdemokratische Partei Deutschlands

Die folgenden Abkürzungen werden nur in den Anmerkungen benutzt:

DAn	DESY Archiv, die Ziffer n bezeichnet den Bestand laut Aktenplan: 4 Vorstudien DESY 5 Materialsammlung zur Geschichte von DESY 7 Direktorium 8 Verwaltungsrat 11 beratende Gremien (u. a. Wissenschaftlicher Rat) 15 wissenschaftliche Regeln, Satzung, etc. 16 Finanzierung 17 VW-Stiftung, Aufträge nach Großbritannien 25 Erfolgskontrolle 27 Struktur von DESY 28 Leitlinien des BMBW zu Grundsatzfragen 31 Atomprogramm/Atomsperrvertrag 51 Zusammenarbeit mit anderen Forschungseinrichtungen
DAb	Beschlußfassungen des Direktoriums, DESY-Archiv
DAs	Schriftwechsel von Mitgliedern des Direktoriums, DESY-Archiv
DAx	Akten des Wissenschaftlichen Ausschusses, DESY-Archiv (Die Bestände DAb, DAs und DAx sind im Aktenplan noch nicht verzeichnet)
DB	Bibliothek des DESY
JBn	Jahresberichte (ab 1969 wissenschaftliche Jahresberichte) des Direktoriums, n bezeichnet das/die Berichtsjahr(e) Standort Bibliothek des DESY
GBn	Geschäftsberichte des Direktoriums, zitiert wie JBn Standort Bibliothek des DESY
HHn	Staatsarchiv Hamburg, Bestand Hochschulwesen III, Signatur 361-5 III, Ablieferungen 1981 und 1984. Die Ziffer n bezeichnet das Aktenzeichen
ArbA	Arbeitsausschuß DESY
Bd.	Band
Bl	Niels Bohr Library, American Institute of Physics, New York
Bt	Parlamentsarchiv des Deutschen Bundestags, Bonn

Ce	Archives du CERN, Genève
Ci	Papiere von A. Citron, Karlsruhe
Dir	Direktorium DESY
FHH	Freie und Hansestadt Hamburg
FK	Forschungskollegium bzw. (bis 1.7.1964) vorläufiges Forschungskollegium
HA	Hochschulabteilung der Schulbehörde Hamburg
Hv	Harvard University Archives, CEA files, Cambridge (Mass.)
Jo	Papiere von H. Joos, Hamburg
Js	Papiere von W. Jentschke, Hamburg
He	Nachlaß Heisenberg, MPI für Physik und Astrophysik, München
HEA	Ausschuß Hochenergiephysik der DAtK
HschA	Hochschulausschuß
KSt	Königsteiner Staatsabkommen
Nuov. Cim.	Nuovo Cimento
o.D.	ohne Datumsangabe
OHI	Oral History Interview
o.O.	ohne Ortsangabe
Pa	Papiere von W. Paul, Bonn
Phys. Bl.	Physikalische Blätter
Phys. Lett.	Physics Letters
Phys. Rev.	The Physical Review
Pj	Papiere von P. Joos, Hamburg
Prop.	Vorschlag für ein Experiment
Sc	Teilnachlaß A. Schoch, DESY-Archiv
Sm	Papiere von N. Schmitz, München
v.M.	vervielfältigtes Manuskript
VerwA	Verwaltungsausschuß
VR	Verwaltungsrat DESY
WA	Wissenschaftlicher Ausschuß DESY
Wa	Papiere von W. Walcher, Marburg
WR	Wissenschaftlicher Rat DESY

Die Akten werden in den genannten Archiven nicht immer nach gleichen Prinzipien geführt. Vor allem fehlt in der Regel die Paginierung. Zur eindeutigen Bezeichnung einer Archivalie wird daher folgende Konvention verwandt

Bei Briefen werden Absender, Adressat, Datum und Fundstelle genannt, bei Vermerken dagegen nur Verfasser, Datum und Fundstelle. Zu den Akten genommene Notizen werden als Vermerk betrachtet und bei Fehlen einer Verfasserangabe durch einen Titel o.ä. näher bezeichnet. Bei Protokollen werden Gremium und Sitzungsdatum aufgeführt; wenn es sich um kein festes Gremium handelt, wird das Protokoll ebenfalls wie ein Vermerk behandelt.

Für die Bezeichnung von Zeitschriftenveröffentlichen werden in den Anmerkungen wie im Literaturverzeichnis neben dem Verfasser Band, Nummer (optional), Seite und Jahr in dieser Reihenfolge angegeben.

CERN	Archives du CERN, Genève
Ch	Papiere von A. Chown, [illegible]
DB	[illegible] DESY
FHH	Freie und Hansestadt Hamburg
FK	Forschungskolloquium
	bzw. (bis 1.7.1966) vorläufiges Forschungskolloquium
HA	Hochschulabteilung der Schulbehörde Hamburg
HU	Harvard University Archives, HUA, Cambridge (Mass.)
Ja	Papiere von H. Jensen, Hamburg
Je	Papiere von W. Jentschke, Hamburg
He	Nachlaß Heisenberg, MPI für Physik und Astrophysik, München
HEA	Ausschuß Hochenergiephysik der DAtF
KuMi	Kultusministerium
KSt	[illegible]
Nuov. Cim.	Nuovo Cimento
o.D.	ohne Datumsangabe
OHI	Oral History Interview
o.O.	ohne Ortsangabe
Pa	Papiere von W. Paul, Bonn
Phys. Bl.	Physikalische Blätter
Phys. Lett.	Physics Letters
Phys. Rev.	The Physical Review
[illegible]	Papiere von [illegible], Hamburg
Prop.	Vorschlag für ein Experiment
Sch	Nachlaß A. Schoch, CERN-Archiv
Sm	Papiere von N. Schmitz, München
vMs	vervielfältigtes Manuskript
VerwA	Verwaltungsausschuß
VR	Verwaltungsrat DESY
WA	Wissenschaftlicher Ausschuß DESY
Wa	Papiere von W. Walcher, Marburg
WR	Wissenschaftlicher Rat DESY

Die Akten wurden in der genannten Anordnung nicht immer nach gleichen Prinzipien geführt. [illegible] Zur eindeutigen Bezeichnung einer Archivalie wird daher [illegible] verwendet.

Bei Briefen werden Absender, Adressat, Datum und Fundstelle genannt, bei [illegible] Verfasser, Datum und Fundstelle. Zu den Akten genommene Notizen werden als Vermerk bezeichnet und bei Fehlen eines Verfassers [illegible] Titel sinngemäß bezeichnet. Bei Protokollen werden Gremium und Sitzungsdatum aufgeführt; wenn es sich um kein reguläres Gremium handelt, wird das Protokoll ebenfalls wie ein Vermerk behandelt.

Für die Bezeichnung von Zeitschriften [illegible] wie im Literaturverzeichnis [illegible] in der [illegible] angegeben.

Sachverzeichnis